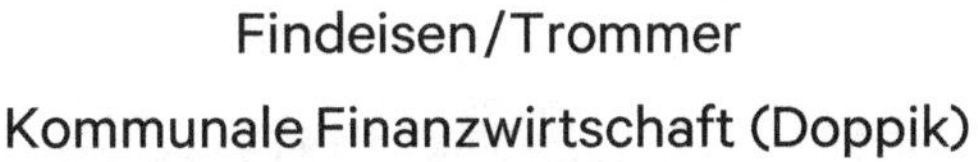
Findeisen/Trommer

Kommunale Finanzwirtschaft (Doppik)

SL 6 aus der Reihe „Sächsische Lehrbriefe“

Herausgeber:

Sächsisches Kommunales Studieninstitut Dresden

An der Kreuzkirche 6
01067 Dresden
Tel: 0351 43835-12
Fax: 0351 43835-13
E-Mail: post@sksd.de
www.sksd.de

Kommunale Finanzwirtschaft (Doppik)

von

Jens Findeisen

Kommunalberater,
Dozent

und

Friederike Trommer

Bürgermeisterin für Finanzen, Bildung und Soziales,
Dozentin

10. Auflage

Rechtsstand: 2023 (Kapitel 1, 3, 4) bzw. 2013 (Kapitel 2)

Die Herstellung bei KSV Medien erfolgt weitgehend digital und in dem Bewusstsein, eine möglichst ressourcenschonende Produktion zu gewährleisten.

Bibliografische Information der Deutschen Nationalbibliothek
Die Deutsche Nationalbibliothek verzeichnet diese Publikation in der Deutschen Nationalbibliografie; detaillierte bibliografische Daten sind im Internet über http://dnb.dnb.de abrufbar.

10. Auflage 2024

Satz: Kumpernatz + Bromann · Schenefeld b. Hamburg
Druck: CPI books

ISBN 978-3-8293-1946-1

Vorwort

„Personal entwickeln – Zukunft gestalten" das ist das Leitmotiv des Sächsischen Kommunalen Studieninstitutes Dresden (SKSD). Es sind die Kommunen, die Gegenwart, Lebensbedingungen, Infrastruktur, kurz alles, was eine Gemeinde lebenswert macht, für ihre Einwohner gestalten.

Dies kann umso besser geschehen, je qualifizierter die Mitarbeiterinnen und Mitarbeiter sind. Dazu brauchen diese eine fundierte Ausbildung. Zu einer solchen Ausbildung gehört nach unserer Überzeugung auch das entsprechende Unterrichtsmaterial. Aus diesem Grunde ist es für das SKSD eine selbstverständliche Verpflichtung, die sächsischen Lehrbriefe herauszugeben – aus Berufsethos, nicht zum Broterwerb.

Wir danken ausdrücklich den Autorinnen und Autoren, die uns helfen, eine fachliche Arbeit zu tun mit dem Ziel, den Bürgerinnen und Bürgern dieses Landes einen optimal ausgebildeten öffentlichen Dienst zu bieten und damit das sicherzustellen, was die Menschen in diesem Lande für ihre Steuergelder erwarten können: einen kompetenten öffentlichen Dienst, der seinem Namen gerecht wird.

Gesine Wilke
Geschäftsführerin

Armin Bethke
Referent Aus- und Fortbildung

Einleitung

Der vorliegende Lehrbrief „Kommunale Finanzwirtschaft (Doppik)“ basiert auf den Bestimmungen des Kommunalen Haushalts- und Rechnungswesens im Freistaat Sachsen. Er ist auf dem Rechtsstand des Jahres 2023.

Der Lehrbrief ist in erster Linie eine Grundlage für die Aus- und Fortbildung in der öffentlichen Verwaltung. Schwerpunktmäßig richtet er sich an die Auszubildenden in den Berufsbildern Verwaltungsfachangestellter und Fachangestellter für Bürokommunikation, die Studenten des Fachbereiches Allgemeine Verwaltung der Hochschule Meißen sowie die Teilnehmer der Fortbildungen zum Verwaltungsfachwirt, Kommunalwirt und zum Kommunalen Bilanzbuchhalter. Er ist aber auch als Arbeitsgrundlage und Grundlagenbuch für diejenigen geeignet, die sich erstmalig in die Materie des Kommunalen Haushalts- und Rechnungswesens einarbeiten wollen oder ein kurzes übersichtliches Nachschlagewerk für die Praxis suchen. Der Aufbau des Lehrbriefes orientiert sich an den Stoffplänen für die Aus- und Fortbildung im öffentlichen Dienst im Fach Kommunale Finanzwirtschaft.

Den wesentlichen Teil des Lehrbriefes nehmen die Darstellungen zum doppischen Haushalts-, Kassen- und Rechnungswesen ein, das für die sächsischen Kommunen seit dem 1. Januar 2013 verpflichtend umzusetzen ist. Abgerundet werden die Ausführungen durch eine Reihe von Kontrollfragen und einen komplexen Übungssachverhalt Darüber hinaus enthält der Lehrbrief grundsätzliche Aussagen zur Struktur der öffentlichen Finanzen. Zum besseren Verständnis enthält der Lehrbrief eine Reihe von Mustern und Beispielen. Da in einigen Bereichen keine oder nur wenig aussagefähige Muster der Verwaltungsvorschrift Haushaltssystematik den Kommunen zur Verfügung stehen, wurden Muster aus einer EDV-Anwendung ergänzt. Für das Zurverfügungstellen danken die Autoren der KSL Kommunalservice GmbH mit der Darstellung im Produkt proDoppik von H&H herzlich.

Der Lehrbrief greift die aktuelle Sach- und Rechtslage zum Zeitpunkt seiner Erstellung auf. Da die gesetzlichen Grundlagen für das Haushalts- und Rechnungswesen regelmäßig einer Anpassung unterliegen, sollten bei Einzelfragen die aktuellen gesetzlichen Grundlagen herangezogen werden.

Die Autoren erheben nicht den Anspruch, das Haushalts- und Rechnungswesen der Kommunen in seiner ganzen Komplexität darstellen zu wollen. Im Lehrbrief werden die Grundzüge dargelegt und anhand von einfachen praktischen Beispielen erläutert.

„Welche Vorteile gewährt die doppelte Buchhaltung dem Kaufmanne! Es ist eine der schönsten Erfindungen des menschlichen Geistes, und ein jeder gute Haushälter sollte sie in seiner Wirtschaft einführen.“

Johann Wolfgang Goethe aus Wilhelm Meisters Lehrjahre (1. Buch, 10. Kapitel)

Es gibt Erfahrungen in der Lehre, die vermutlich jeder Dozent im Bereich der kommunalen Finanzwirtschaft macht; entweder lieben die Schüler das Fach oder sie lehnen es ab. Dabei bietet kaum ein anderes Gebiet des öffentlichen Rechts eine solche Breite an Möglichkeiten zur Wissensgewinnung und Wissensvermittlung. Die kommunale Finanzwirtschaft beschäftigt sich im Bereich des Rechnungswesens vorrangig mit Zahlen, es muss (richtig) gebucht werden. Dagegen bieten die Bereiche Haushalts- und Kassenwesen auch rechtlich eine Vielzahl von Ansätzen zu juristischen Auslegungen und für Subsumtionen. Und ganz nebenbei ist die kommunale Finanzwirtschaft das Gebiet, mit dem jeder Einwohner einer Gemeinde fast täglich in Berührung kommt. Sei es über Berichterstattungen in den Medien zu fehlenden Einnahmen der Kommunen, zu Gebühren- und Beitragserhöhungen, zu fehlenden Plätzen in Kindertageseinrichtungen oder zu kommunalen Investitionen. Die Kommunale Finanzwirtschaft stellt die kommunalen Verwaltungen täglich vor neue Herausforderungen. Dazu zählte vor einigen Jahren die Umstellung des Haushalts-, Kassen- und Rechnungswesens auf die Doppik, deren Vorzüge bereits Goethe in seinem Werk Wilhelm Meisters Lehrjahre beschrieben hat. Die Autoren des Lehrbriefes haben sich – Goethes Worten folgend – zum Ziel gesetzt, die „schönste Erfindung des menschlichen Geistes“ verständlich und praxisbezogen darzustellen und Interesse für ein vielseitiges, aber auch anspruchsvolles Gebiet des öffentlichen Rechts zu wecken.

Autor:innen:

Friederike Trommer, Diplomverwaltungswirtin (FH), nebenamtliche Dozentin beim SKSD und anderen Bildungsträgern, hauptamtlich Bürgermeisterin für Finanzen, Bildung und Soziales in der Großen Kreisstadt Coswig.

Jens Findeisen, Diplomverwaltungswirt (FH), Dozent bei diversen Bildungsträgern, darunter beim Sächsischen Kommunalen Studieninstitut Dresden und freiberuflicher Kommunalberater.

Inhaltsverzeichnis

Abkürzungsverzeichnis

ADV	Automatisierte Datenverarbeitung
AO	Abgabenordnung
ao	außerordentlich
apl	außerplanmäßig
BauGB	Baugesetzbuch
BewG	Bewertungsgesetz
BGB	Bürgerliches Gesetzbuch
DVO SächsGemO	Verordnung des Sächsischen Staatsministeriums des Innern zur Durchführung der Gemeindeordnung für den Freistaat Sachsen
EDV	Elektronische Datenverarbeitung
EStG	Einkommensteuergesetz
EU	Europäische Union
ff.	fortfolgende
GewStG	Gewerbesteuergesetz
GFRG	Gesetz zur Neuordnung der Gemeindefinanzen
GG	Grundgesetz für die Bundesrepublik Deutschland
GrStG	Grundsteuergesetz
HGB	Handelsgesetzbuch
HGrG	Gesetz über die Grundsätze des Haushaltsrechts des Bundes und der Länder – Haushaltsgrundsätzegesetz
HJ	Haushaltsjahr
HS	Halbsatz
i. d. R.	in der Regel
i. H. v.	in Höhe von
KAV	Verordnung über Konzessionsabgaben für Strom und Gas – Konzessionsabgabeverordnung
KGSt	Kommunale Gemeinschaftsstelle für Verwaltungsvereinfachung, Köln
KomBekVO	VO des SMI über die Form kommunaler Bekanntmachungen (Kommunalbekanntmachungsverordnung)
KStG	Körperschaftsteuergesetz
PB	Produktbereich
RE	Rechnungsergebnis
SächsABl.	Sächsisches Amtsblatt
SächsEigBG	Gesetz über kommunale Eigenbetriebe im Freistaat Sachsen – Sächsisches Eigenbetriebsgesetz
SächsFAG	Gesetz über einen Finanzausgleich mit den Gemeinden und Landkreisen im Freistaat Sachsen – Finanzausgleichsgesetz in der für das jeweilige Haushaltsjahr geltenden Fassung
SächsGemO	Gemeindeordnung für den Freistaat Sachsen
SächsGVBl.	Sächsisches Gesetz- und Verordnungsblatt
Sächsische Verfassung	Verfassung des Freistaates Sachsen
SächsKAG	Sächsisches Kommunalabgabengesetz
SächsKomHVO	Verordnung des Sächsischen Staatsministeriums des Innern über die kommunale Haushaltswirtschaft nach den Regeln der Doppik
SächsKomKBVO	Verordnung des Sächsischen Ministeriums des Innern über die Kassen- und Buchführung der Kommunen. Gesetz über die Kulturräume in Sachsen
SächsKRG	Gesetz über die Kulturräume in Sachsen (Sächsisches Kulturraumgesetz)
SächsKHG	Gesetz zur Neuordnung des Krankenhauswesens – Sächsisches Krankenhausgesetz
SächsKomPrüfVO	Verordnung des Sächsischen Staatsministeriums des Innern über das kommunale Prüfungswesen – Kommunalprüfungsverordnung
SächsKomZG	Sächsisches Gesetz über kommunale Zusammenarbeit
SächsKVZ	Sächsisches Kostenverzeichnis vom 17.10.2008, SächsGVBl. S. 661–8 SächsKVZ
SächsLKrO	Landkreisordnung für den Freistaat Sachsen
SächsKomSozVG	Gesetz über den Kommunalen Sozialverband Sachsen
SächsVergabeG	Sächsisches Vergabegesetz
SächsVwKG	Verwaltungskostengesetz des Freistaates Sachsen
SächsVwVfZG	Gesetz zur Regelung des Verwaltungsverfahrens- und Verwaltungszustellungsrechts für den Freistaat Sachsen
SächsVwVG	Verwaltungsvollstreckungsgesetz des Freistaates Sachsen
SäHO	Haushaltsordnung des Freistaates Sachsen – Sächsische Haushaltsordnung
SAKD	Sächsische Anstalt für Kommunale Datenverarbeitung, Bischofswerda
ScheckG	Scheckgesetz
SGB	Sozialgesetzbuch SGB I bis XII
SMI	Sächsisches Staatsministerium des Innern
SSG	Sächsischer Städte- und Gemeindetag e. V.
StG	Stiftungsgesetz
StWG	Gesetz zur Förderung der Stabilität
UStG	Umsatzsteuergesetz
VE	Verpflichtungsermächtigung
VO	Verordnung
Vorl. VV-SäHO	Vorläufige Verwaltungsvorschriften zur Sächsischen Haushaltsordnung
VSV	Vorschriftensammlung für die Verwaltung in Sachsen

VwV	Verwaltungsvorschriften
VwGO	Verwaltungsgerichtsordnung
VwV KomHSys	VwV Kommunale Haushaltssystematik (Verwaltungsvorschrift des Sächsischen Staatsministeriums des Innern über die Zuordnungsvorschriften zum Produktrahmen und Kontenrahmen sowie Muster für das neue Haushalts- und Rechnungswesen der Kommunen im Freistaat Sachsen)
VwV Kommunale Haushaltswirtschaft –	Verwaltungsvorschrift des Sächsischen Staatsministeriums des Innern über die Grundsätze der kommunalen Haushalts- und Wirtschaftsführung und die rechtsaufsichtliche Beurteilung der kommunalen Haushalte zur dauerhaften Sicherung der kommunalen Aufgabenerledigung nach den Regeln der Doppik
VwVfG	Verwaltungsverfahrensgesetz
ZPO	Zivilprozessordnung

1. Die Finanzierung kommunaler Haushalte

1.1 Grundlagen

1.1.1 Einordnung der kommunalen Finanzwirtschaft

Die kommunale Finanzwirtschaft ist Teil der Finanzwirtschaft der öffentlichen Haushalte oder der öffentlichen Hand. Diese umfasst alle Einrichtungen und Tätigkeiten, die auf die Beschaffung, Verwaltung und Verwendung von Mitteln für öffentliche Zwecke gerichtet sind. Mittel in diesem Sinne sind nicht allein die monetären Zahlungsmittel, sondern auch der Bestand des öffentlichen Sachvermögens. Dieses rückt – zumindest auf Ebene der kommunalen Körperschaften – mit der Einführung des doppischen Rechnungswesens zunehmend in den Fokus, da es erstmalig wertmäßig nachgewiesen wird. Zum Sachvermögen gehören insbesondere Grundstücke, Gebäude, Infrastruktureinrichtungen, bewegliche Anlagegüter aber auch Finanzanlagen.

Öffentliche Hand und damit Träger der öffentlichen Finanzwirtschaft sind

1. der Bund mit seinem Bundeshaushalt, dem öffentlichen Sondervermögen und den öffentlichen Unternehmen (z. B. Bundesdruckerei, Bundesfinanzagentur, Deutsche Bahn AG),
2. die Länder mit ihren Landeshaushalten einschließlich der zugehörigen Sondervermögen und öffentlichen Unternehmen[1],
3. die kommunalen Körperschaften, d. h. die Städte und Gemeinden, Gemeindeverbände (Landkreise), Zweckverbände, Verwaltungsverbände, einschließlich ihrer nachgeordneten Sondervermögen und öffentlichen Unternehmen (vgl. §§ 96 ff. SächsGemO) sowie
4. die sonstigen juristischen Personen des öffentlichen Rechts, welche regelmäßig der Staatsaufsicht unterliegen, jedoch über eine eigenständige Wirtschaftsführung verfügen und überwiegend mit Hoheitsrechten ausgestattet sind (z. B. Kammern, Innungen, Deutsche Rentenversicherung, Religionsgemeinschaften, Hochschulen, Rundfunk- und Fernsehanstalten).

Die kommunalen Körperschaften genießen aus ihrer verfassungsrechtlich garantierten Selbstverwaltung einen Anspruch auf aufgabenorientierte Finanzausstattung. In der Sächsischen Verfassung (SächsVerf) sind die Garantien in den Art. 82 ff. verankert.

Aufgabe der öffentlichen Finanzwirtschaft ist es, die Maßnahmen zu treffen und Einrichtungen zu schaffen, die zur Erfüllung der öffentlichen Aufgaben erforderlich sind. Der Aufgabenkanon der kommunalen Körperschaften ergibt sich aus § 2 SächsGemO, welcher den Gemeinden Weisungsaufgaben, Pflichtaufgaben und Freiwillige Aufgaben zur Erfüllung zuweist.

Die Notwendigkeit öffentlicher Aufgaben ergibt sich aus einem Bedarf an Gütern und Dienstleistungen, die am Markt gar nicht oder nur zu überhöhten Preisen angeboten werden könnten. Die öffentliche Wirtschaft greift damit durch die Bereitstellung von Gütern und Dienstleistungen ordnend in den Markt ein und stellt eine gewisse Mindestbedarfsdeckung sicher. Zur Erfüllung dieser Aufgaben benötigt die öffentliche Hand Mittel, die sie sich einerseits aus Zwangsabgaben (Steuern) oder aus leistungsbezogenen Entgelten (Gebühren, Beiträge), aber auch aus Krediten und sonstigen erwerbswirtschaftlichen Erträgen (Veräußerungserlöse) beschafft.

Das Ziel der Bedarfsdeckung im Bereich der öffentlichen Finanzwirtschaft kann wie in der nachfolgenden Übersicht dargestellt zusammengefasst werden:

Worin unterscheiden sich die öffentlichen Haushalte von der Privatwirtschaft? Privathaushalte planen ihre Ausgaben mit unterschiedlicher Ausprägung. Der generelle Zusammenhang zwischen verfügbaren Mitteln und leistbaren Aufwendungen gilt auch für Private. Während sich die privaten Haushalte darauf orientieren, ihre privaten, d. h. persönlich empfundenen Bedürfnisse zu befriedigen, muss die öffentliche Hand sich bei der Frage, welche Bedürfnisse befriedigt werden, am Gemeinwohl orientieren. Ziel muss es sein, Kollektivbedürfnisse zu erkennen und zu befriedigen und nicht einem Individualbedürfnis Vorrang zu gegeben. In Abhängigkeit von der politischen Meinungsfindung lässt sich diese Zielstellung bei der Umsetzung mehr oder weniger erreichen.

Eine weitere Unterscheidung ist im Prinzip des Wirtschaftens zu finden. Der private Haushalt erfasst seine Einnahmen bzw. Erträge und versucht damit den größtmöglichen Erfolg (Gewinn) zu generieren (Maximalprinzip). Ziel der öffentlichen Hand ist jedoch nicht die Erfolgs- oder Gewinnmaximierung, sondern eine bedarfsorientierte Erfüllung öffentlicher Aufgaben und zwar mit dem geringstmöglichen Mitteleinsatz (Minimalprinzip).

Auch die Planungshorizonte unterscheiden sich deutlich. Während private Haushalte regelmäßig keine langfristigen Planungen erstellen, sondern auf Basis monatlicher Erträge Ausgaben bzw. Aufwendungen bestimmen, muss die öffentliche Hand langfristig planen, um auch langfristig auftretende Bedürfnisse und Entwicklungen abdecken zu können.

Die nachfolgende Übersicht zeigt einige wesentliche Unterschiede des Wirtschaftens der öffentlichen Hand und der privaten Haushalte auf:

1 In Sachsen sind als öffentliche Unternehmen beispielsweise der Staatsbetrieb Sächsische Immobilien- und Bauverwaltung (SIB), die Staatliche Porzellanmanufaktur oder die Sondervermögen in diversen Stiftungen zu nennen.

Merkmal	Öffentliche Hand	Privatwirtschaft/ private Haushalte
Zielstellung	***Bedarfsdeckung***	***Nutzenmaximierung***
Prinzipien	***Minimalprinzip***	***Maximalprinzip***
Planungstiefe/ -umfang	***Ausgeprägt gesetzlich streng normiert***	***Gering keine gesetzliche Normierung***
Planungshorizont	***Langfristig***	***Kurzfristig***
Nachhaltigkeit	***Gering (vordergründig Konsum)***	***Hoch (Konsum und Investitionen)***
Bedarfsdeckung	***Kollektivbedarf***	***Individualbedarf***
Grundsatz	***Die Ausgaben bestimmen die Einnahmen bzw. die Aufwendungen bestimmen die Erträge.***	***Die Einnahmen bestimmen die Ausgaben bzw. die Erträge bestimmen die Aufwendungen.***

1.1.2 Der Haushaltskreislauf

Bezugszeitraum für das Wirtschaften der kommunalen Körperschaften ist das Kalenderjahr (§ 74 Abs. 3 SächsGemO). Gleiches gilt für den Bund (§ 4 BHO) und den Freistaat Sachsen (§ 4 SäHO). Auch die Privatwirtschaft stellt hinsichtlich der Rechenperiode regelmäßig auf das Kalenderjahr (Wirtschaftsjahr, § 242 HGB) ab.

Der Haushaltszyklus spielt sich deshalb stets innerhalb eines Kalenderjahres ab, wobei jedoch Vor- und Nacharbeiten auch vor Beginn bzw. nach Abschluss des Kalenderjahres erfolgen können und müssen.

Der Haushaltskreislauf läuft dabei stets nach dem folgenden Schema ab:

Planungsphase Gemäß § 74 Abs. 1 SächsGemO hat die Gemeinde für jedes Haushaltsjahr eine Haushaltssatzung zu erlassen. Diese soll der Rechtsaufsichtsbehörde gemäß § 76 Abs. 2 SächsGemO spätestens einen Monat vor Beginn des Haushaltsjahres vorgelegt werden. → Vor Beginn des Haushaltsjahres erfolgt eine sorgfältige und umfassende Planung der im Haushaltsjahr zu erwartenden Verwaltungsvorfälle!	Bis zum 31.12. des Vorjahres

⇩

Bewirtschafts- und Vollzugsphase Gemäß § 27 SächsKomHVO muss die Gemeinde während des Haushaltsjahres auf den rechtzeitigen Einzug, der ihr zustehenden Finanzmittel achten und sie darf Aufwendungen und Auszahlungen gemäß § 28 SächsKomHVO nur leisten, wenn eine entsprechende Deckung im Haushaltsplan gewährleistet ist. Ergeben die Ansätze in der Haushaltssatzung und im Haushaltsplan größere Abweichungen, muss die Gemeinde besondere Maßnahmen ergreifen (vgl. § 79 SächsGemO) oder eine Nachtragssatzung erlassen (§ 77 SächsGemO). → Während des Haushaltsjahres werden die geplanten Maßnahmen und Verwaltungsvorfälle unter Berücksichtigung der Planungen erledigt und fortlaufend in der Buchführung erfasst!	1.1. bis 31.12. des Haushaltsjahres

⇩

Phase der Rechnungslegung Gemäß § 88 SächsGemO hat die Gemeinde zum Schluss eines jeden Haushaltsjahres einen Jahresabschluss aufzustellen, aus dem sich ein Bild über die Vermögens-, Ertrags- und Finanzlage ergibt. → Nach dem 31.12. des Haushaltsjahres bis zum 30.6. des Folgejahres muss die Gemeinde an Hand des Jahresabschlusses Rechenschaft über die Erfüllung des Plans und den Stand ihres Vermögens und ihrer Schulden ablegen.	Nach dem 31.12. des Haushaltsjahres

1.2 Finanzierungsmittel

1.2.1 Zuweisungen und Zuschüsse

Zuweisungen und Zuschüsse sind finanzielle Leistungen zur Erfüllung einer Aufgabe innerhalb des öffentlichen Bereichs oder vom öffentlichen an den privaten Bereich und umgekehrt, soweit es sich hierbei nicht um Gegenleistungen, Erstattungen oder Darlehen handelt.

Die Kommunen erhalten in nicht unerheblichem Umfang Zuweisungen vom Land, vom Bund und von der Europäischen Union. Diese Zuweisungen sollen die Finanzausstattung der Kommunen verbessern und ausgleichend zwischen den einzelnen Empfängern wirken.

1.2.1.1 Die Zuweisungen aus dem kommunalen Finanzausgleich

Das Land hat entsprechend Art. 87 Abs. 1 SächsVerf dafür zu sorgen, dass die Gemeinden, Landkreise und sonstigen Träger der kommunalen Selbstverwaltung ihre Aufgaben erfüllen können. Diese Mitwirkung des Landes an der Finanzierung erfolgt im Wesentlichen über den kommunalen Finanzausgleich (Art. 87 Abs. 3 SächsVerf). Gesetzliche Grundlage ist das Gesetz über den Finanzausgleich im Freistaat Sachsen (Sächsisches Finanzausgleichsgesetz – SächsFAG), in welchem die Finanzbeziehungen des Landes zu den kreisangehörigen Gemeinden, den kreisfreien Städten und den Landkreisen geregelt werden. Das Finanzausgleichsgesetz wird immer für zwei Jahre, entsprechend dem Doppelhaushalt des Landes, erlassen.

Der kommunale Finanzausgleich verfolgt folgende Ziele:

- Ergänzung der eigenen Erträge/Einzahlungen einer kommunalen Körperschaft als vertikales Element (Ergänzungsfunktion),
- Ausgleich von Finanzunterschieden zwischen einzelnen kommunalen Körperschaften als horizontales Element (Nivellierungsfunktion),
- Erschließung und Ausnutzung eigener Möglichkeiten zur Beschaffung von Finanzmitteln (Anreizfunktion),
- Übereinstimmung mit den raumordnerischen Zielen des Landesentwicklungsplanes schaffen und
- die Stärkung der kommunalen Selbstverwaltung.

Im Rahmen des **vertikalen Ausgleichs** beteiligt das Land die kommunale Ebene an seinen eigenen Einnahmen aus dem Steuerverbund. Die zu verteilenden Mittel des Landes werden in der **Finanzausgleichsmasse** durch das Land festgesetzt und setzen sich im Wesentlichen wie folgt zusammen:

- Anteile des Landes am Aufkommen an den Gemeinschaftssteuern (Einkommen-, Lohn-, Abgeltung-, Körperschaft- und Umsatzsteuer),
- Landessteuern und Anteil des Landes an der Gewerbesteuerumlage,
- Ausgleichszahlung des Bundes für den Entzug der Ertragshoheit aus der Kfz-Steuer,
- Anteil des Landes am Länderfinanzausgleich und den Bundesergänzungszuweisungen.

Die Finanzausgleichsmasse ist damit die Gesamtheit der finanziellen Mittel, die in einem Ausgleichsjahr den Gemeinden und Landkreisen über den kommunalen Finanzausgleich im Rahmen des allgemeinen Steuerverbundes sowie erforderlichenfalls aus Mitteln des Landeshaushalts zur Verfügung gestellt werden.

Die kommunale Ebene wird nach dem so genannten Gleichmäßigkeitsgrundsatz an den Einnahmen des Landes beteiligt. Dieser besagt in § 2 Abs. 1 Satz 2 SächsFAG, dass sich die Entwicklung der Gesamteinnahmen der Kommunen aus Steuern und Zuweisungen gleichmäßig zur Entwicklung der dem Land verbleibenden Mittel aus Steuern und aus dem Länderfinanzausgleich gestalten soll. Das bedeutet: Gehen die Einnahmen des Landes zurück, sinkt die Finanzausgleichsmasse. Steigen die Einnahmen des Landes, steigt auch die Finanzausgleichsmasse. Die Finanzausgleichsmasse wird damit nicht nach dem konkreten Bedarf für die Aufgabenerfüllung bemessen, wie es in anderen Bundesländern durch das Finanzausgleichsgesetz bestimmt ist. Dies ist solange vertretbar, wie in der Aufgabenverteilung zwischen Land und Kommunen keine bzw. keine wesentlichen Änderungen auftreten. Ergeben sich wesentliche Änderungen (etwa durch Aufgabenübertragung im Rahmen einer Verwaltungsreform) muss die Einnahmeverteilung überprüft und erforderlichenfalls angepasst werden.

Die Finanzausgleichsmasse wird dabei zunächst im Verfahren der Haushaltsplanung für das Land ermittelt. Grundlage hierfür sind die Steuerschätzungen der (renommierten) Steuerschätzer und Wirtschaftsinstitute. Ergeben sich bei der Durchführung des Landeshaushaltes Abweichungen (günstigere oder schlechtere Steuerentwicklung), erfolgt nach Ablauf des Haushaltsjahres eine Nachberechnung nach den tatsächlichen Verhältnissen. Hieraus ergeben sich positive oder negative Abrechnungsbeträge für den folgenden Ausgleichszeitraum.

Aufbringung und Verwendung der Finanzausgleichsmasse 2024

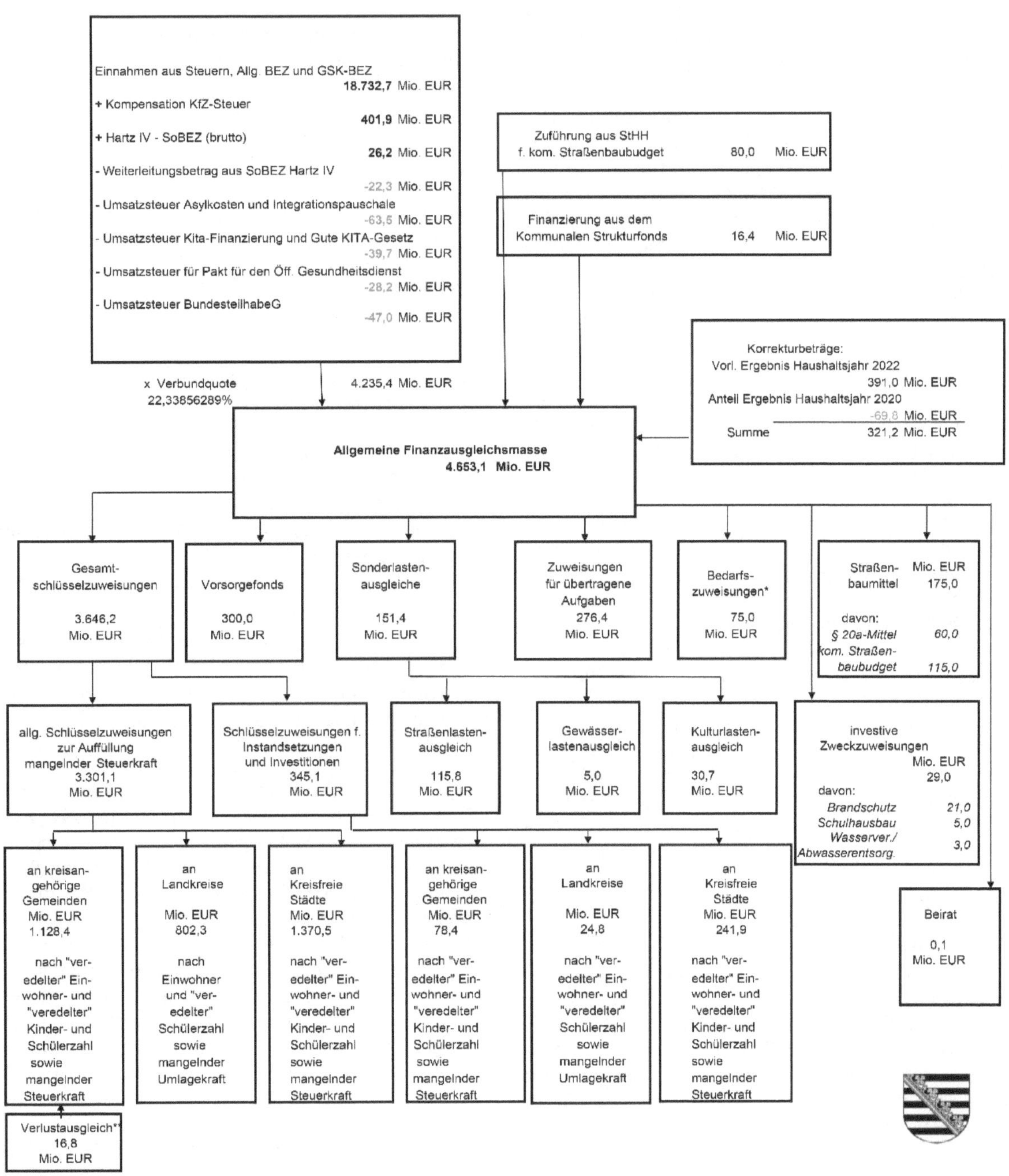

Durch die Berücksichtigung der Steuerkraft der einzelnen kommunalen Körperschaften erfolgt im **horizontalen Ausgleich** ein Ausgleich von finanzschwachen und finanzstarken Körperschaften. So erhalten Gemeinden mit unterdurchschnittlichen Steuereinnahmen bei sonst gleichen Voraussetzungen höhere Zuweisungen als Gemeinden mit höheren Steuereinnahmen. Die horizontale Verteilung der Finanzausgleichsmasse erfolgt unter Berücksichtigung der Einwohner- und Schülerzahlen sowie der Kinderzahlen bis zur Vollendung des 10. Lebensjahres der einzelnen Körperschaft sowie eines Grundbetrages. Hieraus ergibt sich eine jährlich neu festzulegende Bedarfsmesszahl (§ 7 SächsFAG). Ist die Bedarfsmesszahl höher als die eigene Steuerkraft der Gemeinde (Steuerkraftmesszahl, § 8 SächsFAG), erhält die kreisangehörige Gemeinde 75 v. H. des Unterschiedsbetrages als Schlüsselzuweisung. Für die Kreisfreien Städte und Landkreise werden die Bedarfs- und Steuerkraftmesszahl nach besonderen Kriterien ermittelt (§§ 10 und 12 SächsFAG). Seit 2009 bestehen Regelung zu „abundanten Gemeinden" innerhalb des Systems des Finanzausgleichs. Gemeinden, deren eigene Steuerkraft über der ermittelten Bedarfsmesszahl liegt, sind verpflichtet, einen Teil der übersteigenden Steuerkraft (im ersten Haushaltsjahr 30 v. H.) an die Finanzausgleichsmasse abzuführen, die so genannte Finanzausgleichsumlage (§ 25a SächsFAG). Diese Abführung erhöht die Schlüsselzuweisungen an die übrigen kreisangehörigen Gemeinden. Im Haushaltsjahr 2023 waren von dieser Regelung 35 kreisangehörige Gemeinden betroffen.

Unter Berücksichtigung der vertikalen und horizontalen Verteilungskriterien wird die Finanzausgleichsmasse an die kommunale Ebene ausgereicht in Form von

- allgemeinen Schlüsselzuweisungen,
- investiven Schlüsselzuweisungen,
- Zuweisungen zum Ausgleich von Mehrbelastungen für übertragene Pflichtaufgaben,
- Zuweisungen zum Ausgleich von Sonderlasten und
- Bedarfszuweisungen für besondere Sachverhalte.

Über die auszuzahlenden Zuweisungen des Landes erhalten die kommunalen Körperschaften in jedem Haushaltsjahr einen Festsetzungsbescheid. Der Festsetzungsbescheid ist ein Verwaltungsakt.

Schlüsselzuweisungen

Die allgemeinen Schlüsselzuweisungen sind allgemeine Deckungsmittel im Ergebnis- und Finanzhaushalt der kommunalen Körperschaft. Sie unterliegen keiner besonderen Zweckbindung, sie können damit zur Erfüllung aller Weisungs- und Pflichtaufgaben und – soweit möglich – zur Erfüllung freiwilliger Aufgaben frei eingesetzt werden. Mit dem Begriff der „Schlüsselzuweisung" wird zum Ausdruck gebracht, dass diese Mittel über einen pauschalen Schlüssel verteilt werden.

Für die horizontale Verteilung der Finanzausgleichsmasse werden die Steuerkraft und der Finanzbedarf einer Kommune berücksichtigt.

Die Steuerkraft einer Kommune wird durch eine Steuerkraftmesszahl (§ 8 SächsFAG) ausgedrückt, der Finanzbedarf durch eine Bedarfsmesszahl (§ 7 SächsFAG).

Die Bedarfsmesszahl einer Kommune wird nach folgendem Schema ermittelt:

Einwohnerzahl
* Hauptansatzfaktor („Einwohnerveredelung" nach Gemeindegröße)
= Hauptansatz
\+ Nebenansatz für Schüler (Summe von Schülerzahlen je Schulart x kostenspezifischer Prozentsatz je Schulart x Vergleichsfaktor)
\+ Nebenansatz frühkindliche Bildung
= Gesamtansatz
= Bedarfsmesszahl

Die Steuerkraftmesszahl einer Kommune wird nach folgendem Schema ermittelt:

Steuerkraftzahl Grundsteuer A
(berechnet aus Istaufkommen Grundsteuer A) *
Nivellierungshebesatz gemäß § 8 Abs. 2 SächsFAG)
\+ Steuerkraftzahl Grundsteuer B (gleiche Berechnung wie Grundsteuer A)
\+ Steuerkraftzahl Gewerbesteuer-Grundbetrag (gleiche Berechnung wie Grundsteuer A,
jedoch wird zusätzlich von der ermittelten Steuerkraftzahl die zu entrichtende Gewerbesteuerumlage abgezogen)
\+ Gemeindeanteil an der Einkommensteuer
\+ Gemeindeanteil an der Umsatzsteuer
= Steuerkraftmesszahl

Die investiven Schlüsselzuweisungen sind abweichend zu den allgemeinen Schlüsselzuweisungen nur für investive Zwecke und für wesentliche Instandhaltungen und Instandsetzungen zu verwenden. Sie stellen damit Einzahlungen im Finanzhaushalt[2] dar. Durch die investiven Schlüsselzuweisungen sollen die kommunalen Körperschaften in die Lage versetzt werden, öffentliche Einrichtungen, die der infrastrukturellen Grundversorgung der Bevölkerung dienen, zu schaffen und zu erneuern. Zu den Aufgaben der infrastrukturellen Grundversorgung zählen insbesondere der Straßenbau, der Schulhausbau, die Stadt- und Dorferneuerung, die Wasserver- und Abwasserentsorgung, die Abfallwirtschaft sowie der Brand- und Katastrophenschutz. Im Ausnahmefall dürfen diese Mittel zur Tilgung von Krediten für bereits erfolgte Infrastrukturinvestitionen eingesetzt werden. Die zweckentsprechende Verwendung ist nach Ablauf des Haushaltsjahres nachzuweisen. Mit der Verwendung der investiven Schlüsselzuwei-

2 Soweit die investiven Schlüsselzuweisungen für Instandsetzungen und Instandhaltungen eingesetzt werden, stellen sie auch anteilige Erträge im Ergebnishaushalt dar (vgl. Anlage 3 VwV KomHSys, Konto 3112).

sungen für investive Zwecke ist ein Sonderposten für Investitionszuwendungen zu passivieren, welcher über die Wertentwicklung des bezuschussten Vermögensgegenstandes aufzulösen ist (vgl. § 36 Abs. 6 SächsKomHVO). Dies gilt nicht, soweit die investiven Schlüsselzuweisungen für wesentliche Instandhaltungs- und Instandsetzungsmaßnahmen im Ergebnishaushalt verwendet werden. Ferner besteht nach § 40 Abs. 2 SächsKomHVO ein Wahlrecht, den Sonderposten pauschal über 20 Jahre aufzulösen.

Mehrbelastungsausgleich (§ 16 SächsFAG)

Die kommunalen Träger der Selbstverwaltung erhalten weiterhin zum Ausgleich von Mehrbelastungen aus übertragenen Aufgaben (Art. 85 Abs. 2 SächsVerf) eine steuerkraftunabhängige Zuweisung je Einwohner. Diese betrug im Finanzausgleichsgesetz für die Jahre 2024:

- 0,40 Euro bei kreisangehörigen Gemeinden bis zu 20.000 Einwohner,
- 0,66 Euro bei sonstigen kreisangehörigen Gemeinden,
- 2,26 Euro bei Großen Kreisstädten mit bis zu 20.000 Einwohnern,
- 7,20 Euro bei Großen Kreisstädten mit mehr als 20.000 Einwohnern,
- 2,42 Euro bei Großen Kreisstädten als erfüllende Gemeinde von Verwaltungsgemeinschaften,
- 48,36 Euro bei Kreisfreien Städten und
- 35,48 Euro bei den Landkreisen.

Der Mehrbelastungsausgleich wird nur gewährt, wenn die Übertragung einer Aufgabe vom Land auf die kommunale Ebene zu einer Mehrbelastung führt und das Land einen entsprechenden finanziellen Ausgleich schaffen muss. Dieser Mehrbelastungsausgleich muss dabei unabhängig von der Steuerkraft der jeweiligen kommunalen Körperschaft erfolgen.

Sonderlastenausgleich (§§ 17 bis 21 SächsFAG)

Ein Sonderlastenausgleich wird gewährt in Form eines

- Straßenlastenausgleiches für die Erhaltung und den Unterhalt einschließlich des Winterdienstes der Kreis- und Gemeindestraßen in Form einer Pauschale je Kilometer der im Straßenbestandsverzeichnis aufgeführten Straßen und des
- Kulturlastenausgleiches an die Kulturräume zur Förderung der Kulturpflege nach dem Sächsischen Kulturraumgesetz (SächsKRG).

Bedarfszuweisungen (§§ 22 ff. SächsFAG)

Bedarfszuweisungen können zum Ausgleich eines außergewöhnlichen Finanzbedarfs einer einzelnen kommunalen Körperschaft gegenüber den übrigen Körperschaften gewährt werden. Verwendungszwecke können sein

- die Durchführung der Haushaltskonsolidierung und die Erstellung eines Haushaltsstrukturkonzeptes sowie die Abdeckung von Fehlbeträgen,
- die Überwindung außergewöhnlicher und struktureller Belastungen sowie zum Ausgleich von Härtefällen, die sich bei der Durchführung des Finanzausgleiches ergeben,
- der Aufbau eines Kommunalen Datennetzes,
- der freiwillige Zusammenschluss von Gemeinden zu größeren Verwaltungseinheiten.

Weitere Sachverhalte für Bedarfszuweisungen ergeben sich aus §§ 22a bis c SächsFAG, so u. a.

- Zuweisungen an die Aufgabenträger zum Ausgleich besonderer Belastungen im Rahmen der Unterbringung und Betreuung von Flüchtlingen,
- Projekte zum Abbau regionaler Strukturdefizite in begründeten Einzelfällen,
- zur Förderung der Ausbildung an der Hochschule Meißen.

1.2.1.2 Zuweisungen zur Fachförderung

Neben den Zuweisungen aus dem Finanzausgleich gewährt das Land weitere Zuweisungen aus dem Landeshaushalt als Fachförderung, u. a. für

- Investitionen zur Entwicklung der kommunalen Infrastruktur,
- die Förderung von Einrichtungen der Kindertagesbetreuung, Schulen und der Jugendhilfe,
- Investitionen zur Gewährleistung des Brandschutzes.

Im Unterschied zu den Schlüsselzuweisungen dürfen Mittel aus der Fachförderung nur für den bewilligten Zweck eingesetzt werden. Die Zwecke ergeben sich aus den Gesetzen oder den hierzu erlassenen Fachförderrichtlinien. Diese Fachförderrichtlinien regeln insbesondere die Zuweisungsvoraussetzungen sowie das Antrags-, Bewilligungs-, Auszahlungs- und Nachweisverfahren. Über eine Schwerpunktsetzung bei der Fachförderung kann das Land Einfluss auf die Investitionstätigkeit und infrastrukturelle Entwicklung der kommunalen Ebene nehmen.

Außer dem Land gewähren auch der Bund und die Europäische Union Zuweisungen zur Fachförderung. Die Beantragung und Ausreichung der Mittel erfolgt dabei stets über Landesbehörden oder die Sächsische Aufbaubank. Die Sächsische Aufbaubank – Förderbank – (SAB) ist das zentrale Förderinstitut des Freistaates Sachsen. Auf der Grundlage des Gesetzes zur Errichtung der Sächsischen Aufbaubank – Förderbank – (FördbankG) vom 19.06.2003 unterstützt die SAB als Anstalt des öffentlichen Rechts den Freistaat bei der Erfüllung seiner öffentlichen Aufgaben. Eine Förderung erfolgt in der Regel dann, wenn Land, Bund oder Europäische Union ein erhebliches Interesse an der Verwirklichung des Zuweisungszweckes haben und die Erfüllung ohne die Zuweisung nicht oder nicht vollständig gewährleistet ist (§ 23 SäHO).

1.2.2 Die Kreisumlage

Landkreise können zur Deckung ihres Finanzbedarfes von ihren kreisangehörigen Gemeinden eine Umlage erheben (§ 26 Abs. 1 SächsFAG). Diese wird als Kreisumlage bezeichnet.

Über diese Kreisumlage werden einerseits Aufgaben finanziert, die der Landkreis für seine kreisangehörigen Gemeinden erfüllt (Finanzierungsfunktion). Andererseits wird die Umlage unter Berücksichtigung der Steuerkraft der kreisangehörigen Gemeinden erhoben. Damit erfolgt auch innerhalb der Kreise ein Ausgleich zwischen finanzstarken und -schwachen Gemeinden und der Kreis partizipiert mangels eigener Steuern an den Steuern der kreisangehörigen Gemeinden (fiskalische Ausgleichsfunktion).

Umlagegrundlagen sind die Steuerkraftmesszahl der Gemeinden (§ 8 SächsFAG) und die Schlüsselzuweisung (§ 9 SächsFAG). Auf diesen Umlagegrundlagen wendet der Kreis einen für alle Gemeinden einheitlichen Vomhundertsatz (Kreisumlagesatz) an, den er in seiner Haushaltssatzung an Stelle der Hebesätze für die Realsteuern festsetzt (§ 74 Abs. 2 Nr. 3 SächsGemO). Eine Erhöhung des Kreisumlagesatzes darf nur bis zum 30.06. des laufenden Haushaltsjahres beschlossen werden (§ 26 Abs. 4 SächsFAG).

Die Kreisumlage stellt neben den Zuweisungen vom Land die bedeutendste Ertragsposition der Landkreise dar. Die Einnahmen aus der Kreisumlage stellen im Kreishaushalt einen Ertrag im Ergebnishaushalt und eine Einzahlung im Finanzhaushalt dar. Die Gemeinden haben die an die Landkreise zu zahlenden Kreisumlagen als Aufwand im Ergebnishaushalt sowie als Auszahlung im Finanzhaushalt zu veranschlagen.

Fragen zur Lernkontrolle

1. Was versteht man unter dem Begriff der Zuweisungen und Zuschüsse?
2. Wie beteiligt das Land die kommunalen Körperschaften an seinen Einnahmen aus dem Steuerverbund?
3. Welche Kenngrößen müssen zur Berechnung der Schlüsselzuweisungen ermittelt werden?
4. Welche Ziele verfolgt der kommunale Finanzausgleich?
5. Wie unterscheiden sich vertikaler und horizontaler Finanzausgleich?
6. Wie und durch welches Mittel partizipiert der Landkreis von den Steuererträgen seiner kreisangehörigen Gemeinden?

1.2.3 Steuern und Steuerverbund

Nach der Definition in § 3 Abs. 1 AO sind Steuern „Geldleistungen, die nicht eine Gegenleistung für eine besondere Leistung darstellen und die von einem öffentlich-rechtlichen Gemeinwesen zur Erzielung von Einnahmen allen auferlegt werden, bei denen der Tatbestand zutrifft an den das Gesetz die Leistungspflicht knüpft; die Erzielung von Einnahmen kann Nebenzweck sein“. Steuern stellen damit allgemeine Deckungsmittel dar, die nicht an eine besondere Gegenleistung geknüpft sind. Sie haben deshalb eine besondere Bedeutung bei der Finanzierung öffentlicher Aufgaben. Zu den aus Steuergeldern finanzierten Aufgabenbereichen gehören insbesondere das Schulsystem, der Straßen- und Verkehrswegebau, verschiedene Sozialsysteme, die Kulturpflege und die Mitfinanzierung von öffentlichen Einrichtungen.

Die Grundlagen für das Steuersystem und damit auch für die Partizipation der Gemeinden und Gemeindeverbände am Steueraufkommen finden sich im Grundgesetz. Die Gemeinden bilden nach dem Grundgesetz keine dritte staatliche Ebene, sondern sind Teile der Länder. Damit wird auch die Aufgabenverteilung zwischen Land und der kommunalen Ebene einer landesinternen Regelung überlassen. Der Aufgabenverteilung folgt regelmäßig die Finanzverteilung.

Das deutsche Steuersystem geht in Art. 106 GG von einem *Trennsystem* aus, nach dem bestimmte Steuerquellen und Steuerarten einzeln entweder dem Bund, den Ländern oder den Gemeinden und Gemeindeverbänden zugeordnet werden.

Unter das Trennsystem fallen

- als Bundessteuern (Art. 106 Abs. 1 GG):
  Zölle (soweit sie nicht der Europäischen Union zufließen), Finanzmonopole (Branntweinmonopol), die Mehrzahl der Verbrauchsteuern (Mineralölsteuer, Tabaksteuer, Branntweinsteuer), Kraftfahrzeugsteuer, Kapitalverkehrsteuern und die Versicherungsteuer,
- als Landessteuern (Art. 106 Abs. 2 GG):
  Erbschaftsteuer, Grunderwerbsteuer, Spielbankabgabe, Rennwett- und Lotteriesteuer, Biersteuer, Feuerschutzsteuer,
- als Gemeindesteuern (Art. 106 Abs. 6 GG):
  Grundsteuer, Gewerbesteuer, örtliche Verbrauch- und Aufwandsteuer nach landesgesetzlicher Regelung (in Sachsen: § 7 SächsKAG).

Die Gemeinden müssen einen Teil der Erträge aus der Gewerbesteuer in Form einer Gewerbesteuerumlage an das Land und den Bund abführen. Die Gemeinden in den neuen Bundesländern führen die Gewerbesteuerumlage seit dem 1. Januar 1993 ab. Die Umlage wird ermittelt, indem das Istaufkommen der Gewerbesteuer im Erhebungsjahr durch den von der Gemeinde festgesetzten Hebesatz geteilt und mit einem Vom-Hundert-Satz (sog. Vervielfältiger) vervielfältigt wird. Der Bundesvervielfältiger für die Kommunen in den neuen Bundesländern betrug im Jahr 2023 14,5 v. H., der Landesvervielfältiger 20,5 v. H. (vgl. Gesetz zur Neuordnung der Gemeindefinanzen, Verordnung zur Festsetzung der Erhöhungszahl für die Gewerbesteuerumlage nach § 6 Abs. 5 Gemeindefinanzreformgesetz), insgesamt damit 35 v. H.

Daneben werden Steuererträge im *Verbundsystem* verteilt. Das gesamte Steueraufkommen dieser Steuerarten wird in einer Finanzmasse zusammengeführt, die nach einem bestimmten Verteilungsschlüssel auf den Bund und die Länder sowie die Gemeinden über den Gemeindeanteil aufgeteilt wird.

Zu den Steuern, die im Verbundsystem verteilt werden, gehören die

- Lohn- und Einkommensteuer,
- Körperschaftsteuer und
- Umsatzsteuer.

Nach Art. 106 Abs. 5 GG i. V. m. § 1 Gemeindefinanzreformgesetz (GFRG) erhalten die Gemeinden einen Anteil von 15 v. H. des Aufkommens der Lohn- und veranlagten Einkommensteuer sowie einen Anteil von 12 v. H. des Aufkommens der Kapitalertragsteuer (Abgeltungsteuer). Grundlage für die Verteilung der Anteile an der Einkommensteuer auf die Gemeinde ist ein Verteilungsschlüssel, der sich aus den an Hand der Einkommensteuerstatistik ermittelten Einkommensteuerleistungen der Gemeindebürger ergibt. Die sächsischen Gemeinden erhalten ihren Gemeindeanteil unter Abzug der von den Gemeinden zu zahlenden Gewerbesteuerumlage. Der Anteil der Gemeinden am Aufkommen der Einkommensteuer betrug im Jahr 2022 1.378 Mio. Euro.

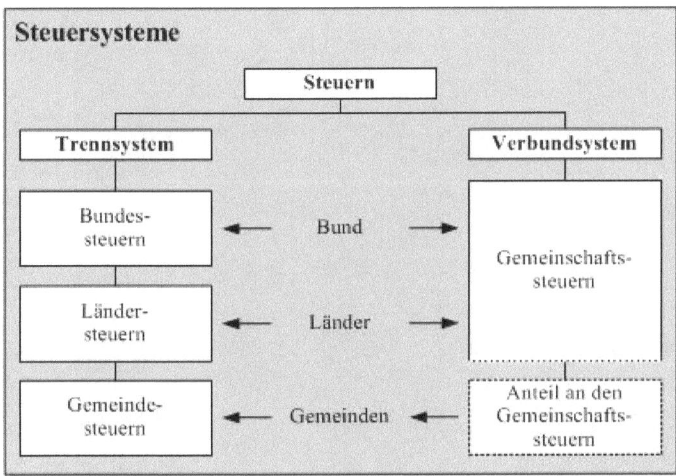

Daneben erhalten die Gemeinden einen Anteil von 2,2 v. H. des Gesamtaufkommens an der Umsatzsteuer unter Berücksichtigung verschiedener Abzugsbeträge. Auf den Bund entfallen 49,7 v. H. und die Länder 50,3 v. H. des verbleibenden Aufkommens. Die Ermittlung des Gemeindeanteils beruht seit 2009 zu 25 v. H. auf dem Gewerbesteueraufkommen in der Gemeinde (Basisjahre zuletzt: 2013 bis 2018), zu 50 v. H. auf der Anzahl der sozialversicherungspflichtigen Beschäftigungsverhältnisse (Basisjahre zuletzt: 2016 bis 2018) und zu 25 v. H. auf der Summe der sozialversicherungspflichtigen Entgelte (Basisjahre zuletzt: 2015 bis 2017). Der Gemeindeanteil ist dabei dynamisch ausgestaltet und wird fortgeschrieben. Ausgehend von den Berechnungen erhielten die sächsischen Gemeinden im Jahr 2023 einen Anteil von 4,2224573 v. H. vom bundesweiten Gemeindeanteil. Der monetäre Anteil der sächsischen Gemeinden am Aufkommen der Umsatzsteuer betrug im Jahr 2022 101,3 Mio. Euro.

Die Gemeindeverbände (Landkreise) sind dagegen nicht unmittelbar am Steueraufkommen aus dem Trenn- oder Verbundsystem beteiligt. Sie partizipieren vielmehr über die Kreisumlage (vgl. Abschnitt 1.2.2 Die Kreisumlage) an den Steuererträgen der Gemeinden. Das in § 8 Abs. 2 SächsKAG verankerte Erhebungsrecht für die Jagdsteuer wird von den sächsischen Landkreisen auf Grund des geringen Steueraufkommens derzeit nicht wahrgenommen.

Aus der Steuer- und Abgabenhoheit der Gemeinden (Art. 28 Abs. 2 GG, Art. 82 Abs. 2 SächsVerf) abgeleitet, besitzen die Gemeinden daneben ein *Steuerfindungsrecht*. Danach hat die Gemeinde im Rahmen der Gesetze das Recht, neue Steuertatbestände zu schaffen. Das Steuerfindungsrecht der sächsischen Kommunen basiert auf § 7 SächsKAG, wonach die Gemeinden berechtigt sind, örtliche Verbrauch- und Aufwandsteuern zu erheben, solange und soweit die bundesgesetzlich geregelten Steuern nicht gleichartig sind (Gleichartigkeitsverbot). Beispielhaft sind hier die Zweitwohnungsteuer, die Hundesteuer oder die Vergnügungssteuer zu nennen. Die Steuern werden auch als Bagatellsteuern bezeichnet, da sie häufig nicht mehr als 1 v. H. des gemeindlichen Steueraufkommens ausmachen.

1.2.4 Sonstige Finanzierungsmittel

In den vorangehenden Abschnitten wurden bereits wesentliche Finanzierungsquellen der Gemeinden und Gemeindeverbände dargestellt. Die laufenden und investiven Zuweisungen vom Land und die Steuererträge der Gemeinden bzw. die von den Landkreisen erhobene Kreisumlage stellen die größten Positionen kommunaler Finanzierungsquellen dar.

Daneben verfügen die Gemeinden und Gemeindeverbände über weitere Finanzierungsquellen, die im Folgenden beispielhaft benannt werden. Zur Vertiefung der Struktur der Finanzmittel der kommunalen Haushalte sei auf die Broschüre des Sächsischen Staatsministerium der Finanzen „Die Gemeinden und ihre Finanzen" verwiesen, die im Rahmen der Öffentlichkeitsarbeit herausgegeben und regelmäßig fortgeschrieben wird.[3]

Die Erschließung der verschiedenen Finanzierungsquellen folgt dem sogenannten Einnahmebeschaffungsgrundsatz, der in § 73 SächsGemO gesetzlich ausgestaltet und in Abschnitt 3.5.2.3 des Lehrbriefes näher ausgeführt wird.

Zu den sonstigen Finanzierungsquellen der Gemeinden gehören insbesondere:

- der Sonderlastenausgleich Hartz IV (Landkreise und Kreisfreie Städte),
- Gebühren, Beiträge und sonstige kommunale Abgaben für öffentliche Leistungen,
- Verwaltungs- und Betriebserträge (Ordnungs-, Buß-, Verwarnungs- und Zwangsgelder) sowie privatrechtliche Nutzungsentgelte und Erlöse.

3 Sächsisches Staatsministerium der Finanzen, Referat Presse- und Öffentlichkeitsarbeit, Die Gemeinden und ihre Finanzen 2023, September 2023.

In der nachfolgenden Übersicht wird die Einnahmestruktur der kommunalen Haushalte im Freistaat Sachsen im Haushaltsjahr 2022 dargestellt:

Aufteilung der laufenden Einzahlungen 2022

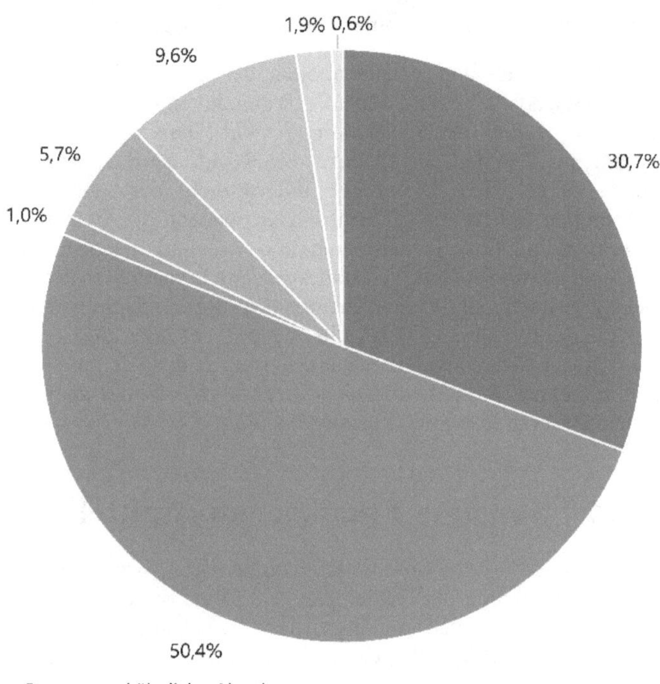

Quelle: Kassenstatistik der Gemeinden und Gemeindeverbände für das IV. Quartal 2022, Statistisches Landesamt Sachsen

Zu den „sonstigen Einnahmen" gehören auch die Einzahlungen aus Krediten, die jedoch wegen des Nachrangigkeitsgebotes in § 73 SächsGemO nur eine subsidiäre Rolle spielen und deren Aufnahme an bestimmte Voraussetzungen geknüpft ist (§ 82 Abs. 2 SächsGemO, vgl. Abschnitt 3.2.4.1).

2. Rechnungswesen

2.1 Grundlagen des kommunalen Rechnungswesens

Das kommunale Rechnungswesen dient der zahlenmäßigen Erfassung, Aufarbeitung und Auswertung wirtschaftlich relevanter Daten von Kommunen, Verwaltungsverbänden und Zweckverbänden[4]. Es wird generell in vier Bereiche gegliedert, von denen im Lehrbrief nur zwei (Planung und Buchführung) näher erläutert werden.

Buchführung	Kostenrechnung	Statistik	Planung
Externes ReWe	Internes ReWe		
ReWe i. e. S.		ReWe i. w. S.	

Das Rechnungswesen erfüllt zentrale Aufgaben zur

- Dokumentation,
- Information,
- Kontrolle und
- Disposition

kommunaler Ressourcen.

Die Buchführungspflicht ergibt sich aus § 72 Abs. 2 Satz 2 SächsGemO. Dort ist geregelt, dass die Gemeinde Bücher in der Form der doppelten Buchführung zu führen hat, in denen die Verwaltungsvorfälle und die Vermögens-, Ertrags- und Finanzlage nach den Grundsätzen ordnungsmäßiger Buchführung ersichtlich zu machen sind. Zudem ergibt sich aus § 140 AO für steuerliche Zwecke eine abgeleitete Buchführungspflicht. Die Aufzeichnungen in den Büchern und die sonst erforderlichen Aufzeichnungen müssen gemäß § 22 Abs. 1 SächsKomKBVO vollständig, richtig, zeitgerecht, geordnet und nachprüfbar vorgenommen werden.

Durch die bereitgestellten Informationen wird Gemeindeorganen, Aufsichtsbehörden, Prüfungsinstanzen und der allgemeinen Öffentlichkeit ein umfangreiches Bild zur wirtschaftlichen Lage vermittelt. Diese ermöglichen wiederum Kontrollen und sachgerechte Entscheidungen zur Ressourcengewinnung und zum Ressourcenverbrauch.

2.1.1 Drei-Komponenten-Rechnungswesen

Grundlage des Neuen Kommunalen Haushalts- und Rechnungswesens (NKHR) ist das sog. **Drei-Komponenten-Rechnungswesen,** das aus der Vermögensrechnung (§ 51 SächsKomHVO), der Ergebnisrechnung (§ 49 SächsKomHVO) und der Finanzrechnung (§ 48 SächsKomHVO) besteht. Im Folgenden werden Aufbau und Inhalt der Komponenten skizziert sowie systematische Zusammenhänge kurz erläutert.

Drei-Komponenten-Rechnungswesen

Finanzrechnung	Ergebnisrechnung
Einzahlungen	Erträge
./. Auszahlungen	./. Aufwendungen
= Zahlungsmittelsaldo	= Ergebnis
Einfluss auf Liquide Mittel	Einfluss auf Kapitalposition

Aktiva	Vermögensrechnung Passiva
Anlagevermögen	Kapitalposition
Umlaufvermögen	Sonderposten
Liquide Mittel	Rückstellungen
	Verbindlichkeiten
ARAP	PRAP
Σ Aktiva	**Σ Passiva**

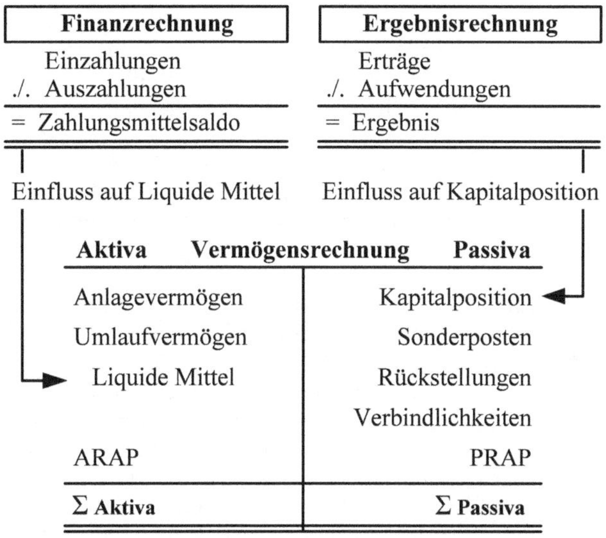

In Sachsen muss in den Rechnungsverbund eine vierte Komponente in Gestalt von **Kosten- und Leistungsrechnungen** integriert werden, allerdings gibt es hierfür keine detaillierten haushaltsrechtlichen Regelungen. § 14 SächsKomHVO bestimmt lediglich, dass nach den örtlichen Bedürfnissen Kosten- und Leistungsrechnungen zu führen sind.

Kosten- und Leistungsrechnungen gehören zum internen Rechnungswesen und sind daher kein zwingender Bestandteil von Haushaltsplänen und Jahresabschlüssen, es sei denn, die Kommune entscheidet sich im Rahmen ihres Controlling- und Berichtswesens für eine differenzierte Darstellung, z. B. im Rahmen des Rechenschaftsberichtes oder über die Produktbeschreibungen der Schlüsselprodukte. Im Minimum sind Kommunen jedoch durch § 4 Abs. 3 Nr. 10 und § 48 Abs. 7 SächsKomHVO verpflichtet, in den Haushaltsplänen und Jahresabschlüssen ein anteiliges kalkulatorisches Ergebnis abzubilden, hinter dem sich interne Leistungsverrechnungen und ggf. kalkulatorische Kosten verbergen.

In der **Ergebnisrechnung** werden zahlungs- und nichtzahlungswirksame Erträge und Aufwendungen eines Haushaltsjahres verursachungsgerecht ausgewiesen und saldiert. Es ergeben sich Überschüsse oder Fehlbeträge, die die Kapitalposition erhöhen bzw. verringern.

In der **Finanzrechnung** stellt die Kommune eingegangene Einzahlungen und geleisteten Auszahlungen gegenüber. Es ergibt sich ein Zahlungsmittelsaldo, der Einfluss auf die liquiden Mittel in der Bilanz hat. Zahlungsmittelüberschüsse erhöhen den Bestand an liquiden Mitteln, Zahlungsmittelbedarfe mindern sie.

4 Gemäß § 58 Abs. 2 SächsKomZG kann die Verbandssatzung eines Zweckverbandes, dessen Hauptzweck der Betrieb eines Unternehmens im Sinne des § 95a SächsGemO ist, bestimmen, dass für die Wirtschaftsführung, das Rechnungswesen und die Jahresabschlussprüfung des Zweckverbandes die für die Wirtschaftsführung, das Rechnungswesen und die Jahresabschlussprüfung der Eigenbetriebe geltenden Vorschriften entsprechend Anwendung finden.

Informationen zur Höhe des Vermögens, der Kapitalposition, der Sonderposten, der Schulden und der Rechnungsabgrenzungsposten ergeben sich stichtagsbezogen zum 31.12. (Bilanzstichtag) aus der **Vermögensrechnung (Bilanz)**. Die Darstellung erfolgt in Kontenform, indem auf der linken Seite der Bilanz die Aktiva und auf der rechten Seite der Bilanz die Passiva ausgewiesen werden.

Anhand der Aufstellung der Vermögenswerte und ihrer Finanzierung können u.a. die Eigenfinanzierungskraft, der Verschuldungsgrad und die wirtschaftliche Leistungsfähigkeit der Kommune beurteilt werden.

Das **Anlagevermögen** umfasst Vermögensgegenstände, die gemäß § 59 Nr. 3 SächsKomHVO dazu bestimmt sind, zur dauernden Nutzung (i. d. R. länger als 1 Jahr) zur Verfügung zu stehen. Dies ist bei immateriellem Vermögen, Sachanlagen sowie Finanzanlagen grundsätzlich der Fall. Zu den **immateriellen Vermögensgegenständen** gehören insbesondere Lizenzen, Konzessionen und Rechte. Ein bilanzielles Ansatz- und Aktivierungsverbot gilt jedoch gemäß § 36 Abs. 5 SächsKomHVO u. a. für immaterielle Vermögensgegenstände, die nicht entgeltlich erworben wurden. Zu den **Sachanlagen** zählen vor allem unbebaute und bebaute Grundstücke, Maschinen, technische Anlagen, Fahrzeuge, die Betriebs- und Geschäftsausstattung, das Infrastrukturvermögen (z. B. Brücken, Tunnel, Straßen und Kanäle), Bauten auf fremdem Grund und Boden, Kunstgegenstände und Kulturdenkmäler.

Alle ***übrigen Vermögensgegenstände, also jene, die nicht dazu bestimmt si***nd, dauerhaft der Aufgabenerfüllung zu dienen, werden im **Umlaufvermögen** erfasst. Wichtige Bestandteile sind Forderungen und Liquide Mittel (vgl. Abschnitt 2.4).

2.1.2 Grundbegriffe des Rechnungswesens

Einzahlungen/Auszahlungen

Externes ReWe	Finanzhaushalt Finanzrechnung	Einzahlungen ./. Auszahlungen = Zahlungsmittelsaldo
	Ergebnishaushalt Ergebnisrechnung	Erträge ./. Aufwendungen = Ergebnis

Einzahlungen (§ 59 Nr. 14 SächsKomHVO) und Auszahlungen (§ 59 Nr. 9 SächsKomHVO) werden im Finanzhaushalt bzw. in der Finanzrechnung abgebildet.

Unter **Einzahlungen** fallen sämtliche Verwaltungsfälle, die zu einem Zufluss liquider Mittel in Form von Barzahlungen und bargeldlosen Zahlungen führen.

Bei **Auszahlungen** handelt es sich um einen Abfluss liquider Mittel.

Eine „Barabhebung" von einem Guthabenkonto einer Bank zur Erhöhung des Bargeldbestandes (z. B. in Form eines Handvorschusses gem. § 4 SächsKomKBVO) stellt z. B. keine Zahlung dar, da keine Veränderung des Zahlungsmittelbestandes, sondern nur eine „Umwandlung" von Buchgeld in Bargeld erfolgt.

Aus dem Saldo der Ein- und Auszahlungen (Zahlungsmittelsaldo) ergibt sich die Veränderung des Zahlungsmittelbestandes, der in der Vermögensrechnung ausgewiesen wird.

Erträge/Aufwendungen

Externes ReWe	Finanzhaushalt Finanzrechnung	Einzahlungen ./. Auszahlungen = Zahlungsmittelsaldo
	Ergebnishaushalt Ergebnisrechnung	Erträge ./. Aufwendungen = (Gesamt-)Ergebnis

Erträge (§ 59 Nr. 16 SächsKomHVO) und Aufwendungen (§ 59 Nr. 7 SächsKomHVO) werden im Ergebnishaushalt bzw. in der Ergebnisrechnung abgebildet.

Unter **Erträgen** versteht man den zahlungswirksamen und nichtzahlungswirksamen Wertzuwachs als Ressourcenaufkommen des Haushaltsjahres.

Im Gegensatz dazu stellen **Aufwendungen** den zahlungs- und nichtzahlungswirksamen Verbrauch von Gütern und Dienstleistungen als Ressourcenverbrauch des Haushaltsjahres dar.

Demnach wird über die Erträge und Aufwendungen der gesamte ergebniswirksame Wertzuwachs und Werteverzehr einer Kommune innerhalb einer Periode dargestellt. Auch außerordentliche Erträge und Aufwendungen finden Berücksichtigung, allerdings werden diese in Kontenklasse 5 auf separaten Konten dargestellt, damit im Ergebnishaushalt und in der Ergebnisrechnung eine Unterscheidung zwischen dem ordentlichen Ergebnis und dem Sonderergebnis erfolgen kann (sog. **Ergebnisspaltung**, vgl. § 2 Abs. 1 Nr. 19 und 22 i. V. m. § 49 Abs. 1 SächsKomHVO).

Durch die Saldierung von Erträgen und Aufwendungen ergeben sich Überschüsse (Gewinne) oder Fehlbeträge (Verluste), die Einfluss auf die Höhe der Kapitalposition haben.

Beispiele:

Einzahlung	Ertrag
Ergebniswirksame Einzahlungen → Beispiele: *Steuern und ähnliche Abgaben, Allgemeine Schlüsselzuweisung, Zuweisungen und Zuschüsse für laufende Zwecke, Gebühren*	
Einzahlung	**Ertrag**
Nicht ergebniswirksame Einzahlungen → Beispiele: *Einzahlungen aus Investitionszuwendungen, Einzahlungen aus der Aufnahme von Krediten*	
Einzahlung	**Ertrag**
Nicht zahlungswirksame Erträge → Beispiele: *Erträge aus aufgelösten Sonderposten, Erträge aus der Auflösung von Rückstellungen, Erträge aus aktivierten Eigenleistungen und Bestandsveränderungen*	

Auszahlung	Aufwand
Ergebniswirksame Auszahlungen* → *Beispiele: *Personalaufwendungen, Aufwendungen für Sach- und Dienstleistungen, Zinsen*	
Auszahlung	**Aufwand**
Nicht ergebniswirksame Auszahlungen* → *Beispiele: *Auszahlungen für Investitionstätigkeit, Auszahlungen für die Tilgung von Krediten*	
Auszahlung	**Aufwand**
Nicht zahlungswirksame Aufwendungen* → *Beispiele: *Abschreibungen, Zuführungen zu Rückstellungen*	

Fragen zur Lernkontrolle

7. Für die dargestellten Sachverhalte ist zu entscheiden, ob und ggf. in welcher Höhe Auszahlungen, Aufwendungen, Einzahlungen und Erträge entstehen.

1. Für die Erstellung eines Personalausweises wird bar die Gebühr i. H. v. 35 EUR gezahlt.

Auszahlung:	Aufwand:	Einzahlung:	Ertrag:

2. Die Kommune macht eine Mietforderung i. H. v. 14.000 EUR geltend.

Auszahlung:	Aufwand:	Einzahlung:	Ertrag:

3. Der Kommune wird das Entgelt für eine Versicherung i. H. v. 600 EUR vom Bankkonto abgebucht.

Auszahlung:	Aufwand:	Einzahlung:	Ertrag:

4. Mitarbeitergehälter werden i. H. v. 165.000 EUR gebucht, aber noch nicht beglichen.

Auszahlung:	Aufwand:	Einzahlung:	Ertrag:

5. Die gebuchten Mitarbeitergehälter werden i. H. v. 165.000 EUR gezahlt.

Auszahlung:	Aufwand:	Einzahlung:	Ertrag:

Erlöse/Kosten

Internes ReWe	KLR	Erlöse ./. Kosten = (verwaltungstypisches) Ergebnis

Erlöse und **Kosten** werden in der Kosten- und Leistungsrechnung abgebildet.

Der Kostenbegriff wird in § 59 Nr. 31 SächsKomHVO definiert, danach handelt es sich um den bewertbaren zahlungs- und nichtzahlungswirksamen Verzehr von Gütern und Dienstleistungen durch die Leistungserbringung der Kommune.

Eine Definition des Erlösbegriffes findet sich dagegen nicht in § 59 SächsKomHVO. Stattdessen stellt der Gesetzgeber in Nr. 33 auf den Leistungsbegriff ab, unter den der Wert aller im Rahmen der Verwaltungstätigkeit erbrachten Leistungen zur Aufgabenerfüllung im Haushaltsjahr fällt.

Dadurch, dass der Leistungsbegriff bereits für die Definition des Produktbegriffes von Bedeutung ist (vgl. § 59 Nr. 38 SächsKomHVO), wird im Lehrbrief zur Vermeidung von Missverständnissen im Kontext der KLR der Erlösbegriff bevorzugt.

Demnach wird über Erlöse und Kosten lediglich der verwaltungstypische ergebniswirksame Wertzugang bzw. Werteverzehr innerhalb einer Periode dargestellt. Bestimmte Ertrags- und Aufwandsarten der Ergebnisrechnung werden daher in der Kosten- und Leistungsrechnung grundsätzlich nicht berücksichtigt. Es handelt sich in der Regel um die außerordentlichen Erträge und Aufwendungen des Sonderergebnisses. Dagegen werden kalkulatorische Kostenarten (z. B. kalkulatorische Zinsen) als Zusatz- oder Anderskosten lediglich in der Kosten- und Leistungsrechnung berücksichtigt.

Aufwendungen		
außerordentliche Aufwendunge	ordentliche Aufwendungen	
	Grundkosten	Zusatzkosten
	Kosten	

2.1.3 Ressourcenverbrauchskonzept und Verursachungsprinzip

Ressourcenverbrauchskonzept

Ressourcen sind Mittel zur Erstellung von Gütern und Dienstleistungen. Hierzu zählen in öffentlichen Verwaltungen vor allem liquide Mittel, Personal und Sachanlagen (Grund und Boden, Gebäude, Technik).

Grundgedanke des Ressourcenverbrauchskonzeptes ist die periodengerechte Erfassung und Abbildung des gesamten Ressourcenaufkommens sowie Ressourcenverbrauches einer Kommune **(Verursachungsprinzip)**.

Das Verursachungsprinzip gilt für die Planung und Bewirtschaftung gleichermaßen (vgl. § 10 Abs. 1, 1. HS und § 37 Abs. 1 Nr. 4 SächsKomHVO). Danach müssen Aufwendungen und Erträge des Haushaltsjahres unabhängig von den Zeitpunkten der entsprechenden Zahlungen im Haushaltsplan und im Jahresabschluss berücksichtigt werden. Unterschieden wird in eine wirtschaftliche und eine rechtliche Verursachung.

Über das Ressourcenverbrauchskonzept soll jenseits einer reinen Geldbetrachtung transparent gemacht werden, welcher Ressourcenverzehr durch die einzelnen Verwaltungsbereiche (Produkte) verursacht wird und welche Mittel den einzelnen Bereichen zur Verfügung stehen. Dadurch lassen sich Wirtschaftlichkeit und Sparsamkeit des verwaltungswirtschaftlichen Handelns besser analysieren und steuern.

Mit der Einführung des Ressourcenverbrauchskonzeptes geht keine automatische Verbesserung oder Verschlechterung der wirtschaftlichen Lage einher, jedoch lassen sich die vorhandenen Ressourcen durch den erheblichen Informationsgewinn zielgerichteter einsetzen, wodurch im Idealfall ein entscheidender Beitrag zum langfristigen Substanzerhalt des benötigten kommunalen Vermögens geleistet wird.

Fragen zur Lernkontrolle

8. Für die dargestellten Sachverhalte ist zu entscheiden, in welcher Höhe Aufwendungen bzw. Erträge auf 2015 oder 2016 entfallen.

1. Zahlung einer Pacht i. H. v. 12.000 EUR im Juli 2015 für die Zeit vom 01.08.2015 bis 31.07.2016

Aufwand 2015	Aufwand 2016

2. Begleichung eines Beratungshonorars im Januar 2016 für Dezember 2015 i. H. v. 14.000 EUR.

Aufwand 2015	Aufwand 2016

3. Für vermietete Stellflächen gehen im Dezember 2015 240 EUR auf das Bankkonto der Kommune ein, die vom Mieter für die Monate Dezember 2015, Januar 2016 und Februar 2016 geschuldet werden.

Ertrag 2015	Ertrag 2016

4. Dem örtlichen Hundezüchterverein wird durch die Kommune ab Januar 2015 ein Trainingsgelände für die Dauer von 15 Jahren überlassen. Hierfür wird eine einmalige Zahlung in Höhe von 22.500 EUR vereinbart.

Ertrag 2015	Ertrag 2016

5. Ein Bürger pachtet ab März 2015 eine Familiengrabstelle für 20 Jahre. Im selben Monat wird die Rechnung über 5.000 EUR verschickt, fällig innerhalb von einem Monat. Im April 2015 überweist der Bürger den kompletten Betrag für die Familiengrabstelle i. H. v. 5.000 EUR.

Ertrag 2015	Ertrag 2016

6. Im Januar 2015 kauft die Kommune eine Maschine für den Bauhof im Wert von 2.000 EUR und nimmt sie in Betrieb. Die Nutzungsdauer beträgt 5 Jahre. Es wird linear abgeschrieben.

Aufwand 2015	Aufwand 2016

2.1.4 Internes und externes Rechnungswesen

Über das Drei-Komponenten-Rechnungswesen **(externes Rechnungswesen)** wird die Vermögens-, Ergebnis- und Finanzlage einer Kommune dargestellt. Nicht umfasst sind kostenrechnerische Belange. Hierfür hat der Gesetzgeber in § 14 SächsKomHVO bestimmt, dass als Grundlage für die Verwaltungssteuerung sowie für die Beurteilung der Wirtschaftlichkeit und Leistungsfähigkeit der Verwaltung für alle Aufgabenbereiche nach den örtlichen Bedürfnissen Kosten- und Leistungsrechnungen **(internes Rechnungswesen)** zu führen sind.

Während das externe Rechnungswesen wegen bestehender örtlicher und überörtlicher Informationsinteressen stark reglementiert ist, existieren für das interne Rechnungswesen kaum rechtliche Vorgaben. Dies lässt sich vor allem mit den unterschiedlichen Aufgaben und Adressaten begründen.

Das externe Rechnungswesen ist für die vollständige sowie vereinheitlichte Dokumentation und Rechenschaftslegung wirtschaftlicher Sachverhalte unverzichtbar. Durch die haushaltsrechtlichen Regelungen innerhalb der einzelnen Bundesländer[5] werden Mindeststandards abgesichert und interkommunale Vergleiche ermöglicht, die zumindest für Entscheidungen auf Landesebene von Bedeutung sind.

Dagegen dient das interne Rechnungswesen in Form von Kosten- und Leistungsrechnungen vor allem örtlichen Interessen. Im Bedarfsfall wird die Ergebnisrechnung um eine Kosten(arten)rechnung ergänzt und die Produktstruktur durch Kostenstellen und Kostenträger erweitert, damit Informationen generiert werden können, die vom externen Rechnungswesen nicht umfasst sind.

Weiterhin unverzichtbar ist die KLR für die Kalkulation von Gebühren und Entgelten (vgl. insbesondere § 11 Abs. 1 SächsKAG).

5 Haushaltsrecht ist Landesrecht.

2.2 Inventur

2.2.1 Begriff und Inhalt

Kommunen sind verpflichtet, ihr Vermögen durch vorgeschriebene Verzeichnisse ordnungsgemäß nachzuweisen. Bestandsverzeichnisse, aus denen ausschließlich Art, Menge und Standort von Vermögensgegenständen hervorgehen, genügen den gesetzlichen Anforderungen nicht, da alle Bilanzpositionen wertmäßig untersetzt werden müssen.

Gemäß § 34 Abs. 1 SächsKomHVO haben die Kommunen zu Beginn des ersten Haushaltsjahres mit einer Rechnungsführung nach den Regeln der doppelten Buchführung und danach für den Schluss eines jeden Haushaltsjahres

- ihre Grundstücke und grundstücksgleichen Rechte,
- ihre Forderungen und
- Schulden,
- den Betrag des baren Geldes sowie
- ihre sonstigen Vermögensgegenstände

genau zu verzeichnen und dabei den Wert der einzelnen Vermögensgegenstände und Schulden anzugeben **(Inventar)**.

Kommunen sind demzufolge verpflichtet, regelmäßig Inventuren durchzuführen und ein Inventar aufzustellen.

Unter einer **Inventur** versteht man die Tätigkeit zur mengen- und wertmäßigen Bestandsaufnahme aller Vermögensgegenstände und Schulden (vgl. § 59 Nr. 22 SächsKomHVO). Sie ist damit Voraussetzung für die Aufstellung des Inventars und der Vermögensrechnung (Bilanz).

2.2.2 Grundsätze ordnungsmäßiger Inventur

Die Inventurunterlagen, insbesondere die Zähllisten und das Inventar, sind Bestandteile der Rechnungslegung. Aus diesem Grund bestehen für sie die gleichen Grundsätze wie für das übrige Rechnungswesen.

Für die Vorbereitung, Durchführung, Überwachung und Aufbereitung der Inventur müssen insbesondere die folgenden Grundsätze eingehalten werden.

Grundsatz der Vollständigkeit der Bestandsaufnahme

Die Bestandsaufnahme muss vollständig erfolgen. Das heißt, dass sich sämtliche Vermögensgegenstände und Schulden, die sich im wirtschaftlichen Eigentum der Kommune befinden, im Inventar widerspiegeln müssen (vgl. § 34 Abs. 1 SächsKomHVO). Dabei ist besonders darauf zu achten, dass sowohl Doppelerfassungen als auch Erfassungslücken mittels einer genauen Inventurplanung annähernd ausgeschlossen werden.

Kommunen dürfen Vermögensgegenstände, Schulden sowie das Basiskapital, die Sonderposten, Rücklagen, Rückstellungen und Rechnungsabgrenzungsposten bilanzieren, wenn sie sich in ihrem **wirtschaftlichen Eigentum** befinden (vgl. § 36 Abs. 1 SächsKomHVO).

Wirtschaftlicher Eigentümer ist in der Regel der zivilrechtliche Eigentümer. Wirtschaftlicher Eigentümer i. S. d. § 39 AO ist aber auch derjenige, der – ohne das zivilrechtliche Eigentum zu haben – die **tatsächliche Sachherrschaft** über einen Vermögensgegenstand ausübt.

Die tatsächliche Sachherrschaft kann nur bejaht werden, wenn der privatrechtlich Berechtigte für die gewöhnliche Nutzungsdauer von der Einwirkung auf den Vermögensgegenstand wirtschaftlich ausgeschlossen ist. Dies kann der Fall sein, wenn der privatrechtliche Eigentümer keinen oder nur einen praktisch bedeutungslosen Herausgabeanspruch gegen den wirtschaftlichen Eigentümer hat oder der privatrechtliche Eigentümer selbst verpflichtet ist, den Vermögensgegenstand herauszugeben. Es reicht nicht aus, dass die tatsächliche Herrschaft auf unbestimmte Zeit, aber nicht bis zum Ende der gewöhnlichen Nutzungsdauer bei einem anderen als dem Eigentümer liegt.[6]

Wirtschaftlicher Eigentümer ist demnach derjenige, der die tatsächliche Sachherrschaft, also Besitz, Gefahr, Nutzen und Lasten über einen Vermögensgegenstand ausübt. Entscheidend ist das Gesamtbild der Verhältnisse. Weitgehende Verfügungsmöglichkeiten begründen noch kein wirtschaftliches Eigentum.

Aus dem Prinzip der Vollständigkeit ergibt sich ferner, dass abgeschriebene, aber noch genutzte Vermögensgegenstände des Anlagevermögens, weiterhin in der Anlagenbuchhaltung nachzuweisen sind. Der dabei anzugebende Erinnerungswert ist mit 1 Euro anzusetzen (vgl. § 36 Abs. 3 SächsKomHVO). Das Gleiche gilt für den nach § 40 Abs. 2 SächsKomHVO zugeordneten Sonderposten.

Grundsatz der Richtigkeit und Willkürfreiheit der Bestandsaufnahme

Bei allen Inventurverfahren (körperliche Inventur und Buchinventur) sind Art, Menge und Wert der einzelnen Posten zweifelsfrei festzustellen.

Die Richtigkeit der Bestandsaufnahme erfordert somit eine zutreffende Identifizierung der Vermögensgegenstände sowie die zuverlässige Feststellung von Mengen und Werten. Voraussetzung für die zutreffende Identifizierung ist eine ausreichende Sachkunde der Aufnehmenden.

Zur Sicherstellung korrekter Inventurergebnisse ist es erforderlich, dass neben Art und Menge der Bestände auch alle für die Be-

6 Vgl. Tipke/Kruse, Kommentar zur Abgabenordnung und Finanzgerichtsordnung.

wertung relevanten Daten (Anschaffungs- oder Herstellungskosten [sofern bei der Inventur bereits ermittelbar], Qualität, Zustand, technische und wirtschaftliche Verwertbarkeit, Bonität, Verfügbarkeit) genau erfasst werden und diese frei von subjektiven und willkürlichen Einflüssen sind.

Aus diesem Grundsatz wird das sogenannte „Vier-Augen-Prinzip“ abgeleitet, das den Einsatz eines „Ansagers“ und eines „Aufschreibers“ erforderlich macht. Hauptzielstellung besteht in der Minimierung von Manipulationen und Erfassungsfehlern.

Grundsatz der Einzelerfassung und Einzelbewertung der Vermögensgegenstände

Grundsätzlich sind alle Vermögensgegenstände und Schulden einzeln nach Art, Menge und Wert zu erfassen (vgl. § 34 Abs. 1 und § 35 Abs. 1 SächsKomHVO). Sogenannte Inventur- und Bewertungsvereinfachungsverfahren, wie Stichprobeninventur (vgl. § 35 Abs. 1 SächsKomHVO), Festbewertung (vgl. § 34 Abs. 2 SächsKomHVO), Gruppenbewertung (vgl. § 34 Abs. 3 SächsKomHVO) und Verbrauchsfolgeverfahren (vgl. § 35 Abs. 2, 3 SächsKomHVO), sind nur ausnahmsweise anwendbar. In einigen Fällen ergeben sich aus der Anwendung dieser Verfahren anlagenbuchhalterische Probleme, die vor einer Inanspruchnahme zu bedenken sind. Vor diesem Hintergrund ist ein restriktiver Gebrauch ratsam.

Grundsatz der Nachprüfbarkeit der Bestandsaufnahme

Die Inventur bedingt eine exakte und zweifelsfreie Dokumentation. Die Vorgehensweise der Inventur ist in einem Inventurrahmenplan zu regeln, Ergebnisse der Inventur werden in Zähllisten festgehalten und mit der Unterschrift der zuständigen Mitarbeiter versehen. Die Unterlagen sind prinzipiell so zu führen, dass es einem sachverständigen Dritten in angemessener Zeit möglich ist, sich einen Überblick über die Vorgehensweise und die Ergebnisse der Inventur zu verschaffen. Belegzwang und Aufbewahrungspflichten ergeben sich insbesondere aus §§ 33, 34 SächsKomKBVO.

Grundsatz der Klarheit

Die aufgenommenen Bestände müssen eindeutig zuordenbar sein, d. h., dass einzelne Inventurposten durch eine eindeutige Bezeichnung inhaltlich zu beschreiben und von anderen Posten genau abzugrenzen sind. Zudem sind sämtliche Inventurangaben und das Inventar sowohl verständlich als auch übersichtlich darzustellen.

Grundsatz der Wirtschaftlichkeit und Wesentlichkeit

Der Aufwand, der im Rahmen der Durchführung der Inventur erforderlich ist, muss in angemessener Relation zu den zu erwartenden Ergebnissen stehen. Dabei sind zulässige Vereinfachungen (z. B. verlegte Inventur), Abweichungen vom Grundsatz der Einzelbewertung (z. B. Festbewertung) und Einschränkungen bei der geforderten Genauigkeit (z. B. Grundsatz der Vollständigkeit) bereits bei der Inventurplanung zu prüfen und zu berücksichtigen. Prüfungskriterium ist stets die Wesentlichkeit der betreffenden Bestände und den im Vergleich zu einer genaueren Erfassung entstehenden Abweichungsrisiken.

Der Grundsatz der Wirtschaftlichkeit und Wesentlichkeit bildet im Vergleich zu den anderen Grundsätzen ordnungsmäßiger Inventur einen gewissen Gegensatz, indem punktuelle Ungenauigkeiten zu Gunsten einer Aufwandsreduzierung hingenommen werden. So werden kommunale Prüfer durch § 6 Abs. 1 Satz 4 SächsKomPrüfVO angehalten, durch Art und Umfang der Stichproben festzustellen, ob die den Prüfungsinhalten zugrunde liegenden Vorschriften im Wesentlichen eingehalten sind. Das Konzept der Wesentlichkeit in der Abschlussprüfung des IDW[7] besagt, dass die Prüfung des Jahresabschlusses darauf auszurichten ist, mit hinreichender Sicherheit falsche Angaben aufzudecken, die auf Unrichtigkeiten oder Verstöße zurückzuführen sind und die wegen ihrer Größenordnung oder Bedeutung einen Einfluss auf den Aussagewert der Rechnungslegung für die Abschlussadressaten haben. Durch die Berücksichtigung des Kriteriums der Wesentlichkeit in der Abschlussprüfung erfolgt eine Konzentration auf entscheidungserhebliche Sachverhalte. Eine absolute Wesentlichkeitsgrenze existiert damit nicht, vielmehr ist im Einzelfall zu entscheiden, wann die Grenze überschritten ist.

2.2.3 Inventurverfahren und Inventurzeitpunkte

Inventurverfahren

Welches Verfahren zur Durchführung der Inventur angewandt wird, hängt im Wesentlichen davon ab, ob es sich um physisch fassbare oder um physisch nicht fassbare Vermögensgegenstände handelt. Unterschieden werden dabei die körperliche Inventur und die Buchinventur.

Körperliche Inventur

Die **körperliche Inventur** stellt eines der wichtigsten und aufwendigsten Inventurverfahren dar und dient der Aufnahme aller materiell vorhandenen Vermögensgegenstände. Dabei sind diese in Augenschein zu nehmen und in Zähllisten zu erfassen. Die Inaugenscheinnahme erfolgt dabei durch zählen, wiegen und messen. Sofern eine exakte Aufnahme wirtschaftlich unzumutbar oder unmöglich ist, sind die Bestände in geeigneter Weise zu schätzen.

In der folgenden Tabelle werden typische Inventurobjekte nach ihrer Aufnahmeart kategorisiert:

Zählen	Wiegen	Messen	Schätzen
Fahrzeuge Computer	Nägel	Straßen Heizöl	Kies Streusalz

Um den Erfassungsaufwand bei der körperlichen Inventur zu minimieren, können elektronische Hilfsmittel eingesetzt werden. Häu-

7 Vgl. IDW PS 250 – Wesentlichkeit im Rahmen der Abschlussprüfung.

fig werden sogenannte Barcode-Etiketten verwendet, die mit einem portablen Lesegerät eingescannt und eindeutig identifiziert werden können. Weitere Möglichkeiten bieten RFID-Chips (Radiofrequenz-Identifikation), zu deren Systeminfrastruktur ein Transponder, ein Lesegerät und ein IT-System gehören oder Notebooks mit deren Hilfe die Aufnahmeteams relevante Daten direkt in eine Software eintragen können.

Buchinventur

Bei der **Buchinventur** werden Art, Menge und Wert der Vermögensgegenstände und Schulden anhand der Buchführung ermittelt. Für physisch nicht fassbare Vermögensgegenstände, wie beispielsweise Lizenzen oder Forderungen, ist die Beleginventur die einzige Aufnahmemöglichkeit.

Für die Erfassung können insbesondere Buchungsbelege oder Verträge und Urkunden herangezogen werden. Die ermittelten Nennwerte müssen in das Inventar bzw. die Anlagenbuchhaltung übernommen werden.

Das Inventar ist Voraussetzung für die Anlagenbuchhaltung und sollte folgende Mindestangaben aufweisen:

- Bezeichnung des Vermögensgegenstandes
- Ursprüngliche Anschaffungs- oder Herstellungskosten (Höhe und Zeitpunkt)
- Zugänge zu Anschaffungs- oder Herstellungskosten (Höhe und Zeitpunkt)
- Abgänge auf Anschaffungs- oder Herstellungskosten (Höhe und Zeitpunkt)
- Umbuchungen (Höhe und Zeitpunkt)
- Abschreibungsmethode und Nutzungsdauer
- Abschreibungen
- Zuschreibungen
- Kumulierte Abschreibungen
- Buchwert/Bilanzwert am Bilanzstichtag
- Buchwert/Bilanzwert am Bilanzstichtag des Vorjahres

Im Inventar sind alle Zu- und Abgänge ordnungsgemäß und zeitnah zu erfassen, damit am Inventurstichtag der buchmäßige Endbestand anhand des Inventars ermittelt werden kann. Eine Buchbzw. Beleginventur kommt insbesondere für die Bankguthaben, Forderungen, Sonderposten und Verbindlichkeiten in Frage, jedoch ist sie auch für Vermögensgegenstände des Sachanlagevermögens anwendbar. Dies setzt für körperlich fassbare Vermögensgegenstände jedoch voraus, dass die Bestände regelmäßig durch eine körperliche Inventur bestätigt werden. In § 34 Abs. 1 SächsKomHVO ist geregelt, dass grundsätzlich jährliche Inventuren durchzuführen sind. Ausnahmsweise kann das Intervall für die körperliche Erfassung bei körperlichen beweglichen Vermögensgegenstände auf bis zu drei Jahre und bei körperlichen unbeweglichen Vermögensgegenständen auf bis zu fünf Jahre verlängert werden, wenn in den Jahren, in denen keine körperliche Inventur vorgenommen wird, eine buchmäßige Erfassung erfolgt (vgl. § 34 Abs. 2 SächsKomHVO). Für Vorratsvermögen ist eine jährliche Bestandsaufnahme zwingend erforderlich, sofern nicht von der Anwendung des Festwertverfahrens Gebrauch gemacht wird.

Stichprobeninventur

Gemäß § 35 Abs. 1 SächsKomHVO darf bei der Aufstellung des Inventars der Bestand der Vermögensgegenstände nach Art, Menge und Wert auch mit Hilfe anerkannter mathematisch-statistischer Methoden auf Grund von Stichproben ermittelt werden **(Stichprobeninventur).** Anders als bei der Vollinventur werden bei diesem Verfahren auf Basis von Stichproben Hochrechnungen durchgeführt, die den Bestand ausgewählter Vermögensgegenstände möglichst genau widerspiegeln müssen. Wichtig ist, dass dabei die Grundsätze der Richtigkeit und Vollständigkeit eingehalten werden und die Stichprobeninventur dem Aussagewert einer vollständigen Aufnahme gleichkommt.

2.1.1.1 Inventurzeitpunkte und -zeiträume

Inventuren werden nach dem Zeitpunkt bzw. dem Zeitraum ihrer Durchführung in Stichtagsinventuren, verlegte Inventuren und permanente Inventuren unterschieden.

Grundsätzlich ist die Inventur am Ende eines jeden Haushaltsjahres, also am 31.12. durchzuführen (vgl. § 34 Abs. 1 SächsKomHVO). Da die Aufnahme der Bestände in der Regel mit einem erheblichen zeitlichen und personellen Aufwand verbunden ist, sind Vereinfachungen zulässig.

Stichtagsinventur

Bei der **Stichtagsinventur** (vgl. § 34 Abs. 1 SächsKomHVO) werden die Bestände an einem festgelegten Aufnahmetag mengenmäßig erfasst und in Inventurlisten eingetragen. Dabei muss die Bestandsaufnahme nicht direkt am Bilanzstichtag (31.12.) erfolgen. Zulässig für die zeitversetzte Aufnahme ist eine Frist von zehn Tagen vor oder nach dem Stichtag. Die Zu- und Abgänge zwischen dem Aufnahmetag und dem Stichtag, sowie Bewegungen am Stichtag selbst, werden anhand von Belegen mengen- und wertmäßig fortgeschrieben.

Vorteil der Stichtagsinventur ist vor allem die wirklichkeitsgetreue Abbildung der Bestände am Bilanzstichtag. Sie führt jedoch zu einem hohen Arbeitsaufwand, der Störungen der übrigen Verwaltungsabläufe zur Folge haben kann. Zudem erhöht sich aufgrund des Pensums das Risiko von Aufnahmefehlern.

Verlegte Inventur

Ist eine Aufnahme zum Bilanzstichtag unmöglich, kann die **verlegte Inventur** zur Anwendung kommen (vgl. § 35 Abs. 3 Nr. 1 SächsKomHVO). Die körperliche Bestandsaufnahme erfolgt dann an einem Tag innerhalb der letzten drei Monate vor oder der ersten zwei Monate nach dem Bilanzstichtag. Der am Aufnahmetag ermittelte Bestand ist sodann wertmäßig auf den Bilanzstichtag fortzuschreiben oder zurückzurechnen.

Permanente Inventur

Eine weitere Variante der Bestandsaufnahme ist die **permanente Inventur**, bei der die Bestandserfassung zeitlich verteilt wird (vgl. § 35 Abs. 3 Nr. 2 SächsKomHVO). Voraussetzung dafür ist ein Fortschreibungs- oder Rückrechnungsverfahren, durch das gesichert ist, dass der am Schluss des Haushaltsjahres vorhandene Bestand an Vermögensgegenständen für diesen Zeitpunkt ordnungsgemäß bewertet werden kann. Der konkrete Termin für die körperliche Inventur kann innerhalb des Haushaltsjahres oder längeren Zeiträumen[8] frei gewählt werden. Die ermittelten Ist-Bestände werden mit den Sollbeständen der einschlägigen Nebenbuchhaltungen (insbesondere Anlagenbuchhaltung und Lagerbuchhaltung) abgeglichen.

Der Vorteil der permanenten Inventur liegt darin, dass die körperliche Bestandsaufnahme über längere Zeiträume verteilt und sinnvoll geplant werden kann.

Inventurvereinfachungsverfahren

Inventurvereinfachungsverfahren sind gesetzlich normierte Regelungen, die der Erleichterung der jährlichen Bestandsaufnahme dienen. Neben den bereits erwähnten zeitlichen (z. B. verlegte Inventur oder permanente Inventur) und mengenmäßigen (Stichprobeninventur) Vereinfachungen, existieren weitere Gestaltungsspielräume. Ob und wie diese genutzt werden, ist sorgfältig zu prüfen und anhand der örtlichen Verhältnisse zu bestimmen.

2.2.4 Inventurrichtlinie

Dienstanweisungen zur Inventur **(Inventurrichtlinie)** sollen eine ordnungsmäßige Bestandserfassung sicherstellen. Sie sollen vor allem gewährleisten, dass die Erfassung und Bewertung der Bilanzpositionen einheitlich und vollständig erfolgen.

Für den Erlass einer solchen Dienstanweisung besteht keine ausdrückliche Vorschrift, allerdings empfiehlt sich insbesondere zur Einhaltung der Grundsätze ordnungsmäßiger Inventur eine entsprechende Regelung. Als Bestandteil des Haushaltsrechtes handelt es sich dabei um eine von der Kommune im Rahmen der gesetzlichen Vorschriften frei gestaltbare Arbeitsanweisung.

Ziel der Inventurrichtlinie ist es, eine auf die individuellen Gegebenheiten der Kommune angepasste Arbeitsanweisung zu erstellen, in der vor allem die folgenden Punkte geregelt sein sollten:

- Grundsätze ordnungsmäßiger Inventur
- Umfang der Inventur
- Vorgehen bei der Inventur
- Klärung von Verantwortlichkeiten
- Inventurverfahren
- Inventurzeiträume und -zeitpunkte

Die Dienstanweisung gilt für alle Ämter und nachgeordneten Verwaltungseinrichtungen, wie Schulen oder Kindertagestätten. Sie gilt nicht für kommunale Eigenbetriebe oder Eigengesellschaften, da diese ein eigenständiges Rechnungswesen besitzen, das anderen gesetzlichen Grundlagen unterliegt.

Die Inventurrichtlinie kann durch besondere Dienstanweisungen ergänzt werden, wenn dies für spezielle Verfahren und Bilanzpositionen erforderlich erscheint. ***Werden für einzelne Bereiche besondere Dienstanweisungen erstellt***, sind diese als Ergänzung zur Inventurrichtlinie oder als Arbeitshilfen anzusehen.

Es bietet sich an, die Inventurrichtlinie um Muster für den Sach-, Zeit- und Personalplan (Inventurrahmenplanung) sowie eine Zählliste, Inventarliste und Empfangsbestätigung zu ergänzen.

Inventurrahmenplanung

Über die Inventurrahmenplanung werden sachliche, zeitliche und personelle Belange geregelt. Für die Aufstellung und jährliche Fortschreibung ist die Aufnahmeleitung zuständig. Bei der Ausgestaltung ist auf die jeweilige Verwaltungsgröße Rücksicht zu nehmen. Die nachfolgenden Hinweise richten sich vor allem an große Verwaltungen mit mehreren Verwaltungsebenen. Prinzipiell gelten sie auch für kleine Verwaltungen, jedoch empfiehlt sich hier eine weniger hierarchisch strukturierte Planung.

Der **Sachplan** legt die Inventurfelder nach örtlichen und/oder sachlichen Gesichtspunkten fest. Es können z. B. Raum- und Lagerverzeichnisse, Stadtpläne und Straßenverzeichnisse herangezogen werden. Inventurgebiete, Inventurbereiche und Inventurfelder sind so festzulegen, dass eine exakte Abgrenzung gewährleistet ist. Doppelerfassungen und Erfassungslücken müssen ausgeschlossen werden.

Inventurgebiet			
Inventurbereich		*Inventurbereich*	
Inventurfeld	*Inventurfeld*	*Inventurfeld*	*Inventurfeld*

Inventurgebiete können sich z. B. auf Dezernate beziehen, während Ämter Inventurbereiche bilden, die in Inventurfelder aufzuteilen sind. Die Abgrenzung kann dabei nach örtlichen und/oder sachlichen Kriterien erfolgen. Örtliche Bezugspunkte ergeben sich z. B. in Form von Stadtteilen bzw. Ortsteilen, sachliche Bezüge lassen sich z. B. über Bilanzpositionen herstellen.

Dezernat			
Amt		Amt	
Rathaus	Außenstelle	Schule	KiTa

Der **Zeitplan** ist eine Art Inventurkalender. In ihm sind der zeitliche Ablauf der Vorbereitungsarbeiten, die Durchführung der Inventur und die Aufbereitung der Inventurdaten geregelt. Die Eck-

8 Bei körperlichen beweglichen Vermögensgegenstände des Anlagevermögens kann der Tag innerhalb eines Dreijahreszeitraumes und bei körperlichen unbeweglichen Vermögensgegenstände des Anlagevermögens kann der Tag sogar innerhalb eines Fünfjahreszeitraumes liegen (vgl. § 35 Abs. 2 SächsKomHVO).

daten für den Zeitplan werden dabei von der Inventurleitung vorgegeben.

Der Personalplan regelt Näheres zur Zusammensetzung der Aufnahmeteams. Zudem wird darin festgelegt, wer die ausgefüllten Zähllisten aufbereitet und in die Inventarlisten zur Ermittlung der vorläufigen Bilanzwerte überträgt. Es empfiehlt sich, dass die Inventurleitung nur einer zuständigen Stelle (z. B. der Finanzverwaltung) obliegt.

Die Inventurleitung hat insbesondere die Schulung und Beratung der zuständigen Mitarbeiter sicherzustellen.

Die Aufnahmeleitung innerhalb der Inventurbereiche wird zumeist den jeweiligen Leitern der Einrichtung oder den Amtsleitern bzw. Stellvertretern übertragen. Der Aufnahmeleiter ist für die ordnungsmäßige Durchführung der Inventur verantwortlich. Ihm obliegt die Koordination und Überwachung der Inventur.

Die Aufnahmeteams der einzelnen Inventurfelder werden vom Aufnahmeleiter bestimmt, wobei jedes Aufnahmeteam aus zwei Personen, einem „Ansager“ und einem „Aufschreiber“, zur Wahrung des „Vier-Augen-Prinzips“ besteht.

Zählliste, Inventarliste und Empfangsbestätigung

Die **Zähllisten** dienen der Dokumentation aller Bestände nach Art und Menge. Die Aufnahmeteams füllen diese während des Zählvorganges dokumentenecht aus. Dabei dürfen Eintragungen in Zähllisten nicht nachträglich entfernt werden. Wurden falsche Eintragungen vorgenommen, sind diese durchzustreichen, die Korrektur ist sodann in einer neuen Zeile einzutragen, so dass der ursprüngliche Eintrag lesbar bleibt.

Um nachträgliche Veränderungen oder Verfälschungen zu vermeiden, dürfen Zähllisten keine freien Zeilen enthalten. Ggf. hat eine Entwertung zu erfolgen. Alle ausgegebenen Zähllisten muss das Aufnahmeteam unterschrieben an den Aufnahmeleiter zurückgeben, auch wenn einzelne Blätter nicht benötigt wurden, d. h., dass auch leere Blätter zu unterschreiben sind, sofern kein elektronisches Verfahren zur Anwendung kommt.

Über **Empfangsbestätigungen** wird die Aushändigung und Rückgabe der Zähllisten dokumentiert. Dies ist insbesondere im Hinblick auf die Vollständigkeit der Inventurunterlagen von Bedeutung. Bei einer elektronischen Inventur werden Empfangsbestätigungen für die Rückgabe der Hardware (Notebook, Scanner) und der Barcodes genutzt.

Die Inventarlisten dienen vorrangig Bilanzierungszwecken. Sie unterscheiden sich von den Zähllisten durch die Ergänzung bewertungsrelevanter Daten. Über die Inventarlisten wird ferner die Entscheidung getroffen, ob, wo und wie die Vermögensgegenstände in der Anlagenbuchhaltung berücksichtigt werden.

2.2.5 Von der Inventur zur Vermögensrechnung

Der hier dargestellte Prozess weist lediglich gängige Teilprozesse auf, die bei der Aufstellung von Eröffnungsbilanzen und Jahresabschlüssen vollzogen werden müssen. Detaillierte Regelungen ergeben sich im Idealfall aus den örtlichen Inventurrichtlinien.

Erfassung und Registrierung

Im ersten Schritt werden die Posten erfasst und registriert. Die Erfassung erfolgt körperlich oder buchmäßig. Die Registrierung wird über Zähllisten und die Vergabe von Inventarnummern vollzogen. Die Nummern sind in geeigneter Weise, i. d. R. mit Hilfe von Etiketten, an den Vermögensgegenständen anzubringen. Grundsätzlich werden die Etiketten bei ähnlichen Vermögensgegenständen an den gleichen Stellen angebracht. Diese sollten möglichst nicht unmittelbar einsehbar sein bzw. den Anblick des Vermögensgegenstandes nicht beeinträchtigen. Darüber hinaus sind Etiketten zu wählen, die nur schwer entfernbar sind.

Zustandsbewertung

Bereits während der Inventur ist zu prüfen, ob sich die Vermögensgegenstände in einem einwandfreien Zustand befinden. Andernfalls ist ein entsprechender Vermerk auf den Zähllisten bzw. Erfassungsformularen aufzunehmen. Ferner sollten Hinweise zu möglichem Fremdeigentum erfolgen.

Fortschreibung und Periodenzuordnung

Der Aufnahmeleiter hat während der Inventur sicherzustellen, dass Bestandsveränderungen beim Zählvorgang Berücksichtigung finden und eine korrekte Periodenzuordnung vorgenommen wird.

Erstellung Inventar / Ermittlung vorläufiger Bilanzwerte

Sind alle Zähllisten vollständig ausgefüllt und geprüft, werden im Anschluss die Inventarlisten erstellt, über die bewertungsrelevante Daten (z. B. Anschaffungs- oder Herstellungskosten, Anschaffungsdatum) ergänzt werden. Aus den Inventarlisten werden die vorläufigen Bilanzwerte abgeleitet.

Erstellung Eröffnungsbilanz oder Schlussbilanz

Nach Übergabe der Zähl- und Inventarlisten an die Inventurleitung können die endgültigen Bilanzwerte ermittelt werden. Die Bewertung der Vermögensgegenstände und Schulden muss insbesondere auf Grundlage von § 89 Abs. 5 SächsGemO, Abschnitt 8 der SächsKomHVO und einer örtlichen Dienstanweisung zur Bewertung der Vermögensgegenstände und Schulen erfolgen.

Ergeben sich bei der Erstellung der Schlussbilanz Differenzen zwischen den buchhalterischen Soll-Beständen und den Ist-Beständen im Inventar sind diese vor Abschluss der Bestandskonten zu berichtigen. Hierdurch wird eine Identität der Schlussbilanz und dem Schlussbilanzkonto sichergestellt.

Inventur

Bestandsaufnahme

Lückenlose, mengen- und wertmäßige Erfassung der Bilanzpositionen zu einem festgelegten Zeitpunkt durch Inaugenscheinnahme oder Buchinventur

Inventurergebnis

Inventar

Bestandsverzeichnis

Mengen- und wertmäßige Einzeldarstellung der Inventurergebnisse in geordneter Zusammenstellung sowie Feststellung der vorläufigen Bilanzwerte und Übermittlung anlagepflichtiger Posten an die Anlagenbuchhaltung

Ableitung Vermögensrechnung

Vermögensrechnung

Vermögens- und Schuldenstand

Ausweis aller Bilanzpositionen durch wertmäßige Zusammenfassung gleichartiger Posten zum Bilanzstichtag unter Fortschreibung der Werte aus laufenden Aufzeichnungen

Fragen zur Lernkontrolle

9. Was versteht man unter einer Inventur?
10. Welche Vermögensgegenstände müssen aufgenommen werden?
11. Welche wesentlichen Schritte müssen bei der Aufstellung einer Vermögensrechnung vollzogen werden?
12. Welche Grundsätze ordnungsmäßiger Inventur gibt es?
13. Welche Inventurverfahren gibt es für welche Vermögensgegenstände?
14. Welche Inventurvereinfachungsverfahren kennen Sie?
15. Wozu dient eine Inventurrichtlinie?
16. Welche Gegenstände sind grundsätzlich nicht aufzunehmen?

2.3 Anlagenbuchhaltung

2.3.1 Bedeutung, Struktur und Aufgaben der Anlagenbuchhaltung

Neben der Kreditoren- und Debitorenbuchhaltung (Personenbuchhaltung) ist die **Anlagenbuchhaltung** eine der klassischen Nebenbuchhaltungen im kommunalen Rechnungswesen.

Mit Hilfe der Anlagenbuchhaltung werden insbesondere art-, mengen- und wertmäßige Bewegungen der kommunalen Bilanzpositionen (Bestände) erfasst. Im Vergleich zur zusammenfassenden Darstellung der Vermögensrechnung (vgl. § 51 SächsKomHVO), in der lediglich Anlagegruppen ausgewiesen werden, ergeben sich aus der Anlagenübersicht (vgl. § 54 Abs. 1 SächsKomHVO) auch Anlagearten, während in der Anlagenbuchhaltung grundsätzlich alle Bestände einzeln geführt werden.

Anlageklasse			
Anlagegruppe		Anlagegruppe	
Anlageart	Anlageart	Anlageart	Anlageart

Beispiel:

[0] Immaterielle Vermögensgegenstände, Sachanlagevermögen und Vorratsvermögen			
[00] Immaterielle Vermögensgegenstände und Sonderposten für geleistete Investitionszuwendungen		[01] Unbebaute Grundstücke und grundstücksgleiche Rechte	
[001] Gewerbliche Schutzrechte und ähnliche Rechte und Werte sowie Lizenzen an solchen Rechten und Werten	[002] Anzahlungen auf immaterielles Vermögen	[011] Grünflächen	[012] Ackerland

Mithilfe der Anlagenbuchhaltung können u. a. folgende Aufgaben erfüllt werden:

- Vermögensnachweis
- Entlastung der Bestandskonten in der Bilanz
- Erfassung der historischen Anschaffungs- und Herstellungskosten je Vermögensgegenstand
- Aufzeichnung der Bestände in Form von Zugangs-, Abgangs- oder Umbuchungen
- Abbildung der Abschreibungen, Zuschreibungen und Restbuchwerte einzelner Vermögensgegenstände
- Hilfsmittel für die Inventur (Buchinventur) Aufstellung einer Anlagenübersicht
- Unterstützung bei der Planung des kommunalen Haushaltes (Abschreibungen, Neuinvestitionen, Auszahlungen)
- Wertermittlung für Versicherungen (von untergeordneter Bedeutung)

Über die Anlagenbuchhaltung lassen sich kommunale Bestände nachhaltig steuern. Durch Informationen über Alter, Zustand, Restnutzungsdauer oder Wert von Vermögensgegenständen können sachgerechte Entscheidungen über (Re-)Investitionsmaßnahmen und Vermögensveräußerungen getroffen werden. Insoweit bestehen enge Berührungspunkte zum kommunalen Gebäude- und Liegenschaftsmanagement und zur Ermittlung des Ressourcenverbrauchs der mit der Nutzung des Vermögens einhergeht.

Mithilfe der Anlagenbuchhaltung werden jährliche **Abschreibungen** und Zuschreibungen ermittelt, die im Ergebnishaushalt und der Ergebnisrechnung ausgewiesen werden. Gemäß § 44 Abs. 1 SächsKomHVO müssen Vermögensgegenstände des Anlagevermögens, deren Nutzung zeitlich begrenzt ist, um planmäßige Abschreibungen vermindert werden. Dagegen unterliegen nicht abnutzbare Vermögensgegenstände (z. B. Grundstücke) keiner planmäßigen Abschreibung.

Neben der Darstellung monatlicher oder jährlicher Wertminderungen eines abnutzbaren Vermögensgegenstandes haben Abschreibungen die Aufgabe, Anschaffungs- oder Herstellungskosten von Investitionen über die gewöhnliche Nutzungsdauer zu verteilen.

Die Höhe des Abschreibungsaufwandes wird durch folgende Kriterien beeinflusst:

- Vermögenswert
- Abschreibungsmethode
- Abschreibungsdauer

Der Vermögenswert ergibt sich in der Regel aus den Anschaffungs- oder Herstellungskosten (vgl. § 89 Abs. 5 SächsGemO und § 38 SächsKomHVO).

Abschreibungsmethoden sind in § 44 Abs. 1 SächsKomHVO geregelt. Die planmäßige Abschreibung erfolgt grundsätzlich in gleichen Jahresraten über die Dauer, in der der Vermögensgegenstand voraussichtlich genutzt werden kann **(lineare Abschreibung).** Die Nutzungsdauern werden über die Abschreibungstabelle (vgl. Anlage 1 SächsKomHVO) vorgegeben. Durch § 44 Abs. 3 SächsKomHVO wird sie generell für verbindlich erklärt. Abweichungen sind nur in begründeten Ausnahmefällen möglich und müssen im Vorbericht zum Haushaltsplan sowie im Anhang zum Jahresabschluss erläutert werden.

Ausnahmsweise ist eine Abschreibung nach Maßgabe der Leistungsabgabe **(Leistungsabschreibung)** zulässig, zum Beispiel bei Fahrzeugen.

Eine haushaltsrechtliche Besonderheit wird durch § 44 Abs. 8 SächsKomHVO eröffnet, wonach abnutzbare, unbewegliche Vermögensgegenstände des Sachanlagevermögens für Zwecke der Abschreibung in wesentliche, abgrenzbare Komponenten aufgeteilt werden dürfen **(Komponentenabschreibung).** Vor allem bei der Abschreibung von Straßen ist dieses Instrument aufgrund stark abweichender Nutzungsdauern der unterschiedlichen Straßenschichten sachdienlich. Zu beachten ist jedoch, dass die einzelnen Komponenten keine selbständig nutzbaren Vermögensgegenstände darstellen. Für die Behandlung von Straßen in der Anlagenbuchhaltung hat dies zur Folge, dass nur der komplette Straßenabschnitt als Vermögensgegenstand geführt werden darf.

2.3.2 Bewirtschaftung der Anlagenbuchhaltung

Zugänge in der Anlagenbuchhaltung

Zugänge von Vermögensgegenständen des Anlagevermögens sind zeitnah in der Anlagenbuchhaltung zu aktivieren (zu buchen), damit der Ressourcenverbrauch in Form von Abschreibungen periodengerecht abgebildet werden kann.

Vermögenszugänge müssen unterschiedlich behandelt werden. Es existieren selbstständig aktivierungsfähige Gegenstände des Anlagevermögens und solche, die lediglich einem Anlagegut hinzuaktiviert werden können. Nicht selbstständig aktivierungsfähige Gegenstände können unter Umständen unselbstständige Bestandteile eines anderen Vermögensgegenstandes darstellen (zum Beispiel die Anhängerkupplung eines Fahrzeugs).

Im Rahmen der Aktivierung sind alle für den Vermögensgegenstand relevanten Daten (Stammdaten) in der Anlagenbuchhaltung zu hinterlegen. Neben den Daten für die Ermittlung der Abschreibung muss u. a. eine Verknüpfung mit Produkten und/oder Kostenstellen erfolgen, damit der Abschreibungsaufwand verursachungsgerecht nachgewiesen werden kann.

Abgänge in der Anlagenbuchhaltung

Auch Vermögensabgänge sind mit Blick auf das Verursachungsprinzip zeitnah zu buchen. Andernfalls werden in der Ergebnisrechnung Abschreibungsaufwendungen verzeichnet, denen kein genutzter Vermögensgegenstand gegenübersteht.

Vermögensgegenstände werden zum Beispiel bei Verschrottung oder Veräußerung ausgebucht. Solange sich der Vermögensgegenstand noch in Nutzung befindet, erfolgt nach Ablauf der Nutzungsdauer kein Abgang aus der Anlagenbuchhaltung. Solche Vermögensgegenstände werden aufgrund des Grundsatzes der Vollständigkeit mit einem Erinnerungswert von 1 Euro in der Anlagenbuchhaltung weitergeführt (vgl. § 36 Abs. 3 SächsKomHVO).

Wird ein Vermögensgegenstand in Abgang gebracht, muss stets ein Abgleich zwischen dem bestehenden Restbuchwert und dem Veräußerungs- oder Verschrottungserlös erfolgen. Ist der Ertrag aus Verkauf bzw. Verschrottung höher als der Restbuchwert, ergibt sich ein Überschuss aus dem Vermögensabgang. Wird ein niedrigerer Ertrag erzielt oder entstehen Verschrottungsaufwendungen, handelt es sich um einen Verlust aus dem Vermögensabgang.

Anzahlungen und Anlagen im Bau

Geleistete Anzahlungen für einen Vermögensgegenstand des Anlagevermögens werden zunächst auf einem besonderen Konto gebucht. Erst mit dem Zugang des Vermögensgegenstandes erfolgt die Umbuchung der Anzahlung auf das entsprechende Anlagenkonto.

Ähnlich verhält es sich mit im Bau befindlichen Anlagen. Dabei handelt es sich um getätigte Investitionen der Kommune für Vermögensgegenstände des Sachanlagevermögens, die zum Bilanzstichtag noch nicht endgültig fertig gestellt sind. Zur Sicherstellung einer zeitgerechten Erfassung der Anlagen im Bau ist die Anlagenbuchhaltung zu nutzen. Das Verfahren zur Meldung der Fertigstellung und der Aufteilung auf die Bilanzkonten des Sachanlagevermögens ist zwischen der Anlagenbuchhaltung und den Fachämtern abzustimmen.

Die Position „Anzahlungen und Anlagen im Bau" hat in der Anlagenbuchhaltung eine Sonderstellung inne, da Gegenstände, die darauf gebucht werden, nicht abgeschrieben werden. Die Abschreibung beginnt erst mit Aktivierung bzw. Inbetriebnahme der Vermögensgegenstände.

Änderung der Vermögenszuordnung

Muss ein Vermögensgegenstand aufgrund eines Nutzerwechsels einem anderen Produkt oder einer anderen Kostenstelle zugeordnet werden, muss diese Änderung in der Anlagenbuchhaltung nachvollzogen werden. Eine solche Umbuchung kann sich auch auf die Vermögensrechnung auswirken, z. B. bei der Aktivierung von im Bau befindlichen Anlagen. Diese werden mit Inbetriebnahme dem entsprechenden Vermögensgegenstand und ggf. einem neuen Produkt zugeordnet und dafür gegen die Position Anlagen im Bau gebucht.

Investitionszuwendungen

Auch Investitionszuwendungen, die die Kommune im Rahmen ihrer Aufgabenerfüllung von Dritten erhalten hat, sind in der Anlagenbuchhaltung in Form von Sonderposten zu berücksichtigen (vgl. § 40 SächsKomHVO). Hintergrund sind die ertragswirksam aufzulösenden Sonderposten, die mit der Wertentwicklung des zugeordneten Vermögensgegenstandes korrespondieren. Ziel ist, dass am Ende der Laufzeit sowohl der Vermögensgegenstand, als auch der zugehörige Sonderposten abgeschrieben bzw. aufgelöst sind und ggf. gemeinsam ausgebucht werden können. Dieser enge Zusammenhang durfte bei der Aufstellung der Eröffnungsbilanz durchbrochen werden. Hier wird für empfangene investive Schlüsselzuweisungen eine Bildung von Sammelsonderposten gestattet. Der Auflösungszeitraum dieser Sammelsonderposten wird anhand der durchschnittlichen Restnutzungsdauer des gesamten abnutzbaren Anlagevermögens zum Stichtag des ersten Jahresabschlusses bestimmt (vgl. § 61 Abs. 9 SächsKomHVO).

Außerplanmäßige Abschreibungen und Zuschreibungen

Wird ein Vermögensgegenstand durch ein atypisches Ereignis (z. B. Zerstörung) beeinträchtigt, so dass dessen Wert dauerhaft gemindert wird, ist dieser Vermögensgegenstand außerplanmäßig abzuschreiben (vgl. § 44 Abs. 6 SächsKomHVO). Eine Buchung muss unmittelbar in der Anlagenbuchhaltung erfolgen, so dass sowohl die Minderung des Restbuchwertes in der Vermögensrechnung als auch die außerordentlichen Aufwendungen in der Ergebnisrechnung berücksichtigt werden können.

Fallen die Gründe für eine außerplanmäßige Abschreibung weg, muss entsprechend des Prinzips der wirklichkeitsgetreuen Bewertung eine Zuschreibung bis zu den fortgeführten Anschaffungs- oder Herstellungskosten erfolgen. Wird eine Zuschreibung vorgenommen, sind die planmäßigen Abschreibungen, die zwischen der außerplanmäßigen Abschreibung und dem Zeitpunkt der Zuschreibung angefallen sind, zu berücksichtigen.

Fragen zur Lernkontrolle

17. Welchen Zweck erfüllt die Anlagenbuchhaltung?
18. In welche Komponenten gliedert sich das Anlagevermögen?
19. Um welche Art von Buch handelt es sich bei der Anlagenbuchhaltung und wo ist die Führung gesetzlich geregelt?
20. Welche drei wesentlichen Aufgaben erfüllt die Anlagenbuchhaltung?
21. Welche Bewirtschaftungsvorgänge finden in der Anlagenbuchhaltung statt?

2.4 Vermögensrechnung (Kommunale Bilanz)

Die **Vermögensrechnung** ist ein Bestandteil des kommunalen Jahresabschlusses. Alternativ kann auch der Begriff Bilanz verwendet werden (vgl. § 51 SächsKomHVO). Bei der Vermögensrechnung handelt es sich um eine Art Bestandsspeicher, der das Verhältnis von Vermögen und Schulden zum 31.12. des Haushaltsjahres **(Bilanzstichtag)** widerspiegelt.

Die Vermögensrechnung wird in Form eines T-Kontos dargestellt. Dieses Konto gliedert sich in eine Aktivseite und eine Passivseite. Die Aufteilung erfolgt auf der Grundlage von § 51 SächsKomHVO. Dieser regelt die Mindestinhalte der kommunalen Bilanz. Beide Seiten haben dabei stets im Gleichgewicht (Summe Aktiva = Summe Passiva) zu stehen.

Über die **Aktivseite** der Bilanz wird das Vermögen bzw. die Mittelverwendung **(Aktiva)** abgebildet. Es können nur solche Posten bilanziert werden, die sich im wirtschaftlichen Eigentum der Kommune befinden, unabhängig davon, ob sie öffentlich oder privat genutzt werden.

Unterteilt wird das Vermögen in ein Anlage- und Umlaufvermögen. Ob ein Vermögensgegenstand dem Anlage- oder dem Umlaufvermögen zugeordnet werden muss, richtet sich in der Regel nach dessen Bestimmungszweck.

Zum **Anlagevermögen** zählen generell alle Vermögensgegenstände einer Kommune, die dazu bestimmt sind, dauerhaft, d. h. in der Regel länger als ein Jahr, der kommunalen Aufgabenerfüllung zu dienen (vgl. § 59 Nr. 3 SächsKomHVO). U. a. zählen hierunter unbebaute und bebaute Grundstücke, technische Anlagen und Maschinen sowie die Büro- und Geschäftsausstattung. Das Anlagevermögen wird in die Positionen „immaterielle Vermögensgegenstände", „Sonderposten für geleistete Investitionszuwendungen", „Sachanlagevermögen" sowie „Finanzanlagevermögen" untergliedert.

Vermögensgegenstände, deren Verweildauer in der Kommune regelmäßig unter einem Jahr liegt, gehören in der Regel dem **Umlaufvermögen** an (vgl. § 59 Nr. 52 SächsKomHVO). Sie dienen der kommunalen Aufgabenerfüllung nur vorübergehend. Häufig werden Vermögensgegenstände des Umlaufvermögens im Prozess der Leistungserbringung verbraucht oder können nur einmalig benutzt werden. Vorräte, Forderungen und liquide Mittel zählen daher zum Umlaufvermögen. Auch hier hat gemäß § 51 SächsKomHVO eine Mindestuntergliederung zu erfolgen. Diese setzt sich zusammen aus den Positionen „Vorräte", „öffentlich-rechtliche Forderung und Forderungen aus Transferleistungen", „privatrechtliche Forderungen, Wertpapiere des Umlaufvermögens" sowie „liquide Mittel".

Weiterer Bestandteil der Aktivseite einer kommunalen Bilanz sind die **aktiven Rechnungsabgrenzungsposten,** d. h. vor dem Abschlussstichtag geleistete Ausgaben, die Aufwand für einen bestimmten Zeitraum nach diesem Tag darstellen (vgl. § 39 Abs. 1 SächsKomHVO).

Die Unterteilung der Aktivseite der Bilanz und ihrer einzelnen Vermögensposten erfolgt nach dem **Grad der Liquidierbarkeit** (Möglichkeit zur Umwandlung von Sachvermögen in liquide Mittel). Das bedeutet, dass Vermögensposten, deren Umwandlung in Geld am langwierigsten ist, zuerst aufgeführt werden. In der kommunalen Vermögensrechnung sind das immaterielle Vermögensgegenstände. Posten, die bereits liquide Mittel darstellen, wie z. B. Bargeld oder Bankguthaben, werden an unterster Position aufgeführt. Die Liquidierbarkeit der Vermögenspositionen nimmt daher nach unten hin zu.

Über die **Passivseite** der Vermögensrechnung werden gemäß § 51 SächsKomHVO die Kapitalposition, Sonderposten, Rückstellungen, Verbindlichkeiten und passive Rechnungsabgrenzungsposten **(Passiva)** abgebildet. Daraus lässt sich die Mittelherkunft bzw. die Finanzierung des kommunalen Vermögens ableiten.

Das **Fremdkapital** („Schulden") stellt die Summe aller Verpflichtungen gegenüber Dritten dar. Hierzu zählen neben den Rückstellungen vor allem die Verbindlichkeiten.

Rückstellungen stellen Verbindlichkeiten oder Aufwendungen dar, die im Haushaltsjahr wirtschaftlich verursacht wurden und der Fälligkeit oder der Höhe nach ungewiss sind (vgl. § 59 Nr. 43 SächsKomHVO).

Als **Verbindlichkeiten** werden dabei all diejenigen Leistungsverpflichtungen der Kommune ausgewiesen, die rechtlich erzwingbar sind und eine wirtschaftliche Belastung darstellen, die dem Grunde und der Höhe nach sicher sind (vgl. § 59 Nr. 53 SächsKomHVO). Verbindlichkeiten werden in kurz-, mittel- und langfristige „Schulden" eingeteilt. Von langfristigen Schulden spricht man z. B. bei Verbindlichkeiten aus Kreditaufnahmen. Die Laufzeit von Kreditverträgen beträgt in der Regel mehr als fünf Jahre. Dagegen werden kurzfristige Verbindlichkeiten in der Regel innerhalb von 90 Tagen, maximal innerhalb von einem Jahr fällig. Hierunter fallen Verbindlichkeiten aus Lieferungen und Leistungen sowie aus Steuern und ähnlichen Abgaben. Unter mittelfristige Verbindlichkeiten fallen demnach alle Verbindlichkeiten, die sich zwischen den beiden Spannen bewegen, d. h. zwischen einem und fünf Jahren.

Als reine Rechengröße der Bilanz versteht sich das **Basiskapital** als Bestandteil der **Kapitalposition.** Die Kapitalposition ergibt sich aus der Differenz des Vermögens und der Schulden einer Kommune, es entspricht dem handelsrechtlichen Eigenkapital. Eine inventurmäßige Erfassung ist daher nicht möglich. Stellt man Vermögen und Schulden direkt gegenüber (Summe Aktiva abzgl. Rücklagen, Ergebnis, Sonderposten, Rückstellungen, Verbindlichkeiten, passive Rechnungsabgrenzungsposten) erhält man das Basiskapital, das der Kommune aus eigener Finanzkraft erwachsen ist. Neben dem Basiskapital beinhaltet die Kapitalposition weitere Größen, die sich nicht aus der Gegenüberstellung von Vermögen und Schulden ergeben, sondern direkt gebucht werden müssen. Hierzu zählen die Rücklagen und die Fehlbeträge.

Die Gliederung der Passivseite erfolgt unter Beachtung des **Prinzips der Fälligkeit,** wonach diejenigen Schulden, die kurzfristig fällig sind, am Ende der Passivseite ausgewiesen werden, während langfristige Schulden, Sonderposten und Kapitalposition auf höheren Positionen der Passivseite darzustellen sind.

Im Laufe eines Haushaltsjahres kann sich das Vermögen einer Kommune durch Zugänge (z. B. Kauf eines Fahrzeuges) oder Abgänge (z. B. Verkauf eines Grundstückes) verändern. Dies gilt auch für die Passivseite, wenn z. B. ein Kredit getilgt wird oder eine neue Verbindlichkeit gegenüber Dritten entsteht.

Aus diesem Grund werden für sämtliche Bilanzpositionen Konten geführt, bei denen zu Beginn eines Haushaltsjahres Anfangsbestände dokumentiert werden, die im Verlauf eines Haushaltsjahres Veränderungen unterliegen.

Fragen zur Lernkontrolle

22. In welcher Form erfolgt die Darstellung der Vermögensrechnung/Bilanz?
23. In welche zwei Bereiche wird das Vermögen der Kommune unterteilt?
24. Wie werden Verbindlichkeiten eingeteilt?
25. Wie gliedert sich die Kapitalposition?
26. Wie heißen die beiden Seiten der Vermögensrechnung/Bilanz?

2.5 Ergebnisrechnung

Im Gegensatz zur Vermögensrechnung, die das Vermögen und die Schulden einer Kommune zu einem bestimmten Zeitpunkt (Bilanzstichtag) nachweist, stellt die **Ergebnisrechnung** eine Zeitraumrechnung dar.

Stark an die kaufmännische Gewinn- und Verlustrechnung angelehnt, weist sie Jahresüberschüsse (Gewinne) oder Jahresfehlbeträge (Verluste) innerhalb eines Haushaltsjahres aus und gibt Auskunft darüber, wie die Kommune im Haushaltsjahr gewirtschaftet hat.

Um Erträge und Aufwendungen übersichtlich darstellen zu können und das Verständnis über etwaige wirtschaftliche Zusammenhänge zu fördern, hat der Gesetzgeber in § 48 SächsKomHVO bestimmt, dass die Ergebnisrechnung in Staffelform (tabellarisch) aufzustellen ist.

Erträge und Aufwendungen werden in der Ergebnisrechnung in einer vom Gesetzgeber bestimmten Reihenfolge angeordnet und fortschreitend mit aussagekräftigen Zwischenergebnissen (Salden) ausgewiesen. Anhand dieser Zwischenergebnisse lässt sich analysieren, ob das **Gesamtergebnis** eher aus dem **ordentlichen Ergebnis** (Verwaltungsergebnis) oder dem außerordentlichen Ergebnis **(Sonderergebnis)** resultiert.

Zur Ermittlung des Ergebnisses erfolgt eine Gegenüberstellung von Erträgen und Aufwendungen. Zu den typischen Erträgen einer Kommune zählen z. B. Steuererträge, laufende Zuweisungen sowie öffentlich-rechtliche oder privatrechtliche Leistungsentgelte. Zu den Aufwendungen gehören Personalaufwendungen, Aufwendungen für Sach- und Dienstleistungen sowie Transferaufwendungen. Erträge und Aufwendungen einer Kommune werden einzeln und getrennt voneinander behandelt, eine Verrechnung ist demnach im Grundsatz ausgeschlossen.

Durch die Gegenüberstellung von Erträgen und Aufwendungen und deren Produktzuordnung wird Auskunft über Art, Höhe und Herkunft des Ergebnisses sowie Ursachen und Quellen des Ressourcenverbrauches und -aufkommens gegeben. Der Saldo aus den Aufwendungen und Erträgen spiegelt letztendlich den Ressourcenverbrauch (Werteverzehr oder -zuwachs) wider.

Erträge > Aufwendungen

↓

Jahresüberschuss

↓

Kapitalmehrung

Erträge < Aufwendungen

↓

Jahresfehlbetrag

↓

Kapitalminderung

Das Jahresergebnis (Überschuss oder Fehlbetrag) geht als Bestandteil in die Vermögensrechnung ein und bildet dort die Veränderung der Kapitalposition einer Kommune ab. Das über die Ergebnisrechnung ermittelte Jahresergebnis stellt somit eine bedeutende Größe zur Beurteilung der Entwicklung der Kapitalposition dar.

Fragen zur Lernkontrolle

27. Welche zwei Rechengrößen der Buchhaltung werden in der Ergebnisrechnung gegenübergestellt?
28. Nennen Sie je drei typische Aufwands- und Ertragsarten der kommunalen Verwaltung.
29. Ertrag < Aufwand = ...
    Ertrag > Aufwand = ...
30. In welchem Paragraphen der SächsKomHVO wird die Ergebnisrechnung maßgeblich geregelt?
31. Wie wirkt sich die Ergebnisrechnung auf die Bilanz aus?

2.6 Finanzrechnung

Anhand der **Finanzrechnung** kann die Liquiditätslage einer Kommune detailliert beurteilt werden. Durch sie werden Liquiditätszuflüsse (Einzahlungen) und Liquiditätsabflüsse (Auszahlungen) erfasst und gegenübergestellt.

Die Finanzrechnung ist einer direkten Kapitalflussrechnung oder auch Cash-Flow-Rechnung im kaufmännischen Rechnungswesen nachgebildet. Sie ist kein zwingender Bestandteil einer kaufmännischen Buchhaltung. Dagegen besteht im kommunalen Rechnungswesen eine Verpflichtung zum direkten Ausweis einer Finanzrechnung. Gemäß § 49 SächsKomHVO müssen die im Haushaltsjahr eingegangenen Einzahlungen und geleisteten Auszahlungen ausgewiesen werden. In Abschnitt 2 Nr. 2e VwV KomHSys wird klargestellt, dass die Finanzrechnung nicht retrograd und saldiert (indirekt) aus den Salden der Ergebnisrechnung ermittelt werden darf, sondern direkt gebucht werden muss. Demnach ist neben jeder zahlungswirksamen Aufwands- oder Ertragsbuchung auch eine Auszahlungs- oder Einzahlungsbuchung zu tätigen (vgl. Abschnitt 2.7.4).

In der Finanzrechnung werden Ein- und Auszahlungen gegenübergestellt, sie wird ebenfalls in Staffelform aufgestellt. Es gilt das Bruttoprinzip, wonach Einzahlungen und Auszahlungen einzeln und getrennt voneinander nachgewiesen werden müssen. Der aus der Gegenüberstellung von Einzahlungen und Auszahlungen ermittelte Saldo ergibt den Zahlungsmittelüberschuss oder Zahlungsmittelbedarf des Haushaltsjahres.

Einzahlungen > Auszahlungen

↓

Zahlungsmittelüberschuss

↓

Zunahme liquider Mittel

Einzahlungen < Auszahlungen

↓

Zahlungsmittelbedarf

↓

Abnahme liquider Mittel

Fragen zur Lernkontrolle

32. Welche Bilanzposition wird durch die Finanzrechnung direkt berührt?
33. Welche Größen der Buchhaltung werden in der Finanzrechnung gegenübergestellt?
34. In welcher Form erfolgt die Aufstellung der Finanzrechnung?

2.7 Buchführung

Als **Buchführung** wird die in Zahlenwerten vorgenommene vollständige, richtige, zeitgerechte, geordnete und nachprüfbare Aufzeichnung von Sachverhalten in Büchern verstanden. Sie ist das wirtschaftliche Spiegelbild einer Kommune und wichtige Informationsquelle für Gemeindeorgane, Behörden und interessierte Dritte.

Die Grundsätze der kommunalen Buchführung sind in Abschnitt 5 der SächsKomKBVO geregelt.

2.7.1 Buchen auf Konten – Grundaufbau

Ein Konto ist immer nach folgendem Schema aufgebaut:

Soll	Haben
Summe	Summe

Bei der Buchung auf Konten ist zu klären, inwieweit der Verwaltungsvorfall die Soll- bzw. Habenseite berührt. Die Summe beider Seiten muss stets identisch sein.

Es gilt der Buchungssatz: Soll an Haben

2.7.2 Buchen auf Bestandskonten

Bestandskonten sind die Konten der Vermögensrechnung. In der Vermögensrechnung wird nicht jedes Bestandskonto einzeln ausgewiesen, vielmehr erfolgen – bis auf wenige Ausnahmen – aggregierte Informationen auf Ebene der Kontengruppen.

Aktive und passive Bestandskonten sind in Form eines T-Kontos aufgebaut. Die linke Seite des Kontos wird mit Soll (S), die rechte Seite mit Haben (H) bezeichnet.

Im Soll der Aktivkonten steht der Anfangsbestand (AB), der zu Beginn eines jeden Jahres gebucht wird. Zudem werden alle Zugänge im Soll gebucht, da diese den Bestand des Kontos erhöhen. Die Abgänge werden im Haben gebucht.

Soll	Aktivkonto	Haben
AB		**Abgänge**
Zugänge		**SB**
Summe		**Summe**

Am Jahresende wird jedes Konto saldiert, woraus sich ein Schlussbestand (SB) ergibt. Dieser lässt sich aus der Summe des Anfangsbestandes und der Zugänge minus der Abgänge ermitteln. Folglich sind durch diese Vorgehensweise die Summen beider Seiten des Kontos ausgeglichen. Jedes Bestandskonto weist zum Bilanzstichtag einen Schlussbestand aus, der wiederum in das Schlussbilanzkonto bzw. die Vermögensrechnung einfließt.

Passivkonten sind spiegelbildlich zu den Aktivkonten zu behandeln. Anfangsbestände und Zugänge von Passivkonten werden im Haben ausgewiesen, Abgänge (Minderungen) auf der Sollseite.

Soll	Passivkonto	Haben
SB		**AB**
Abgänge		**Zugänge**
Summe		**Summe**

Bei der Buchung von Bestandskonten müssen für die korrekte Bildung der Buchungssätze folgende Fragen gestellt und beantwortet werden:

- Welche Konten der Vermögensrechnung werden berührt?
- Handelt es sich um Aktiv- und/oder Passivkonten?
- Wie wirkt sich der Sachverhalt auf das Konto aus (Zugang oder Abgang)?

Aufgrund des Grundsatzes der Bilanzidentität müssen die Wertansätze der Anfangsbilanz des Haushaltsjahres mit denen der Schlussbilanz des Vorjahres übereinstimmen (vgl. § 37 Abs. 1 Nr. 1 SächsKomHVO). Zur Gewährleistung des Grundsatzes müssen aus buchungstechnischen Gründen ein Eröffnungsbilanzkonto (EBK) und ein Schlussbilanzkonto (SBK) eingerichtet werden. Das Schlussbilanzkonto entspricht der Vermögensrechnung bzw. Bilanz eines Haushaltsjahres. Auf der Soll-Seite des Kontos werden alle Schlussbestände der Aktivkonten und auf der Haben-Seite alle Schlussbestände der Passivkonten ausgewiesen. Diese werden im Rahmen der Eröffnungsbuchungen für das jeweilige Haushaltsjahr auf das spiegelbildlich aufgebaute Eröffnungsbilanzkonto gebucht, d. h., dass die Aktiv-Konten im Haben ausgewiesen werden und die Passivkonten im Soll. In einem weiteren Schritt werden die Bestände des Eröffnungsbilanzkontos als Anfangsbestände auf die Bestandskonten gebucht.

Buchungstechnischer Zusammenhang zwischen Eröffnungsbilanz und Schlussbilanz

A	Eröffnungsbilanz B
- Anlagevermögen	Kapitalposition
- Umlaufvermögen	Sonderposten
	Rückstellungen
	Verbindlichkeiten
- ARAP	PRAP
∑ AKTIVA	∑ PASSIVA

S	Eröffnungsbilanzkonto H
Posten der Passivseite (Vermögen)	Posten der Aktivseite (Kapital)
Summe	Summe

S	Aktivkonto H
- AB	Abgänge
Zugänge	SB
Summe	Summe

S	Passivkonto H
Abgänge	AB
SB	Zugänge
Summe	Summe

S	Schlussbilanzkonto H
Vermögen	Kapital
Summe	Summe

A	Schlussbilanz P
Vermögen	Kapital
∑ AKTIVA	∑ PASSIVA

Hinweis: Die Schlussbilanz wird anhand der Inventur und des Inventars erstellt, sie ist nicht in die Buchungssystematik eingebunden, allerdings müssen die Werte des Schlussbilanzkontos und der Schlussbilanz übereinstimmen. Ergeben sich Differenzen, sind die Werte der Inventur bzw. der Schlussbilanz maßgeblich.

Fragen zur Lernkontrolle

35. Berechnen Sie den Schlussbestand. Nutzen Sie dafür die vorgegebenen Konten.

Konto:	2511 Verbindlichkeiten aus LL
AB:	300 EUR
Zugänge:	150 EUR
Abgänge:	200 EUR

Soll	2511 VBLL Haben
Summe	Summe

Konto:	1711 Bank
AB:	1.000 EUR
Zugänge:	500 EUR
Abgänge:	700 EUR

Soll	1711 Bank Haben
Summe	Summe

Arten der Bilanzveränderung

Werden bei einer Buchung Bestandskonten angesprochen, ändert sich grundsätzlich die Vermögensaufstellung und bei bestimmten Sachverhalten auch die Bilanzsumme. Die Posten der Aktiva und Passiva sind immer summengleich. Folgende vier Möglichkeiten sind bei der Buchung von Bestandskonten möglich:

Aktivtausch: Bei Sachverhalten, die ausschließlich Konten der Aktivseite der Vermögensrechnung berühren, spricht man von einem Aktivtausch. Die Bilanzsumme wird dabei nicht verändert. Konten der Aktivseite werden hierbei so berührt, dass mindestens ein Konto eine Bestandsminderung und im Gegenzug mindestens ein anderes eine Bestandsmehrung erfährt. Die Passivseite bleibt unberührt.

Beispiel:

Kauf von Büro- und Geschäftsausstattung per Banküberweisung (074 Sonstige Betriebs- und Geschäftsausstattung (Zugang), 171 Sichteinlagen bei Banken und Versicherungen (Abgang))

Passivtausch: Der Passivtausch berührt ausschließlich Konten der Passivseite der Vermögensrechnung. Die Bilanzsumme wird auch in diesem Fall nicht verändert. Wie beim Aktivtausch wirken jeweils eine Bestandsminderung und eine Bestandsmehrung auf die Konten ein. Die Aktivseite bleibt unberührt.

Beispiel:

Fördermittel werden zweckentsprechend verwendet. (279 Sonstige Verbindlichkeiten (Abgang), 211 Sonderposten für empfangene Investitionszuwendungen (Zugang))

Aktiv-Passiv-Mehrung: Sachverhalte, die sowohl Konten der Aktivseite als auch Konten der Passivseite im Bestand vermehren, bezeichnet man als Aktiv-Passiv-Mehrung. Die Bilanzsumme nimmt zu (Bilanzverlängerung), da zusätzliches Vermögen durch zusätzliches Kapital finanziert wird.

Beispiel:
Zieleinkauf von Schulausstattung (071 Schulausstattung (Zugang), 251 Verbindlichkeiten aus Lieferungen und Leistungen (Zugang))

Aktiv-Passiv-Minderung: Im Gegensatz zur Aktiv-Passiv- Mehrung stellen Sachverhalte, die sowohl Konten der Aktivseite als auch Konten der Passivseite im Bestand mindern, eine Aktiv-Passiv-Minderung dar. Die Aktiv-Passiv-Minderung führt zu einer Verringerung der Bilanzsumme. Vermögen und Kapital vermindern sich in gleicher Höhe sowohl auf der Aktiv- als auch auf der Passivseite (Bilanzverkürzung).

Beispiel:
Begleichung einer Lieferantenverbindlichkeit durch Banküberweisung (251 Verbindlichkeiten aus Lieferungen und Leistungen (Abgang), 171 Sichteinlagen bei Banken und Versicherungen (Abgang))

Fragen zur Lernkontrolle

36. Banküberweisung für Lieferantenrechnung i. H. v. 2.000 EUR.
    - Welche Konten werden angesprochen?
    - Handelt es sich um einen Zugang oder Abgang?
    - Buchungssatz?
37. Kauf eines Schreibtisches im Wert von 900 EUR auf Ziel.
    - Welche Konten werden angesprochen?
    - Handelt es sich um einen Zugang oder Abgang?
    - Buchungssatz?
38. Umwandlung einer kurzfristigen Verbindlichkeit (12.000 EUR) in ein langfristiges Darlehen.
    - Welche Konten werden angesprochen?
    - Handelt es sich um einen Zugang oder Abgang?
    - Buchungssatz?
39. Kauf eines Büroschrankes (810 EUR) durch sofortige Barzahlung aus der Kasse.
    - Welche Konten werden angesprochen?
    - Handelt es sich um einen Zugang oder Abgang?
    - Buchungssatz?
40. Beantworten Sie die folgenden Fragen für alle vorgegebenen Verwaltungsvorfälle.

Welche Konten werden berührt?

Handelt es sich um Aktiv- und/oder Passivkonten?

Handelt es sich um eine Veränderung des Bilanzvolumens (Bilanzverlängerung bzw. Bilanzverkürzung) oder um eine Veränderung der Bilanzstruktur (Aktiv- bzw. Passivtausch)?

- Kreditaufnahme für den Bau einer Brücke
- Bankeinzahlung von Kasseneinzahlungen der Pass- und Meldestelle
- Kauf von Büromöbeln mit sofortiger Zahlung durch Banküberweisung
- Kreditaufnahme mit Gutschrift auf Bankkonto
- Verkauf eines Feuerwehrfahrzeuges gegen Barzahlung
- Einzahlung des Betrages auf ein Bankkonto
- Barzahlung von offenen Verwarngeldern an der Kasse des Ordnungsamtes

Weiterführende Bestandskontenbuchungen:

- Rücksendungen

  Für die Verwaltung der Stadt werden zwei neue Aktenschränke zum Stückpreis von 1.200 EUR (inkl. Umsatzsteuer) geliefert. Nach Erhalt wird festgestellt, dass einer der Schränke an der Vorderseite stark beschädigt ist. Aus diesem Grund wird der Aktenschrank zurückgeschickt, die Stadt erhält vom Lieferanten eine Gutschrift in Höhe von 1.200 EUR.

  Bilden Sie die Buchungssätze.

- Erwerb von Vermögensgegenständen

  Die Stadt A erwirbt am 13.04.2015 einen Aktenvernichter für 800 EUR (netto) für die Verwaltung.

  Bilden Sie die Buchungssätze.

  Die Stadt A schafft am 16.06.2015 einen Beamer an. Dieser kostet 850 EUR (brutto).

  Bilden Sie die Buchungssätze.

  Das Ordnungsamt der Stadt A soll mit neuer EDV-Technik ausgestattet werden. Dazu kauft die Stadt A am 03.08.2015 jeweils 10 PCs bestehend aus: Monitoren für je 145 EUR (brutto), Computermäusen für insgesamt 250 EUR (brutto), Tastaturen für 650 EUR (brutto) und Desktop-PCs für jeweils 750 EUR (brutto). Die Installation der PCs erfolgt eine Woche nach der Lieferung. Der Computerlieferant stellt für die Installation eine Rechnung in Höhe von 550 EUR (brutto). Außerdem bekommt das Ordnungsamt noch einen Laptop im Wert von 310 EUR (brutto) vom gleichen Anbieter.

  Zusätzlich erhält das Ordnungsamt noch einen Netzwerkdrucker in Höhe von 1.500 EUR (inkl. USt.).

  Bilden Sie die Buchungssätze.

  Die Kommune erhält die Rechnung für einen Lastwagen. Der Kaufpreis beträgt 90.000 EUR (netto). Das Autohaus liefert darüber hinaus einen Spezialaufbau für weitere 10.000 EUR (netto). Eine zusätzliche Anhängerkupplung beläuft sich auf 500 EUR (brutto). Diese bringen die Mitarbeiter des Bauhofes an. Für die Zulassung müssen zusätzlich 200 EUR (brutto) gezahlt werden. Weiterhin fallen Kosten für die Nummernschilder von 50 EUR (brutto) an. Die erste Tankfüllung wird mit Tankkarte bezahlt und beträgt 600 EUR (brutto).

  Ermitteln Sie die Anschaffungskosten und bilden Sie die Buchungssätze.

Es wird ein Drucker zum Stückpreis von 1.000 EUR (brutto) angeschafft. Der Hersteller stellt insgesamt 20 EUR (brutto) für die Verpackung sowie 10 % auf den Brutto-Druckerpreis für den Transport in Rechnung.

Bilden Sie die Buchungssätze.

Der Landkreis möchte ein neues Rettungsfahrzeug (ND: 10 Jahre) beschaffen. Dieses kostet 180.000 EUR (brutto). Der Landkreis leistet 2015 eine Anzahlung i. H. v. 10 % der Anschaffungskosten. Der Auslieferungstermin ist für Juni 2016 vereinbart. Zu diesem Zeitpunkt geht auch die Schlussrechnung ein.

Bilden Sie die Buchungssätze.

2.7.3 Buchen auf Ergebniskonten

Neben den Bestandskonten existieren auch Ertrags- und Aufwandskonten. Durch Sachverhalte, die nur Bestandskonten betreffen (mit Ausnahme der Konten der Kapitalposition), wird das Ergebnis nicht beeinflusst, d. h., Ressourcenverbrauch und -zuwachs können nicht abgebildet werden und damit auch kein Überschuss oder Fehlbetrag. Überschüsse und Fehlbeträge ergeben sich aus dem Saldo von Aufwendungen (Sachverhalte, die die Kapitalposition mindern) und Erträgen (Sachverhalte, die die Kapitalposition erhöhen).

Die Aufwands- und Ertragskonten werden auch als **Ergebniskonten** bezeichnet. Diese stellen theoretisch Unterkonten der Kapitalposition dar, doch aus Gründen der Praktikabilität und Übersichtlichkeit werden sie in separaten Konten der Ergebnisrechnung geführt. Die Ergebnisrechnung ist damit eine Art Nebenrechnung zur Kapitalposition. Ergebniskonten weisen die gleichen Eigenschaften wie die Konten der Kapitalposition auf, folglich werden Aufwendungen als Minderungen der Kapitalposition im Soll und Erträge als Mehrungen der Kapitalposition im Haben gebucht.

Soll	**Basiskapital**	**Haben**
SB		AB
Abgänge = Aufwand		Zugänge = Ertrag
Summe		**Summe**

S	**Aufwand**	**H**
Aufwand		

S	**Ertrag**	**H**
		Ertrag

Es gelten damit im Grundsatz folgende Buchungsregeln:

- Ertragsbuchungen sind Haben-Buchungen
- Aufwandsbuchungen sind Soll-Buchungen
- Insbesondere im Korrekturfall können Ertragskonten auch im Soll (hat die Wirkung eines Aufwandes) und Aufwandskonten im Haben (hat die Wirkung eines Ertrages) gebucht werden.
- Jede Buchung muss mindestens zwei Konten berühren, eins im Soll und eins im Haben. Z. B. ist das Gegenkonto für eine Gebühr i. d. R. ein Forderungskonto und das Gegenkonto für einen Mietaufwand i. d. R. ein Verbindlichkeitenkonto.

Ergebniskonten unterscheiden sich von den Bestandskonten. Sie haben keine Anfangsbestände, da sie am Ende einer Haushaltsperiode über die Ergebnisrechnung abgerechnet und der Kapitalposition zugeführt werden. Am Ende des Haushaltsjahres werden die einzelnen Ergebniskonten analog zu den Bestandskonten abgeschlossen. Der Abschluss der Ergebniskonten wird am Ende des Haushaltsjahres über das Ergebnisrechnungskonto (ERK) vollzogen.

Zum Bilanzstichtag werden die Aufwendungen und Erträge in der Ergebnisrechnung gegenübergestellt. Im Ergebnisrechnungskonto werden die Salden aller Aufwandskonten auf der Soll-Seite und die Salden aller Ertragskonten auf der Haben-Seite gebucht. Anschließend werden beide Seiten saldiert. Je nachdem, ob sich der Saldo im Soll oder im Haben befindet, führt dies zu einer Zu- oder Abnahme der Kapitalposition bzw. einem Überschuss oder Fehlbetrag.

Soll	**80 Ergebnisrechnung**	**Haben**
Salden Ordentliche Aufwendungen (Kontenklasse 4)		Salden Ordentliche Erträge (Kontenklasse 3)
Salden Außerordentliche Aufwendungen (Kontengruppe 51)		Salden Außerordentliche Erträge (Kontengruppe 50)
Saldo → wenn Aufwendungen < Erträge → **Überschuss**		**Saldo** → wenn Erträge < Aufwendungen → **Fehlbetrag**
Summe		**Summe**

Der Überschussbetrag wird im Haben als Mehrung bzw. Zugang (Konto 202 – Rücklagen), der Fehlbetrag im Soll als Minderung bzw. Abgang (grds. Konto 206 Jahresfehlbetrag des ordentlichen Ergebnisses) gebucht.

Fragen zur Lernkontrolle

41. Bilden Sie die Buchungssätze für folgende Sachverhalte!

Zahlung der Sozialversicherungsbeiträge per Banküberweisung

	Soll	**Haben**

Ordentliche Abschreibung des Fuhrparks des Bauhofes

	Soll	**Haben**

Erhebung und Begleichung der Grundsteuer B

	Soll	**Haben**

Rücküberweisung zu hoch gezahlter Gewerbesteuer

	Soll	Haben

Abbuchung der Zinsen für einen Investitionskredit

	Soll	Haben

Bareinzahlung einer Spende für das Gymnasium (ohne Zweckbindung)

	Soll	Haben

Dividendenzahlung aufgrund einer Beteiligung an einem Versorgungsunternehmen

	Soll	Haben

Bareinzahlungen aus dem Verkauf der Stadtchronik beim Stadtfest

	Soll	Haben

Materialverbrauch des Winterdienstes

	Soll	Haben

Rückstellungen

1. Für ein anhängiges Gerichtsverfahren rechnet die Stadt zum Bilanzstichtag mit Gerichtskosten in Höhe von 15.000 EUR. Der Kostenbescheid, der am 12. März des Folgejahres eingeht und umgehend gezahlt wird, lautet über
   a) 15.000 EUR
   b) 17.000 EUR
   c) 12.000 EUR

2. Für das Schulgebäude werden im Haushaltsplan 2014 30.000 EUR für dringende Reparaturen eingeplant. Die Reparatur wird aus finanziellen Gründen nicht durchgeführt. Im 1. Quartal 2015 wird die Maßnahme nachgeholt. Am 6. April 2015 geht die Rechnung über 28.000 EUR ein. Am 16. April 2015 wird sie per Banküberweisung beglichen.

Umsatzsteuer/Vorsteuer

1. Der BgA „Museumsshop" der Stadt kauft Souvenirs und Geschenkartikel auf Rechnung für 200 EUR zzgl. Umsatzsteuer. Ein Teil der Waren im Wert von 89,25 EUR (inkl. Umsatzsteuer) wird verkauft. Die Zahlung erfolgt mit Bargeld.

Einkauf: (Es werden die in den Konten angegebenen Anfangsbestände unterstellt.)

Soll	**Waren**		**Haben**
AB	500 EUR		
Summe			**Summe**

Soll	**Verbindlichkeiten a.L.L.**		**Haben**
		AB	400 EUR
Summe			**Summe**

Soll	**Vorsteuer**		**Haben**
AB	20 EUR		
Summe			**Summe**

Verkauf: (Es werden die in den Konten angegebenen Anfangsbestände unterstellt.)

Soll	**(Bar-)Kasse**		**Haben**
AB	500 EUR		
Summe			**Summe**

Soll	**Erträge aus Verkauf**		**Haben**
Summe			**Summe**

Soll	**Umsatzsteuer**		**Haben**
		AB	60 EUR
Summe			**Summe**

2. Verrechnen Sie beide Konten und ermitteln Sie die Umsatzsteuerzahllast bzw. den Vorsteuerüberhang.

Soll	**Vorsteuer**		**Haben**
AB	20 EUR		
Summe			**Summe**

Soll	Umsatzsteuer	Haben
	AB	60 EUR
Summe		Summe

Soll	Bank	Haben
Summe		Summe

2.7.4 Organisation der Buchführung

2.7.4.1 Bücher

Zahlungen werden buchungstechnisch über die Bestandskonten der „Liquiden Mittel" (Bank 1711 oder Bargeld/Kasse 1731) und die **Zahlungskonten (Finanzkonten)** der Kontenklassen 6 und 7 gleichzeitig vollzogen. Faktisch handelt es sich bei den Zahlungskonten um Unterkonten der „Liquiden Mittel". Für die parallele Buchung der Bestands- und Zahlungskonten lässt der Gesetzgeber drei Verfahren zu (vgl. II.2.e VwV KomHSys):

- Originäre Buchung der Finanzrechnung bzw. der Zahlungskonten
- Buchung der Bestandskonten Bank oder Bargeld/Kasse bei statistischer Mitbuchung der Zahlungskonten
- Einzahlungen und Auszahlungen werden zahlungsartenscharf direkt aus den Buchungen der Ergebnis- und Bilanzkonten abgeleitet

Anders als bei Unternehmen, die ihren Zahlungsmittelsaldo aus dem Jahresergebnis ableiten dürfen (indirekte Methode), besteht für Kommunen damit die Pflicht zur laufenden Mitführung der Zahlungskonten.

Theoretisch können sich Kommunen für eins der zugelassenen Verfahren entscheiden. In der Praxis ist dieses Wahlrecht jedoch an die Auswahl der Finanzsoftware gekoppelt.

Finanzkonten weisen im Wesentlichen die gleichen Eigenschaften wie die Bestandskonten der „Liquiden Mittel" auf (Bank 1711 oder Bargeld/Kasse 1731), folglich werden Einzahlungen als Zugang der „Liquiden Mittel" im Soll und Auszahlungen als Abgang der „Liquiden Mittel" im Haben gebucht.

Finanzkonten besitzen keine Anfangsbestände, da sie, anders als Bestandskonten und Ergebniskonten[9], i. d. R. täglich[10] abgerechnet werden müssen. Die Pflicht ergibt sich aus § 30 Abs. 1 und 2 SächsKomKBVO, wonach die Gemeindekasse, den Kassenistbestand (Istbestand der „Liquiden Mittel") und den Kassensollbestand (Sollbestand der „Liquiden Mittel") i. d. R. täglich ermitteln und in das **Tagesabschlussbuch** übernehmen muss. Unstimmigkeiten bzw. Differenzen, die sich bei der Gegenüberstellung der Bestände ergeben, sind unverzüglich aufzuklären und nach spätestens sechs Monaten ergebniswirksam zu bereinigen. Für automatisierte Verfahren können abweichende Regelungen gelten.

Soll	1711 Bank	Haben
AB		Abgänge = Auszahlung
Zugänge = Einzahlung		SB
Summe		Summe

S	Einzahlung	H
Einzahlung		

S	Auszahlung	H
		Auszahlung

Es gelten damit im Grundsatz folgende Buchungsregeln:

- Einzahlungsbuchungen sind Soll-Buchungen
- Auszahlungsbuchungen sind Haben-Buchungen
- Insbesondere im Korrekturfall können Einzahlungskonten im Haben (hat die Wirkung einer Auszahlung) und Auszahlungskonten im Soll (hat die Wirkung einer Einzahlung) gebucht werden, auch wenn dies zu statistischen Verwerfungen führen kann.
- Jede Buchung muss mindestens zwei Konten berühren, eins im Soll und eins im Haben. Z. B. ist das Gegenkonto für eine Gebühreneinzahlung i. d. R. ein Forderungskonto und das Gegenkonto für einen Mietauszahlung i. d. R. ein Verbindlichkeitenkonto.

Beispiel:
Der Buchungssatz für eine Zahlungsbuchung wird bei Anwendung der originären Buchung durch Austausch des Bankkontos durch das entsprechende Zahlungskonto gebildet. Der Buchungssatz für die Begleichung einer Hundesteuerforderung der Kommune würde demnach lauten:

6032 Hundesteuer	an	153 Steuerforderungen

2.7.5 Nebenbuchhaltung

2.7.5.1 Bücher

In § 24 SächsKomKBVO ist geregelt, dass ein Zeitbuch ein Hauptbuch, ein Tagesabschlussbuch und u. U. ein Kontogegenbuch zu führen sind. Ansonsten kann der Bürgermeister bestimmen, welche weiteren Bücher geführt werden.

9 Bestandskonten und Ergebniskonten werden erst im Rahmen des Jahresabschlusses abgeschlossen (vgl. Abschnitte 2.7.2 und 2.7.3).

10 Gemäß § 30 Abs. 3 SächsKomKBVO kann der Bürgermeister bei Kassen mit geringem Zahlungsverkehr zulassen, dass wöchentlich nur ein Abschluss vorgenommen wird.

Buch	Gesetzliche Führungspflicht
Zeitbuch	ja
Hauptbuch	ja
Tagesabschlussbuch	ja
Kontogegenbuch	bedingt
Nebenbücher	nein

Zeitbuch

Das **Zeitbuch** (auch als Grundbuch bzw. Journal bezeichnet) bildet die Grundlage der Buchführung. Hier werden sämtliche Sachverhalte in chronologischer Reihenfolge erfasst. Dies betrifft sowohl die Eröffnungsbuchungen, laufende Buchungen als auch Abschlussbuchungen.

Alle Vorgänge des Zeitbuchs werden in das Hauptbuch bzw. die Nebenbücher softwaretechnisch auf die entsprechenden Konten übertragen. Die Buchung im Zeitbuch muss mindestens zwei Konten des Hauptbuches ansprechen, aus denen sich Rückschlüsse auf die sachliche Buchung ziehen lassen. Zusätzlich wird auf die Konten der Nebenbücher gebucht.

Buchungen im Zeitbuch umfassen gemäß § 26 SächsKomKBVO mindestens die laufende Nummer, den Buchungstag, ein Identifikationsmerkmal, das die Verbindung mit der sachlichen Buchung herstellt sowie den zu buchenden Betrag.

Für die Nachvollziehbarkeil und Überprüfbarkeil eines Verwaltungsvorfalls ist das Zeitbuch zwingend erforderlich.

Beispiel:

Zeitbuch (Auszug)		**Monat:**	—		**Seite:**	—
Datum	**Beleg**	**Buchungstext**	**Kontierung**		**Beträge**	
			Soll	Haben	Soll	Haben
		Eröffnungsbuchungen				
03.__	AB__	Rechte/Lizenzen	001	80__	100	100
03.__	AB__	Anzahlungen immat. Vermögen	002	80__	50	50
03.__	AB__	SoPo für geleistete Investitionszuwendungen	003	80__	600	600
...	...	...	...	80__	...	...
		Laufende Buchungen				
03.__	BA__	Überweisung Verb aLL	2511	1711	10	10
04.__	BA__	Bankeingang Verwaltungsgebühr	1711	1511	2	2
...	...	...	...	...	...	...
		Abschlussbuchungen				
31.__	SB__	Grundsteuer A	3011	80__	200	200
31.__	SB__	Grundsteuer B	3012	80__	900	900
...	...	...	...	...	...	...

Hauptbuch

Das **Hauptbuch** enthält alle Sachkonten die für die Aufstellung der Ergebnisrechnung, der Finanzrechnung und der Vermögensrechnung sowie die sonstigen, nicht das Vermögen der Gemeinde berührenden wirtschaftlichen Vorgänge erforderlich sind (vgl. § 27 Abs. 1 SächsKomKBVO). Im Hauptbuch werden sämtliche Sachverhalte sachlich geordnet erfasst. Im Gegensatz zum Zeitbuch ist aus dem Hauptbuch der Stand des Vermögens und der Schulden jederzeit ersichtlich.

Die Konten des Hauptbuches werden durch den Rahmenkontenplan für den Freistaat Sachsen (vgl. Anlagen 2 und 3 VwV KomH-Sys) vorgegeben. Die Kontensystematik ergibt sich aus der nachfolgenden Tabelle.

Kontenart	Kontenklasse
Bestandskonten	0, 1, 2
Ergebniskonten	3, 4, 5
Zahlungskonten	6, 7
Abschlusskonten	8
KLR-Konten	9

Aus dem Hauptbuch müssen

- der zu buchende Betrag,
- der Buchungstag,
- die Identifikationsmerkmale, die die Verbindung mit der zeitlichen Buchung und dem Beleg herstellen,
- der Buchungstext und der Buchungssatz

hervorgehen (vgl. § 28 Abs. 1 SächsKomKBVO).

Beispiel:

Hauptbuch (Auszug)		**Konto:**	**Bank** 1711		**Seite:**	—
Datum	**ID-Merkmal**	**Buchungstext**	**Kontierung**		**Beträge**	
			Soll	Haben	Soll	Haben
…	…	…	…	…	…	…
04.__	…	Bankeingang Verwaltungsgebühr	1711	1511	2	2
…	…	…	…	…	…	…
26.__	…	Überweisung Gehälter	276	1711	100	100
__.__	…	…	…	…	…	…

Kontogegenbuch

Gemäß § 24 Abs. 2 SächsKomKBVO ist zum Nachweis des Bestandes und der Veränderungen auf den für den Zahlungsverkehr bei Kreditinstituten errichteten Konten der Gemeindekasse für jedes Bankkonto ein **Kontogegenbuch** zu führen. Hiervon kann abgesehen werden, wenn durch das Zeitbuch oder auf andere Weise der Bestand und die Veränderungen der Bankkonten überwacht werden können.

Beispiel:

Kontogegenbuch				
	Konto-Nr.:		…	
	Kreditinstitut:		…	
	Geführt			
	vom:	…	bis:	…
	von:	…		

Nr.	**Datum**	**Gutschriften**	**Lastschriften**	**Bestand**

Nebenbücher

Vor- bzw. Nebenbücher erläutern die Buchungen im Hauptbuch näher, indem die (Hauptbuch-)Konten um sinnvolle Details ergänzt werden. Sie sind zwar rechtlich nicht zwingend vorgeschrieben, erweisen sich in der Praxis jedoch als unverzichtbar. Im Verwendungsfall gelten die Bestimmungen für das Hauptbuch entsprechend. Buchungstechnisch müssen die Ergebnisse der Nebenbücher in das Hauptbuch übernommen werden (vgl. § 27 Abs. 2 SächsKomKBVO).

Nebenbücher werden z. B. für die Debitoren-/Kreditorenbuchhaltung (Personenbuchhaltung), die Lohnbuchhaltung und die Anlagenbuchhaltung geführt.

2.7.5.2 Personenbuchhaltung (Debitoren-/ Kreditorenbuchhaltung)

Die **Personenbuchhaltung** umfasst die Debitoren- und Kreditorenbuchhaltung. Dabei wird für jeden Schuldner (Debitor) und für jeden Gläubiger (Kreditor) ein separates Konto geführt. Aus diesem Grund werden diese Konten auch als Personenkonten bezeichnet, welche die Bilanzpositionen „Forderungen" und „Verbindlichkeiten" (Konten des Hauptbuchs) näher erläutern. Aus dem Hauptbuch lässt sich zwar der Gesamtbestand der Forderungen bzw. Verbindlichkeiten feststellen, jedoch können die gegenüber einem einzelnen Schuldner bzw. Gläubiger bestehenden Forderungen bzw. Verbindlichkeiten nicht ermittelt werden.

Debitorenbuchhaltung

Die **Debitorenbuchhaltung** befasst sich mit der Erfassung und Verwaltung von Sachverhalten zwischen Debitoren und Kommune. Der Begriff Debitor (lateinisch „der Schuldner", von debere – „schulden") bezeichnet dabei diejenigen, denen die Kommune einen Kredit gewährt. In der Debitorenbuchhaltung wird für jeden Schuldner ein eigenes Personenkonto geführt, auf dem sämtliche personenbezogenen Vorgänge gebucht werden. Neben der Erfassung der Forderungen obliegen der Debitorenbuchhaltung zudem das Forderungs- und Informationsmanagement.

Unter dem **Forderungsmanagement** werden alle Maßnahmen verstanden, die sich mit der Bearbeitung und der Sicherung der offenen Forderungen befassen. Zentrales Element des Forderungsmanagements ist dabei das Mahnwesen.

Ziele des Forderungsmanagements sind die

- Reduzierung der Forderungsbestände,
- Senkung von Forderungsverlusten und
- Nutzung von Kosteneinsparpotenzialen bei der Eintreibung von Außenständen.

Die Debitorenbuchhaltung verfügt über Informationen zu ausstehenden Zahlungen und das Zahlungsverhalten des entsprechenden Schuldners. Informationen über offene Posten sind für die Liquiditätsplanung der Kommune von zentraler Bedeutung. Die Verwaltung muss laufend über die finanzielle Lage informiert sein, um operative und strategische Entscheidungen zur Geldbeschaffung (Finanzierung) fällen zu können. Schuldnerinformationen können für künftige Vertragsbeziehungen wertvoll sein. Das aktuelle Zahlungsverhalten eines Debitors lässt häufig Rückschlüsse auf seine generelle Zahlungsmoral und Zahlungsfähigkeit zu.

Kreditorenbuchhaltung

Die **Kreditorenbuchhaltung** beschäftigt sich mit der Überprüfung und Begleichung sämtlicher finanzieller Verpflichtungen einer Kommune. Sie steht in enger Verbindung zum Beschaffungswesen und befasst sich schwerpunktmäßig mit der laufenden Leistungsabwicklung zwischen Kommune und Kreditoren. Unter einem Kreditor ist dabei eine Art Gläubiger zu verstehen, der der Kommune einen Kredit in Form einer Lieferung oder Dienstleistung gewährt. Im Fokus der Kreditorenbuchhaltung stehen alle Prozesse, die mit den Eingangsrechnungen in Zusammenhang stehen. Typische Tätigkeiten der Kreditorenbuchhaltung sind dabei die Bearbeitung der Eingangsrechnungen, die Durchführung von Überweisungen, die Einrichtung und Verwaltung von Daueraufträgen oder die Korrespondenz mit den Kreditoren.

2.7.5.3 Personalbuchhaltung

Die **Personalbuchhaltung** (Lohnbuchhaltung) befasst sich mit der Gehaltsabrechnung und damit im Zusammenhang stehender Sachverhalte. Aufgaben der Personalbuchhaltung sind die Pflege der Personalstammdaten, die Führung der Jahreslohnkonten sowie die Erfüllung der gesetzlich vorgeschriebenen Meldeerfordernisse für die Krankenkassen und die Lohnsteuer.

In der Personalbuchhaltung muss auf der Grundlage von § 41 EStG für jeden steuerpflichtigen Arbeitnehmer ein Lohnkonto geführt werden, bei dem u.a. die Lohnsteuerabzugsmerkmale hinterlegt sind.

Grundlage für die Ermittlung des Gehaltsanspruchs ist die Feststellung der Arbeitszeiten für die vergangene Gehaltsperiode. Ggf. kommen eventuelle Sonderzahlungen (z. B. Jahressonderzahlungen, Einmalzahlungen) hinzu. Das Bruttogehalt gliedert sich in das Nettogehalt, die Nebenkosten (Krankenversicherung, Pflegeversicherung, Rentenversicherung, Arbeitslosenversicherung) und die Lohnsteuer (Lohnsteuer, Solidaritätszuschlag, Kirchensteuer).

2.7.5.4 Anlagenbuchhaltung

Die **Anlagenbuchhaltung** liefert sämtliche Bestandsinformationen zu den vorhandenen Vermögensgegenständen. Sie umfasst die art-, mengen- und wertmäßige Erfassung, die buchhalterische Fortschreibung, Dokumentation und Überwachung des Anlagevermögens und ggf. weiterer Positionen der Vermögensrechnung (z. B. Sonderposten).

Die Anlagenbuchhaltung dokumentiert sowohl den Bestand als auch einzelne Bewegungen sämtlicher Vermögensgegenstände. Zum Bilanzstichtag werden jeweils aktuelle Bestände des Anlagevermögens und die entsprechenden Bewegungen für die vergangene Rechnungsperiode ermittelt. Darüber hinaus dient sie der Berechnung des Werteverzehrs (Abschreibungen) der jeweiligen Periode (kalkulatorisch, steuerlich, bilanziell). Zudem werden im Rahmen der Haushaltsplanung Investitions- und Abschreibungspläne erstellt. Die Daten aus der Anlagenbuchhaltung können genutzt werden, um Wirtschaftlichkeitsentscheidungen zu treffen; beispielsweise können mögliche Reparaturkosten den Neuanschaffungskosten gegenübergestellt werden. Schließlich ermittelt die Anlagenbuchhaltung den Verteilungsschlüssel für die Kostenrechnung und die Produktzuordnung, soweit das Anlagevermögen davon betroffen ist. Der Aufbau einer Anlagenbuchhaltung wird in Abschnitt 2.3 betrachtet.

2.7.5.5 Lagerbuchhaltung

In der **Lagerbuchhaltung** (Materialwirtschaft) werden alle Bestände sowie Zu- und Abgänge von Vorräten (Roh-, Hilfs- und Betriebsstoffe) nach Art, Menge und Wert chronologisch erfasst. Zur Dokumentation der Zugänge dienen Lieferscheine, während Abgänge i. d. R. durch Materialentnahmescheine dokumentiert werden.

Die Lagerbuchhaltung stellt eine exakte Methode dar, um Vorratsbestände zu ermitteln. Allerdings ist sie mit einem erheblichen Aufwand verbunden, da sämtliche Vermögenszugänge zu aktivieren sind. Lagerentnahmen werden als Aufwand in der Ergebnisrechnung und als Minderung des Bestands berücksichtigt.

Die Lagerbuchhaltung erlangt in Kommunen auf Grund geringer Bestände i. d. R. nur eingeschränkt Bedeutung, daher ist bei Anschaffung eine ergebniswirksame Buchung im Normalfall vertretbar.

Alternativ können Bestandsveränderungen anhand rechtlich zulässiger **Verbrauchsfolgeverfahren** ermittelt werden. § 43 SächsKomHVO gestattet das LiFo- und das FiFo-Verfahren. Beim LiFo-Verfahren (**Last in First out**) wird unterstellt, dass zuletzt eingegangene Vorräte zuerst verbraucht werden und beim FiFo-Verfahren (**First in First out**) wird unterstellt, dass zuerst eingegangene Vorräte zuerst verbraucht werden.

2.7.5.6 Belegwesen

Buchungen müssen i. d. R. durch

- Kassenanordnungen,
- Zahlungsnachweise und
- buchungsbegründende Unterlagen

belegt sein (vgl. § 33 SächsKomKBVO).

Als **Belege** bezeichnet man hierbei alle Schriftstücke, mit denen nachgewiesen wird, dass autorisiert und richtig gebucht wurde. Belege lassen sich grundsätzlich nach ihrer Herkunft in externe und interne Belege unterscheiden:

Externe Belege	Interne Belege
Eingangsrechnungen	Kassenanordnungen
Quittungen	Feststellungsvermerke
Bank- und Postbelege	Ausgangsrechnungen/Bescheide
Wechsel und Schecks	Lohn- und Gehaltslisten
Kassenbons	Stornobelege und Umbuchungsbelege

Rechnungen und Bescheide über Abgaben müssen nach ihrem Eingang bzw. ihrer Erstellung vorkontiert, im Regelfall freigegeben sowie sachlich und rechnerisch geprüft werden (vgl. u.a. §§ 7 ff. SächsKomKBVO und Abschnitt 3.9.4). Die Angabe der betroffenen Produktsachkonten (Vorkontierung), die Buchungsfreigabe (Buchungs- und Zahlungsanordnungen) sowie die Bestätigung der Richtigkeit (Feststellungsvermerke) erfolgen in der Regel auf separaten Beiblättern oder über Kontierungsstempel. Zunehmend werden die Angaben in digitale Workflows eingebettet.

Sämtliche Belege müssen nachvollziehbar aufbereitet sein, damit eine sachlich und zeitlich korrekte Verarbeitung möglich ist. Dies bedingt z. B. eine Nummerierung und Aufbewahrung. Sämtliche Angaben sind zudem durch Unterschrift zu bestätigen.

Ein abhanden gekommener Beleg kann durch einen Ersatzbeleg ausgetauscht werden. Dieser muss das Datum, den Grund sowie den Betrag des Originals enthalten.

2.8 Organisation des Finanzwesens

Die **Organisation des Finanzwesens** bedarf zunächst einer gründlichen Analyse der Ausgangslage. Auf Basis der örtlichen Analyseergebnisse muss entschieden werden, ob die vielfältigen Aufgaben künftig neu geordnet und in veränderter aufbau- und ablauforganisatorischer Form wahrgenommen werden müssen.

Wesentliche Aufgaben des Finanzwesens werden in der Sächsischen Gemeindeordnung und der Sächsischen Kommunalhaushaltsverordnung geregelt. Hierzu zählen vor allem die Aufstellung der Haushaltspläne und Jahresabschlüsse. Damit verbunden ist eine Vielzahl von Einzelaufgaben, auf die an dieser Stelle nicht näher eingegangen werden kann. Hervorzuheben sind jedoch die Aufgaben der Gemeindekasse[11], welche in § 1 SächsKomKBVO geregelt sind. Diese und weitere Aufgaben können theoretisch zentral oder dezentral ausgestaltet werden. In der Praxis trifft man jedoch i. d. R. Mischformen an.

Zentrale Organisation des Finanzwesens

In einer zentral ausgerichteten Struktur werden alle Aufgaben des Finanzwesens durch die Finanzverwaltung wahrgenommen, so dass ein Gesamtüberblick über vorhandene Ressourcen gewährleistet werden kann. Durch die Aufgabenkonzentration werden Kompetenzen gebündelt. Insbesondere durch einheitliche Prozesse und eine zentrale Stammdatenverwaltung werden Buchungsfehler wirksam vermieden. Ferner werden Koordination und Kontrollaufwand bei der Erstellung der Jahresabschlüsse erleichtert und ein effizienter Ressourceneinsatz hinsichtlich Personal und Software ermöglicht. Bei einer vollständigen Zentralisierung ist jedoch ein hoher Abstimmungsbedarf zwischen den Fachämtern und der Finanzverwaltung notwendig. Zudem können Fehlbuchungen aufgrund des fehlenden Hintergrundwissens zu den jeweiligen Sachverhalten auftreten.

Beispiel (Eingangsrechnung):
Mit dem Rechnungseingang werden die sachliche und die rechnerische Richtigkeit durch Mitarbeiter der zentralen Buchhaltung festgestellt. Hierbei erfolgt u. U. eine Abstimmung mit dem jeweiligen Fachamt. Die anschließende Vorkontierung (Angabe Produktsachkonto, Kreditor und Rechnungsbetrag) bildet die Grundlage für die Buchung und der damit einhergehenden Erstellung eines Offenen Postens (OP). Systemseitig werden spätestens mit der Vorkontierung die benötigten Mittel gebunden. In dem Zusammenhang kann in der Software eine aktive Verfügbarkeitskontrolle erfolgen, die prüft, ob Haushaltsansätze in der entsprechenden Höhe veranschlagt wurden. Danach muss die Buchung zunächst angeordnet werden[12]*. Nach der Buchung wird der Sachverhalt zur Zahlungsabwicklung und Ablage an einen Mitarbeiter der Kasse weitergeleitet.*

Dezentrale Organisation des Finanzwesens

In einer dezentralen Organisation werden die Aufgaben des Finanzwesens durch die Fachämter wahrgenommen. Eine zentrale Stelle, die die Arbeitsabläufe und Prozesse anleitet und kontrolliert, ist nicht vorhanden. Diese Organisationsform bedingt eine aufwändige Qualitätssicherung, die aus der geringen Routine des einzelnen Anwenders resultiert. Neben der Gefahr einer uneinheitlichen Bearbeitungsqualität, gestaltet sich bei dieser Variante die Aufdeckung von Fehlern schwierig und aufwändig. Durch den hohen Personal- und Schulungsaufwand bleiben Synergien ungenutzt. Ein dezentrales Finanzwesen hat wiederum den Vorteil, dass haushaltsrechtliche Kenntnisse und Fachkenntnisse im jeweiligen Amt gebündelt zur Verfügung stehen und eine Abstimmung zeitnah und unkompliziert stattfinden kann.

Beispiel (Eingangsrechnung):
Der Rechnungseingang erfolgt beim Fachamt. Die zuständigen Mitarbeiter prüfen und bestätigen die sachliche und rechnerische Richtigkeit, danach erfolgen die Vorkontierung und die Anordnung. Abschließend wird der Sachverhalt im Fachamt verbucht und an den Zahlungsverkehr (Kasse) weitergeleitet. Insbesondere zur Vermeidung missbräuchlicher Handlungen muss bei allen Teilprozessen das Trennungsprinzip beachtet werden, d. h., dass Mitarbeiter bestimmte Aufgaben nicht in Personalunion ausüben dürfen. Z. B. müssen Anordnung und Vollzug getrennt sein (vgl. § 7 Abs. 3 SächsKomKBVO).

11 Die Bezeichnung „Aufgaben der Gemeindekasse" ist nicht mehr zeitgemäß. Es handelt sich eher um Aufgaben der Buchhaltung bzw. Finanzbuchhaltung.

12 Es empfiehlt sich, die Buchungs- und Zahlungsanordnung in einem Zug zu erteilen.

Teilzentrale Organisation des Rechnungswesens

Ein ***teilzentrales Finanzwesen stellt eine praxistaugliche Mischform zwischen e***inem zentralen und einem dezentralen Strukturmodell dar. Dabei gilt es, die optimale Kombination aus zentralen und dezentralen Elementen zu wählen. Je nach organisatorischen Gesichtspunkten sowie in Abhängigkeit vom Arbeitsaufkommen werden ausgewählte Aufgaben in den Fachämtern wahrgenommen und zentral durch die Finanzverwaltung angeleitet und überwacht. Die teilzentrale Variante begünstigt eine hohe Qualität im Finanzwesen unter Berücksichtigung der Interessen der Fachämter.

Beispiel (Eingangsrechnung):
Nach der zentralen Erfassung aller Rechnungen werden diese an die Fachämter weitergeleitet. Die zuständigen Mitarbeiter prüfen die Rechnungen auf ihre sachliche und rechnerische Richtigkeit. Zudem übernehmen die Mitarbeiter der Fachämter die Vorkontierung, sofern kein Auftragswesen eingerichtet wurde. Dieses würde bereits bei Auftragserteilung eine Vorkontierung und Mittelbindung ermöglichen. Die buchungsbegründenden Belege werden im nächsten Schritt an die Finanzverwaltung weitergeleitet. Dort erfolgen Prüfung und ggf. Korrektur der vorgenommenen Vorkontierung. Anschließend wird der geprüfte Sachverhalt an den Anordnungsbefugten zur Bestätigung weitergeleitet. Nach Erteilung der Anordnung kann gebucht und ggf. gezahlt werden.

Fragen zur Lernkontrolle

42. Welche Bücher sind zu führen?
43. Was bedeutet der Begriff „Vorkontierung"?
44. Welche Möglichkeiten bestehen grundsätzlich zur Organisation des Finanzwesens?

2.9 Der kommunale Jahresabschluss

Gemäß § 88 SächsGemO hat eine Kommune zum Schluss eines jeden Haushaltsjahres einen **Jahresabschluss** aufzustellen. Der Jahresabschluss muss sämtliche Vermögensgegenstände, Schulden, Rechnungsabgrenzungsposten, Erträge, Aufwendungen, Einzahlungen und Auszahlungen enthalten (soweit nichts anderes bestimmt ist). Des Weiteren soll er unter Beachtung der Grundsätze ordnungsmäßiger Buchführung ein den tatsächlichen Verhältnissen entsprechendes Bild der Vermögens-, Finanz- und Ergebnislage der Kommune vermitteln.

Der Jahresabschluss ist gemäß § 88b SächsGemO innerhalb von sechs Monaten nach Ende des Haushaltsjahres aufzustellen und vom Bürgermeister unter Angabe des Datums zu unterzeichnen. Der Gemeinderat stellt dann den Jahresabschluss nach der örtlichen Prüfung durch das Rechnungsprüfungsamt spätestens bis zum 31. Dezember des dem Haushaltsjahr folgenden Jahres fest. Die örtliche Prüfung muss entsprechend § 104 Abs. 2 SächsGemO innerhalb von drei Monaten nach der Aufstellung durchgeführt werden.

Der Beschluss über die Feststellung ist der Rechtsaufsichtsbehörde unverzüglich mitzuteilen und zusammen mit dem Jahresabschluss und dem Gesamtabschluss ortsüblich bekanntzugeben. Von einer Bekanntgabe des Anhangs kann abgesehen werden. Der Jahresabschluss mit Rechenschaftsbericht und Anhang ist an sieben Arbeitstagen öffentlich auszulegen.

2.9.1 Grundsätze ordnungsmäßiger öffentlicher Buchführung

Die Rechnungslegung und die Aufstellung der Jahresabschlüsse erfolgt nach den **Grundsätzen ordnungsmäßiger Buchführung** (GoB). Der Rechtsnatur nach handelt es sich bei den GoB um unbestimmte Rechtsbegriffe. Diese zum Teil haushaltsrechtlich geregelten, zum Teil ungeregelten Bestimmungen, haben ihren Ursprung im Handelsrecht und im kaufmännischen Gewohnheitsrecht.

Die unterschiedlichen Ziele und Aufgaben von privaten Unternehmen und Kommunen erfordern jedoch partielle Anpassungen an die Erfordernisse des öffentlichen Bereiches. Die im HGB kodifizierten GoB sind vorrangig auf den Gläubigerschutz ausgerichtet, wohingegen Rechnungswesen und Jahresabschluss der Kommunen stärker durch die Erfüllung öffentlicher Aufgaben und die Sicherung der intergenerativen Gerechtigkeit geprägt sind. Die Grundsätze ordnungsmäßiger öffentlicher Buchführung sind in den Vorschriften der SächsGemO, der SächsKomHVO sowie in der SächsKomKBVO verankert.

2.9.1.1 Grundsatz der Klarheit und Übersichtlichkeit

Der Jahresabschluss muss klar und übersichtlich sein (vgl. § 88 Abs. 1 SächsGemO).

Gliederungsvorschriften

Die Form der Darstellung, insbesondere die Gliederung der aufeinander folgenden Vermögens-, Finanz- und Ergebnisrechnungen ist beizubehalten, soweit nicht in Ausnahmefällen wegen besonderer Umstände Abweichungen erforderlich sind.

Die Abweichungen sind im Anhang anzugeben und zu begründen. In der Ergebnis- und Finanzrechnung sind die Erträge und Einzahlungen nach ihrem Entstehungsgrund, die Aufwendungen und Auszahlungen nach Arten gegliedert auszuweisen (vgl. § 47 SächsKomHVO).

Konkrete Regelungen hinsichtlich der Gliederung werden u. a. über §§ 48, 49 und 51 SächsKomHVO sowie Muster 11, 12 und 13 der VwV KomHSys getroffen, über die Mindestvorgaben für den Aufbau der Vermögensrechnung, der Finanzrechnung und der Ergebnisrechnung getätigt werden.

Die Buchführung muss so beschaffen sein, dass sie einem sachverständigen Dritten innerhalb angemessener Zeit einen Überblick über die Sachverhalte und die wirtschaftliche Lage der Gemeinde vermitteln kann. Die Sachverhalte müssen sich in ihrer Entstehung und Abwicklung nachvollziehen lassen (vgl. § 22 Abs. 1 SächsKomKBVO). Daraus ergibt sich die Notwendigkeit, den Jahresabschluss neben seinen Bestandteilen (Ergebnisrechnung, Finanzrechnung, Vermögensrechnung) um weitere Komponenten in Form eines Anhanges und eines Rechenschaftsberichtes zu erweitern.

Im Mittelpunkt des Grundsatzes stehen somit die Einhaltung der Gliederungsvorschriften sowie die eindeutige Bezeichnung und Erläuterung der einzelnen Posten.

Beispiel:
Verstoß gegen Gliederungsvorschriften: *Eine Kommune fasst die Kontenarten „Sichteinlagen bei Banken" und „Bargeld" zu einer Kontenart „Liquide Mittel" zusammen.*

Bruttoprinzip / Saldierungsverbot

Posten der Aktivseite dürfen nicht mit Posten der Passivseite und Grundstücksrechte nicht mit Grundstückslasten verrechnet werden (vgl. § 36 Abs. 2 SächsKomHVO). Empfangene Zuwendungen für Investitionen werden nicht vom damit finanzierten Vermögen abgesetzt (vgl. § 36 Abs. 2 SächsKomHVO). Somit sind auf der Passivseite der Vermögensrechnung zwingend Sonderposten auszuweisen. Aufwendungen und Erträge sowie Einzahlungen und Auszahlungen dürfen nicht miteinander verrechnet werden (vgl. § 48 Abs. 2 und § 49 Abs. 2 SächsKomHVO).

Eine Verrechnung würde den Grundsätzen der Wahrheit und Klarheit widersprechen, da Informationen übermittelt werden, die den tatsächlichen Verhältnissen nicht entsprechen. Augenscheinlich wird dies z. B., wenn in der Bilanz aufgrund von empfangenen Zuwendungen (Fördermittel) Fahrzeuge nur mit den hälftigen Anschaffungskosten angesetzt werden würden.

Beispiel:
Verstoß gegen das Bruttoprinzip: *Eine Gebührenforderung i. H. v. 180,00 EUR gegenüber einem Gewerbetreibenden wird mit einer Verbindlichkeit aus Lieferungen und Leistungen i. H. v. 200,00 EUR gegenüber dem Gewerbetreibenden verrechnet und i. H. v. 20,00 EUR als sonstige Verbindlichkeit bilanziert.*

Grundsatz der Einzelbewertung

Grundsätzlich sind alle Vermögensgegenstände, Sonderposten, Rückstellungen, Verbindlichkeiten, Rechnungsabgrenzungsposten und Schulden zum Abschlussstichtag einzeln zu bewerten (vgl. § 37 Abs. 1 Nr. 2 SächsKomHVO). Die **Einzelbewertung** soll einen Bewertungsausgleich zwischen den Vermögensgegenständen und Schulden verhindern. Wertminderungen dürfen nicht mit Wertsteigerungen bei anderen Posten kompensiert werden (Grundsatz der wirklichkeitsgetreuen Bewertung). Gesetzliche Ausnahmen bilden die Gruppen- und die Festbewertung, die als sog. Bewertungsvereinfachungsverfahren in § 34 Abs. 2 und 3 SächsKomHVO normiert sind.

Beispiel:
Verstoß gegen den Grundsatz der Einzelbewertung: *Im wirtschaftlichen Eigentum der Kommune befinden sich zwei identische Bürogebäude. Aus Vereinfachungsgründen werden beide Vermögensgegenstände zusammengefasst und abgeschrieben.*

Grundsatz der rechtzeitigen und geordneten Buchung

Die Aufzeichnungen in den Büchern und die sonst erforderlichen Aufzeichnungen müssen zeitgerecht, geordnet und nachprüfbar vorgenommen werden (vgl. § 22 Abs. 1 SächsKomKBVO).

Die Buchführung bedarf einer sachgerechten Organisation, damit Buchungen innerhalb einer angemessenen Frist und zeitlich richtig vorgenommen werden können.

Grundsätzliche Regelungen ergeben sich aus der SächsKomKBVO. Im Wesentlichen betrifft dies die ordnungsgemäße und wirtschaftliche Organisation der Gemeindekasse (§ 5 SächsKomKBVO) sowie die Leserlichkeit und Unveränderbarkeit der Aufzeichnungen (§ 22 Abs. 3 und 4 SächsKomKBVO).

Aufgrund der Abstraktheit der Regelungen ist der Erlass einer konkretisierenden örtlichen Dienstanweisung ratsam. Denkbar ist eine Integration von konkreten Bestimmungen in die häufig existierenden „Kassenordnungen", sinnvoller erscheint jedoch der Erlass einer umfangreichen Dienstanweisung für das Finanzwesen, die u. a. auf- und ablauforganisatorische Belange des Finanzwesens regeln sollte.

Beispiel:
Verstoß gegen den Grundsatz der rechtzeitigen und geordneten Buchung: *Eine Kommune gerät regelmäßig in Zahlungsverzug und ist langfristig nicht in der Lage, Jahresabschlüsse fristgerecht aufzustellen.*

2.9.1.2 Grundsätze der Bilanzwahrheit

Die Aufzeichnungen in den Büchern und die sonst erforderlichen Aufzeichnungen müssen vollständig vorgenommen werden (vgl. § 22 Abs. 1 SächsKomKBVO).

Über § 88 Abs. 1 SächsGemO wird dieser Grundsatz konkretisiert. Danach muss der Jahresabschluss sämtliche Vermögensgegenstände, Schulden, Rechnungsabgrenzungsposten, Erträge, Aufwendungen, Einzahlungen und Auszahlungen enthalten. Neben der Generalnorm des § 88 Abs. 1 SächsGemO existieren weitergehende Vorschriften, die den Detaillierungsgrad der zu erfassenden Posten entsprechend verfeinern.

Gesetzliche Grundlage	Detaillierungsgrad
§ 88 Abs. 1 SächsGemO	Grob
§§ 36 Abs. 1, 48, 49, 51 SächsKomHVO	Mittel
Anlage 2 VwV KomHSys (Kommunaler Kontenrahmen)	fein

Zu beachten ist, dass Ausnahmen vom Grundsatz der Vollständigkeit laut Gesetz zulässig sind. Dies betrifft u. a. die Inventarisierung und Aktivierung von beweglichen Gegenständen des Sachanlagevermögens mit Anschaffungs- oder Herstellungskosten bis einschließlich 800 EUR.

Beispiel:
Verstoß gegen den Grundsatz der Vollständigkeit: *Eine Kommune erwirbt ein Baufahrzeug, schreibt dieses ordnungsgemäß über die vorgegebene Nutzungsdauer ab und bucht es danach aus, obwohl es weiterhin vom Bauhof verwendet wird.*

Grundsatz der Richtigkeit

Die Aufzeichnungen in den Büchern und die sonst erforderlichen Aufzeichnungen müssen richtig vorgenommen werden (vgl. § 22 Abs. 1 SächsKomKBVO).

Der Grundsatz ist nach allgemeiner Auffassung erfüllt, wenn die Jahresabschlüsse wahrheitsgemäß, also unter Beachtung der gesetzlichen Vorgaben sachlich und rechnerisch korrekt aufgestellt werden.

Beispiel:
Verstoß gegen den Grundsatz der Richtigkeit: *Der Bestand an liquiden Mitteln wird zu niedrig ausgewiesen, da das wirtschaftliche Eigentum an einem Bankkonto falsch beurteilt wurde.*

Grundsatz der Willkürfreiheit

Bei der Ausübung gesetzlicher Wahlrechte darf nicht willkürlich verfahren werden, vielmehr muss eine sorgfältige verwaltungswirtschaftliche Beurteilung vorgenommen werden, die geeignet ist, die Ziele der Grundsätze ordnungsmäßiger öffentlicher Buchführung zu erreichen.

Wird z. B. in jedem Fall die höchstzulässige Nutzungsdauer der Abschreibungstabelle gewählt, um die jährliche Belastung durch Abschreibungen zu senken, stellt dies einen Verstoß gegen den Grundsatz der Willkürfreiheit dar, wenn die Entscheidung nicht mit örtlichen bzw. branchentypischen Erfahrungswerten in Übereinstimmung steht.

Für die Erstellung des Jahresabschlusses existiert keine ausdrückliche gesetzliche Regelung, Anhaltspunkte ergeben sich z. B. aus § 10 Abs. 1 SächsKomHVO, der als Planungsgrundsatz vorschreibt, dass Haushaltsansätze sorgfältig zu schätzen sind, soweit sie nicht ausgerechnet werden können.

Beispiel:
Verstoß gegen den Grundsatz der Willkürfreiheit: *Willkürliche Schaffung stiller Reserven durch ungerechtfertigte Sonderabschreibungen auf Grundstücke.*

2.9.1.3 Grundsatz der Bilanzkontinuität und Bewertungsstetigkeit

Die Wertansätze der Anfangsbilanz des Haushaltsjahres müssen mit denen der Schlussbilanz des Vorjahres übereinstimmen (vgl. § 37 Abs. 1 Nr. 1 SächsKomHVO).

Der **Grundsatz der Bilanzkontinuität** soll insbesondere die Vergleichbarkeit über mehrere Zeitperioden hinweg ermöglichen. Aufgabe des Jahresabschlusses ist es daher, Vermögensrechnungen formell und inhaltlich nach bestimmten gleich bleibenden Regeln zu erstellen.

Es wird in eine formelle und eine materielle Kontinuität unterschieden.

Die formelle Bilanzkontinuität umfasst dabei insbesondere:

- Stetigkeit im Aufbau
- Stetigkeit im Ausweis
- Angabe der entsprechenden Vorjahreswerte

Die materielle Bilanzkontinuität umfasst insbesondere:

- Einhaltung der gleichen Bewertungsgrundsätze und -methoden von Bilanz zu Bilanz und für gleiche Bewertungsobjekte
- Beibehaltung von Abschreibungsverfahren
- Wertstetigkeit, d. h. Wertansatz des Vorjahres, sofern die Verhältnisse gleich geblieben sind
- Abweichungen sind im Anhang zu erläutern

Aussagefähige Informationen über die Entwicklung der Vermögens-, Finanz- und Ergebnislage lassen sich nur dann generieren, wenn diese Informationen auch vergleichbar sind.

Bewertungsmethoden, die auf den vorhergehenden Jahresabschluss angewandt wurden, sollen beibehalten werden (vgl. § 37 Abs. 1 Nr. 5 SächsKomHVO).

Der **Grundsatz der Bewertungsstetigkeit** lässt sich auch als eigenständiger GoB formulieren, jedoch ist er seinem Wesen nach sehr eng mit dem Grundsatz der Bilanzkontinuität verbunden. Die Bewertungsstetigkeit sorgt über einen längeren Zeitraum hinweg für eine bessere Darstellung der Vermögens-, Finanz- und Ergebnislage. Vergleiche von aufeinander folgenden Jahresabschlüssen und Vergleiche mit Vermögensrechnungen anderer Kommunen werden begünstigt.

Beispiel:
Verstoß gegen den Grundsatz der Bilanzkontinuität: *Bei der Prüfung der Anfangsbestände wird festgestellt, dass Kulturgüter einen bilanziell anderen Wert aufweisen, als in der Schlussbilanz des Vorjahres. Eine Dokumentation der Abweichung wurde dem Anhang nicht beigefügt.*

2.9.1.4 *Vorsichtsprinzip*

Die Vermögensgegenstände und die Schulden sind wirklichkeitsgetreu zu bewerten (§ 37 Abs. 1 Nr. 3 SächsKomHVO).

Die in der SächsKomHVO definierte **wirklichkeitsgetreue Bewertung** ähnelt dem handelsrechtlichen **Vorsichtsprinzip.** Das Vorsichtsprinzip im HGB dient vorrangig dem Gläubigerschutz, während im kommunalen Rechnungswesen das öffentliche Informationsinteresse stärker betont wird. Vor diesem Hintergrund muss bei der Auslegung der haushaltsrechtlichen Vorschriften mit handelsrechtlichen und steuerrechtlichen Analogien behutsam umgegangen werden.

Das Vorsichtsprinzip beinhaltet zwei Ausprägungen, das Realisationsprinzip und das Imparitätsprinzip.

Nach dem **Realisationsprinzip** dürfen Überschüsse erst dann ausgewiesen werden, sofern sie zum Abschlussstichtag realisiert wurden. Es muss folglich eine Leistung erbracht worden sein. Im kommunalen Bereich wird die Realisierung der Erträge in der Regel an die Entstehung eines juristischen Anspruches geknüpft.

Noch nicht realisierte Überschüsse und noch nicht realisierte, aber vorhersehbare Fehlbeträge werden ungleich („imparitätisch") behandelt **(Imparitätsprinzip).**

Vorhersehbare Risiken und Verluste, die bis zum Abschlussstichtag entstanden sind, sind zu berücksichtigen. Gewinne bzw. Wertsteigerungen sind nur zu berücksichtigen, sofern sie am Abschlussstichtag realisiert sind (vgl. § 37 Abs. 1 Nr. 3 SächsKomHVO).

Daraus lässt sich ableiten, dass Aktiva (Vermögen) regelmäßig nach dem Niederstwertprinzip bewertet werden und Passiva (insbesondere Schulden) nach dem Höchstwertprinzip.

Entsprechend dem **Wertaufhellungsprinzip** sind vorhersehbare Risiken und Verluste, die bis zum Abschlussstichtag entstanden sind, zu berücksichtigen, selbst wenn diese erst zwischen dem Abschlussstichtag und dem Tag der Aufstellung des Jahresabschlusses bekannt geworden sind (vgl. § 37 Abs. 1 Nr. 3 SächsKomHVO). Voraussetzung ist jedoch, dass das zu berücksichtigende Risiko schon im Haushaltsjahr, für das der Abschluss erstellt wird, wirtschaftlich verursacht wurde.

Beispiel:

Verstoß gegen das Vorsichtsprinzip: *Im Vermögen der Kommune befindet sich ein Baugrundstück, das mit 45.000 EUR bilanziert ist. Durch den Ausbau eines Flughafens in unmittelbarer Nähe sinkt der Marktwert (voraussichtlich dauerhaft) auf 30.000 EUR. Die Kommune bilanziert das Grundstück weiterhin mit 45.000 EUR.*

2.9.1.5 *Grundsatz der Periodenabgrenzung (Verursachungsprinzip)*

Aufwendungen und Erträge sind zeitlich in dem Haushaltsjahr zu erfassen, in dem sie wirtschaftlich verursacht worden sind. Sie sind unabhängig von den Zeitpunkten der entsprechenden Zahlung im Jahresabschluss zu berücksichtigen.

Durch die verursachungsgerechte Zurechnung von Erträgen und Aufwendungen zu den einzelnen Haushaltsjahren erfolgt ein periodengerechter Ausweis der Ergebnisrechnung (vgl. § 37 Abs. 1 Nr. 4 SächsKomHVO). Das **Verursachungsprinzip** trägt zur Erreichung der intergenerativen Gerechtigkeit bei.

Abzugrenzen ist das Verursachungsprinzip vom **Fälligkeitsprinzip,** wonach Einzahlungen und Auszahlungen in Höhe der im Haushaltsjahr eingegangenen oder geleisteten Beträge zu buchen sind (vgl. § 49 Abs. 2 SächsKomHVO).

Auch beim Grundsatz der Periodenabgrenzung besteht ein wesentlicher Unterschied zu den handelsrechtlichen Regelungen. Entsprechend dem HGB gelten Erträge, die auf einer Austauschbeziehung beruhen, als in der Leistungsperiode realisiert (wirtschaftliche Verursachung). Die Erträge von Kommunen werden häufig nicht durch Austauschbeziehungen verursacht, sondern durch die Erfüllung eines rechtlichen Tatbestandes. Sie sind daher der Periode zuzurechnen, in der ein rechtswirksamer Anspruch entstanden ist (rechtliche Verursachung).

Beispiel:

Verstoß gegen den Grundsatz der Periodenabgrenzung:

Eine Kommune vermietet ein Bürohaus an ein Unternehmen. Das Unternehmen entrichtet die Miete immer für drei Monate im Voraus. Die Mietzahlungen gehen für November, Dezember und Januar ein. Die Gemeinde bucht den Gesamtbetrag als ordentlichen Ertrag im laufenden Haushaltsjahr.

Aktive und Passive Rechnungsabgrenzung

Aufwendungen und Erträge des alten Jahres, denen eine Zahlung im Zeitraum nach dem Bilanzstichtag folgt, werden auf den Konten „Sonstige Verbindlichkeiten" und „Sonstige Forderungen" gebucht. Werden dagegen Zahlungen getätigt, die einen Aufwand oder einen Ertrag für einen bestimmten Zeitraum nach dem Bilanzstichtag betreffen, sind die Beträge mit Hilfe der aktiven und passiven Rechnungsabgrenzung zu berichtigen.

Durch die aktiven und passiven Rechnungsabgrenzungsposten werden die im alten Haushaltsjahr im Voraus gezahlten Beträge über die Schlussbilanz in die Ergebnisrechnung folgender Jahre übertragen. Daraus ergibt sich die Bezeichnung **„transitorische Posten"** (lat. transire = hinübergehen).

Die Rechnungsabgrenzungsposten dienen, ebenso wie die „Sonstigen Forderungen" und „Sonstigen Verbindlichkeiten", der periodischen Abgrenzung von Aufwendungen und Erträgen zur periodengerechten Ermittlung des Gesamtergebnisses einer Kommune.

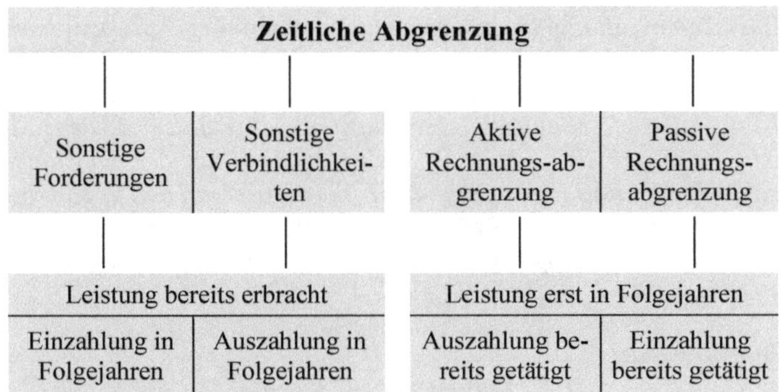

Aktive Rechnungsabgrenzung

Aufwendungen, die im abzuschließenden Haushalt im Voraus bezahlt und gebucht wurden, jedoch zum Teil oder vollständig einem bestimmten Zeitraum des neuen Haushaltsjahres wirtschaftlich zuzurechnen sind, bezeichnet man als aktive Rechnungsabgrenzungen.

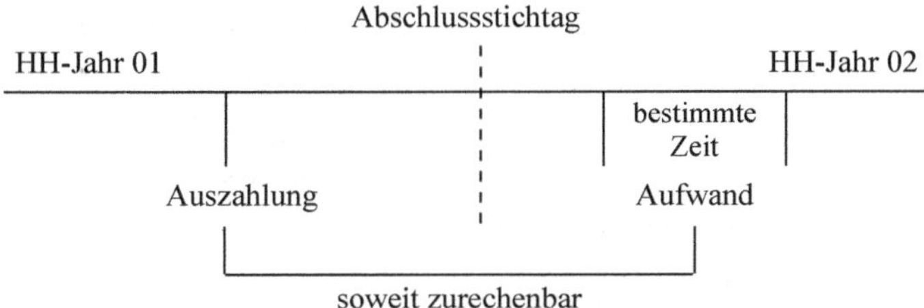

Entstehung von aktiven Rechnungsabgrenzungsposten

Beispiel:

Die Gemeinde leistet vertragsgemäß am 1. Dezember eine Mietzahlung von 15.000 EUR für den Dezember (5.000 EUR) sowie für die Monate Januar (5.000 EUR) und Februar (5.000 EUR) des Folgejahres.

Die Miete für den Monat Dezember i. H. v. 5.000 EUR ist Aufwand (sonstige ordentliche Aufwendungen) des abzuschließenden Haushaltsjahres und geht daher in die Ergebnisrechnung dieser Rechnungsperiode ein. Der Mietzins von 10.000 EUR für Januar und Februar stellt Aufwand des nächsten Haushaltsjahres dar, so dass das Aufwandskonto „Mieten" durch eine aktive Rechnungsabgrenzung korrigiert werden muss, damit der Aufwand verursachungsgerecht zugeordnet wird.

Der aktive Rechnungsabgrenzungsposten für die im Voraus gezahlte Miete repräsentiert zum Bilanzstichtag eine „Leistungsforderung" der Kommune, da die Mietvorauszahlung einen Anspruch auf Nutzung des gemieteten Gebäudes im neuen Jahr begründet. Der Rechnungsabgrenzungsposten ist daher auf der Aktivseite der Bilanz auszuweisen. Er bewirkt, dass der Teil der Zahlung, der den Aufwand des Folgejahres betrifft, zum Abschlussstichtag ergebnisneutral abgebildet wird (Aktivtausch: liquide Mittel von 10.000 EUR gegen ARAP von 10.000 EUR).

Unterschiedsbetrag

Ist der Unterschiedsbetrag höher als der Auszahlungsbetrag, muss der Unterschiedsbetrag gemäß § 39 Abs. 3 SächsKomHVO in den aktiven Rechnungsabgrenzungsposten aufgenommen werden. Der Unterschiedsbetrag ist durch planmäßige jährliche Abschreibungen (Aufwand) aufzulösen. Eine Aufteilung auf die gesamte Laufzeit der Verbindlichkeiten ist grundsätzlich möglich.

Hintergrund dieser Regelung ist, dass Verbindlichkeiten mit ihrem Rückzahlungsbetrag bilanziert werden. Ist der Rückzahlungsbetrag höher als der Auszahlungsbetrag, liegt eine verdeckte Zinszahlung vor, die im Jahr der Auszahlung des Darlehens voll aufwandswirksam werden würde. Bildet die Kommune hingegen in Höhe des Unterschiedsbetrages einen aktiven Rechnungsabgrenzungsposten, stellt sich die Darlehensaufnahme zunächst als ein ergebnisneutraler Vorgang dar. Die planmäßige Abschreibung des Rechnungsabgrenzungspostens ermöglicht es der Kommune, den Zinsaufwand periodengerecht über die Dauer der Laufzeit der Verbindlichkeit zu verteilen.

Sofern der Rückzahlungsbetrag einer Verbindlichkeit höher ist als der Auszahlungsbetrag, erfolgt eine Bilanzierung in Höhe des Rückzahlungsbetrages. Bei dem Unterschiedsbetrag handelt es sich um ein sogenanntes (Auszahlungs-)Disagio. Ein **Disagio** liegt demnach vor, wenn weniger als die vereinbarte Darlehenssumme ausgezahlt wird.

Beispiel Disagio:

Eine Kommune nimmt einen Kredit mit einem Nennbetrag von 100.000 EUR auf, wobei vertragsgemäß nur 96.000 EUR an die Kommune ausgezahlt werden. Der Unterschiedsbetrag von 4.000 EUR stellt ein Disagio dar. Die Kommune kann 4.000 EUR dem aktiven Rechnungsabgrenzungsposten zuführen und diesen Betrag durch planmäßige jährliche Abschreibungen über die gesamte Darlehenslaufzeit auflösen.

Passive Rechnungsabgrenzung

Als Passive Rechnungsabgrenzungen sind gemäß § 39 Abs. 2 SächsKomHVO vor dem Abschlussstichtag eingegangene Einnahmen nominal anzusetzen, die einen Ertrag für eine bestimmte Zeit nach diesem Tag darstellen. Durch die passiven Rechnungsabgrenzungsposten wird gewährleistet, dass diese Erträge periodengerecht zugeordnet werden. Beispiele hierfür sind im Voraus erhaltene Mieten.

Entstehung von aktiven Rechnungsabgrenzungsposten

Beispiel:

Eine Kommune verpachtet eine Grünfläche an eine Agrargenossenschaft. Der jährliche Pachtzins von 600 EUR ist am 1. Oktober eines jeden Jahres fällig. Der volle Betrag wird am Tag der Fälligkeit von der Kommune vereinnahmt. Die Pacht für die Monate Oktober, November und Dezember i. H. v. 150 EUR geht als Ertrag in die Ergebnisrechnung des abzuschließenden Haushaltsjahres ein. Der restliche Betrag von 450 EUR ist wirtschaftlich dem folgenden Haushaltsjahr (Monate Januar bis September) zuzurechnen.

Buchung am 1. Oktober (bei direkter Abgrenzung):

Einzahlung aus Pachten 500 EUR an Pachterträge 125 EUR und PRAP 375 EUR

Da der Kommune die Pacht bereits zugegangen ist, die Leistung jedoch im kommenden Haushaltsjahr erfüllt werden muss, ist der passive Rechnungsabgrenzungsposten zum Bilanzstichtag einer „Leistungsverpflichtung" sehr ähnlich. Der PRAP bewirkt, dass der Teil der Einzahlung, der im Folgejahr ertragswirksam werden soll, ergebnisneutral vereinnahmt wird.

Ergebnisneutrale Aktiv-Passiv-Mehrung:

450 EUR liquide Mittel auf der Aktivseite und 150 EUR PRAP auf der Passivseite der Bilanz

Antizipative Rechnungsabgrenzungsposten

Von den transitorischen Rechnungsabgrenzungsposten sind die **antizipativen Rechnungsabgrenzungsposten** zu unterscheiden. Hinter antizipativen Rechnungsabgrenzungsposten verbergen sich im alten Jahr getätigte Leistungen, die erst in Folgeperioden zu Einzahlungen und Auszahlungen führen.

Ein Beispiel hierfür stellen Zinserträge dar, wenn diese erst im neuen Haushaltsjahr zur Zahlung fällig sind.

Diese antizipativen Posten sind nicht als RAP zu führen. Gemäß den allgemeinen Bewertungsgrundsätzen (vgl. § 37 Abs. 1 Nr. 4 SächsKomHVO) sind im Haushaltsjahr entstandene Aufwendungen und erzielte Erträge unabhängig von den Zeitpunkten der entsprechenden Zahlungen im Jahresabschluss zu berücksichtigen.

Wenn zum Beispiel eine Kommune ein Verwaltungsgebäude mietet, stellt dies Aufwand für den Zeitraum der Nutzung dar. Sollte vertraglich vereinbart sein, dass die Mietzahlung erst im nächsten Haushaltsjahr erfolgen muss, wird der Sachverhalt im Rahmen der antizipativen Rechnungsabgrenzung abgebildet. Der Mietaufwand wird in Höhe des dem Haushaltsjahr zuzurechnenden Betrages gegen die sonstigen Verbindlichkeiten gebucht.

Beispiel:

Eine Kommune mietet aufgrund von Renovierungsarbeiten im Rathaus in der Mitte eines Haushaltsjahres befristet Büroräume an. Die Miete ist zur Jahresmitte des Folgejahres für die zurückliegenden 12 Monate fällig. Die Jahresmiete beträgt 6.000 EUR.

Zur Sicherstellung eines periodengerechten Ergebnisausweises müssen in den betroffenen Haushaltsjahren jeweils 3.000 EUR Mietaufwand berücksichtigt werden. Hierfür darf im ersten Jahr kein aktiver Rechnungsabgrenzungsposten gebildet werden, da der ARAP gemäß § 39 Abs. 1 SächsKomHVO nur der transitorischen Rechnungsabgrenzung dient. Vorliegend handelt es sich jedoch um eine noch nicht getätigte Auszahlung. Aus diesem Grund muss für die antizipative Rechnungsabgrenzung eine „sonstige Verbindlichkeit" gebucht werden.

Buchungssatz:

Mietaufwand i. H. v. 3.000 EUR an Sonstige Verbindlichkeiten i. H. v. 3.000 EUR

Der Mietaufwand wird damit periodengerecht berücksichtigt. Im Falle noch nicht realisierter Einzahlungen erfolgt eine antizipative Rechnungsabgrenzung mithilfe des Postens „sonstige Forderungen".

Rechnungsabgrenzung		
	Transitorische Posten	**Antizipative Posten**
aktivisch	Auszahlung im HH-Jahr, Aufwand in Folgejahren	Ertrag im HH-Jahr, Einzahlung in Folgejahren
	ARAP	**Sonstige Forderung**
passivisch	Einzahlung im HH-Jahr, Ertrag in Folgejahren	Aufwand im HH-Jahr, Auszahlung in Folgejahren
	PRAP	**Sonstige Verbindlichkeit**

Fragen zur Lernkontrolle

45. Unter welchen Voraussetzungen sind aktive Rechnungsabgrenzungsposten zu bilden?
46. Was wird mit der Bildung von passiven Rechnungsabgrenzungsposten bezweckt? Erläutern Sie die Zusammenhänge anhand eines Beispiels!
47. Um welche Art von Rechnungsabgrenzungsposten handelt es sich bei den folgenden Sachverhalten in der Bilanz zum 31. Dezember 2015?
    - Erhaltene Pachtvorauszahlungen i. H. v. 600 EUR für das erste Quartal 2016
    - Aufnahme eines Investitionskredites i. H. v. 950.000 EUR, Laufzeit 15 Jahre, Auszahlungsbetrag 875.000 EUR.
    - Die Firma „Event Management" hat den Weihnachtsmarkt organisiert. Die Rechnung i. H. v. 7.500 EUR ist noch offen.
    - Am 1. August wurde der neue Dienstwagen des Bürgermeisters angemeldet. Die Kfz-Steuer ist jedes Jahr i. H. v. 480 EUR im Voraus zu entrichten.
    - Eine Kommune tätigt im Dezember 2015 eine Mietvorauszahlung i. H. v. 15.000 EUR für das erste Quartal 2016.
    - Eine Kommune hat Ackerland verpachtet. Die Pacht wird für das zweite Halbjahr 2015 i. H. v. 450 EUR erhoben und ist im Februar 2016 fällig.

48. Eine Kommune erhebt für eine Grabstätte Nutzungsgebühren i. H. v. 750 EUR. Durch die einmalige Zahlung der Gebühren zum Zeitpunkt des Erwerbs wird ein 25-jähriges Grabnutzungsrecht erworben. Im Oktober 2015 werden Nutzungsrechte für fünf Gräber erworben. Wie sind die vereinnahmten Gebühren bilanziell zu erfassen?

2.9.1.6 *Bewertungsgrundlagen*

Die **Bewertung** (Bilanzierung) ist ein Vorgang, bei dem einem Vermögensgegenstand (oder einer Schuld) ein betragsmäßig bezifferbarer Wert zugeordnet wird.

Im Wesentlichen werden drei Wertansätze unterschieden; historische Anschaffungs- oder Herstellungskosten (AHK), aktuelle Zeitwerte und Wiederbeschaffungswerte.

2.9.1.7 *Anschaffungs- und Herstellungskosten*

Anschaffungskosten

Die Definition des Begriffes **Anschaffungskosten** findet sich in § 38 Abs. 1 SächsKomHVO. Danach sind Anschaffungskosten die Aufwendungen, die geleistet werden, um einen Vermögensgegenstand zu erwerben und ihn in einen betriebsbereiten Zustand zu versetzen, soweit sie dem Vermögensgegenstand einzeln zugeordnet werden können. Zu den Anschaffungskosten gehören auch die Nebenkosten sowie nachträgliche Anschaffungskosten. Minderungen des Anschaffungspreises sind abzusetzen.

Zu den **Anschaffungsnebenkosten** zählen insbesondere:

- **Erwerbsnebenkosten** (z. B. Notariats- und Gerichtsgebühren, Maklerprovisionen)
- **Bezugsnebenkosten** (z. B. Transportversicherung, Verpackung, Frachten, Provisionen, Vermittlungsgebühren, Zölle)
- **Nebenkosten der Inbetriebnahme** (z. B. Montagekosten, Anschlusskosten, Sicherheitsprüfungen, Installation)

Nachträgliche Anschaffungskosten können nach Anschaffung bzw. Inbetriebnahme anfallen und müssen im Zusammenhang mit der Anschaffung stehen, z. B. nachträgliche An- und Aufbauten.

Als **Minderungen** des Anschaffungspreises sind unter anderem Skonti, Rabatte und sonstige Nachlässe abzusetzen.

Den Anschaffungskosten liegt folgendes Berechnungsschema zu Grunde:

	Bruttokaufpreis	Ansatzpflicht
+	Anschaffungsnebenkosten (notwendig für Inbetriebnahme)	Ansatzpflicht
+	Nachträgliche Anschaffungskosten (z. B. für Nutzungsverbesserung)	Ansatzpflicht
–	Minderungen des Kaufpreises (Skonti, Rabatte, Nachlässe)	Ansatzpflicht
=	Anschaffungskosten	

Bei der Ermittlung der Anschaffungskosten ist grundsätzlich vom Bruttokaufpreis auszugehen. Bei Anschaffungen für ganz oder zum Teil vorsteuerabzugsberechtigte Betriebe gewerblicher Art ist der abzugsfähige Vorsteueranteil abzusetzen.

Herstellungskosten

Herstellungskosten sind die Aufwendungen, die durch den Verbrauch von Gütern und die Inanspruchnahme von Diensten für die Herstellung eines Vermögensgegenstandes, seine Erweiterung oder für eine über seinen ursprünglichen Zustand hinausgehende wesentliche Verbesserung entstehen.

Zu den Herstellungskosten gehören gemäß § 38 Abs. 2 SächsKomHVO die Materialkosten, die Fertigungskosten und die Sonderkosten der Fertigung. Aus der Gesetzessystematik ergibt sich, dass diese drei Kostenbestandteile als **Einzelkosten** zu qualifizieren sind.

Bei der Ermittlung der Herstellungskosten dürfen auch angemessene Teile der Materialgemeinkosten, der Fertigungsgemeinkosten und des Werteverzehrs des Anlagevermögens – soweit durch die Fertigung veranlasst – eingerechnet werden. Ferner dürfen Kosten der allgemeinen Verwaltung sowie Aufwendungen für soziale Einrichtungen der Verwaltung, für freiwillige soziale Leistungen und für betriebliche Altersversorgung hinzugerechnet werden – sofern sie auf den Zeitraum der Herstellung entfallen **(Gemeinkosten).**

Gemäß § 38 Abs. 3 SächsKomHVO besteht ein Ansatzverbot für Fremdkapitalzinsen. Zinsen für Fremdkapital, welches zur Finanzierung der Herstellung eines Vermögensgegenstands verwendet wird, dürfen nur mit in die Herstellungskosten einbezogen werden, sofern sie auf den Zeitraum der Herstellung entfallen.

Danach ergeben sich für die Ermittlung der Herstellungskosten eine Wertuntergrenze und eine Wertobergrenze. Auf die Untergrenze entfallen die Einzelkosten und im Rahmen der Obergrenze dürfen zusätzlich angemessene Teile der Gemeinkosten berücksichtigt werden. Gemeinkosten gelten als angemessen, wenn sie auf Basis der Normalbeschäftigung ermittelt werden. Hierbei dürfen fertigungsbedingte Gemeinkosten nur für die Ermittlung von

Herstellungskosten berücksichtigt werden, soweit sie bei einer normalen Auslastung der technischen und personellen Fertigungskapazitäten unter Berücksichtigung der branchentypischen Beschäftigungsschwankungen (Normalbeschäftigung) anfallen. Kosten der Über- und Unterbeschäftigung sind demnach nicht als angemessen zu betrachten.

Durch die bestehenden Wahlrechte lässt der Gesetzgeber einen breiten Spielraum bei der Ermittlung der Herstellungskosten zu.

In der nachfolgenden Übersicht werden die Kostenbestandteile für die Ermittlung der Herstellungskosten aufgezeigt.

	Kostenbestandteil	
	Materialeinzelkosten	Ansatzpflicht
+	Fertigungseinzelkosten	Ansatzpflicht
+	Sondereinzelkosten der Fertigung	Ansatzpflicht
=	Ansatzpflichtige Herstellungskosten (Wertuntergrenze)	
+	Angemessene Teile der MGK	Ansatzwahlrecht
+	Angemessene Teile der FGK	Ansatzwahlrecht
+	Werteverzehr des AV, sofern auf den Zeitpunkt der Herstellung bezogen	Ansatzwahlrecht
+	Kosten der allgemeinen Verwaltung	Ansatzwahlrecht
+	Aufwendungen für soziale Einrichtungen der Verwaltung, für freiwillige Sozialleistungen und betriebliche Altersvorsorge	Ansatzwahlrecht
=	Herstellungskosten bei Nutzung der Wahlrechte (Wertobergrenze)	

Einzelkosten sind Kosten, die sich der Herstellung eines Vermögensgegenstandes direkt bzw. eindeutig zurechnen lassen. **Gemeinkosten** lassen sich dagegen nicht eindeutig zurechnen. Gemeinkosten fallen gemeinsam für mehrere Gegenstände an. Daraus ergibt sich die Notwendigkeit, die Kosten durch einen verursachungsgerechten Schlüssel auf die betroffenen Vermögensgegenstände zu verteilen.

Herstellungskosten entstehen während der **Herstellung oder Neuherstellung,** aber auch **nachträglich** durch Funktions- oder Wesensänderungen, Erweiterungen oder wesentlichen Verbesserungen des Anlagevermögens. Der Herstellungsvorgang umfasst sowohl **Eigenherstellung** als auch **Fremdherstellung,** wobei der Träger des wirtschaftlichen Risikos bestimmt, ob es sich um eine Anschaffung oder eine Herstellung handelt. Bei nachträglichen Herstellungskosten muss im Einzelfall beurteilt werden, ob sie aktivierungsfähig sind, ob sie die Wesensart des Anlagevermögens verändern oder wesentlich verbessern oder lediglich den ordnungsgemäßen Zustand erhalten.

Abgrenzung Herstellungskosten von Erhaltungsaufwendungen

Es muss zwischen ergebniswirksamem **Erhaltungsaufwand** und aktivierungspflichtigem Herstellungsaufwand unterschieden werden. Zum Erhaltungsaufwand gehören die Aufwendungen für laufende Instandhaltungs- und Instandsetzungsmaßnahmen.

Instandhaltungsaufwendungen dienen dazu, Gegenstände (bewegliche und unbewegliche Sachen des Anlagevermögens sowie geringwertige Wirtschaftsgüter) in einem ordnungsgemäßen Zustand zu erhalten. Sie sind durch die gewöhnliche Nutzung des Gegenstandes veranlasst und kehren in gewissen Zeitabständen wieder. Mit Erhaltungsaufwendungen ist keine Veränderung der Wesensart der Vermögensgegenstände verbunden, sie dienen lediglich der Erhaltung eines ordnungsmäßigen Zustandes. Bei Gebäuden liegen Erhaltungsaufwendungen auch bei der Erneuerung von bereits in den Herstellungskosten des Gebäudes enthaltenen Teilen vor, wenn die neue Anlage bzw. das Bauteil die bisherige Funktion für das einheitliche Gebäude in vergleichbarer Weise erfüllt.

Investitionen liegen dagegen vor, wenn durch eine Baumaßnahme neues Sachvermögen geschaffen oder vorhandenes vermehrt wird. Der Investitionsbegriff wird in § 59 Nr. 23 SächsKomHVO legal definiert, danach handelt es sich um Auszahlungen für die Mehrung des Anlagevermögens.

Nach der Fertigstellung von Gebäuden ist Herstellungsaufwand anzunehmen, wenn das Gebäude durch die Baumaßnahme wesentlich in seiner Substanz vermehrt, in seinem Wesen erheblich verändert oder über seinen ursprünglichen Zustand hinaus deutlich verbessert wird. Eine deutliche Verbesserung ist nicht schon deswegen anzunehmen, wenn mit den durchgeführten Erhaltungsmaßnahmen eine dem technischen Fortschritt übliche Modernisierung verbunden ist.

Bezogen auf den Straßenbau ist von Herstellungskosten auszugehen, wenn Erneuerungs-/Um-, Aus- und Neubauvorhaben deutlich über dem Ausmaß einer Unterhaltungs- oder Instandsetzungsarbeit liegen.

2.9.2 Verfahren zur Bewertungsvereinfachung

Kommunen sind verpflichtet, zum 1.1. des Haushaltjahres, in dem sie mit der doppischen Buchführung beginnen und dann jeweils zum 31.12. eines jeden Haushaltsjahres eine Vermögensrechnung zu erstellen (vgl. § 88 SächsGemO i. V. m. § 34 Abs. 1 SächsKomHVO). Auf den Ergebnissen der Inventur basieren Ansatz und Bewertung der Vermögensgegenstände und Schulden. Während der Inventur sind alle im wirtschaftlichen Eigentum der Kommune stehenden Vermögensgegenstände, Sonderposten, Schulden und Rechnungsabgrenzungsposten unter Beachtung der Grundsätze ordnungsmäßiger Buchführung vollständig und genau aufzunehmen.

Das Haushaltsrecht sieht vor, dass im Interesse der Wirtschaftlichkeit unter bestimmten Bedingungen vom Grundsatz der jährlichen Einzelerfassung und -bewertung abgewichen werden kann.

Festwertverfahren

Gemäß § 34 Abs. 2 SächsKomHVO können für Vermögensgegenstände des Sachanlagevermögens sowie für Roh-, Hilfs-, Betriebsstoffe, die regelmäßig ersetzt werden und deren Gesamtwert von nachrangiger Bedeutung ist, **Festwerte** gebildet werden, sofern der Bestand in seiner Größe, seinem Wert und seiner Zusammensetzung nur geringen Schwankungen unterliegt. Dennoch ist mindestens alle drei Jahre eine körperliche Bestandsaufnahme durchzuführen.

Vermögensgegenstände des Sachanlagevermögens sowie Roh-, Hilfs- und Betriebsstoffe können mit Hilfe von Festwerten über mehrere Jahre hinweg mit einer gleich bleibenden Menge und einem gleich bleibenden Wert in der Vermögensrechnung angesetzt werden. Voraussetzung hierfür ist, dass die entsprechenden Gegenstände des Anlage- oder Umlaufvermögens

- regelmäßig ersetzt werden,
- ihr Bestand nach Größe, Zusammensetzung und Wert nur geringen Schwankungen unterliegt und
- der Gesamtwert für die Verwaltung nur von untergeordneter Bedeutung ist.

Das Kriterium der nachrangigen Bedeutung ist bei Kommunen erfüllt, wenn der Festwert weniger als fünf Prozent an der Bilanzsumme ausmacht.

Beim Festwertverfahren wird unterstellt, dass es bei Abgängen, Abschreibungen und Verbräuchen von Vermögensgegenständen zu einem Ausgleich durch entsprechende Zugänge bis zum Bilanzstichtag kommt.

Festwerte erleichtern die Inventur erst in Folgejahren. Grund dafür ist, dass die erstmalige Bildung eines Festwertes zwingend mit einer körperlichen Bestandsaufnahme und einer Einzelbewertung der Vermögensgegenstände verbunden ist.

Gruppenbewertung

Darüber hinaus können gemäß § 34 Abs. 3 SächsKomHVO gleichartige Vermögensgegenstände des Vorratsvermögens sowie andere gleichartige oder annähernd gleichwertige bewegliche Vermögensgegenstände und Schulden jeweils zu einer **Gruppe** zusammengefasst und mit dem gewogenen Durchschnittswert angesetzt werden.

Für Grundstücke und Gebäude ist die Gruppenbewertung demnach nicht anwendbar.

Gleichartige oder annähernd gleichwertige Vermögensgegenstände und Schulden zeichnen sich durch die folgenden Eigenschaften aus:

- Zugehörigkeit zu einer Warengattung,
- gleiche Verwendbarkeit,
- Funktionsgleichheit,
- keine wesentlichen Wertunterschiede (max. 20 %).

Der gewogene Durchschnittswert ist für jedes Jahr neu zu ermitteln. Ebenso werden die Mengen im Rahmen einer Inventur jedes Jahr neu festgestellt.

Beispiel: Ermittlung gewogener Durchschnittswert:

	Zugänge			Abgänge	Bestand
Datum	**Stück**	**Einzelpreis**	**Betrag**	**Stück**	**Stück**
02.01.	20	120	2.400		20
20.03.	25	130	3.250		45
27.07.				5	40
01.08.	5	150	750		45
20.12.				5	40
Summe	**50**		**6.400**	**10**	
Gewogener Durchschnittswert pro Stück:					128
6.400 / 50					
Gewogener Durchschnittswert des Endbestandes:					5.120
128 x 40					

2.9.3 Bilanzierungsfähigkeit und Bewertung ausgewählter Vermögensgegenstände des Anlagevermögens

Das **Anlagevermögen** einer Kommune unterteilt sich in vier Hauptgruppen:

- Immaterielle Vermögensgegenstände
- Sonderposten für geleistete Investitionszuwendungen
- Sachanlagen
- Finanzanlagen

Immaterielle Vermögensgegenstände

Der Posten **„Immaterielle Vermögensgegenstände"** umfasst alle nicht körperlichen Werte, die nicht zu den Sachanlagen, Finanzanlagen oder den Vermögensgegenständen des Umlaufvermögens gehören. Zu den immateriellen Vermögensgegenständen gehören in Kommunen vor allem Softwarelizenzen und Grunddienstbarkeiten zugunsten der Kommune an einem fremden Grundstück. Bei der Bilanzierung immaterieller Vermögensgegenstände muss das Ansatzverbot des § 36 Abs. 5 SächsKomHVO beachtet werden. Danach dürfen immaterielle Vermögensgegenstände des Anlagevermögens, die nicht entgeltlich erworben wurden, nicht bilanziert werden. Ansonsten erfolgt die Bewertung immaterieller Vermögensgegenstände anhand historischer Anschaffungskosten.

Immaterielle Vermögensgegenstände, deren Nutzung zeitlich begrenzt ist, werden in der Regel planmäßig abgeschrieben.

Sonderposten für geleistete Investitionszuwendungen

Einen Sonderfall bilden die **Sonderposten für geleistete Zuwendungen** mit mehrjähriger Zweckbindung. Gemäß § 36 Abs. 8 SächsKomHVO dürfen Zuwendungen, die die Kommunen im Rahmen der Erfüllung ihrer Aufgaben an Dritte für Investitionen geleistet haben, als Sonderposten für geleistete Investitionszuwendungen aktiviert werden. Ob von der Möglichkeit zur Bildung solcher aktiver Sonderposten Gebrauch gemacht wird, unterliegt dem Ermessen der Kommune. Es handelt sich damit um ein Wahlrecht.

Sonderposten für Investitionszuwendungen sind spätestens mit dem ersten Mittelabruf in der Anlagenbuchhaltung einzurichten. Die Abschreibung erfolgt in Übereinstimmung mit der Zweckbindungsdauer. Durch die Aktivierung und Auflösung des Sonderpostens werden Aufwendungen über die Zweckbindungsdauer verursachungsgerecht verteilt und somit auch der Haushaltsausgleich erleichtert.

Zum Ende eines jeden Haushaltsjahres hat die Kommune zu prüfen, ob die Mittel zweckentsprechend eingesetzt wurden. Bei Verstößen gegen den Zuwendungszweck besteht ein Rückzahlungsanspruch der Kommune.

Sachanlagevermögen

Die Bewertung des **Sachanlagevermögens** richtet sich nach § 89 Abs. 5 Satz 1 SächsGemO. Danach sind als Wertobergrenze höchstens **Anschaffungs- oder Herstellungskosten,** vermindert um planmäßige und außerplanmäßige Abschreibungen anzusetzen. Außerplanmäßige Abschreibungen sind bei allen Vermögensgegenständen des Sachanlagevermögens gemäß § 44 Abs. 6 Satz 1 SächsKomHVO vorzunehmen.

Gemäß § 44 Abs. 6 Satz 1 SächsKomHVO sind ohne Rücksicht darauf, ob ihre Nutzung zeitlich begrenzt ist, bei Vermögensgegenständen des Anlagevermögens im Falle einer voraussichtlich dauernden Wertminderung außerplanmäßige Abschreibungen vorzunehmen, um die Vermögensgegenstände mit dem niedrigeren Wert anzusetzen, der ihnen am Abschlussstichtag beizulegen ist **(gemildertes Niederstwertprinzip)**. Stellt sich in einem späteren Jahr heraus, dass die Gründe für eine außerplanmäßige Abschreibung nicht mehr bestehen, ist der Betrag dieser Abschreibung im Umfang der Werterhöhung unter Berücksichtigung der Abschreibungen, die inzwischen vorzunehmen gewesen wären, zuzuschreiben.

Finanzanlagen

Das Finanzanlagevermögen muss dazu bestimmt sein, der kommunalen Aufgabenerfüllung dauernd zu dienen. Dieses Erfordernis ergibt sich aus § 89 Abs. 2 SächsGemO. Die Finanzanlagen untergliedern sich gemäß § 51 Abs. 2 Nr. 1d SächsKomHVO in:

- Anteile an verbundenen Unternehmen,
- Beteiligungen,
- Sondervermögen,
- Ausleihungen und
- Wertpapiere.

Die Bewertung der Finanzanlagen erfolgt auf der Grundlage von § 89 Abs. 5 SächsGemO. Demnach werden Beteiligungen und Anteile an verbundenen Unternehmen mit den **Anschaffungskosten** oder anhand des **anteiligen Eigenkapitals** (anteilige Summe aus Stammkapital/gezeichnetem Kapital, Rücklagen, Ergebnisvortrag und Jahresüberschuss/Jahresfehlbetrag; sog. **Eigenkapitalspiegelmethode**) bewertet.

Werden Beteiligungen und Anteile an verbundenen Unternehmen auf der Grundlage ihrer Anschaffungskosten bewertet, erfolgen keine planmäßigen Abschreibungen. Als Vermögensgegenstände des Anlagevermögens sind Finanzanlagen jedoch gemäß § 44 Abs. 6 Satz 1 SächsKomHVO außerplanmäßig auf den niedrigeren beizulegenden Wert abzuschreiben, wenn eine voraussichtlich dauernde Wertminderung vorliegt.

Das anteilige Eigenkapital ist jährlich anzupassen, demnach ergibt sich, abhängig von einer Erhöhung oder Minderung des anteiligen Eigenkapitals, eine Zuschreibungs- oder Abschreibungspflicht.

Wertpapiere des Anlagevermögens und Ausleihungen werden mit ihren Anschaffungskosten bewertet. Auch hier sind außerplanmäßige Abschreibungen vorzunehmen, wenn eine voraussichtlich dauernde Wertminderung vorliegt. Bei Wertpapieren, die an der Börse gehandelt werden, ergibt sich der niedrigere beizulegende Wert zum Abschlussstichtag aus den Handelskursen. Liegt der Börsenwert unterhalb der Anschaffungskosten, bedarf es der Beurteilung, ob die Wertminderung vorübergehend oder voraussichtlich dauerhaft ist. Nur bei voraussichtlich dauernder Wertminderung besteht das Abschreibungsgebot. Eine dauernde Wertminderung liegt für Wertpapiere des Anlagevermögens, die an einem Markt gehandelt werden, dann vor, wenn der Tiefstkurs der vergangenen zwölf Wochen ausgehend vom Bilanzstichtag unter den Anschaffungskosten liegt und zum Zeitpunkt der Erstellung der Bilanz noch besteht und voraussichtlich fortdauert. In diesem Fall sind die Wertpapiere in der Bilanz zum Tiefstkurs anzusetzen.

2.9.4 Bewertung des Umlaufvermögens

Unter das Umlaufvermögen fallen diejenigen Vermögensgegenstände, die nur zu einer vorübergehenden Nutzung im Verwaltungsbetrieb einer Kommune bestimmt sind und keinen Posten der Rechnungsabgrenzung darstellen (vgl. § 59 Nr. 51 SächsKomHVO).

Auch für Vermögensgegenstände des Umlaufvermögens gilt die absolute Wertobergrenze des § 89 Abs. 5 SächsGemO. Die Vermögensgegenstände sind mit ihren Anschaffungs- oder Herstellungskosten in der Vermögensrechnung anzusetzen. Das Umlaufvermögen unterliegt keiner planmäßigen Abschreibung. Dies ergibt sich aus § 44 SächsKomHVO, der ausschließlich im Zusammenhang mit planmäßigen Abschreibungen Vermögensgegenstände des Anlagevermögens nennt. Bei Vermögensgegenständen des Umlaufvermögens sind nach § 44 Abs. 7 SächsKomHVO Abschreibungen vorzunehmen, um diese mit einem niedrigeren Wert anzusetzen, der sich aus einem Börsen- oder Marktpreis am Abschlussstichtag ergibt. Ist ein Börsen- oder Marktpreis nicht festzustellen und übersteigen die Anschaffungs- oder Herstellungskosten den Wert, der den Vermögensgegenständen beizulegen ist, ist auf diesen Wert abzuschreiben.

Bewertung der Forderungen und sonstigen Vermögensgegenstände

Forderungen werden in privatrechtliche und öffentlich-rechtliche Forderungen untergliedert. Öffentlich-rechtliche Forderungen werden auf der Grundlage öffentlich-rechtlicher Vorschriften geltend gemacht. Eine privatrechtliche Forderung ergibt sich aus einem vertraglichen oder gesetzlichen Schuldverhältnis.

Bilanziell ist die Entstehung einer Forderung als Anschaffungsvorgang zu deuten. Die Anschaffungskosten entsprechen dem Nennbetrag der Forderung. Bei Forderungen aus Lieferungen und Leistungen bemisst sich der Nennbetrag nach dem vom Leistungsempfänger geschuldeten Entgelt. Bei Darlehensforderungen entspricht der Nennbetrag in der Regel dem Ausgabebetrag des Darlehens. Öffentlich-rechtlichen Forderungen liegen Verwaltungsakte zugrunde. Der Nennbetrag entspricht den festgesetzten Zahlungsverpflichtungen.

Gemäß § 38 Abs. 4 SächsKomHVO ist für die Forderungsbewertung der Nominalbetrag die absolute Wertobergrenze. Da Forderungen unter das Umlaufvermögen fallen, gilt das **strenge Niederstwertprinzip**.

Am Abschlussstichtag sind Forderungen grundsätzlich einzeln und vorsichtig zu bewerten. In diesem Zusammenhang hat eine Prüfung der Forderungen auf ihre Einbringbarkeit zu erfolgen. Dabei sind gemäß § 37 Abs. 1 Nr. 3 SächsKomHVO vorhersehbare Risiken und Verluste, die bis zum Abschlussstichtag entstanden sind, zu berücksichtigen, selbst wenn diese erst zwischen dem Abschlussstichtag und dem Tag der Aufstellung des Jahresabschlusses bekannt geworden sind. Besonderes Beurteilungskriterium stellt dabei die Zahlungsbereitschaft und -fähigkeit der Schuldner dar.

Im Rahmen der Bonitätsprüfung lassen sich Forderungen in drei Gruppen klassifizieren:

- einwandfreie Forderungen
- zweifelhafte Forderungen
- uneinbringliche Forderungen

Bei den **einwandfreien Forderungen** bestehen keine Anhaltspunkte, dass die Einbringbarkeit der Forderungen gefährdet ist. Es sind keine Zahlungsausfälle des Schuldners zu erwarten. Diese Forderungen werden mit ihrem Nominalwert ausgewiesen.

Bestehen begründete Zweifel an der Einbringbarkeit der Forderungen, liegen **zweifelhafte Forderungen** vor, d. h. der Zahlungseingang der Forderung erweist sich als unsicher. Die Höhe der Forderung ist auf ihren wahrscheinlichen, einbringlichen Betrag zu reduzieren. Der voraussichtlich uneinbringliche Teil der Forderung wird abgeschrieben. Kriterien, die daraufhindeuten, dass eine Forderung zweifelhaft ist, sind bspw. erfolglose Mahnungen oder Insolvenzanmeldungen. Für die Höhe des voraussichtlichen Forderungsausfalls sind die Verhältnisse des Schuldners objektiv einzuschätzen.

Bei **uneinbringlichen Forderungen** steht der Zahlungsausfall des Schuldners endgültig fest. Es hat daher eine vollständige Abschreibung der Forderung zu erfolgen. Eine Forderung wird zum Zeitpunkt des Erlasses uneinbringlich.

Mittels Einzel- und Pauschalwertberichtigungen erfolgt die Korrektur von Forderungsbeständen. Die **Einzelwertberichtigung** entspricht dem Grundsatz der Einzelbewertung. Jede Forderung wird einzeln auf ihre Werthaltigkeit geprüft. Forderungen, die als uneinbringlich zu qualifizieren sind, werden voll abgeschrieben. Bei zweifelhaften Forderungen erfolgt eine Teilabschreibung. Diese individuelle Prüfung der Forderungen gestaltet sich als sehr arbeits- und zeitintensiv.

Bei den einwandfreien Forderungen werden **Pauschalwertberichtigungen** vorgenommen, um das allgemeine Forderungsausfallrisiko zu berücksichtigen. Eine einheitliche Pauschalwertabschreibung auf den gesamten Forderungsbestand ist in der Regel nicht sachgerecht. Es sollte daher nach Forderungsarten differenziert werden.

Im kommunalen Haushaltsrecht sind gemäß § 44 Abs. 7 Satz 2 SächsKomHVO Zuschreibungen im Umlaufvermögen vorzunehmen. Für das Umlaufvermögen besteht somit wie für das Anlagevermögen ein Wertaufholungsgebot. Stellt sich heraus, dass Erträge aus bereits einzelwertberechtigten Forderungen im Nachhinein noch einbringlich sind, werden sie als Erträge im entsprechenden Haushaltsjahr verbucht.

Bewertung der liquiden Mittel

Die liquiden Mittel werden mit ihrem Nennwert angesetzt. Noch nicht eingelöste Schecks werden höchstens mit ihrem Nennwert angesetzt. Sie unterliegen bei der Bewertung dem strengen Niederstwertprinzip.

2.9.5 Bewertung der Passiva

Die Passivseite der Vermögensrechnung einer Kommune unterteilt sich gemäß § 51 Abs. 3 SächsKomHVO in die:

- Kapitalposition,
- Sonderposten,
- Rückstellungen,
- Verbindlichkeiten und
- Passiven Rechnungsabgrenzungsposten.

Kapitalposition

Die Kapitalposition untergliedert sich gemäß § 51 Abs. 3 Nr. 1 SächsKomHVO in das Basiskapital, die Rücklagen und Fehlbeträge.

Das ausgewiesene Basiskapital einer Kommune ist eine Rechengröße. Es ist der wertmäßige Betrag, der sich ergibt, nach dem von der Summe der Aktiva die Rücklagen, die Fehlbeträge, die Sonderposten, die Schulden sowie die passiven Rechnungsabgrenzungsposten abgezogen wurden. Folglich ergibt sich das Basiskapital erst nach Ansatz und Bewertung der übrigen Bilanzpositionen.

Sonderposten für empfangene Investitionszuwendungen

Die Zusage und Ausreichung von investiven Fördermitteln führt nach Erfüllung des Zuwendungszwecks bzw. mit dem Beginn der Abschreibung des geförderten Vermögensgegenstandes zur Bildung eines Sonderpostens für empfangene Investitionszuwendungen. Neben den Sonderposten für empfangene Investitionszuwendungen müssen ggf. auch Sonderposten für Investitionsbeiträge, den Gebührenausgleich und sonstige Belange (z. B. das kommunale Vorsorgevermögen) gebildet werden.

Sonderposten stehen der Kommune einerseits unbefristet zur Verfügung, andererseits haften ihnen aber auch bestimmte Verpflichtungen oder Beschränkungen, wie z. B. die Pflicht zur Einhaltung des Verwendungszwecks von Fördermitteln, an. Folglich haben Sonderposten Eigenkapital- und Fremdkapitalcharakter. Sie stellen damit eine Bilanzposition eigener Art dar, allerdings ist der Eigenkapitalcharakter stärker ausgeprägt.

Die Pflicht zur Passivierung von empfangenen Investitionszuwendungen ergibt sich aus § 36 Abs. 6 SächsKomHVO i. V. m. § 40 SächsKomHVO. Dagegen werden die zuwendungsfinanzierten Vermögensgegenstände mit ihren Anschaffungs- oder Herstellungskosten aktiviert. Diese Vorgehensweise entspricht dem Bruttoprinzip. Durch die Bruttodarstellung lassen sich Mittelherkunft und Mittelverwendung besser nachvollziehen.

Der Bildung von Sonderposten für empfangene Investitionszuwendungen geht zunächst mit Eingang des Zuwendungsbescheides eine Bilanzverlängerung durch Buchung einer Forderung gegenüber dem Zuwendungsgeber und der Buchung einer Verbindlichkeit zur Anschaffung oder Herstellung des bezuschussten Vermögensgegenstandes voraus. Erst mit der Aktivierung des geförderten Vermögensgegenstandes, spätestens jedoch mit dem Auszahlungsantrag darf eine Umbuchung der „Verbindlichkeiten" in den „Sonderposten" erfolgen.[13]

Die Bildung von Sonderposten bewirkt zunächst eine ergebnisneutrale Darstellung der empfangenen Zuwendungen. Erst mit der Aktivierung des geförderten Vermögensgegenstandes darf eine ratierliche ertragswirksame Auflösung des gebildeten Sonderpostens erfolgen, sofern es sich um abnutzbare Vermögensgegenstände handelt. Sonderposten werden korrespondierend zur Abschreibung von Vermögensgegenständen ertragswirksam aufgelöst. Das bedeutet, dass Kommunen einerseits Abschreibungsaufwand als auch Erträge aus der Auflösung des Sonderpostens verbuchen. Im Ergebnis belastet nur die Erwirtschaftung des Eigenanteils an der Investitionsmaßnahme den Haushaltsausgleich. Erfährt ein Vermögensgegenstand eine 100%ige Bezuschussung, sind die Abschreibungen und die Auflösungsbeträge gleich. Die Zuwendung ist daher als Finanzierungshilfe zu qualifizieren.

Werden nicht abnutzbare Vermögensgegenstände gefördert, erfolgt ein Ausweis von Sonderposten in der Vermögensrechnung bis die zuwendungsfinanzierten Vermögensgegenstände aus dem wirtschaftlichen Eigentum der Kommune ausscheiden.

Rückstellungen

Rückstellungen sind ein wesentlicher Bestandteil des Ressourcenverbrauchskonzeptes. Es handelt sich um Verbindlichkeiten oder Aufwendungen, die im Haushaltsjahr wirtschaftlich verursacht wurden und der Fälligkeit oder der Höhe nach ungewiss sind (§ 59 Nr. 43 SächsKomHVO). Rückstellungen zeichnen sich damit durch die bestehende Ungewissheit bezüglich Höhe und/oder Fälligkeit der Zahlungsverpflichtung aus (ungewisse Verbindlichkeiten).

Gemäß § 85a Abs. 1 SächsGemO ist die Bewertung einer Rückstellung in angemessener Höhe vorzunehmen. Die Höhe des Erfüllungsbetrages wird gemäß § 41 Abs. 3 SächsKomHVO auf der Grundlage einer sachgerechten und nachvollziehbaren Schätzung ermittelt. Hierfür müssen die objektiven wirtschaftlichen Verhältnisse berücksichtigt werden sowie das Vorsichtsprinzip und das Willkürverbot eingehalten werden. Entgegen früherer Regelungen besteht keine Verpflichtung zu Abzinsung langfristiger Rückstellungen. Es darf jedoch abgezinst werden, soweit die den Rückstellungen zugrunde liegenden Verbindlichkeiten einen Zinsanteil enthalten (vgl. § 41 Abs. 3 SächsKomHVO).

Besonderes Charakteristikum bei der Bewertung von Rückstellungen nehmen **wertaufhellende** und **wertbegründende Tatsachen** ein. Grundsätzlich sind bei der Rückstellungsbildung wertaufhellende Tatsachen zu berücksichtigen, die nach dem Abschlussstichtag, aber vor Erstellung des Jahresabschlusses bekannt werden und Informationen hinsichtlich der Höhe einer Verpflichtung oder der Wahrscheinlichkeit der Entstehung bzw. der Inanspruchnahme geben. Von den wertaufhellenden Tatsachen sind die wertbegründenden Tatsachen abzugrenzen, durch die eine Verpflichtung wirtschaftlich verursacht wird. Wertbegründende Tatsachen führen nur zur Bildung einer Rückstellung, sofern ihr Eintritt vor dem Abschlussstichtag liegt. Andernfalls erfolgt gegebenenfalls lediglich eine Erläuterung des Sachverhaltes im Rechenschaftsbericht (vgl. § 53 Abs. 2 Nr. 3 SächsKomHVO). Das nachfolgende Beispiel soll den Unterschied zwischen Wertaufhellung und Wertbegründung verdeutlichen:

Beispiel:
Die Verwaltung erhält am 15.01.2016 Kenntnis von einem Wasserrohrbruch in der Kita „Sonnenschein", der am 18.12.2015 vorgefallen ist. Die genaue Schadenshöhe ist noch ungewiss, geschätzt werden Reparaturkosten i. H. v. 30.000 EUR. Am 31.01.2016 wird die Bilanz erstellt. Am 07.02.2016 erhält die Verwaltung die Rechnung über 25.000 EUR.

Lösung: Da der Schadensfall noch vor Aufstellung des Jahresabschlusses bekannt wird, ist eine Rückstellung in Höhe der geschätzten Reparaturkosten zu bilden. Es handelt sich um eine wertaufhel-

13 Vgl. FAQ 2.13 des SMI.

lende Tatsache, die bereits vor dem Bilanzstichtag wirtschaftlich begründet war (§ 37 Abs. 1 Nr. 3 Satz 2 SächsKomHVO).

Alternative: Was würde sich ändern, wenn der Wasserrohrbruch am 06.01.2016 vorgefallen wäre?

Lösung: In der Alternative liegt die wirtschaftliche Verursachung (Wertbegründung in 2016) im neuen Haushaltsjahr. Auf den Jahresabschluss 2015 ergeben sich somit keine Auswirkungen. Sofern der Vorgang von besonderer Bedeutung ist, erfolgt eine Erläuterung im Rechenschaftsbericht (§53 Abs.2 Nr. 3 SächsKomHVO).

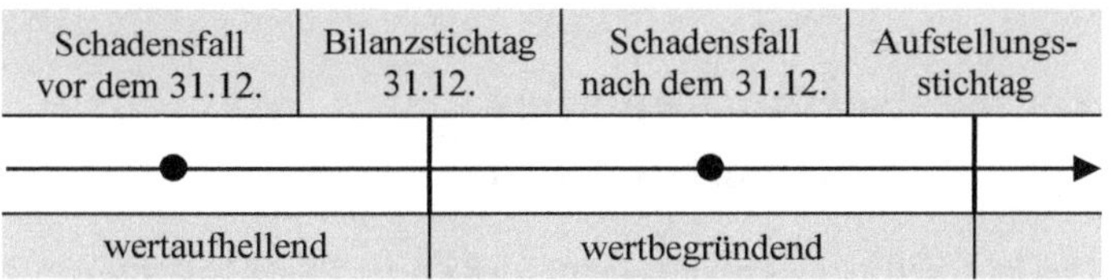

Der Bildung von Rückstellungen liegt ein Ermessensspielraum zugrunde, dies ergibt sich aus dem Merkmal der „Ungewissheit". Bei der Berechnung von Rückstellungen müssen sachgerechte Annahmen getroffen werden, in welcher Höhe mit Aufwendungen zu rechnen ist. Folglich ergibt sich für die Rückstellungsbildung eine Bandbreite (Untergrenze und Obergrenze), innerhalb der eine Bewertung vorzunehmen ist.

Der Katalog rückstellungsrelevanter Tatbestände ist abschließend in § 41 Abs. 1 SächsKomHVO geregelt, u. a. fallen darunter Altersteilzeitrückstellungen und Rückstellungen für die Rekultivierung und Nachsorge von Deponien. Für weitere ungewisse Verbindlichkeiten können Rückstellungen gebildet werden.

Rückstellungen für drohende Verpflichtungen aus anhängigen Gerichtsverfahren und Verwaltungsverfahren

In Bezug auf die Bilanzierung von Straßen, die über Grundstücke privater Dritter verlaufen, ergibt sich hinsichtlich der Rückstellungen folgende Besonderheit:

Für die Bilanzierung der Grundstücke des Infrastrukturvermögens ist das wirtschaftliche Eigentum ausschlaggebend. Das wirtschaftliche Eigentum für Straßen ergibt sich aus der tatsächlichen Sachherrschaft über die Straßen. Die tatsächliche Sachherrschaft über den Vermögensgegenstand hat in der Regel derjenige inne, bei dem Besitz, Gefahr, Nutzen und Lasten der Sache liegen. Besitz und Nutzen einer öffentlichen Straße sind unproblematisch zu klären; ausschlaggebend für die Prüfung sind vor allem die Zuweisung von Gefahren und Lasten. Diese werden vor allem durch die Straßenausbaulast, aber auch durch die Unterhaltung, Beleuchtung, Reinigung und den Winterdienst begründet.

Aufgrund § 3 VerkFlBerG i. V. m. § 8 VerkFlBerG ergibt sich, dass nur die Gemeinde die Möglichkeit hat, dieses Grundstück zu erwerben, solange sich darauf die entsprechende Straße befindet. Ist die Straße öffentlich gewidmet, lassen sich daraus Nutzen und Besitz ableiten.

Aufgrund des Abkaufrechtes des zivilrechtlichen Eigentümers ist die Kommune verpflichtet eine angemessene Rückstellung zu bilden. Der Ausweis einer Rückstellung ist zwingend, damit die Kapitalposition aufgrund des bilanzierten Grundstückes nicht zu hoch ausgewiesen wird. Gesetzlich abgedeckt ist die Bilanzierung durch § 85a Abs. 1 SächsGemO, wonach auch für ungewisse Verbindlichkeiten Rückstellungen zu bilden sind. Konkret fallen die Zahlungsverpflichtungen aufgrund des Verkehrsflächenbereinigungsgesetzes unter die drohenden Verpflichtungen aus anhängigen Gerichts- und Verwaltungsverfahren (vgl. § 41 Abs. 1 Nr. 6 SächsKomHVO).

Altersteilzeit

Rückstellungen für Altersteilzeit umfassen neben den allgemeinen Bezügen auch die darauf anfallenden Sozialversicherungsbeiträge und Nebenleistungen. Ein biometrischer Abschlag für die Sterblichkeit der Beschäftigten ist hierbei nicht vorzunehmen.

Bei der Bildung entsprechender Rückstellungen unterscheidet man bezüglich der Bewertung zwischen dem Block- und dem Teilzeitmodell:

Beim **Blockmodell** erfolgt eine ratierliche Rückstellungsbildung in Höhe des Erfüllungsrückstandes (Betrag, um den das tatsächlich gezahlte Entgelt unter dem Entgelt eines Vollbeschäftigten liegt). Beim Übergang in die Freistellungsphase sind die Rückstellungen um die in dieser Phase notwendigen Beträge aufzufüllen. Ferner hat eine Rückstellung in Höhe der Aufstockungsbeträge gemäß der abgeschlossenen Vereinbarung zu erfolgen. Sofern die Restlaufzeit höher als ein Jahr ist, muss eine Abzinsung erfolgen.

Eine Altersteilzeitrückstellung nach den Maßgaben des **Teilzeitmodells** erfolgt nur durch die Einstellung vereinbarter Aufstockungsbeträge. Es erfolgt eine stufenweise Auflösung der Rückstellung. Da sich beim Teilzeitmodell kein Erfüllungsrückstand ergibt, besteht kein zusätzlicher Rückstellungsbedarf.

Die Rückstellung ist grundsätzlich mit Abschluss der Altersteilzeitvereinbarung zu bilden.

Rückstellungen für die Rekultivierung und Nachsorge von Deponien

Deponien müssen nach ihrer Stilllegung rekultiviert werden (vgl. insbesondere § 40 KrWG). Gemäß § 36 Abs. 3 KrWG i. V. m. § 18 DepV soll die zuständige Behörde verlangen, dass der Betreiber einer Deponie für die Rekultivierung sowie zur Verhinderung oder Beseitigung von Beeinträchtigungen des Wohls der Allgemeinheit nach Stilllegung der Anlage Sicherheit im Sinne von § 232 des Bürgerlichen Gesetzbuchs leistet oder ein gleichwertiges Sicherungsmittel erbringt. Daraus ergibt sich eine Pflicht zur Bildung von Rückstellungen zur Deckung der Nachsorgekosten. Während der Betriebsphase muss diese Rückstellung ratierlich gebildet werden. Zur Quantifizierung der Nachsorgekosten bzw. zur Rückstellungsbemessung werden i. d. R. entsprechende Gutachten in Auftrag gegeben.

Verbindlichkeiten

Zu den **Schulden** einer Kommune zählen neben den Rückstellungen auch die Verbindlichkeiten. Es handelt sich dabei um Leistungsverpflichtungen der Kommune, die rechtlich erzwingbar sind und eine wirtschaftliche Belastung für sie darstellen (§ 59 Nr. 53 SächsKomHVO). Wesentliches Unterscheidungsmerkmal zu den Rückstellungen ist, dass die begründende Verpflichtung mit einer wirtschaftlichen Belastung verbunden ist, die sowohl hinsichtlich ihres Grundes als auch ihrer Höhe sicher ist.

In der Vermögensrechnung hat eine Aufnahme sämtlicher Verbindlichkeiten zu erfolgen. Eine Verrechnung mit den Posten der Aktivseite ist nicht zulässig. Verbindlichkeiten sind zum Abschlussstichtag einzeln zu bewerten. Die Bewertung der Verbindlichkeiten erfolgt gemäß § 89 Abs. 5 Satz 3 SächsGemO i. V. m. § 42 Abs. 1 SächsKomHVO in Höhe des Rückzahlungsbetrages **(Erfüllungsbetrag)**. Dieser Betrag ist nicht auf den Bilanzstichtag abzuzinsen.

Verbindlichkeiten gegenüber Kreditinstituten

Bei den Verbindlichkeiten gegenüber Kreditinstituten wird grundsätzlich zwischen Krediten für Investitionen (**Investitionskredite**) und Krediten zur Liquiditätssicherung (**Kassenkredite**) unterschieden.

Gemäß § 82 Abs. 1 SächsGemO dürfen Kredite grds. nur im Finanzhaushalt und nur für Investitionen, Investitionsförderungsmaßnahmen und zur Umschuldung aufgenommen werden. Der Gesamtbetrag bedarf im Rahmen der Haushaltssatzung der Genehmigung der Rechtsaufsichtsbehörde. § 73 Abs. 4 SächsGemO besagt zudem, dass Kredite nur aufgenommen werden dürfen, wenn eine andere Finanzierung nicht möglich oder wirtschaftlich unzweckmäßig wäre.

Gemäß § 84 Abs. 1 SächsGemO hat die Gemeinde die rechtzeitige Leistung der Auszahlungen sicherzustellen. Kann sie dies nicht gewährleisten, besteht ausnahmsweise die Möglichkeit der Aufnahme von Kassenkrediten bis zu dem in der Haushaltssatzung festgelegten Höchstbetrag, soweit keine anderen Mittel zur Verfügung stehen. Der Höchstbetrag bedarf der Genehmigung der Rechtsaufsichtsbehörde, wenn er ein Fünftel der veranschlagten ordentlichen Aufwendungen übersteigt.

Verbindlichkeiten aus Lieferungen und Leistungen

Als Verbindlichkeiten aus Lieferungen und Leistungen werden sämtliche Verpflichtungen aus vom Vertragspartner bereits erfüllten Umsatzgeschäften (Kauf-, Werkverträge, Dienstleistungsverträge) abgebildet, die seitens der Kommune jedoch noch nicht beglichen wurden. Nicht zu den Verbindlichkeiten aus Lieferungen und Leistungen gehören bspw. Darlehensverbindlichkeiten. Zu beachten ist zudem das Saldierungsverbot mit den Forderungen aus Lieferungen und Leistungen. Lediglich im Rahmen der Zahlung kann eine Aufrechnung (entsprechend § 40 Nr. 8.3 SächsKomKBVO) erfolgen, sofern diese vereinbart wurde.

Sonstige Verbindlichkeiten

Eine besondere Stellung nehmen die sonstigen Verbindlichkeiten ein. Über die Aufgabe der Rechnungsabgrenzung ist insbesondere die Regelung in § 42 Abs. 2 SächsKomHVO von wesentlicher Bedeutung. Demnach sind „die noch nicht zweckgerecht verwendeten Zuwendungen mit schwebender Rückzahlungsverpflichtung und bereits zurückgeforderten Zuwendungen [...] als „sonstige Verbindlichkeiten" auszuweisen." Ebenso sind Zuwendungen, die an Dritte weiterzuleiten sind, als sonstige Verbindlichkeiten auszuweisen (vgl. § 42 Abs. 3 SächsKomHVO).

2.9.6 Bestandteile des Jahresabschlusses

Der Jahresabschluss besteht gemäß § 88 Abs. 2 Satz 1 SächsGemO aus

- der Ergebnisrechnung,
- der Finanzrechnung und
- der Vermögensrechnung.

Der Jahresabschluss ist um einen Anhang zu erweitern, der mit den Rechnungen nach Satz 1 eine Einheit bildet, und durch einen Rechenschaftsbericht zu erläutern ist (§ 88 Abs. 2 Satz 2 SächsGemO).

Über den Jahresabschluss wird Rechenschaft über die wirtschaftliche Lage der Kommune und die Ausführung des Haushaltsplanes abgelegt. Damit das reine Zahlenwerk (Vermögens-, Finanz- und Ergebnisrechnung) für die Adressaten durchschaubar, vergleichbar und nachprüfbar ist, muss es durch einen Anhang, einen Rechenschaftsbericht und einen Planvergleich erweitert werden.

Planvergleich

Nähere Regelungen zum Planvergleich trifft § 50 SächsKomHVO. Danach wird eine Gegenüberstellung der fortgeschriebenen Planansätze im Haushaltsplan und des tatsächlichen Ergebnisses von Erträgen und Aufwendungen sowie Einzahlungen und Auszahlungen in der Ergebnis- und Finanzrechnung des Gesamthaushalts und der Teilhaushalte gefordert. Die Gegenüberstellung soll in Form der verbindlich vorgegebenen Muster der VwV KomHSys zu §§ 48 und 49 SächsKomHVO erfolgen. Somit sollen wesentliche Über- bzw. Unterschreitungen der Planansätze ersichtlich werden, die wiederum zu erläutern sind. Den Adressaten werden hierdurch wichtige Informationen über die Einhaltung des Haushaltsplanes geliefert, der eine wichtige Grundlage für die politische Steuerung darstellt.

Anhang

Der Anhang soll Informationen zu den übrigen Bestandteilen des Jahresabschlusses liefern und das ggf. vermittelte Bild zur wirtschaftlichen Lage konkretisieren bzw. korrigieren. Ihm kommt damit insbesondere eine Entlastungsfunktion zu.

Gemäß § 52 Abs. 1 SächsKomHVO sind in den Anhang diejenigen Angaben aufzunehmen, die zu den einzelnen Posten der Ergebnisrechnung, der Finanzrechnung und der Vermögensrechnung vorgeschrieben sind. Darüber hinaus soll der Anhang beispielsweise die angewandten Bilanzierungs- und Bewertungsmethoden, die Anwendung von Vereinfachungsregelungen sowie ausgeübte Wahlrechte bei der Erfassung und Bewertung belegen.

Dem Anhang sind zudem verbindlich folgende Anlagen beizufügen:

- Anlagenübersicht,
- Verbindlichkeitenübersicht,
- Forderungsübersicht und
- Übersicht über die in das folgende Jahr zu übertragenden Haushaltsermächtigungen.

Die Anlagenübersicht dient der Darstellung des Standes und der Entwicklung des Anlagevermögens. Es werden Veränderungen der Anschaffungs- oder Herstellungskosten im Zeitverlauf durch die Abbildung von Zu- bzw. Abgängen und Umbuchungen dargestellt. Zudem wird die Entwicklung der Abschreibungen durch die Darstellung von Abschreibungen im Haushaltsjahr sowie Zuschreibungen und Auflösungen (kumulierte Abschreibung bei Abgängen) aufgezeigt. Die Untergliederung des Anlagevermögens in der Anlagenübersicht ist detaillierter als die Darstellung in der Vermögensrechnung. Dies dient der zusätzlichen Informationsgewinnung.

Des Weiteren werden eine Forderungs- und eine Verbindlichkeitenübersicht gefordert. Diese beinhalten sämtliche Forderungen und Verbindlichkeiten der Kommune gegliedert nach Restlaufzeiten:

- bis zu einem Jahr
- ein bis fünf Jahre
- mehr als fünf Jahre

Rechenschaftsbericht

Die Inhalte des Rechenschaftsberichtes regelt § 53 SächsKomHVO. Demnach sind darin der Verlauf der Haushaltswirtschaft und die Lage der Kommune unter dem Gesichtspunkt der Sicherung der stetigen Erfüllung der Aufgaben so darzustellen, dass ein den tatsächlichen Verhältnissen entsprechendes Bild vermittelt wird. Dabei sind die wichtigsten Ergebnisse des Jahresabschlusses und erhebliche Abweichungen der Jahresergebnisse von den Haushaltsansätzen zu erläutern und eine Bewertung der Abschlussrechnungen vorzunehmen.

Der Rechenschaftsbericht soll zudem darstellen:

- die Erreichung der wesentlichen Ziele;
- Angaben über den Stand der kommunalen Aufgabenerfüllung;
- Vorgänge von besonderer Bedeutung, die nach dem Schluss des Haushaltsjahres eingetreten sind;
- zu erwartende positive Entwicklungen und mögliche Risiken von besonderer Bedeutung;
- die Ausführung eines Haushaltsstrukturkonzepts;
- die Entwicklung und Abdeckung der Fehlbeträge.

2.9.7 Jahresabschlussanalyse

Durch die Jahresabschlussanalyse soll Transparenz über wesentliche Einflüsse und Entwicklungen geschaffen werden. Zudem sollen verdichtete Informationen zur Vermögens-, Finanz- und Ergebnislage und zur aktuellen Zielerreichung geliefert werden. Aus den gewonnenen Erkenntnissen können neue Ziele für die Haushaltsplanung abgeleitet werden.

Die Aufgaben der Jahresabschussanalyse können wie folgt zusammengefasst werden:

- Informationsverdichtung (z. B. durch aggregierte Kennzahlen und/oder Zeitreihenvergleiche)
- Darstellung der wirtschaftlichen Lage
- Externe und interne Entscheidungsunterstützung

Die Jahresabschlussanalyse ist in wesentlichen Teilen nicht gesetzlich geregelt, z. B. existiert kein verbindlicher Kennzahlenkatalog. Zwar eröffnet das kommunale Haushalts- und Rechnungswesen die Möglichkeit, betriebswirtschaftliche Kennzahlen aus der Privatwirtschaft zu übernehmen, jedoch sind diese aufgrund der besonderen Erfordernisse und Aufgaben des kommunalen Bereiches nicht 1:1 übertragbar (z. B. Rentabilitätskennzahlen). Neben dem Vergleich zu anderen Kommunen spielen insbesondere Zeitvergleiche eine bedeutende Rolle. Eine weitere Schwierigkeit ergibt sich aus der Notwendigkeit, Zusammenhänge bzw. Abhängigkeiten aufzuzeigen. Hierfür bietet sich ein Kennzahlenmix an, der nicht aus reinen Finanzkennzahlen besteht. Eine klassische Jahresabschlussanalyse erstreckt sich insbesondere auf:

- das Ergebnis und die Ergebnisstruktur
- das Vermögen und die Investitionen
- die Verschuldung und die Finanzierung
- die Kapitalposition

Im Rahmen der Jahresabschlussanalyse bietet es sich an, neben einer kennzahlengestützten Analyse der eigenen Verhältnisse interkommunale Vergleiche vorzunehmen. Interkommunale Kennzahlenvergleiche dienen der Einschätzung der eigenen Leistungsfähigkeit (Stärken- und Schwächenanalyse). Bei der Auswahl von Vergleichsdaten ist darauf zu achten, dass die Vergleichskommunen annähernd homogene Verwaltungsstrukturen aufweisen, von der Größe annähernd gleich sind, ähnliche Rahmenbedingungen aufweisen und in der Erfüllung ihrer Aufgaben hinsichtlich Art und Umfang ähnlich ausgerichtet sind. Unabhängig davon erschweren abweichende Bilanzierungs- und Bewertungsregeln der Bundesländer und Ausgliederungen interkommunale Vergleiche.

Problematisch kann sein, dass der Jahresabschluss stichtagsbezogene und vergangenheitsorientierte Daten ausweist und dass der Jahresabschluss häufig erst mit mehrmonatiger „Verspätung“ veröffentlicht wird, sodass sich Kennzahlen, die auf Basis des Jahresabschlusses ermittelt wurden, bis zum Analysezeitpunkt bereits wieder verändert haben.

Fragen zur Lernkontrolle

49. In einer Schule werden die Kellerräume zu Klassenzimmern umgebaut. Sind diese nachträglichen Herstellungskosten aktivierungsfähig?
50. Was ist der Unterschied zwischen Herstellungsgemeinkosten und Herstellungseinzelkosten?
51. Welchem Prinzip folgt die Bewertung von Forderungen?
52. Worin unterscheidet sich das Anlage- vom Umlaufvermögen?
53. Wann sind Rückstellungen zu bilden und was ist der Unterschied zu den Verbindlichkeiten?
54. Nennen Sie Beispiele für Rückstellungen im Personalbereich.
55. Die Stadt A möchte einen neuen Kindergarten bauen und erhält dafür Investitionszuschüsse. Wie sind diese Mittel zu bilanzieren?

2.10 Gesamtabschluss

Neben der Pflicht zur Aufstellung des Jahresabschlusses besteht gemäß § 88a Abs. 1 SächsGemO ab dem Haushaltsjahr 2016 das Erfordernis zur Aufstellung eines Gesamtabschlusses. Allerdings wurde die Pflicht zur Aufstellung mit einer Änderung und Neuregelung in § 88b SächsGemO aufgehoben.

Eine wichtige Hauptaufgabe des Haushalts- und Rechnungswesens besteht in der vollständigen und weitgehend standardisierten Dokumentation der wirtschaftlichen Lage der Kommune. Viele Kommunen nehmen ihre Aufgaben jedoch im Rahmen von Beteiligungen wahr, so dass der Jahresabschluss allein kein abschließendes Bild vermitteln kann.

Vor diesem Hintergrund nimmt die Konsolidierung (Zusammenfassung) kommunaler Jahresabschlüsse von unterschiedlichen Rechtsträgern einer Kommune eine wichtige Funktion ein. Nähere Regelungen trifft § 88b SächsGemO. Danach müssen alle

- verselbstständigten Organisationseinheiten und Vermögensmassen, die mit der Kommune eine Rechtseinheit bilden,
- alle Unternehmen gemäß § 96 SächsGemO (insbes. Kapitalgesellschaften) an denen die Kommune eine Beteiligung hält sowie
- die Zweckverbände und Verwaltungsverbände

in einem Abschluss zusammengeführt werden.

Das Grundprinzip, das dem Gesamtabschluss zugrunde liegt, ist die **Einheitstheorie**. Nach dieser Theorie werden die verselbstständigten Aufgabenträger einer Kommune (Kommune selbst, Eigenbetriebe, Eigengesellschaften etc.) so dargestellt, als ob es sich um eine wirtschaftliche Einheit handelt.

Gemäß § 55 SächsKomHVO besteht der Gesamtabschluss aus einer konsolidierten Ergebnisrechnung und einer konsolidierten Vermögensrechnung. Aufgrund § 88b Abs. 3 SächsGemO muss er darüber hinaus um eine Kapitalflussrechnung (§ 56 SächsKomHVO) und einen Konsolidierungsbericht (§ 57 SächsKomHVO) ergänzt werden.

Die im Gesamtabschluss zu berücksichtigenden Aufgabenträger werden als Konsolidierungskreis bezeichnet. Die Bestimmungen für die Durchführung der Konsolidierung lehnen sich stark am HGB an. Da der öffentliche Sektor vordergründig keine Gewinnerzielungsabsicht verfolgt, finden die in der Privatwirtschaft gängigen Ertragswertverfahren zur Bewertung von Beteiligungen keine Anwendung. Stattdessen werden Tochtergesellschaften auf der Grundlage substanzwertorientierter Verfahren (Eigenkapitalmethode oder Anschaffungskosten) bewertet.

Organisationen, auf die die Kommune einen beherrschenden Einfluss ausübt, werden im Rahmen der Vollkonsolidierung berücksichtigt. Von einem beherrschenden Einfluss wird grob zusammengefasst immer dann gesprochen, wenn die verselbstständigten Aufgabenträger ihr operatives und strategisches Vorgehen mit der Kommune absprechen müssen. Bei Organisationen, auf die die Kommune keinen beherrschenden, sondern lediglich einen „maßgeblichen" Einfluss ausübt, wird die Eigenkapitalkonsolidierung angewendet. Im Fall der maßgeblichen Einflussnahme müssen im Vergleich zur Beherrschung Abstriche bei der Einflussnahme hingenommen werden. Um die Intensität der Einflussnahme abgrenzen zu können, hat sich eine Faustformel herauskristallisiert. Grundsätzlich wird von beherrschendem Einfluss gesprochen, wenn der Anteil der Kommune am verselbstständigten Unternehmen mehr als 50% beträgt. Maßgeblicher Einfluss besteht, wenn der Anteil am Unternehmen zwischen 20 und 50% liegt. Der Anteil kann aber auch unter 20% liegen, wenn er für die vollständige Abbildung der Vermögens-, Finanz- und Ergebnislage von besonderer Bedeutung ist. Es besteht nicht die zwingende Prämisse, alle Aufgabenträger in den Gesamtabschluss einzubeziehen. Sofern die Aufgabenträger für die Vermittlung eines vollständigen Bildes der Vermögens-, Finanz- und Ergebnislage von untergeordneter Bedeutung sind, müssen sie nicht in den Gesamtabschluss einbezogen werden. Dieser Grundsatz ist in § 88b Abs. 2 SächsGemO normiert.

Der Gesamtabschluss hat lediglich eine Informationsfunktion inne, an ihn sind keine unmittelbaren rechtlichen Restriktionen geknüpft.

Gemäß § 88c SächsGemO ist der Gesamtabschluss innerhalb von sechs Monaten nach Ende des Haushaltsjahres aufzustellen und vom Bürgermeister unter Angabe des Datums zu unterzeichnen. Der Gemeinderat stellt den Gesamtabschluss nach der örtlichen Prüfung durch das Rechnungsprüfungsamt spätestens bis zum 31. Dezember des dem Haushaltsjahr folgenden Jahres fest. Die örtliche Prüfung muss gemäß § 104 Abs. 2 SächsGemO innerhalb von drei Monaten nach der Aufstellung durchgeführt werden.

Der Beschluss über die Feststellung ist der Rechtsaufsichtsbehörde unverzüglich mitzuteilen und zusammen mit dem Gesamtabschluss ortsüblich bekanntzugeben. Von einer Bekanntgabe des Konsolidierungsberichts kann abgesehen werden. Der Gesamtabschluss ist an sieben Arbeitstagen öffentlich auszulegen.

3. Haushaltswesen

3.1 Grundlagen des Haushaltswesens

Das Recht der Gemeinden auf eine selbst bestimmte Haushaltswirtschaft ergibt sich aus der verfassungsrechtlichen Garantie der kommunalen Selbstverwaltung (Art. 28 Abs. 2 GG, Art. 82 Abs. 2 SächsVerf) und der daraus resultierenden Finanzhoheit der Gemeinden. „Haushaltsgesetz" der Gemeinden ist die Haushaltssatzung, welche die Haushaltswirtschaft der Gemeinde verbindlich regelt.

Das Haushaltswesen umfasst insbesondere die Bereiche

- Haushaltsplanung und
- Bewirtschaftung.

Die Haushaltsplanung ist das zentrale Steuerungselement im kommunalen Haushaltsrecht. Anders als in der Wirtschaft ist die Haushaltsplanung der Kommunen umfassend geregelt. Wirtschaftsunternehmen stellen regelmäßig Planungsrechnungen auf, sind hierbei aber völlig frei von gesetzlichen Vorgaben. Die Planungsrechnung dient mehr der internen Information und Ausrichtung. Im Gegensatz dazu muss sich die kommunale Ebene bereits frühzeitig mit der Planung für ein neues Haushaltsjahr auseinandersetzen. Hier bestehen weitreichende Informations- und Offenlegungspflichten.

Bei der Haushaltsplanung ist zwischen der Haushaltssatzung (vgl. Abschnitt 3.2) und dem Haushaltsplan (vgl. Abschnitt 3.3) zu unterscheiden. Während die Haushaltssatzung nur Gesamtbeträge aus dem Haushaltsplan übernimmt und weitere vorgegebene Festsetzungen enthält, werden im Haushaltsplan die zu erwartenden Erträge und Aufwendungen sowie die Einzahlungen und Auszahlungen gegliedert nach Ergebnis- und Finanzhaushalt und den zugehörigen Produkten im Einzelfall erfasst.

Dem Bereich der Bewirtschaftung werden alle Fragen zugeordnet, die die Ausführung des Haushaltsplanes, die Abweichungen hiervon, die Übertragung von Haushaltsermächtigungen und das Kassenwesen zum Gegenstand haben.

3.2 Haushaltssatzung und Nachtragssatzung

3.2.1 Rechtswirkung

Die Haushaltssatzung ist eine Pflichtsatzung der Gemeinde (§ 74 Abs. 1 Satz 1 SächsGemO). Abweichend zu anderen Satzungen der Gemeinde hat sie gemäß § 76 Abs. 3 Satz 1, 2. HS SächsGemO eine beschränkte Geltungsdauer nur für ein (Haushalts)Jahr. Haushaltsjahr ist das Kalenderjahr (§ 74 Abs. 3 SächsGemO), wobei die Haushaltssatzung unabhängig vom Tag der öffentlichen Bekanntmachung immer am 1. Januar des Haushaltsjahres in Kraft tritt. Auch wenn die Gemeinde eine Haushaltssatzung für zwei Haushaltsjahre erlässt, gelten die veranschlagten Ansätze nur für ein Haushaltsjahr (§ 74 Abs. 1 Satz 2 SächsGemO, vgl. Abschnitt 3.2.7). Nach Ablauf des Haushaltsjahres verliert die Haushaltssatzung ihre Gültigkeit, soweit nicht einzelne Festsetzungen kraft Gesetzes noch darüber hinaus anwendbar bleiben.

Satzungen der Gemeinde entfalten im Regelfall Außenwirkung, da sie bestimmte Rechtsverhältnisse und -beziehungen gegenüber Adressaten außerhalb der Verwaltung regeln. Dies trifft auf die Haushaltssatzung nicht zu. Die Haushaltssatzung und deren Festsetzungen wirken im Wesentlichen nur intern. Die Festsetzungen der Haushaltssatzung und des Haushaltsplanes sind für die Führung der Haushaltswirtschaft durch den Rat und die Verwaltung bindend, jedoch können keine Ansprüche oder Verbindlichkeiten Dritter hieraus abgeleitet werden (§ 75 Abs. 4 SächsGemO).

Außenwirkung entfaltet die Haushaltssatzung nur, sofern in ihr die Hebesätze für die Realsteuern festgesetzt werden (§ 3 Abs. 2 AO i. V. m. § 74 Abs. 2 Nr. 3 SächsGemO und § 5 des Musters 1 der Anlage 5 VwV KomHSys). Grundsätzlich hat die Gemeinde die Möglichkeit, die Hebesätze auch in einer gesonderten Satzung festzusetzen. Da die Hebesätze aber häufig jährlich mit der Haushaltssatzung angepasst werden, dient die Festsetzung in der Haushaltssatzung der Verwaltungsvereinfachung. Die Festsetzung der Hebesätze in der Haushaltssatzung kann damit auch Gegenstand eines Normenkontrollverfahrens nach § 47 VwGO sein.

3.2.2 Pflichtinhalte

Die Pflichtinhalte der Haushaltssatzung ergeben sich aus § 74 Abs. 2 Satz 1 SächsGemO i. V. mit dem Muster 1 der Anlage 5 VwV KomHSys. Im Einzelnen enthält die Haushaltssatzung folgende Festsetzungen:

Festsetzung	Datenquelle/Rechtsgrundlage
1. des Haushaltsplanes a) im Ergebnishaushalt unter Angabe des Gesamtbetrages	
aa) der ordentlichen Erträge und Aufwendungen sowie deren Saldo als veranschlagtes ordentliches Ergebnis	§ 2 Abs. 1 Nr. 10, 18 und 19 SächsKomHVO
bb) der außerordentlichen Erträge und Aufwendungen und deren Saldo als veranschlagtes Sonderergebnis,	§ 2 Abs. 1 Nr. 20, 21 und 22 SächsKomHVO
cc) des ordentlichen Ergebnisses und des Sonderergebnisses als veranschlagtes Gesamtergebnis,	§ 2 Abs. 1 Nr. 23 SächsKomHVO
b) im Finanzhaushalt unter Angabe des Gesamtbetrages	
aa) der Einzahlungen und Auszahlungen aus laufender Verwaltungstätigkeit als Zahlungsmittelüberschuss oder -bedarf aus laufender Verwaltungstätigkeit,	§ 3 Abs. l Nr. 9, 16 und 17 SächsKomHVO
bb) der Einzahlungen und Auszahlungen aus Investitionstätigkeit und deren Saldo,	§ 3 Abs. l Nr. 25, 33 und 34 SächsKomHVO
cc) aus den Salden nach den Doppelbuchstaben aa) und bb) als Finanzierungsmittelüberschuss oder -fehlbetrag,	§ 3 Abs. 1 Nr. 35 SächsKomHVO
dd) der Einzahlungen und Auszahlungen aus Finanzierungstätigkeit und deren Saldo,	§ 3 Abs. 1 Nr. 36 bis 40 SächsKomHVO
c) unter Angabe des Gesamtbetrages	
aa) der vorgesehenen Kreditaufnahmen für Investitionen und Investitionsförderungsmaßnahmen (Kreditermächtigung) und	§ 82 Abs. 2 Satz 1 SächsGemO
bb) der vorgesehenen Ermächtigungen zum Eingehen von Verpflichtungen, die künftige Haushaltsjahre mit Auszahlungen für Investitionen und Investitionsförderungsmaßnahmen belasten (Verpflichtungsermächtigungen),	§ 81 Abs. 4 Satz 1 SächsGemO
2. des Höchstbetrages der Kassenkredite	§ 84 Abs. 3 SächsGemO
3. der Steuersätze, die für jedes Haushaltsjahr neu festzusetzen sind.	§ 16 Abs. 1, 2 GewStG, § 25 Abs. 1, 2 GrStG

3.2.3 Freiwillige Inhalte – weitere Festsetzungen in der Haushaltssatzung

Neben den Pflichtfestsetzungen kann die Haushaltssatzung gemäß § 74 Abs. 2 Satz 2 SächsGemO weitere Vorschriften enthalten, die sich auf die Erträge, Aufwendungen, Einzahlungen und Auszahlungen sowie den Stellenplan beziehen. Hierunter fallen Regelungen über Wertgrenzen, Stellenbesetzungssperren oder Ansatzsperren sowie Vermerke zur Deckungsfähigkeit, Übertragbarkeit oder Sperren.

Beispiel:

Gemäß § 4 Abs. 4 Satz 4 SächsKomHVO dürfen Maßnahmen von geringer finanzieller Bedeutung abweichend vom Grundsatz der Einzelveranschlagung zusammengefasst dargestellt werden. Da die Grenze in Abhängigkeit von Haushaltsvolumen, Gemeindegröße und den besonderen örtlichen Verhältnissen in jeder Gemeinde anders ist, hat der Gesetzgeber keine allgemeine Regelung getroffen. Der unbestimmte Rechtsbegriff „geringe finanzielle Bedeutung" kann somit durch die Gemeinde durch Bestimmung in der Haushaltssatzung konkretisiert werden.

3. Haushaltswesen

Muster der Haushaltssatzung nach der VwV KomHSys

Muster 1
(zu § 74 Abs. 2 SächsGemO)

Haushaltssatzung der Gemeinde ...
für das Haushaltsjahr ...

Aufgrund von § 74 der Gemeindeordnung für den Freistaat Sachsen (SächsGemO) in der jeweils geltenden Fassung hat der Gemeinderat in der Sitzung am ... folgende Haushaltssatzung erlassen:

§ 1

Der Haushaltsplan für das Haushaltsjahr ..., der die für die Erfüllung der Aufgaben der Gemeinden voraussichtlich anfallenden Erträge und entstehenden Aufwendungen sowie eingehenden Einzahlungen und zu leistenden Auszahlungen enthält, wird:

im Ergebnishaushalt mit dem

- Gesamtbetrag der ordentlichen Erträge auf ... EUR
- Gesamtbetrag der ordentlichen Aufwendungen auf ... EUR
- Saldo aus den ordentlichen Erträgen und Aufwendungen (ordentliches Ergebnis) auf ... EUR

- Gesamtbetrag der außerordentlichen Erträge auf ... EUR
- Gesamtbetrag der außerordentlichen Aufwendungen auf ... EUR
- Saldo aus den außerordentlichen Erträgen und Aufwendungen (Sonderergebnis) auf ... EUR

- Gesamtergebnis auf ... EUR
- Betrag der veranschlagten Abdeckung von Fehlbeträgen des ordentlichen Ergebnisses aus Vorjahren auf ...EUR
- Betrag der veranschlagten Abdeckung von Fehlbeträgen des Sonderergebnisses aus Vorjahren auf ... EUR
- Betrag der Verrechnung eines Fehlbetrages im ordentlichen Ergebnis mit dem Basiskapital gemäß § 72 Abs. 3 Satz 3 SächsGemO auf ... EUR
- Betrag der Verrechnung eines Fehlbetrages im Sonderergebnis mit dem Basiskapital gemäß § 72 Abs. 3 Satz 3 SächsGemO auf ... EUR
- veranschlagten Gesamtergebnis auf ... EUR

im Finanzhaushalt mit dem

- Gesamtbetrag der Einzahlungen aus laufender Verwaltungstätigkeit auf ... EUR
- Gesamtbetrag der Auszahlungen aus laufender Verwaltungstätigkeit ... EUR
- Zahlungsmittelüberschuss oder -bedarf aus laufender Verwaltungstätigkeit als Saldo der Gesamtbeträge der Einzahlungen und Auszahlungen aus laufender Verwaltungstätigkeit auf ... EUR

- Gesamtbetrag der Einzahlungen aus Investitionstätigkeit auf ... EUR
- Gesamtbetrag der Auszahlungen aus Investitionstätigkeit auf ... EUR
- Saldo der Einzahlungen und Auszahlungen aus Investitionstätigkeit auf ... EUR

- Finanzierungsmittelüberschuss oder -fehlbetrag als Saldo aus Zahlungsmittelüberschuss oder -fehlbetrag und dem Saldo der Gesamtbeträge der Einzahlungen und Auszahlungen aus Investitionstätigkeit auf ... EUR

- Gesamtbetrag der Einzahlungen aus Finanzierungstätigkeit auf ... EUR
- Gesamtbetrag der Auszahlungen aus Finanzierungstätigkeit auf ... EUR
- Saldo der Einzahlungen und Auszahlungen aus Finanzierungstätigkeit auf ... EUR

- Veränderung des Bestands an Zahlungsmitteln im Haushaltsjahr auf ... EUR

festgesetzt.

§ 2

Der Gesamtbetrag der vorgesehenen Kreditaufnahmen für Investitionen und Investitionsförderungsmaßnahmen wird auf festgesetzt. ... EUR

(alternativ: Kredite für Investitionen und Investitionsförderungsmaßnahmen werden nicht veranschlagt.)

§ 3

Der Gesamtbetrag der Verpflichtungsermächtigungen zur Leistung von Investitionen und Investitionsförderungsmaßnahmen, der in künftigen Jahren erforderlich ist, wird auf ... EUR
festgesetzt.

(alternativ: Verpflichtungsermächtigungen werden nicht veranschlagt.)

§ 4

Der Höchstbetrag der Kassenkredite, der zur rechtzeitigen Leistung von Auszahlungen in Anspruch genommen werden darf, wird auf ... EUR
festgesetzt.

(alternativ: Kassenkredite werden nicht veranschlagt.)

§ 5

Die Hebesätze werden wie folgt festgesetzt:
für die land- und forstwirtschaftlichen Betriebe (Grundsteuer A) auf ... vom Hundert
für die Grundstücke (Grundsteuer B) auf ... vom Hundert
Gewerbesteuer auf ... vom Hundert
(alternativ: Die Hebesätze für die Realsteuern, die in einer gesonderten Satzung festgesetzt worden sind, betragen:)

§ 6

Weitere Festsetzungen

Ausfertigungsvermerk: vgl. Anlage 5 VwV KomHSys, Muster 1

3.2.4 Genehmigungspflichtige Bestandteile

3.2.4.1 Aufnahme von Krediten für Investitionen und Investitionsförderungsmaßnahmen

Gemäß § 74 Abs. 2 Nr. 1 Buchst. c, Doppelbuchst. aa SächsGemO ist der Gesamtbetrag der vorgesehenen Kreditaufnahmen für Investitionen und Investitionsförderungsmaßnahmen in der Haushaltssatzung festzusetzen. Gemeinden dürfen nach der Maßgabe des § 82 Abs. 1 SächsGemO Kredite nur für Investitionen und für Investitionsförderungsmaßnahmen sowie zur Umschuldung aufnehmen. Dies folgt dem Grundsatz der Einnahmebeschaffung (vgl. Abschnitt 3.5.2.3), wonach Kredite nur subsidiäres Finanzierungsmittel sind. Zu den Begriffen wird auf § 59 Nr. 23, 24, 32 und 53 SächsKomHVO verwiesen.

Der zur Umschuldung vorgesehene Kreditbetrag bedarf keiner Festsetzung in der Haushaltssatzung, er unterliegt auch nicht der Genehmigungspflicht (§ 82 Abs. 2 SächsGemO). In der Haushaltssatzung festzusetzen sind somit nur Kredite, die eine Veränderung des Schuldenstandes bewirken.

Aufgrund der auf Investitionen und Investitionsförderungsmaßnahmen beschränkten Verwendung sind Kreditaufnahmen sowie deren Tilgung nur im Finanzhaushalt (Kontenarten 692 bzw. 792) zu veranschlagen. Als allgemeines Finanzierungsmittel werden sie dabei nicht den Teilhaushalten zugeordnet (vgl. Muster 7 und 10 der Anlage 5 VwV KomHSys), sondern ausschließlich im (Gesamt)Finanzhaushalt veranschlagt.

Umzuschuldende Kredite sind betragsgleich als Einzahlung und Auszahlung im Finanzhaushalt zu veranschlagen. Kredite sind gemäß § 10 Abs. 2 SächsKomHVO in Höhe ihres Rückzahlungsbetrages (Nennbetrag) zu veranschlagen. Sie dürfen nicht um etwaige Einbehalte oder Abzugsbeträge (Disagio, Kreditbeschaffungskosten) saldiert werden.

Der Gesamtbetrag der Kreditaufnahmen für Investitionen und Investitionsförderungsmaßnahmen bedarf im Rahmen der Haushaltssatzung der Genehmigung der Rechtsaufsichtsbehörde (Gesamtgenehmigung, § 82 Abs. 2 Satz 1 SächsGemO). Bei der Beurteilung der Genehmigungsfähigkeit muss sich die Rechtsaufsichtsbehörde an der dauernden Leistungsfähigkeit der Gemeinde orientieren. Ist der Haushalt einer Gemeinde bereits erheblich durch Kredite und den damit verbundenen Schuldendienst (Zinsaufwand, Tilgungsverpflichtungen) belastet, wird die Rechtsaufsichtsbehörde die Genehmigung versagen und die Gemeinde darf keinen Kredit aufnehmen (§ 119 Abs. 2 SächsGemO). Der Gemeinde obliegt dabei die Nachweispflicht, dass die sachlichen Voraussetzungen für die Kreditaufnahme gegeben sind. Die Rechtsaufsichtsbehörde hat die Aussagen der Gemeinde zu prüfen und nach Maßgabe der allgemeinen Richtwerte zur Verschuldung der sächsischen Gemeinden zu beurteilen (vgl. VwVKommHWi vom 31.07.2019, zuletzt geändert mit Wirkung vom 29.11.2021, Teil A, Nr. 3). Nach der VwV KomHWi ist eine kreisangehörige Gemeinde dann hoch verschuldet, wenn eine Pro-Kopf-Verschuldung von 850 EUR erreicht oder überschritten ist. Der Richtwert für die Kreisfreien Städte beträgt 1.100 Euro und für die Landkreise 250 Euro je Einwohner. Diese Werte gelten für die Kernhaushalte (vgl. § 59 Nr. 27 SächsKomHVO). Hierzu gehören alle im Stellenplan der Kommune geführten Ämter und Einrichtungen der Produktbereiche 11 bis 57. Davon abzugrenzen ist der Begriff der Gesamtverschuldung. Diese umfasst neben der Verschuldung des Kernhaushaltes auch die Schulden der rechtlich unselbstständigen Einrichtungen der Gemeinde (z. B. Eigenbetriebe), die Verbindlichkeiten aus kreditähnlichen Rechtsgeschäften sowie die Verbindlichkeiten der rechtlich selbstständigen Unternehmen und der Verwaltungs- und Zweckverbände, an denen die Kommune beteiligt ist, soweit hieraus eine Haftung der Kommune für die Verbindlichkeiten kraft Gesetzes, Satzung oder vertraglicher Regelung besteht. Auch hierzu sieht die VwV KomHWi Richtwerte vor.

Abweichend vom Grundsatz der Jährlichkeit erlischt die Kreditermächtigung nicht mit Ablauf des Haushaltsjahres. Sie gilt weiter, bis die Haushaltssatzung für das übernächste Haushaltsjahr in Kraft getreten ist (§ 82 Abs. 3 SächsGemO). Diese Regelung ermöglicht eine größere Flexibilität und das Hinausschieben einer Kreditaufnahme unter wirtschaftlichen Gesichtspunkten (Berücksichtigung des tatsächlichen Kreditbedarfs und der Zinsentwicklung am Markt).

Die Aufnahme eines einzelnen Kredites im Rahmen der erteilten Kreditermächtigung ist grundsätzlich genehmigungsfrei (§ 82 Abs. 4 SächsGemO), soweit nicht kraft Gesetzes die Kreditaufnahme beschränkt ist. Letzteres kann z. B. zur Abwehr einer Störung des gesamtwirtschaftlichen Gleichgewichtes geboten sein (vgl. §§ 1, 19 StGW, § 72 Abs. 1 Satz 2 SächsGemO).

Darüber hinaus ist eine Einzelgenehmigung bei Kreditaufnahmen in der haushaltslosen Zeit erforderlich (vgl. Abschnitt 3.2.6.6).

Nicht unter die Festsetzungs- und Genehmigungspflicht im Rahmen der Haushaltssatzung fällt der Abschluss von kreditähnlichen Rechtsgeschäften. Als kreditähnliches Rechtsgeschäft bezeichnet man die Begründung einer Zahlungsverpflichtung, die wirtschaftlich einer Kreditaufnahme gleichkommt (§ 82 Abs. 5 Satz 1 SächsGemO). Hierunter fallen insbesondere Leasinggeschäfte, Mietkaufverträge und ähnliche Vertragsmodelle. Diese bedürfen grundsätzlich der Einzelgenehmigung durch die Rechtsaufsichtsbehörde, soweit es sich nicht um Geschäfte der laufenden Verwaltung handelt (§ 82 Abs. 5 Satz 1 und 3 SächsGemO).

3.2.4.2 Kredite zur Liquiditätssicherung

Gemeinden sind einerseits in starkem Maße von Einzahlungen Dritter abhängig (Steuererträge, Schlüsselzuweisungen, laufende Zuschüsse usw.). Andererseits muss die Gemeinde kraft Gesetzes oder auf Grundlage vertraglicher Verpflichtungen Auszahlungen zu bestimmten Zeitpunkten leisten (Entgeltzahlung an Mitarbeiter, Bezahlung von Rechnungen, Auszahlungen von sozialen Leistungen usw.). Hieraus entstehen nicht selten Liquiditätsengpässe. Gemäß § 84 Abs. 1 SächsGemO hat die Gemeinde die rechtzeitige Leistung der Auszahlungen sicherzustellen. Verfügt sie nicht über ausreichende liquide Mittel, darf die Gemeinde Kassenkredite bis zu dem in der Haushaltssatzung festgelegten Höchstbetrag aufnehmen (§ 74 Abs. 2 Nr. 2, § 84 Abs. 2 Satz 1 SächsGemO).

Der Höchstbetrag der Kassenkredite bedarf gemäß § 84 Abs. 3 SächsGemO im Rahmen der Haushaltssatzung der Genehmigung der Rechtsaufsichtsbehörde, wenn er ein Fünftel der im Finanzhaushalt veranschlagten Auszahlungen für laufende Verwaltungstätigkeit (§ 3 Abs. 1 Nr. 16 SächsKomHVO) übersteigt.

Beispiel:
Für das Haushaltsjahr 2023 wurden laufende Auszahlungen (Personal-, Sach- und Zinsauszahlungen sowie Geschäftsauszahlungen usw.) i. H. v. 18.000.000 EUR ermittelt und im Finanzhaushalt veranschlagt. Ein genehmigungsfreier Höchstbetrag der Kassenkredite wäre damit noch erreicht, wenn in der Haushaltssatzung eine Kassenkreditermächtigung i. H. v. 3.600.000 EUR festgesetzt wäre. Ab einem Höchstbetrag von 3.600.001 EUR bedarf diese Festsetzung des Kassenkredites der Genehmigung durch die Rechtsaufsichtsbehörde.

Der genehmigte Höchstbetrag der Kassenkredite gilt als Ermächtigung weiter, bis die Haushaltssatzung für das übernächste Haushaltsjahr erlassen ist (§ 84 Abs. 2 Satz 2 SächsGemO). Damit kann die Gemeinde auch in der haushaltslosen Zeit Kassenkredite in Anspruch nehmen und damit ihre Aufgabenerfüllung gewährleisten. Verfügt die Gemeinde in zwei oder mehr Jahren über keinen genehmigungsfähigen Haushalt und befindet sich in der vorläufigen Haushaltsführung (vgl. Abschnitt 3.2.6), darf sie für Auszahlungen im Sinne des § 78 Abs. 1 Nr. 1, 1. Halbsatz SächsGemO Kassenkredite in erforderlicher Höhe aufnehmen. Der Kassenkreditrahmen ist dabei durch den Gemeinderat zu beschließen und die Aufnahme des Kredites ist der Rechtsaufsichtsbehörde anzuzeigen.

In der kommunalen Praxis erreichen die Gemeinden die genehmigungsfreien Höchstbeträge meist nicht, so dass keine Genehmigungspflicht entsteht. Ein besonders hoher Kassenkreditbedarf kann sich aber ergeben, wenn eine Gemeinde für ein gefördertes Großvorhaben (Neubau einer Schule o. ä.) über lange Zeiträume die Vorfinanzierung übernehmen muss. Kassenkredite werden

den Gemeinden dabei meist als Kontokorrent- oder Überziehungskredite auf den Geschäftsgirokonten eingeräumt. Nur in seltenen Fällen werden sie als „Festkredit" über einen längeren Zeitraum ausgezahlt.

Kassenkredite sind im Finanzhaushalt als Kreditaufnahmen zur Liquiditätssicherung bzw. Tilgung von Krediten zur Liquiditätssicherung (Kontenarten 693 bzw. 793) abgebildet. Ebenso wie die Kredite für Investitionen werden sie als allgemeine Finanzierungsmittel keinem Teilhaushalt zugeordnet, sondern ausschließlich im (Gesamt)Finanzhaushalt ausgewiesen.

Muss der Kassenkredit während des Haushaltsjahres tatsächlich vorübergehend zur Verstärkung des Kassenbestandes in Anspruch genommen werden, so hat die Gemeindekasse hierzu unverzüglich eine Weisung des Bürgermeisters einzuholen (§ 18 Abs. 3 SächsKomKBVO).

3.2.4.3 Verpflichtungsermächtigungen

Begriff und Funktion

Verpflichtungsermächtigungen sind Ermächtigungen im Finanzhaushalt zum Eingehen von Verpflichtungen, die zur Leistung von Auszahlungen für Investitionen und Investitionsförderungsmaßnahmen in künftigen Haushaltsjahren führen (§ 81 Abs. 1 SächsGemO). Verpflichtungen können in Form von Verträgen, Zusagen, Aufträgen, Bestellungen usw. eingegangen werden. Der Finanzmittelbedarf zur Leistung der Auszahlung tritt nicht im Haushaltsjahr, sondern erst in einem künftigen Haushaltsjahr ein.

Die Gemeinde unterliegt bei der Haushaltsplanung dem Prinzip der Jährlichkeit. Der jährlich aufzustellende Haushaltsplan enthält die im Haushaltsjahr erforderlichen Aufwendungen und Erträge sowie die zu leistenden Auszahlungen und eingehenden Einzahlungen. Erträge und Aufwendungen bzw. Einzahlungen und Auszahlungen für künftige Haushaltsjahre werden zwar in der kommunalen Finanzplanung berücksichtigt, jedoch enthält die Finanzplanung keine Ermächtigung, bereits verbindliche Verpflichtungen für künftige Haushaltsjahre einzugehen.

Beispiel:
Ein Brückenbauvorhaben soll sich über mehrere Haushaltsjahre erstrecken. Im Haushaltsplan für das Haushaltsjahr 2023 sind hierfür 3 Mio. Euro für das Hauptgewerk veranschlagt, der Finanzplan sieht in den Jahren 2024 und 2025 jeweils 2,5 Mio. Euro weitere Baukosten vor. Aufgrund der Ausschreibungsergebnisse soll das Hauptgewerk an ein Bauunternehmen vergeben werden (Auftragsvolumen insgesamt 5 Mio. Euro). Um bereits im Haushaltsjahr 2023 den entsprechenden Bauvertrag unterzeichnen zu können, benötigt die Gemeinde eine Verpflichtungsermächtigung, da die veranschlagten 3 Mio. Euro nicht ausreichen. Entsprechend wird die Gemeinde in ihrem Haushaltsplan für das Jahr 2023 neben den veranschlagten Auszahlungen i. H. v. 3 Mio. Euro auch eine Verpflichtungsermächtigung i. H. v. 2 Mio. Euro veranschlagen.

Veranschlagung im Haushaltsplan

Verpflichtungsermächtigungen sind in den Teilhaushalten (§ 4 Abs. 4 SächsKomHVO, Muster 10, Anlage 5 VwV KomHSys) maßnahmebezogen in einer dafür vorgesehenen Spalte gesondert zu veranschlagen. Vor der Veranschlagung ist das Vorliegen der übrigen Planungsvoraussetzungen nach § 12 SächsKomHVO zu prüfen (vgl. Abschnitt 3.7.2).

Wie sind die im vorstehenden Beispiel benannten Sachverhalte aus den Verpflichtungsermächtigungen im Teilfinanzhaushalt (Muster 10, Anlage 5 VwV KomHSys) der Gemeinde zu veranschlagen?

Lösung:

Auszug aus dem Investitionsprogramm eines Teilfinanzhaushalts

Ein- und Auszahlung	Ansatz Haushaltsjahr **2023**	Verpflichtungsermächtigung **2023**	Ansatz folgende Haushaltsjahre **2024**	**2025**	...	bisher bereitgestellt	Gesamtaus-/ einzahlungen
Maßnahme Brückenbau ...							
Baumaßnahme	3.000.000	2.000.000	2.500.000	2.500.000		0	8.000.000
Summe Auszahlungen	3.000.000	2.000.000	2.500.000	2.500.000		0	8.000.000
Saldo	**-3.000.000**	**-2.000.000**	**-2.500.000**	**-2.500.000**		0	**-8.000.000**
...							

Darüber hinaus ist dem Haushaltsplan gemäß § 1 Abs. 3 Nr. 3 SächsKomHVO eine Übersicht über die aus Verpflichtungsermächtigungen in den einzelnen Haushaltsjahren voraussichtlich fällig werdenden Auszahlungen nach dem Muster 17 der Anlage 5 VwV KomHSys beizufügen:

Muster 17
(zu § 1 Abs. 3 Nr. 3 SächsKomHVO)

Übersicht über die aus Verpflichtungsermächtigungen voraussichtlich fällig werdenden Auszahlungen

Verpflichtungsermächtigungen im Haushaltsplan des Jahres:[14]	davon voraussichtlich fällig werdende Auszahlungen					
	2...	2...	2...	2...	2...	2...
	TEUR	TEUR	TEUR	TEUR	TEUR	TEUR
2 ...						
2...						
2...						
2 ...						
2...						
2 ...						
Summe:						
nachrichtlich: im Finanzplan vorgesehene Kreditaufnahmen:						

Gemäß § 81 Abs. 2 SächsGemO dürfen diese Verpflichtungsermächtigungen zu Lasten der dem Haushaltsjahr folgenden drei Jahre veranschlagt werden, erforderlichenfalls auch bis zum Abschluss einer Maßnahme. Die Verpflichtungsermächtigung ersetzt nicht die Veranschlagung der Auszahlung im jeweiligen Haushaltsjahr. Das Einstellen einer Verpflichtungsermächtigung ist dabei nur zulässig, wenn die Finanzierung im jeweiligen Haushaltsjahr möglich ist. Deshalb muss die Gemeinde den als Verpflichtungsermächtigung eingestellten bzw. den gegebenenfalls höheren Gesamtbetrag der Investition auch bei der Finanzplanung berücksichtigen.

Verpflichtungsermächtigungen können auch nach Ablauf des Haushaltsjahres in der haushaltslosen Zeit bis zum Erlass der Haushaltssatzung für das neue Haushaltsjahr in Anspruch genommen werden (§ 81 Abs. 3 SächsGemO). Eine weitere Übertragung nicht ausgeschöpfter Verpflichtungsermächtigungen ist jedoch ausgeschlossen. Wenn ein dringendes Bedürfnis besteht und der in der Haushaltssatzung festgesetzte Gesamtbetrag der Verpflichtungsermächtigungen nicht überschritten wird, dürfen Verpflichtungsermächtigungen auch über- oder außerplanmäßig eingegangen werden (§ 81 Abs. 4 SächsGemO).

Gemäß § 28 Abs. 3 und 4 SächsKomHVO ist die Inanspruchnahme der Verpflichtungsermächtigungen beim Haushaltsvollzug zu überwachen. Die Ermächtigungen sind so zu bewirtschaften, dass sie für die geplanten Zwecke ausreichen.

Die Inanspruchnahme von Verpflichtungsermächtigungen ist im Jahresabschluss unter der Vermögensrechnung anzugeben (§ 46 Satz 1 SächsKomHVO i. V. m. Muster 13 der Anlage 5 VwV KomHSys) und im Anhang zu erläutern (§ 52 Abs. 2 Nr. 7 SächsKomHVO) (vgl. Abschnitt 2.9.6).

Veranschlagung in der Haushaltssatzung

Der Gesamtbetrag aller in den Teilhaushalten veranschlagten Verpflichtungsermächtigungen ist gemäß § 74 Abs. 2 Nr. 1 Buchst. c, Doppelbuchst. bb SächsGemO in der Haushaltssatzung festzusetzen (vgl. § 3 im Muster 1 der Anlage 5 VwV KomHSys).

Der Gesamtbetrag der Verpflichtungsermächtigungen bedarf im Rahmen der Haushaltssatzung gemäß § 81 Abs. 4 SächsGemO der Genehmigung, soweit in den Jahren, zu deren Lasten sie veranschlagt sind, d. h. die Auszahlungen tatsächlich kassenwirksam werden, Kreditaufnahmen vorgesehen sind.

Beispiel:
Im obigen Beispiel kann die Gemeinde ihre Finanzplanung im Haushaltsjahr 2024 nur unter Veranschlagung eines Kredites i. H. v. 1 Mio. Euro ausgleichen. Da somit in dem Jahr, zu dessen Lasten eine Verpflichtungsermächtigung veranschlagt wurde – hier 2,0 Mio. Euro für 2024 – eine Kreditaufnahme vorgesehen ist, bedarf die Verpflichtungsermächtigung der Genehmigung durch die Rechtsaufsichtsbehörde (§ 119 SächsGemO).

14 In Spalte 1 sind das Haushaltsjahr und alle früheren Jahre aufzuführen, in denen Verpflichtungsermächtigungen veranschlagt waren, aus deren Inanspruchnahme noch Auszahlungen in den kommenden Jahren fällig werden.

Der Genehmigungspflicht unterliegt dabei nur der durch Kreditaufnahme finanzierte (Teil)Betrag der Verpflichtungsermächtigung. Die vorweggenommene Genehmigung der Verpflichtungsermächtigungen ermöglicht es der Rechtsaufsichtsbehörde bereits frühzeitig, den künftig entstehenden Kreditbedarf zu prüfen und erforderlichenfalls zu begrenzen. Die Rechtsaufsichtsbehörde prüft die Genehmigungsfähigkeit am Maßstab der dauernden Leistungsfähigkeit der Gemeinde (§ 81 Abs. 4 Satz 2 i. V. m. § 82 Abs. 2 Satz 2 SächsGemO). Die Genehmigung einer kreditfinanzierten Verpflichtungsermächtigung ersetzt dabei nicht die Genehmigung der Kreditaufnahme (§ 82 Abs. 2 Satz 1 SächsGemO). Diese muss in dem Haushaltsjahr, in dem die Kreditaufnahme konkret vorgesehen ist, erneut genehmigt werden.

Fragen zur Lernkontrolle

56. Erläutern Sie den Begriff der Verpflichtungsermächtigung. Wo und wie sind Verpflichtungsermächtigungen im Haushaltsplan und in der Haushaltssatzung zu veranschlagen?
57. Was ist unter einer Kreditermächtigung zu verstehen? Für welche Zwecke darf die Gemeinde Kredite aufnehmen? Wo sind Kredite im Haushaltsplan und in der Haushaltssatzung zu veranschlagen?
58. Was versteht man unter einem Kassenkredit? Sind Kassenkredite in der Haushaltssatzung zu veranschlagen?
59. Wann bedarf die Veranschlagung einer Ermächtigung zur Aufnahme eines Kassenkredites der Genehmigung durch die Rechtsaufsichtsbehörde?
60. Welche Rechtswirkung hat die Haushaltssatzung?
61. Wann darf die Haushaltssatzung öffentlich bekannt gemacht und vollzogen werden, wenn sie
    a) genehmigungspflichtige Festsetzungen enthält?
    b) keine genehmigungspflichtigen Festsetzungen enthält?
62. Wann tritt die Haushaltssatzung in Kraft?

3.2.5 Planaufstellungsverfahren

3.2.5.1 Internes Planaufstellungsverfahren

Der Bürgermeister muss gemäß § 76 Abs. 1 Satz 1 SächsGemO dem Gemeinderat einen Entwurf der Haushaltssatzung zuleiten. Dies setzt voraus, dass verwaltungsintern zunächst eine (Vor)Planung erfolgen muss, die durch den Fachbediensteten für das Finanzwesen koordiniert wird. Der vorzulegende Entwurf umfasst dabei auch den Haushaltsplan – als Teil der Haushaltssatzung – und die zugehörigen Bestandteile und Anlagen (§ 1 SächsKomHVO).

Für die interne Planaufstellung gibt es zwei Verfahren:

„buttom up"-Verfahren	„top down"-Verfahren
Charakteristik der Verfahren	
Ausgangspunkt der Planung sind die einzelnen Produkte und der sich ergebende Ressourcenbedarf.	Ausgangspunkt der Planung sind Organisationseinheiten und die Summe der zu verteilenden Budgets.
Merkmale: – analytische, detaillierte Planung – Voraussetzung ist eine umfassende Produktplanung und Leistungsbeschreibung – auf Basis der Produkte wird der Ressourcenbedarf ermittelt – setzt detaillierte Kenntnisse der Stückkosten voraus – Gefahr „großzügiger" Planungen – hoher Nachbearbeitungsaufwand	Merkmale: – geringe Detaillierung, ergebnisoffen – einzelne Leistungen und Produkte müssen nicht zwingend bekannt sein – zu verteilende Ressourcen ergeben sich aus dem verfügbaren Finanzrahmen – Gefahr von Planungsfehlern durch fehlende Detailkenntnisse
Die Vor- und Nachteile beider Verfahren können durch das so genannte Gegenstromprinzip aufgewogen werden.	

Schema zur Charakteristik des Gegenstromprinzips:

Budgetierung/Vorabverteilung der Mittel

→ Vorgaben für Ressourcenbudget für die Fachabteilungen

topdown

↓

bottom up

↑

Haushaltsplanung der Fachabteilungen

→ Kalkulation und Ermittlung des Ressourcenaufkommens und -bedarfs

Ablauf der Haushaltsplanung

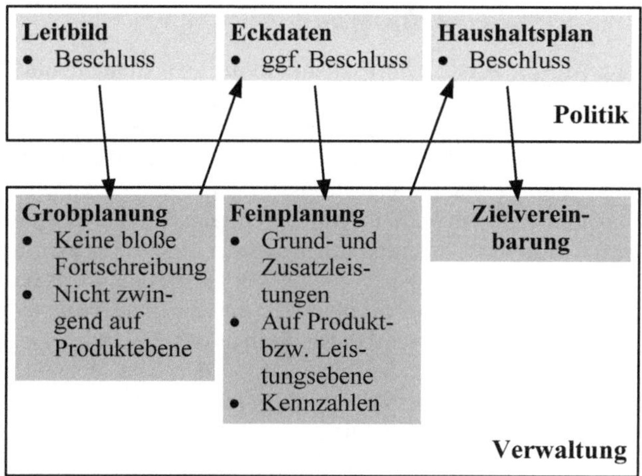

3.2.5.2 Entwurf der Haushaltssatzung

Der für das Finanzwesen verantwortliche Beigeordnete (§ 55 SächsGemO) oder der Fachbedienstete für das Finanzwesen kann parallel zur Zuleitung des Entwurfs des Haushaltsplanes durch den Bürgermeister, dem Gemeinderat eine schriftliche Stellungnahme zum Entwurf zuleiten. Dies wird hauptsächlich dann zutreffen, wenn sich Bürgermeister und Finanzverwaltung nicht auf einen einheitlichen Entwurf einigen konnten. Der Fachbedienstete für das Finanzwesen kann in diesem Fall seine Meinung zum Entwurf in der Stellungnahme darlegen.

Gleichzeitig ist der Entwurf der Haushaltssatzung mit dem Haushaltsplan an sieben Arbeitstagen öffentlich auszulegen. Der Ort und die Dauer der öffentlichen Auslegung sind ortsüblich bekanntzugeben (§ 76 Abs. 1 Satz 3 und 4 SächsGemO). Mit der öffentlichen Auslegung haben die Einwohner und Abgabepflichtigen die Möglichkeit, Einwendungen gegen den Entwurf zu erheben. Diese können bis zum Ablauf des siebten Arbeitstages nach Ablauf des letzten Tages der Auslegung erhoben werden. Hierauf ist in der ortsüblichen Bekanntmachung über die Auslegung hinzuweisen. Über alle fristgerecht eingereichten Einwendungen muss der Gemeinderat in öffentlicher Sitzung beschließen (§ 76 Abs. 1 Satz 4 SächsGemO).

3.2.5.3 Beschlussfassung durch den Gemeinderat

Die Haushaltssatzung ist zwingend vom Gemeinderat in öffentlicher Sitzung zu beschließen (§ 76 Abs. 2 Satz 1 SächsGemO). Eine Delegation auf beschließende Ausschüsse oder den Bürgermeister kommt nicht in Betracht (§ 41 Abs. 2 Nr. 3, § 53 Abs. 2 Satz 3 SächsGemO).

Auch die Beschlussfassung muss öffentlich erfolgen. Befangenheitsgründe, die für eine nichtöffentliche Behandlung sprechen, können nicht vorgebracht werden. Die Beschlussfassung erfolgt durch Abstimmung (§ 39 Abs. 6 SächsGemO). Der Beschluss ist mit einfacher Mehrheit zu fassen.

3.2.5.4 Vorlage an die Rechtsaufsichtsbehörde und Genehmigung

Nach § 76 Abs. 2 Satz 2 SächsGemO ist die vom Gemeinderat beschlossene Haushaltssatzung der Rechtsaufsichtsbehörde (§ 112 Abs. 1 SächsGemO) spätestens einen Monat vor Beginn des neuen Haushaltsjahres vorzulegen. Das Planverfahren soll also bereits im November des Vorjahres abgeschlossen sein, damit die Haushaltssatzung am 01.01. um 0 Uhr in Kraft treten kann. Die Vorlagepflicht bedeutet, dass die Gemeinde den Beschluss erst vollziehen darf, wenn die Rechtsaufsichtsbehörde dessen Gesetzmäßigkeit bestätigt oder den Beschluss nicht innerhalb eines Monats beanstandet hat (§ 119 Abs. 1 SächsGemO). Als Vollzug des Beschlusses ist bei einer Satzung deren Ausfertigung und öffentliche Bekanntmachung zu sehen. Die Bestätigung der Gesetzmäßigkeit bzw. ein Ablauf der Monatsfrist ist damit Voraussetzung für eine ordnungsgemäße öffentliche Bekanntmachung der Haushaltssatzung. Die Beanstandungsfrist der Rechtsaufsichtsbehörde beginnt dabei erst zu laufen, wenn die Haushaltssatzung und der Haushaltsplan einschließlich der Bestandteile und Anlagen vollständig bei der Rechtsaufsichtsbehörde eingereicht worden sind. Unvollständige Haushaltspläne sind der Gemeinde zur Vervollständigung zurückzugeben. Bei wesentlichen Verstößen gegen die haushaltsrechtlichen Bestimmungen ist die Rechtsaufsichtsbehörde zur Beanstandung innerhalb eines Monats gemäß §§ 114, 119 Abs. 1 SächsGemO verpflichtet. Die Vorlagepflicht gilt unabhängig von im Einzelfall erforderlichen zusätzlichen Genehmigungen.

Enthält die Haushaltssatzung genehmigungspflichtige Bestandteile (vgl. Abschnitt 3.2.4) dürfen die Ausfertigung und die öffentliche Bekanntmachung der Haushaltssatzung erst erfolgen, wenn die Genehmigung förmlich erteilt ist (§ 119 Abs. 2 SächsGemO). An eine bestimmte Frist ist die Rechtsaufsichtsbehörde hierbei nicht gebunden. Im Interesse der Kommunen sind die Rechtsaufsichtsbehörden bemüht, die vorgelegten Unterlagen zügig zu sichten und die Genehmigungsfähigkeit der Festsetzungen in der Haushaltssatzung zu prüfen. Bis zur Erteilung der Genehmigung kann die Haushaltssatzung nicht rechtswirksam ausgefertigt und öffentlich bekannt gemacht werden (§ 76 Abs. 3 Satz 4 SächsGemO).

3.2.5.5 Öffentliche Bekanntmachung und Niederlegung

Hat die Rechtsaufsichtsbehörde die Gesetzmäßigkeit der Haushaltssatzung bestätigt und die erforderlichen Genehmigungen erteilt, kann die Haushaltssatzung durch den Bürgermeister ausgefertigt werden. Die Ausfertigung besteht in der Datierung und Unterzeichnung der Satzung. In Abhängigkeit von den örtlichen Regelungen wird die Satzung mit dem Dienstsiegel versehen. Mangels spezialgesetzlicher Regelungen für die Haushaltssatzung finden hier die allgemeinen Regelungen des § 4 Abs. 3 Satz 1 SächsGemO Anwendung. Die ausgefertigte Haushaltssatzung ist gemäß § 76 Abs. 3 Satz 2, § 4 Abs. 3 Satz 1 SächsGemO i. V. m. § 2 KomBekVO und den hierzu ergangenen Bestimmungen der Bekanntmachungssatzung der Gemeinde öffentlich bekannt zu machen. Die Pflicht zur öffentlichen Bekanntmachung bezieht sich dabei nur auf die Haushaltssatzung selbst (vgl. Anlage 5, Muster 1 VwV KomHSys).

Mit der öffentlichen Bekanntmachung der Haushaltssatzung erfolgt gleichzeitig die Niederlegung des Haushaltsplanes für die Dauer von mindestens einer Woche an einer bestimmten Stelle der Verwaltung (§ 76 Abs. 3 Satz 2 SächsGemO). Da die Gemeinde nicht den gesamten Haushaltsplan einschließlich aller Bestandteile und Anlagen öffentlich (beispielsweise im Amtsblatt) bekanntmachen kann, ist es ausreichend, wenn der Haushaltsplan mit den Bestandteilen und Anlagen nur zur Einsichtnahme in der Verwaltung oder elektronisch ausgelegt wird. Damit wird den Grundsätzen der Öffentlichkeit genüge getan, da jeder die Möglichkeit hat, sich über die Ansätze und Erklärungen im Haushaltsplan zu informieren. Auf Ort und Zeit der Niederlegung des Haushaltsplanes ist in der öffentlichen Bekanntmachung der Haushaltssatzung hinzuweisen.

Die Ausfertigung und öffentliche Bekanntmachung der Haushaltssatzung ist für den Lebenszyklus der Haushaltssatzung von entscheidender Bedeutung. Ausfertigungs- und Bekanntmachungsfehler sind stets unheilbar und haben die Nichtigkeit der Haushaltssatzung zur Folge (§ 4 Abs. 4 Satz 2 Nr. 1 und 2 SächsGemO).

3.2.5.6 Inkrafttreten

Mit Ablauf der Niederlegungsfrist für den Haushaltsplan ist die Bekanntmachung der Haushaltssatzung abgeschlossen (§ 76 Abs. 3 Satz 3 SächsGemO) und damit die Voraussetzung für das rechtswirksame Inkrafttreten der Haushaltssatzung geschaffen. Die Haushaltssatzung tritt unabhängig vom Abschluss der Bekanntmachung stets am 01.01. des Haushaltsjahres in Kraft. Voraussetzung hierfür ist, dass die Bekanntmachung einschließlich der Niederlegung spätestens am 31.12. des Haushaltsjahres abgeschlossen ist. Auch in diesem Fall tritt die Haushaltssatzung mit Rechtswirksamkeit am 31.12. des Haushaltsjahres rückwirkend zum 1.1. des Haushaltsjahres in Kraft. Nach Ablauf des Haushaltsjahres, für welches sie gelten soll, kann die Haushaltssatzung nicht mehr rechtswirksam erlassen werden. Deshalb ist insbesondere bei Erlass einer Nachtragssatzung auf die rechtzeitige Bekanntmachung und die Niederlegung zu achten.

3.2.6 Vorläufige Haushaltsführung

3.2.6.1 Haushaltslose Zeit

Die Gemeinden sind bei ihrer Haushaltsplanung zum Teil auf Informationen und Zuarbeiten Dritter angewiesen. So soll die Gemeinde bei der Aufstellung und Fortschreibung des Finanzplans die vom Sächsischen Staatsministerium des Innern bekannt gegebenen Orientierungsdaten berücksichtigen (§ 9 Abs. 3 SächsKomHVO). Diese Orientierungsdaten sind eine Grundlage für die Planung wesentlicher Ertragspositionen (Steuern und Schlüsselzuweisungen) für künftige Haushaltsjahre. Liegen für die Planaufstellung notwendige Informationen erst verspätet vor, kann das unter anderem dazu führen, dass die Haushaltssatzung der Rechtsaufsichtsbehörde nicht rechtzeitig im November des Vorjahres vorgelegt werden kann. Streng nach dem Gesetz ist darin ein Verstoß gegen den Grundsatz der Vorherigkeit zu sehen (§ 76 Abs. 2 SächsGemO). Verfügt die Gemeinde am 01.01. des Haushaltsjahres noch nicht über eine öffentlich bekannt gemachte, bestätigte bzw. genehmigte Haushaltssatzung oder ist die Haushaltssatzung noch gar nicht beschlossen, befindet sich die Gemeinde in der so genannten haushaltslosen Zeit. Das ist der Ausdruck für die Zeitspanne zwischen dem Beginn des Haushaltsjahres (01.01.) und dem Abschluss der Bekanntmachung der Haushaltssatzung (Ablauf der Niederlegungsfrist), auch Interimszeit genannt.

In dieser Zeit unterliegt die Wirtschaftsführung der Gemeinde den Bestimmungen über die vorläufige Haushaltsführung nach § 78 SächsGemO.

Ist die Haushaltssatzung zu Beginn des Haushaltsjahres noch nicht erlassen, darf die Gemeinde:

1. nur Aufwendungen und Auszahlungen leisten, zu deren Leistung sie rechtlich verpflichtet ist oder die für die Weiterführung notwendiger Aufgaben unaufschiebbar sind; sie darf insbesondere Bauten, Beschaffungen und sonstige Auszahlungen des Finanzhaushalts, für die im Haushaltsplan des Vorjahres Beträge vorgesehen waren, fortsetzen,
2. Abgaben vorläufig nach den Sätzen des Vorjahres erheben,
3. Kredite umschulden.

Unter bestimmten Voraussetzungen darf die Gemeinde in der haushaltslosen Zeit Kredite aufnehmen. Der Stellenplan des Vorjahres gilt weiter, bis die Haushaltssatzung für das neue Jahr erlassen ist.

3.2.6.2 Leistung von pflichtigen Aufwendungen und Auszahlungen

Eine rechtliche Pflicht zur Leistung von Aufwendungen und Auszahlungen kann sich aus Gesetzen, Verträgen aber auch gewohnheitsrechtlichen Ansprüchen ergeben (§ 78 Abs. 1 Nr. 1, 1. Alt. SächsGemO). Beispielhaft sind hier Arbeitsverträge mit den Beschäftigten, Zuwendungsvereinbarungen mit örtlichen Vereinen aber auch Zahlungspflichten aus Dienstleistungsverträgen (z. B. Reinigungs-, Wartungs- und Bauverträgen) zu nennen. Darüber hinaus muss die Gemeinde die Aufwendungen und Auszahlungen leisten, die sich aus der Erfüllung der Pflichtaufgaben ergeben. Neue Verpflichtungen dürfen dagegen während der haushaltslosen Zeit nicht eingegangen werden.

Beispiel:

Die Gemeinde kann die Entgegennahme von Anträgen auf Ausstellung eines Reisepasses in der Meldestelle nicht mit der Begründung ablehnen, dass die für die Antragstellung erforderliche Technik während der haushaltslosen Zeit nicht beschafft werden kann.

Andererseits muss die Gemeinde einen Antrag des örtlichen Musikvereines auf Mitfinanzierung eines neuen Instrumentes unter Verweis auf die haushaltslose Zeit ablehnen.

3.2.6.3 Unaufschiebbare Aufwendungen und Auszahlungen zur Weiterführung begonnener Maßnahmen

Die Betonung liegt bei den Voraussetzungen für Maßnahmen während der vorläufigen Haushaltsführung nach § 78 Abs. 1 Nr. 1, Alt. 2 und 3 SächsGemO auf „Weiterführung" und „fortsetzen". Die Weiterführung einer im Vorjahr begonnenen, notwendigen Aufgabe muss unaufschiebbar sein. Die Beurteilung der Unaufschiebbarkeit und der Notwendigkeit der Fortsetzung obliegt der Gemeinde. Voraussetzung ist, dass die Aufgabe bzw. deren Umsetzung bereits begonnen wurde. Bei Baumaßnahmen muss damit zumindest die Auftragsvergabe bereits erfolgt sein. Die

Weiterführung unaufschiebbarer Aufgaben betrifft sowohl den Ergebnishaushalt als auch den Finanzhaushalt.

Beispielhaft benennt § 78 Abs. 1 Nr. 1, 3. Alt. SächsGemO ferner, dass insbesondere Bauten, Beschaffungen und sonstige Auszahlungen des Finanzhaushalts, für die im abgelaufenen Haushaltsjahr bereits Beträge festgesetzt wurden, fortgesetzt werden dürfen. Voraussetzung ist damit, dass bereits im vorangegangenen Haushaltsjahr Haushaltsmittel im Finanzhaushalt veranschlagt waren oder im Rahmen einer über- oder außerplanmäßigen Mittelbewilligung bereitgestellt wurden. Die Bezugnahme auf den Finanzhaushalt stellt klar, dass nur Bauten, Beschaffungen und sonstige Investitionen der Gemeinde davon erfasst werden, nicht jedoch etwaige Unterhaltungsarbeiten an Bauwerken, die lediglich dem Ergebnishaushalt zuzuordnen sind.

Beispiel:
Die Gemeinde hatte für das Haushaltsjahr 2023 einen Austausch der Fenster im Rathaus geplant und hierfür im Ergebnishaushalt 45.000 Euro veranschlagt. Aufgrund zeitlicher Verschiebungen konnte der Zuschlag im Haushaltsjahr 2023 nicht mehr erteilt werden. Die Gemeinde möchte nun im Januar des Folgejahres den Austausch der Fenster veranlassen. Eine Haushaltssatzung für das Jahr 2024 liegt noch nicht vor. Übertragbarkeitserklärungen nach § 21 Abs. 2 SächsKomHVO liegen ebenfalls nicht vor.

Eine Fortführung nach § 78 Abs. 1 Nr. 1, 3. Alt. SächsGemO kommt nicht in Betracht, da der Austausch der Fenster keine Investition darstellt. Die Maßnahme wurde richtigerweise dem Ergebnishaushalt als Erhaltungsaufwand zugeordnet. Damit kann sich die Gemeinde nur auf die Weiterführung einer begonnenen, notwendigen Aufgabe berufen. Dies hängt von der Notwendigkeit und Unaufschiebbarkeit ab. Diese dürften hier nur im Ausnahmefall gegeben sein.

Nicht unter die Anwendung des § 78 Abs. 1 Nr. 1, Alt. 2 und 3 SächsGemO fallen Aufwendungen und Auszahlungen für neue Maßnahmen, es sei denn, es handelt sich um neue rechtliche Verpflichtungen aufgrund neuer gesetzlicher Vorgaben. Die Berechtigung zur Leistung von Aufwendungen und Auszahlungen hierfür ergibt sich dann aber aus § 78 Abs. 1 Nr. 1, 1. Alt. SächsGemO.

3.2.6.4 Vorläufige Erhebung von Abgaben

Diese Regelung betrifft vorrangig die Erhebung von Grund- und Gewerbesteuern (Realsteuern). Setzt die Gemeinde entsprechend § 74 Abs. 2 Nr. 3 SächsGemO die Hebesätze für die Realsteuern in der Haushaltssatzung fest, kann sie diese nur durch eine neue Haushaltssatzung ändern. Liegt am 01.01. des Haushaltsjahres noch keine Haushaltssatzung vor, so muss die Gemeinde vorläufig die Hebesätze des vorangegangenen Haushaltsjahres anwenden. In der kommunalen Praxis ist es unüblich und aus den unter Abschnitt 3.2.3 dargestellten Gründen auch unzweckmäßig, weitere Abgaben in der Haushaltssatzung festzusetzen. Dies geschieht regelmäßig durch besondere Abgabensatzungen (§ 2 Abs. 1 SächsKAG), die dann auch unabhängig von der Haushaltssatzung geändert und angepasst werden können.

Daneben stehen der Gemeinde auch in der haushaltslosen Zeit die sonstigen Einnahmen, insbesondere aus der Beteiligung der Gemeinde an der Einkommensteuer, die Zuweisungen nach dem Finanzausgleichsgesetz und sonstige Entgelte aus öffentlich-rechtlichen und privatrechtlichen Leistungsverhältnissen zur Deckung der laufenden Aufwendungen und Auszahlungen zu.

3.2.6.5 Umschuldung von Krediten

Als Umschuldung bezeichnet man die Tilgung eines Kredits mit gleichzeitiger Neuaufnahme eines Kredits, meist bei Ablauf der Zinsbindungsfrist des abzulösenden Kredits (§ 59 Nr. 52 SächsKomHVO). Umschuldungen wirken sich damit nicht auf den Schuldenstand aus. Es kommt nur zu einem „Austausch" des Gläubigers für den Kredit in gleicher Höhe. Da sich eine Umschuldung somit nicht auf den Haushalt auswirkt, darf sie auch während der haushaltslosen Zeit vorgenommen werden. Buchungstechnisch stellt sich eine Umschuldung als betragsgleiche Einzahlung (Aufnahme des neuen Kredits zur Rückzahlung des abzulösenden Kredits) und Auszahlung (Rückzahlung des abzulösenden Kredits) dar. Sie ist damit völlig haushaltsneutral.

3.2.6.6 Aufnahme von Krediten für Fortsetzungsmaßnahmen des Finanzhaushalts

Reichen die Finanzierungsmittel für die Fortsetzung von Bauten, Beschaffungen und sonstigen Auszahlungen des Finanzhaushalts nach § 78 Abs. 1 Nr. 1, 3. Alt. SächsGemO nicht aus, darf die Gemeinde mit Genehmigung der Rechtsaufsichtsbehörde Kredite für Investitionen und Investitionsförderungsmaßnahmen bis zu einem Viertel des durchschnittlichen Betrages der Kreditermächtigungen der beiden Vorjahre aufnehmen.

Beispiel:

Kreditermächtigung 2022	*2.000.000 Euro*
Kreditermächtigung 2023	*1.000.000 Euro*
Kreditermächtigung Nachtrag 2023	*+ 100.000 Euro*
Gesamtbetrag	*3.100.000 Euro*
Durchschnittliche Kreditermächtigung:	*1.550.000 Euro*
davon ¼ als Höchstbetrag:	*387.500 Euro*

Sind in den vorangehenden Haushaltsjahren keine Kreditermächtigungen festgesetzt worden, ist eine Kreditaufnahme in der haushaltslosen Zeit unzulässig. Die Regelung zur Kreditaufnahme in der haushaltslosen Zeit ist in der Praxis umstritten. Gemeinden mit hoher Verschuldung oder vergleichsweise hohen Kreditaufnahmen in den vorangehenden Haushaltsjahren werden scheinbar gegenüber Gemeinden, die über mehrere Jahre ohne Kredite ihre Haushalte ausgeglichen haben, benachteiligt.

3.2.6.7 Fortgeltung des Stellenplanes

Auch der Stellenplan des Vorjahres gilt in der haushaltslosen Zeit zunächst weiter. Damit darf die Gemeinde in dieser Zeit nur solche Neueinstellungen, Höhergruppierungen und andere stellenplanwirksame Maßnahmen realisieren, die bereits im Stellenplan des Vorjahres vorgesehen waren, aber noch nicht umgesetzt wurden. Andere Änderungen des Stellenplanes sind unzulässig.

3.2.7 Haushaltssatzung für zwei Jahre

Die Gemeinde ist nach § 74 Abs. 1 Satz 1 SächsGemO verpflichtet, für jedes Haushaltsjahr eine Haushaltssatzung zu erlassen. Davon wird durch § 74 Abs. 1 Satz 2 SächsGemO eine Ausnahme zugelassen. Es ist danach möglich, die Haushaltssatzung für zwei Haushaltsjahre, jedoch nach Jahren getrennt, zu erlassen.

Der Haushaltsplan für zwei Jahre enthält die Erträge und Aufwendungen, die Einzahlungen und Auszahlungen sowie die Verpflichtungsermächtigungen für jedes der Haushaltsjahre getrennt (§ 7 Abs. 1 SächsKomHVO). Mit dieser Möglichkeit sollen die Gemeinden in die Lage versetzt werden, ihre ertrags- und finanzwirtschaftlichen sowie vermögenswirksamen Entscheidungen für einen längeren Zeitraum im Voraus satzungsrechtlich festzusetzen. Eine Zusammenfassung dieser beiden Jahre zu einer Rechnungsperiode ist nicht zulässig. Die Gemeinde ist verpflichtet, ihre Finanzplanung bei Änderungen im zweiten Haushaltsjahr fortzuschreiben (§ 80 Abs. 5 SächsGemO i. V. m. § 7 Abs. 2 SächsKomHVO). Der fortgeschriebene Finanzplan ist durch den Gemeinderat zu beschließen.

3.2.8 Nachtragssatzung

Die Haushaltssatzung und der Haushaltsplan können im Laufe des Haushaltsjahres jederzeit durch eine Nachtrags(haushalts)satzung und einen Nachtrags(haushalts)plan ersetzt werden. Die Nachtragssatzung muss zu ihrer Rechtsgültigkeit noch vor dem 31.12. des Haushaltsjahres wirksam werden, d. h. das Niederlegungsverfahren muss abgeschlossen sein. Durch die Nachtragssatzung und den Nachtragsplan werden die Festsetzungen der Haushaltssatzung und die Ansätze des Haushaltsplanes rückwirkend zum 01.01. des Haushaltsjahres ersetzt. Ist es erforderlich, kann die Gemeinde auch mehrere Nachtragssatzungen mit den zugehörigen Nachtragsplänen erlassen.

3.2.8.1 Voraussetzungen für den Erlass einer Nachtragssatzung

Ursächlich für den Erlass einer Nachtragssatzung und des Nachtragsplanes ist in aller Regel, dass sich bestimmte Annahmen des Haushaltsplanes anders entwickeln. Die Gemeinde kann diesem freiwillig durch Erlass einer Nachtragssatzung begegnen, in bestimmten Fällen wird sie jedoch durch § 77 Abs. 2 SächsGemO zum Erlass verpflichtet.

§ 77 Abs. 2 SächsGemO fordert den unverzüglichen Erlass einer Nachtragssatzung für folgende Fälle:

1. wenn sich zeigt, dass im Ergebnishaushalt beim Gesamtergebnis ein erheblicher Fehlbetrag entsteht oder ein veranschlagter Fehlbetrag sich erheblich vergrößert und sich dies nicht durch andere Maßnahmen vermeiden lässt, im Finanzhaushalt zwischen dem Zahlungsmittelsaldo aus laufender Verwaltungstätigkeit gemäß § 74 Abs. 2 Satz 1 Nummer 1 Buchstabe b Doppelbuchstabe aa SächsGemO und dem Betrag der ordentlichen Kredittilgung und des Tilgungsanteils der Zahlungsverpflichtungen aus kreditähnlichen Rechtsgeschäften eine wesentliche Differenz besteht, die auch nicht durch verfügbare Mittel gemäß § 72 Abs.4 Satz 2 SächsGemO gedeckt werden kann,
2. bisher nicht veranschlagte oder zusätzliche Aufwendungen und Auszahlungen in einem im Verhältnis zu den Gesamtaufwendungen und -auszahlungen des Haushaltsplanes erheblichen Umfang geleistet werden müssen,
3. wenn Auszahlungen des Finanzhaushalts für bisher nicht veranschlagte Investitionen oder Investitionsförderungsmaßnahmen geleistet werden sollen, ausgenommen sind Auszahlungen auf übertragene Haushaltsermächtigungen,
4. wenn Bedienstete eingestellt, angestellt, befördert oder höhergruppiert werden sollen und der Stellenplan die entsprechenden Stellen nicht enthält.

Keine Pflicht zum Erlass einer Nachtragssatzung besteht gemäß § 77 Abs. 3 SächsGemO, wenn

1. geringfügige Investitionen und Investitionsförderungsmaßnahmen sowie unabweisbare Aufwendungen zu decken sind,
2. bereits veranschlagte Auszahlungen für Investitionen oder Investitionsförderungsmaßnahmen für bisher nicht veranschlagte Investitionen oder Investitionsförderungsmaßnahmen verwendet werden sollen, sofern der Gemeinderat dieser Verwendung zustimmt,
3. bereits veranschlagte Aufwendungen und Auszahlungen eines Budgets für bisher nicht veranschlagte Aufwendungen und Auszahlungen eines anderen Budgets verwendet werden sollen, sofern der Gemeinderat dieser Verwendung zustimmt,
4. Krediten umgeschuldet werden,
5. Geldanlagen mit einer Laufzeit von mehr als einem Jahr getätigt werden,
6. sich die Abweichungen vom Stellenplan und die Leistung höherer Personalaufwendungen unmittelbar aus einer Änderung des Besoldungs- oder Tarifrechts ergeben,
7. Beamtenstellen der Besoldungsgruppen A 4 bis A 10 und für vergleichbare Beschäftigte gehoben oder gemehrt werden, wenn dies im Verhältnis zur Gesamtzahl der Stellen unerheblich ist.

Die Voraussetzungen zum Erlass einer Nachtragssatzung sind in der Praxis häufig nicht ohne Weiteres von den Fällen der über- und außerplanmäßigen Aufwendungen und Auszahlungen des § 79 SächsGemO zu unterscheiden. Zur Abgrenzung zulässiger über- und außerplanmäßiger Aufwendungen oder Auszahlungen von dem verpflichtenden Erlass einer Nachtragssatzung kann folgendes Schema herangezogen werden:

3. Haushaltswesen

Schema zur Abgrenzung von Nachtragssatzung und über- bzw. außerplanmäßigen Aufwendungen und Auszahlungen

<table>
<tr><td colspan="4">Liegt eine über- oder außerplanmäßige Aufwendung und/oder Auszahlung vor?
Prüfung/Ausschluss:
• Bestehende Deckungsmöglichkeiten nach §§ 18 ff. SächsKomHVO
• Aufwendungen nach § 79 Abs. 1 Satz 3 SächsGemO</td></tr>
<tr><td colspan="2">Ja</td><td colspan="2">Nein</td></tr>
<tr><td colspan="2">Besteht ein **dringendes Bedürfnis** und sind sowohl die Finanzierung im Finanzhaushalt als auch die Deckung im Ergebnishaushalt gewährleistet?</td><td colspan="2">Sollen Festsetzung in der Haushaltssatzung nach § 74 Abs. 2 Nr. 1 c) und/oder § 74 Abs. 2 Nr. 2 oder Nr. 3 SächsGemO geändert werden?</td></tr>
<tr><td>Ja</td><td>Nein</td><td>Ja</td><td>Nein</td></tr>
<tr><td>Zulässigkeit nach § 79 Abs. 1 Nr. 1 SächsGemO</td><td></td><td>*Erlass einer Nachtragssatzung nach § 77 Abs. 1 SächsGemO – Ende der Prüfung*</td><td>*Ende der Prüfung*</td></tr>
<tr><td colspan="2">Sind die Aufwendungen/Auszahlungen **unabweisbar** und ist die Finanzierung im Finanzhaushalt gewährleistet und entstehet im Ergebnishaushalt kein erheblicher Fehlbetrag oder erhöht sich ein geplanter Fehlbetrag nur unerheblich?</td></tr>
<tr><td>Ja</td><td>Nein</td></tr>
<tr><td>Zulässigkeit nach § 79 Abs. 1 Nr. 2 SächsGemO</td><td></td></tr>
<tr><td colspan="2">Liegt eine **Fortsetzungsinvestition** vor, deren Finanzierung im folgenden Jahr gewährleistet ist?</td></tr>
<tr><td>Ja</td><td>Nein</td></tr>
<tr><td>Zulässigkeit nach § 79 Abs. 2 SächsGemO</td><td></td></tr>
<tr><td colspan="2">Sind die Voraussetzungen des **§ 77 Abs. 1 Nr. 1 und/oder 2 SächsGemO** erfüllt?</td></tr>
<tr><td>Ja</td><td>Nein</td></tr>
<tr><td>*Erlass einer Nachtragssatzung nach § 77 Abs. 1 SächsGemO – Ende der Prüfung*</td><td></td></tr>
<tr><td colspan="2">Müssen bisher **nicht veranschlagte** oder **zusätzliche Aufwendungen/ Auszahlungen** geleistet werden, die zu den Gesamtaufwendungen/-auszahlungen erheblich sind?</td></tr>
<tr><td>Ja</td><td>Nein</td></tr>
<tr><td>Erlass einer Nachtragssatzung nach § 77 Abs. 1 SächsGemO*</td><td></td></tr>
<tr><td colspan="2">Sollen Auszahlungen für bisher **nicht veranschlagte investive Auszahlungen** geleistet werden, die sich nicht aus einer Ermächtigungsübertragung ergeben?</td></tr>
<tr><td>Ja</td><td>Nein</td></tr>
<tr><td>Erlass einer Nachtragssatzung nach § 77 Abs. 1 SächsGemO*</td><td></td></tr>
<tr><td colspan="2">Sollen **Bedienstete** eingestellt, befördert oder höhergruppiert werden, ohne dass der Stellenplan die notwendigen Stellen enthält?</td></tr>
<tr><td>Ja</td><td>Nein</td></tr>
<tr><td>Erlass einer Nachtragssatzung nach § 77 Abs. 1 SächsGemO*</td><td></td></tr>
<tr><td colspan="2">Liegt eine Ausnahme nach § 77 Abs. 3 SächsGemO vor?</td></tr>
<tr><td>Ja</td><td>Nein</td></tr>
<tr><td>*Erlass einer Nachtragssatzung ist entbehrlich – Ende der Prüfung*</td><td>*Erlass einer Nachtragssatzung nach § 77 Abs. 1 SächsGemO – Ende der Prüfung*</td></tr>
</table>

*In diesem Fall ist trotzdem eine Ausnahme nach § 77 Abs. 3 zu prüfen!

Die einzelnen Voraussetzungstatbestände werden im Folgenden erläutert.

3.2.8.2 Erheblicher Fehlbetrag im Ergebnishaushalt

Wann ein erheblicher Fehlbetrag vorliegt, ist gesetzlich nicht allgemeingültig bestimmt. Die Erheblichkeitsgrenze ist im Einzelfall von der Gemeinde unter Berücksichtigung des Volumens im Ergebnishaushalt und der Gemeindegröße festzulegen. Die Gemeinde hat die Möglichkeit, die Erheblichkeitsgrenze in der Haushaltssatzung (vgl. § 6 des Musters 1, Anlage 5 VwV KomHSys) oder in der Hauptsatzung festzulegen.

Zeigt sich beim Haushaltsvollzug, dass ein erheblicher Fehlbetrag im ordentlichen Ergebnis eintritt oder ein bereits geplanter Fehlbetrag sich erheblich erhöhen wird und dieser auch nicht durch andere Maßnahmen (Sperrung von Haushaltsansätzen nach § 30 SächsKomHVO, Reduzierung von ordentlichen Aufwendungen, Erhöhung der ordentlichen Erträge) vermieden werden kann, muss die Gemeinde eine Nachtragssatzung erlassen.

3.2.8.3 Zusätzliche, erhebliche Aufwendungen und Auszahlungen

Hierunter fallen über- oder außerplanmäßige Aufwendungen und Auszahlungen, die im Verhältnis zum Gesamthaushalt von erheblichem Umfang sind, unabhängig davon, ob dabei mit der Entstehung eines Fehlbetrages zu rechnen ist. Umfasst werden hiervon sowohl Ansätze des Ergebnishaushalts als auch Ansätze des Finanzhaushalts.

Auch hier muss die Gemeinde eigenständig eine Erheblichkeitsgrenze festlegen. Diese Notwendigkeit ergibt sich schon daraus, dass hier eine Abgrenzung zu den über- und außerplanmäßigen Aufwendungen und Auszahlungen des § 79 Abs. 1 SächsGemO getroffen werden muss. Anders als die Erheblichkeitsgrenze nach § 79 Abs. 1 Satz 2 SächsGemO orientiert sich die Grenze nach § 77 Abs. 1 Nr. 2 SächsGemO nicht am einzelnen Haushaltsansatz, sondern am Verhältnis der über- oder außerplanmäßigen Aufwendungen und Auszahlungen zum Gesamthaushalt. Dementsprechend ist bei einem größeren Haushaltsvolumen die Grenze höher zu ziehen als bei kleineren Haushaltsvolumina. Einen allgemeinen Richtwert für die Erheblichkeitsgrenze gibt es (noch) nicht. Im kameralen Haushalt waren zusätzliche Ausgaben dann erheblich, wenn sie einen Schwellenwert von 1 bis 3 v. H. der Gesamtausgaben erreichten. Diese Grenze ist für die doppische Haushaltsführung weiter anwendbar.

3.2.8.4 Nicht veranschlagte Investitionen

Abweichend zu § 77 Abs. 1 Nr. 2 SächsGemO gilt § 77 Abs. 1 Nr. 3 SächsGemO ausschließlich für Ansätze des Finanzhaushalts. Sollen Auszahlungen für eine bisher nicht veranschlagte Investition (vgl. § 59 Nr. 23 SächsKomHVO) oder Investitionsförderungsmaßnahme (vgl. § 59 Nr. 24 SächsKomHVO) geleistet werden, die in Abgrenzung zu § 77 Abs. 3 Nr. 1 SächsGemO nicht nur geringfügiger Art ist, muss die Gemeinde eine Nachtragssatzung erlassen. Damit erfordert jede neue, zusätzliche und nicht nur geringfügige Investitionsmaßnahme innerhalb des Haushaltsjahres den Erlass einer Nachtragssatzung. Auch hier empfiehlt es sich, die Geringfügigkeitsgrenze durch Ortsrecht zu regeln. Sind die zusätzlichen Auszahlungen nur geringfügig, genügt die Bewilligung einer außer- oder überplanmäßigen Auszahlung nach § 79 Abs. 1 SächsGemO.

3.2.8.5 Änderung des Stellenplanes

Wird nur der Stellenplan geändert, bedarf das keiner vollständigen Änderung des Haushaltsplanes. Ausreichend ist vielmehr, dass der Stellenplan entsprechend angepasst wird. In der Nachtragssatzung ist dann beispielsweise zu formulieren: „Der Stellenplan wird in der Fassung der Anlage zu dieser Satzung neu festgesetzt“. Eine Änderung des Stellenplanes ist dann entbehrlich, wenn sich die geänderten Eingruppierungen oder die gestiegenen Personalaufwendungen aus dem Tarifvertrag für die tariflich Beschäftigten bzw. aus den besoldungs- und laufbahnrechtlichen Vorschriften für die Beamten ergeben oder aber Mehrungen oder Hebungen Beamtenstellen der Besoldungsgruppen A4 bis A10 bzw. vergleichbare Beschäftigte betreffen.

3.2.8.6 Erlass einer Nachtragssatzung aus sonstigen Gründen

Neben den bereits genannten Gründen ist eine Nachtragssatzung auch dann aufzustellen, wenn die sonstigen Festsetzungen der Haushaltssatzung (vgl. § 74 Abs. 2 SächsGemO) geändert werden müssen.

Dies betrifft insbesondere:

- die Erhöhung des Gesamtbetrages der Kreditaufnahmen für Investitionen und Investitionsförderungsmaßnahmen (§ 77 Abs. 1, § 74 Abs. 2 Nr. 1 Buchst. c, Doppelbuchst. aa, § 82 Abs. 2 SächsGemO),
- die Erhöhung des Gesamtbetrages der vorgesehenen Ermächtigungen zum Eingehen von Verpflichtungen für künftige Haushaltsjahre (Verpflichtungsermächtigungen, § 77 Abs. 1, § 74 Abs. 2 Nr. 1 Buchst. c, Doppelbuchst. bb, § 81 Abs. 4 SächsGemO),
- die Erhöhung des Höchstbetrages der Kassenkredite (§ 77 Abs. 1, § 74 Abs. 2 Nr. 2, § 84 Abs. 2 SächsGemO) und die
- Anpassung der in der Haushaltssatzung festgesetzten Hebesätze für Steuern (§ 77 Abs. 1, § 74 Abs. 2 Nr. 3 SächsGemO). Eine Erhöhung der Hebesätze für die Realsteuern kommt dabei rückwirkend zum 01.01. des Haushaltsjahres nur in Betracht, wenn der Beschluss hierüber bis zum 30.06. des Haushaltsjahres gefasst wurde (§ 3 Abs. 2 AO, § 25 Abs. 3 GrStG, § 16 Abs. 3 GewStG).

Eine Nachtragssatzung und ein Nachtragsplan sind ferner notwendig, um

- die Ansätze für die Verfügungsmittel (§ 13 SächsKomHVO) zu erhöhen oder
- Haushaltsvermerke (Zweckbindungsvermerke, Deckungsvermerke oder Übertragbarkeitsvermerke, § 17 Nr. 5 SächsKomHVO) während des Haushaltsjahres neu in den Haushaltsplan aufzunehmen oder zu verändern.

3.2.8.7 Erlassverfahren

Der Erlass einer Nachtragssatzung bedingt mit wenigen Ausnahmen – beispielsweise bei bloßer Änderung des Stellenplanes oder bei der Änderung des Höchstbetrages für Kassenkredite – stets auch die Erstellung eines Nachtragsplanes. Angepasst werden müssen aber nur die Bestandteile und Anlagen, die von der Änderung betroffen sind. Für das Verfahren zum Erlass der Nachtragssatzung und die Erstellung des Nachtragsplanes gelten gemäß § 77 Abs. 1 Satz 2 SächsGemO die gleichen Vorschriften wie für die Haushaltssatzung und den Haushaltsplan. Auf die Aussagen in Abschnitt 3.2.5 wird insoweit verwiesen.

Fragen zur Lernkontrolle

63. Was versteht man unter dem Begriff der „vorläufigen Haushaltsführung"? Welche Vorschriften muss die Gemeinde während der vorläufigen Haushaltsführung beachten?
64. Darf die Gemeinde während der vorläufigen Haushaltsführung Kredite für Investitionen aufnehmen?
65. Darf die Gemeinde für zwei Haushaltsjahre eine Haushaltssatzung erlassen? Welcher Haushaltsgrundsatz wird hierdurch berührt?

3.3 Haushaltsplan

3.3.1 Wesen und Bedeutung des Haushaltsplanes

Der Haushaltsplan der Gemeinde muss gemäß § 75 SächsGemO alle im Haushaltsjahr für die Erfüllung der Aufgaben voraussichtlich

1. anfallenden Erträge und entstehenden Aufwendungen,
2. eingehenden ergebnis- und vermögenswirksamen Einzahlungen und zu leistenden ergebnis- und vermögenswirksamen Auszahlungen und
3. notwendigen Verpflichtungsermächtigungen

enthalten.

Der Haushaltsplan muss als Teil der Haushaltssatzung (§ 75 Abs. 1 Satz 1 SächsGemO) bereits vor Beginn des Haushaltsjahres aufgestellt werden. Mit der Rechtswirksamkeit der Haushaltssatzung werden auch die Festsetzungen des Haushaltsplanes verbindlich (§ 74 Abs. 2 Nr. 1 i. V. m. § 76 Abs. 3 Satz 3 SächsGemO).

Der Haushaltsplan ist damit als Grundlage für die kommunale Haushaltswirtschaft und für die Ausführung und Bewirtschaftung durch die Verwaltung verbindlich (§ 75 Abs. 4 Satz 1 SächsGemO). Aus ihm können jedoch keine Ansprüche und Verbindlichkeiten Dritter abgeleitet werden (§ 75 Abs. 4 Satz 2 SächsGemO).

Beispiel:
Der Haushaltsplan enthält einen Ansatz zur Leistung von laufenden Zuschüssen an örtliche Vereine. Der örtliche Heimatverein spricht nun beim Bürgermeister vor und bittet um Auszahlung des ihm „zustehenden" Betrages. Dies kann der Bürgermeister ablehnen. Der Ansatz stellt für ihn den rechtlichen Rahmen zur Gewährung von Zuschüssen dar, jedoch kann kein einzelner Verein hieraus einen Rechtsanspruch ableiten.

Der Haushaltsplan nimmt dabei, anders als das Rechnungswesen, die Planungen im Gesamthaushalt und in den Teilhaushalten in nur zwei wesentlichen Komponenten auf. Er besteht aus

- dem Ergebnishaushalt, in dem die Aufwendungen und Erträge ausgewiesen werden,
- dem Finanzhaushalt, in dem alle Auszahlungen und Einzahlungen, insbesondere auch für Investitionen und aus der Finanzierungstätigkeit, dargestellt werden sowie
- weiteren Anlagen, die der Vermittlung eines Überblicks über die wirtschaftliche Leistungsfähigkeit dienen.

Eine „Planbilanz" oder „Planvermögensrechnung" gibt es nicht.

Der Haushaltsplan ist in einen Ergebnishaushalt und einen Finanzhaushalt zu gliedern (§ 75 Abs. 3 SächsGemO). Das folgende Schema zeigt die Gliederung von Haushaltssatzung und Haushaltsplan einschließlich der Anlagen und Bestandteile:

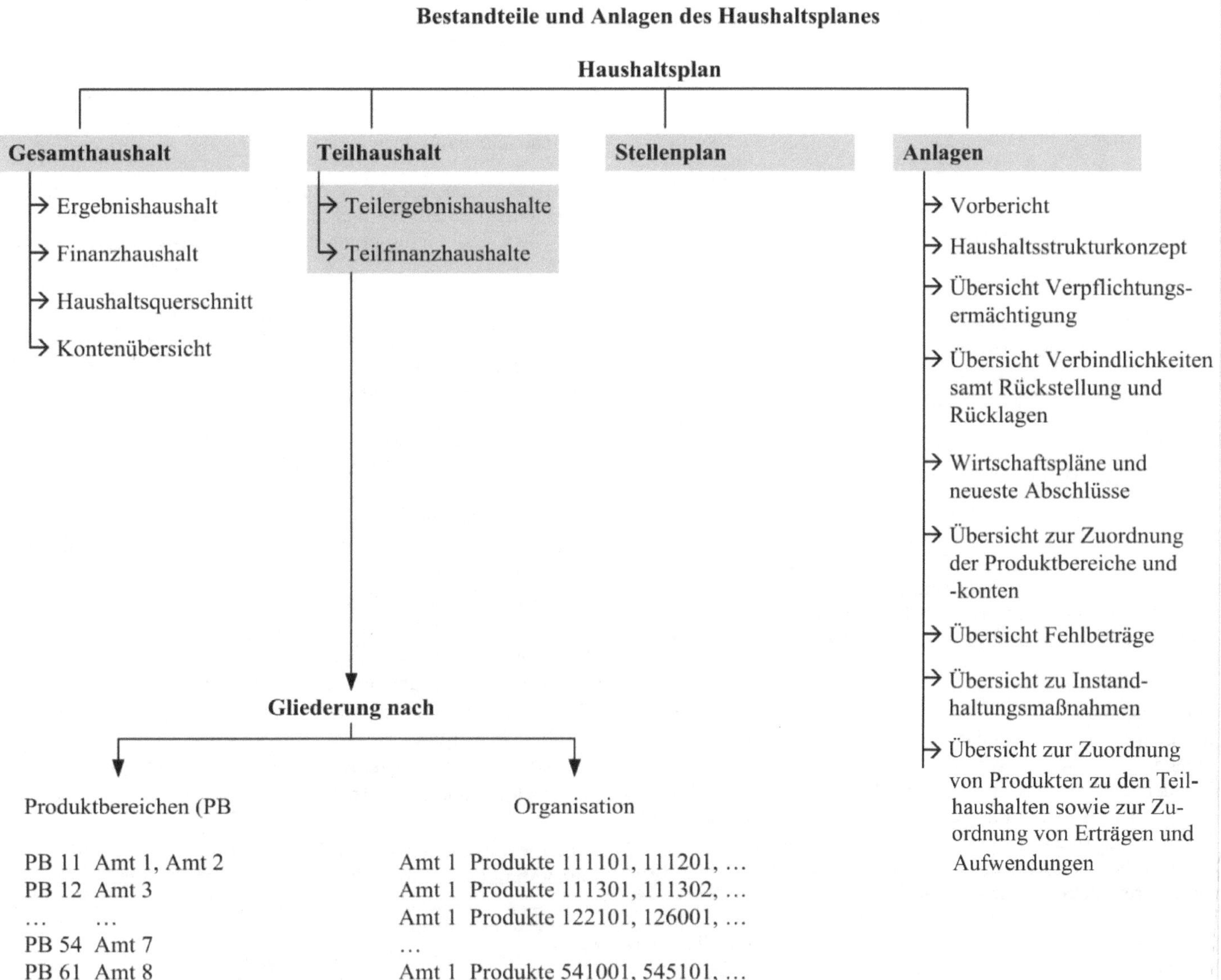

3.3.2 Bestandteile des Haushaltsplanes

Die Bestandteile des Haushaltsplanes werden in § 1 Abs. 1 SächsKomHVO benannt:

- Gesamthaushalt
- Teilhaushalte
- Stellenplan

Neben den verbindlichen Bestandteilen sind dem Haushaltsplan eine Reihe von Anlagen beizufügen, die sich aus § 1 Abs. 3 SächsKomHVO ergeben.

3.3.2.1 Gesamthaushalt

Der Gesamthaushalt fasst alle wichtigen Größen der kommunalen Haushaltswirtschaft zusammen. Was unter dem Gesamthaushalt zu verstehen ist, ergibt sich im Einzelnen aus § 1 Abs. 2 SächsKomHVO. Danach gliedert sich der Gesamthaushalt nach folgendem Schema:

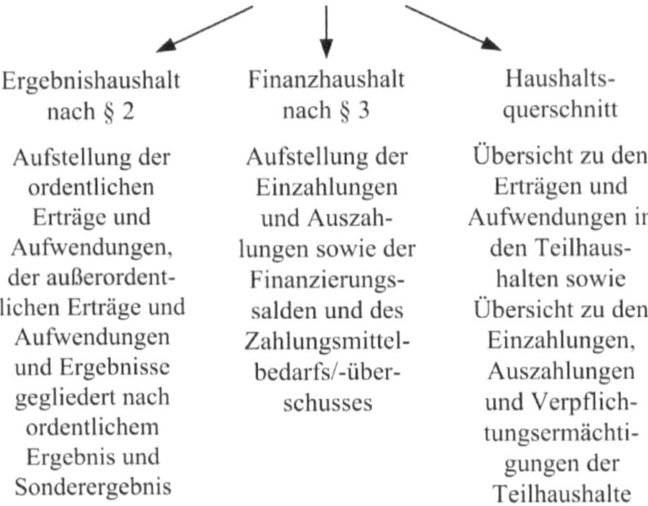

Die Gemeinde ist bei der Gestaltung der Bestandteile und Anlagen des Haushalts nicht frei. Die VwV KomHSys schreibt die Gestaltung und den Inhalt der einzelnen Plandokumente in Mustern verbindlich vor (vgl. § 128 Nr. 3 SächsGemO i. V. m. Anlage 5 der VwV KomHSys). Das gilt auch für die Bestandteile des Gesamthaushalts.

Der Gesamthaushalt integriert ebenso wie die Teilhaushalte die drei dem Planjahr folgenden Haushaltsjahre (z. B. Muster 5 der Anlage 5 VwV KomHSys, Spalten 4, 5 und 6). Die von den Gemeinden in § 80 Abs. 1 SächsGemO geforderte Finanzplanung wird so bereits in die Plandokumente einbezogen. Einen gesonderten „Finanzplan" gibt es nicht. Die Einbindung in den Haushaltsplan bewirkt, dass die Gemeinde eine schlüssige und widerspruchsfreie Planung auch für die Folgejahre erstellen muss. Planungsfehler, z. B. das „Vergessen" von Folgekosten bei großen Investitionsvorhaben, werden damit eher deutlich. Für die externen Adressaten des Haushaltsplanes wird durch die Einbindung des Finanzplanes in den Haushaltsplan eine größere Transparenz und Nachvollziehbarkeit geschaffen, da mehrjährige Entwicklungen „auf einen Blick" betrachtet werden können.

3.3.2.2 Gesamtergebnishaushalt

Der (Gesamt)Ergebnishaushalt enthält sowohl alle ordentlichen als auch alle planbaren außerordentlichen Aufwendungen sowie Erträge und wird im Allgemeinen nur als Ergebnishaushalt bezeichnet. Die Aufwendungen und Erträge des Ergebnishaushalts sind dabei nach dem Periodenprinzip abzugrenzen, d. h. sie werden grundsätzlich in dem Haushaltsjahr veranschlagt, in dem sie verursacht werden. Dem Ergebnishaushalt steht im Jahresabschluss die Ergebnisrechnung spiegelbildlich gegenüber. Der Ergebnishaushalt zeigt in seinem Saldo, ob im Haushaltsjahr mehr Ressourcen verbraucht werden als voraussichtlich hinzukommen, auf einen Zahlungsfluss kommt es dabei gerade nicht an. Die Entwicklung der Kapitalposition kann damit bereits mit der Aufstellung des Haushaltsplanes abgeschätzt werden.

Der Ergebnishaushalt hat die Aufgabe, über die Art, die Höhe und die Quellen der Erträge und Aufwendungen zu informieren und weist den sich daraus ergebenden Überschuss oder Fehlbetrag aus.[16]

Der Ergebnishaushalt wird in Staffelform aufgestellt (vgl. § 2 SächsKomHVO i. V. m. Anlage 5 VwV KomHSys, Muster 5). Der Ergebnishaushalt enthält in zusammengefassten Positionen alle Erträge und Aufwendungen, gegliedert nach Arten.

Schema zur Gliederung der Erträge im Ergebnishaushalt nach § 2 Abs. 1 Nr. 1 bis 9 SächsKomHVO

1	Steuern und ähnliche Abgaben
2	Zuwendungen (Zuweisungen und Zuschüsse) und Umlagen sowie aufgelöste Sonderposten
3	sonstige Transfererträge
4	öffentlich-rechtliche Leistungsentgelte
5	privatrechtliche Leistungsentgelte
6	Kostenerstattungen und Kostenumlagen
7	Finanzerträge wie Zinsen, Erträge aus Beteiligungen und ähnliche Erträge
8	aktivierte Eigenleistungen und Bestandsveränderungen
9	sonstige ordentliche Erträge

Schema zur Gliederung der Aufwendungen im Ergebnishaushalt nach § 2 Abs. 1 Nr. 11 bis 17 SächsKomHVO

11	Personalaufwendungen
12	Versorgungsaufwendungen
13	Aufwendungen für Sach- und Dienstleistungen
14	planmäßige Abschreibungen
15	Zinsen und ähnliche Aufwendungen
16	Transferaufwendungen und Abschreibungen auf Sonderposten
17	sonstige ordentliche Aufwendungen

Schema zur Gliederung des Sonderergebnisses im Ergebnishaushalt nach § 2 Abs. 1 Nr. 20 und 21 SächsKomHVO

20	realisierbare außerordentliche Erträge
21	realisierbare außerordentliche Aufwendungen

15 Die notwendige Kontenübersicht nach Abs. 2 Nr. 4 SächsKomHVO wurde hier nicht gesondert dargestellt, da sie lediglich eine bestimmt Form der Ergebnisdarstellung umfasst. Sie trifft keine besonderen Festsetzungen für den Haushalt.

16 Deißenroth/Höhlein/Rößler, Doppisches Gemeindehaushaltsrecht – Leitfaden Rheinland-Pfalz, 2007, S. 55.

Darüber hinaus weist der Ergebnishaushalt verschiedene Salden aus:

1 Saldo der ordentlichen Erträge und Aufwendungen als ordentliches Ergebnis (§ 2 Abs. 1 Nr. 19 SächsKomHVO),
2 das Sonderergebnis als Saldo der außerordentlichen Erträge und Aufwendungen (§ 2 Abs. 1 Nr. 22 SächsKomHVO),
3 das veranschlagte Gesamtergebnis als Saldo des ordentlichen und des Sonderergebnisses und unter Berücksichtigung der Fehlbeträge aus Vorjahren und der Verrechnung nach § 72 Abs. 3 Satz 3 SächsGemO (§ 2 Abs. 1 Nr. 28 SächsKomHVO).

Das veranschlagte Gesamtergebnis (Überschuss oder Fehlbetrag) wird als Saldo aus dem veranschlagten Ergebnis (§ 2 Abs. 1 Nr. 19 SächsKomHVO) und dem Sonderergebnis (§ 2 Abs. 1 Nr. 23 SächsKomHVO) ermittelt. Das Gesamtergebnis ist damit eine wesentliche Kenngröße zur Beurteilung der wirtschaftlichen Leistungsfähigkeit der Gemeinde. Die Salden aus dem ordentlichen Ergebnis, dem Sonderergebnis und das Gesamtergebnis sind darüber hinaus für die Beurteilung des Haushaltsausgleiches (vgl. Abschnitt 3.6) von entscheidender Bedeutung.

Beispiel für einen Gesamtergebnishaushalt für das Planjahr 2022:

Ergebnishaushalt nach § 2 und § 9 Abs. 1 SächsKomHVO
Haushaltsjahr 2022

	Ertrags- und Aufwandsarten	Ergebnis des Vorvorjahres 2020 EUR	Ansatz des Vorjahres (lfd. HH-Jahr) 2021 EUR	Ansatz des Haushaltsjahres (Planjahr) 2022 EUR	das auf das Haushaltsjahr folgende Jahr 2023 EUR	das 2. auf das Haushaltsjahr folgende Jahr 2024 EUR	das 3. auf das Haushaltsjahr folgende Jahr 2025 EUR
		1	2	3	4	5	6
1	Steuern und ähnliche Abgaben	3.772.384,88	3.828.250	4.214.500	4.291.000	4.339.500	4.342.500
	darunter: Grundsteuern A und B	486.943,03	486.500	499.500	505.000	508.500	508.500
	Gewerbesteuer	1.969.413,28	2.200.000	2.300.000	2.200.000	2.200.000	2.200.000
	Gemeindeanteil an der Einkommenssteuer	1.098.246,63	923.500	1.180.000	1.257.000	1.300.000	1.303.000
	Gemeindeanteil an der Umsatzsteuer	189.104,14	190.750	205.000	300.000	303.000	303.000
2	+ Zuwendungen (Zuweisungen und Zuschüsse) Umlagen nach Arten und aufgelöste Sonderposten	927.869,40	1.965.018	1.479.023	1.417.183	1.389.183	1.414.183
	darunter allgemeine Schlüsselzuweisungen	22.888,00	1.100.000	665.000	603.000	575.000	600.000
	sonstige allgemeine Zuweisungen	4.431,71	4.100	4.100	4.100	4.100	4.100
	allgemeine Umlagen	0,00	0	0	0	0	0
	aufgelöste Sonderposten	157.505,86	126.533	135.748	135.748	135.748	135.748
3	+ sonstige Transfererträge	0,00	0	0	0	0	0
4	+ öffentlich-rechtliche Leistungsentgelte	694.448,03	669.480	949.070	953.870	955.170	961.120
5	+ privatrechtliche Leistungsentgelte	992.699,40	956.355	965.715	965.815	967.115	973.065
6	+ Kostenerstattungen und Kostenumlagen	369.699,18	339.911	379.868	395.608	398.108	395.108
7	+ Finanzerträge (Zinsen, Erträge aus Beteiligungen und ähnliche Erträge)	420.351,60	385.000	330.000	271.200	257.560	247.560
8	+/– aktivierte Eigenleistungen und Bestandsveränderungen	0,00	0	0	0	0	0
9	+ sonstige ordentliche Erträge	142.176,46	203.800	202.720	204.920	207.920	207.920
10	= ordentliche Erträge (Nummer 1 bis 9)	**7.319.628,95**	**8.347.814**	**8.520.896**	**8.499.596**	**8.514.556**	**8.541.456**

3. Haushaltswesen

	Ertrags- und Aufwandsarten	Ergebnis des Vorvorjahres 2020 EUR	Ansatz des Vorjahres (lfd. HH-Jahr) 2021 EUR	Ansatz des Haushaltsjahres (Planjahr) 2022 EUR	das auf das Haushaltsjahr folgende Jahr 2023 EUR	das 2. auf das Haushaltsjahr folgende Jahr 2024 EUR	das 3. auf das Haushaltsjahr folgende Jahr 2025 EUR
		1	2	3	4	5	6
11	Personalaufwendungen	2.965.567,25	3.405.024	3.492.365	3.474.955	3.421.155	3.421.155
	darunter: Zuführungen zu Pensionsrückstellungen für Beschäftigte	0,00	0	0	0	0	0
	Zuführung zu Rückstellungen für Entgeltzahlungen für Zeiten der Freistellung von der Arbeit im Rahmen der Altersteilzeit und ähnlichen Maßnahmen	0,00	0	0	0	0	0
12	+ Versorgungsaufwendungen	6.219,90	0	0	0	0	0
	darunter: Zuführungen zu Pensionsrückstellungen für Versorgungsempfänger	0,00	0	0	0	0	0
13	+ Aufwendungen für Sach- und Dienstleistungen	1.115.093.04	2.186.041	2.145.490	2.151.360	2.174.835	2.190.970
14	+ planmäßige Abschreibungen	666.322,39	636.089	670.581	670.582	670.582	670.582
15	+ Zinsen und ähnliche Aufwendungen	0,00	0	0	0	0	0
16	+ Transferaufwendungen wie Abschreibungen auf Investitionsförderungsmaßnahmen	1.843.508,91	1.621.314	1.685.944	1.640.270	1.640.770	1.640.760
	darunter Kreisumlage	1.581.704.66	1.362.200	1.436.200	1.400.000	1.400.000	1.400.000
	Umlagen an Verwaltungsverbände und -gemeinschaften	0,00	0	0	0	0	0
	Umlagen an Zweckverbände	0,00	0	0	0	0	0
	Sozialumlage	0,00	0	0	0	0	0
17	+ sonstige ordentliche Aufwendungen	1.167.058,08	868.390	867.870	883.690	873.990	879.620
18	= ordentliche Aufwendungen (Nummern 11 bis 17)	**7.763.769,58**	**8.716.858**	**8.862.250**	**8.820.857**	**8.781.332**	**8.803.087**
19	= ordentliches Ergebnis (Nr. 10 ./. Nr. 18)	**-444.140,63**	**-369.044**	**-341.354**	**-321.261**	**-266.776**	**-261.631**
20	= veranschlagtes ordentliches Ergebnis (Nr. 19 + Nr. 20)	**-444.140,63**	**-369.044**	**-341.354**	**-321.261**	**-266.776**	**-261.631**
21	realisierbare außerordentliche Erträge	88.748,80	915.000	59.300	50.000	50.000	50.000
22	realisierbare außerordentliche Aufwendungen	0,00	0	0	0	0	0
23	= veranschlagtes Sonderergebnis (Nr. 21 ./. Nr. 22)	**88.748,80**	**915.000**	**59.300**	**50.000**	**50.000**	**50.000**
24 – 27	Verrechnung von Fehlbeträgen nach § 72 Abs. 3 SächsGemO *[nicht abgedruckt]*	**[...]**	**[...]**	**[...]**	**[...]**	**[...]**	**[...]**
28	= veranschlagtes Gesamtergebnis (Nr. 19 + Nr. 23)	**-355.391,83**	**545.956**	**-282.054**	**-271.261**	**-216.776**	**-211.631**
	Ergebnisabdeckung	0,00	0	0	0	0	0

	Ertrags- und Aufwandsarten	Ergebnis des Vorvorjahres 2020 EUR	Ansatz des Vorjahres (lfd. HH-Jahr) 2021 EUR	Ansatz des Haushaltsjahres (Planjahr) 2022 EUR	das auf das Haushaltsjahr folgende Jahr 2023 EUR	das 2. auf das Haushaltsjahr folgende Jahr 2024 EUR	das 3. auf das Haushaltsjahr folgende Jahr 2025 EUR
		1	2	3	4	5	6
29	Entnahmen aus Rücklagen aus Überschüssen des ordentlichen Ergebnisses	355.391,83	0	282.054	271.261	216.776	211.631
30	Entnahmen aus Rücklagen aus Überschüssen des Sonderergebnisses	0,00	0	0	0	0	0
31	Vortrag eines Haushalts-fehlbetrages auf das ordentliche Ergebnis der Folgejahre	0,00	0	0	0	0	0
32	Vortrag eines Fehlbetrages des Sonderergebnisses auf Folgejahre	0,00	0	0	0	0	0

3.3.2.3 Gesamtfinanzhaushalt

Der (Gesamt)Finanzhaushalt enthält sowohl die voraussichtlich eingehenden Einzahlungen als auch die zu leistenden Auszahlungen des Haushaltsjahres und wird im Allgemeinen nur als Finanzhaushalt bezeichnet. Abweichend zum Periodenprinzip im Ergebnishaushalt gilt für den Finanzhaushalt das Prinzip der Kassenwirksamkeit.

Beispiel:
Die Gemeinde erhält im Dezember 2022 eine Vorauszahlung auf die Miete für die Monate Dezember 2022 bis Februar 2023 i. H. v. 600 Euro. Im Ergebnishaushalt ist nur die anteilige Miete für den Monat Dezember 2022 (200 Euro) zu berücksichtigen. Wohingegen im Finanzhaushalt 2022 der Gesamtbetrag i. H. v. 600 Euro zu veranschlagen ist, da dieser Betrag im laufenden Haushaltsjahr 2022 kassenwirksam wird.

Der Finanzhaushalt bildet die Grundlage für die Veranschlagung der Einzahlungen und Auszahlungen, insbesondere für Investitionen und Finanztransaktionen. Der Finanzhaushalt stellt damit eine Art Cash-Flow-Rechnung (Kapitalflussrechnung) dar, die den Geldfluss transparent macht.

Dargestellt werden dabei insbesondere:

- die Zahlungsströme aus Einzahlungen und Auszahlungen innerhalb eines Haushaltsjahres,
- die Finanzierungsquellen nach Mittelherkunft und Mittelverwendungen und
- die Veränderung des Zahlungsmittelbestandes.

Neben den laufenden Einzahlungen und Auszahlungen werden im Finanzhaushalt die Ermächtigungen für

- investive Einzahlungen und Auszahlungen sowie
- Einzahlungen und Auszahlungen aus der Finanzierungstätigkeit

ausgewiesen. Dem Finanzhaushalt steht im Jahresabschluss die Finanzrechnung spiegelbildlich gegenüber. Der Finanzhaushalt ist gleichzeitig Grundlage für die zu führenden Finanzstatistiken.

Auch der Finanzhaushalt wird in Staffelform aufgestellt und ist nach § 3 Abs. 1 SächsKomHVO i. V. m. Anlage 5 VwV KomHSys, Muster 7 zu gliedern. Neben den laufenden Einzahlungen und Auszahlungen, die im Wesentlichen den zahlungswirksamen Erträgen und Aufwendungen im Ergebnishaushalt entsprechen, enthält der Finanzhaushalt die Einzahlungen und Auszahlungen aus der Investitions- und Finanzierungstätigkeit. Darüber hinaus zeigt er auch die erwarteten Veränderungen des Zahlungsmittelbestandes durch Geldanlagen, Inanspruchnahme von Kassenkrediten sowie die Hingabe und Rückzahlung von Darlehen an Dritte.

Unter den Ziffern 1 bis 8 sowie 10 bis 15 (vgl. § 3 Abs. 1 SächsKomHVO) werden im Finanzhaushalt zunächst alle Einzahlungen und Auszahlungen aus laufender Verwaltungstätigkeit veranschlagt. Diese entsprechen im Wesentlichen den zahlungswirksamen Erträgen und Aufwendungen des Ergebnishaushalts. Unter den Positionen werden aber auch Zahlungsflüsse aus laufender Verwaltungstätigkeit ausgewiesen, die nicht mit einer ergebniswirksamen Position deckungsgleich sind, weil sie sich beispielsweise auf einen Ertrag oder Aufwand aus Vorjahren beziehen.

Beispiel:
Eine Gemeinde hat im Jahr 2022 eine Rückstellung für Gerichtskosten gebildet. Damit wird der Aufwand aus der wirtschaftlichen Verursachung eines Gerichtsverfahrens bereits im Ergebnishaushalt 2022 abgebildet. In 2024 wird mit dem Abschluss des Verfahrens gerechnet. Die Gerichts- und sonstigen Kosten des Rechtsstreites müssen in 2024 beglichen werden. Die hierzu benötigten Zahlungsmittel sind als Auszahlung im Finanzhaushalt zu planen, obwohl keine wirtschaftliche Verursachung im Haushaltsjahr 2024 gegeben ist.

Die Gliederung der Positionen im Finanzhaushalt innerhalb des Saldos aus laufender Verwaltungstätigkeit entspricht der des Ergebnishaushalts. Lediglich die nicht zahlungswirksamen Vorgänge (z. B. Erträge aus aktivierten Eigenleistungen, Aufwendungen für planmäßige Abschreibungen) werden im Finanzhaushalt systemgemäß nicht erfasst (vgl. Abschnitt. 3.3.2.2).

Schema zur Gliederung der Einzahlungen aus Investitionstätigkeit im Finanzhaushalt nach § 3 Abs. 1 Nr. 18 bis 24 SächsKomHVO

18	Einzahlungen aus Investitionszuwendungen
19	Einzahlungen aus Investitionsbeiträgen und ähnlichen Entgelten für Investitionstätigkeit
20	Einzahlungen aus der Veräußerung von immateriellen Vermögensgegenständen
21	Einzahlungen aus der Veräußerung von Grundstücken, Gebäuden, und sonstigen unbeweglichen Vermögensgegenständen
22	Einzahlungen aus der Veräußerung von übrigem Sachanlagevermögen
23	Einzahlungen aus der Veräußerung von Finanzanlagevermögen und von Wertpapieren des Umlaufvermögens
24	Einzahlungen für sonstige Investitionstätigkeit

Schema zur Gliederung der Auszahlungen aus Investitionstätigkeit im Finanzhaushalt nach § 3 Abs. 1 Nr. 26 bis 32 SächsKomHVO

26	Auszahlungen für den Erwerb von immateriellen Vermögensgegenständen
27	Auszahlungen für den Erwerb von Grundstücken, Gebäuden und sonstigen unbeweglichen Vermögensgegenständen
28	Auszahlungen für Baumaßnahmen
29	Auszahlungen für den Erwerb von übrigem Sachanlagevermögen
30	Auszahlungen für den Erwerb von Finanzanlagevermögen und von Wertpapieren des Umlaufvermögens
31	Auszahlungen für Investitionsförderungsmaßnahmen
32	Auszahlungen für sonstige Investitionen

Schema zur Gliederung der Einzahlungen und Auszahlungen aus Finanzierungstätigkeit im Finanzhaushalt nach § 3 Abs. 1 Nr. 36 und 38 SächsKomHVO

36	Einzahlungen aus der Aufnahme von Krediten und diesen wirtschaftlich gleichkommenden Rechtsgeschäften für Investitionen
38	Auszahlungen für die Tilgung von Krediten und diesen wirtschaftlich gleichkommenden Rechtsgeschäften für Investitionen

Der Finanzhaushalt weist daneben verschiedene Salden aus:

1	den *Zahlungsmittelsaldo aus laufender Verwaltungstätigkeit* (Zahlungsmittelüberschuss oder Zahlungsmittelbedarf) als Differenz der laufenden Einzahlungen und Auszahlungen, die sich überwiegend aus den zahlungswirksamen Erträgen und Aufwendungen im Ergebnishaushalt zusammensetzen (§ 3 Abs. 1 Nr. 17 SächsKomHVO)
2	den *Zahlungsmittelsaldo aus Investitionstätigkeit* als Differenz der Einzahlungen und Auszahlungen aus der Investitionstätigkeit (§ 3 Abs. 1 Nr. 33 SächsKomHVO)
3	den Finanzmittelüberschuss oder -bedarf unter Berücksichtigung des Zahlungsmittelsaldos aus laufender Verwaltungstätigkeit und der Investitionstätigkeit (§ 3 Abs. 1 Nr. 34 SächsKomHVO)
4	den *Zahlungsmittelsaldo aus Finanzierungstätigkeit* als Differenz der Ein- und Auszahlungen aus der Aufnahme und Tilgung von Krediten und den gleichkommenden Rechtsgeschäften (§ 3 Abs. 1 Nr. 40 SächsKomHVO)
5	die Änderung des Finanzmittelbestandes im Haushaltsjahr (§ 3 Abs. 1 Nr. 31 SächsKomHVO)
6	den *Überschuss oder Bedarf an Zahlungsmitteln im Haushaltsjahr* unter Berücksichtigung der durchlaufenden Gelder, der übertragenen Ermächtigungen sowie der Kassenkredite als Veränderung des Bestandes an Zahlungsmitteln im Haushaltsjahr (§ 3 Abs. 1 Nr. 53 SächsKomHVO)
7	voraussichtlicher *Bestand an liquiden Mitteln* am Ende des Haushaltsjahres (§ 3 Abs. 1 Nr. 55 SächsKomHVO)

Beispiel für einen Gesamtfinanzhaushalt für das Planjahr 2022:

Finanzhaushalt gemäß § 3 und § 9 Abs. 1 SächsKomHVO
Haushaltsjahr 2022[17]

	Einzahlungs- und Auszahlungsarten	Ergebnis des Vorvorjahres 2020 EUR	Ansatz des Vorjahres (lfd. HH-Jahr) 2021 EUR	Ansatz des Haushaltsjahres (Planjahr) 2022 EUR	das auf das Haushaltsjahr folgende Jahr 2023 EUR	das 2. auf das Haushaltsjahr folgende Jahr 2024 EUR	das 3. auf das Haushaltsjahr folgende Jahr 2025 EUR
		1	2	3	4	5	6
1	Steuern und ähnliche Abgaben	3.772.3384,88	3.828.250	4.214.500	4.291.000	4.339.500	4.342.500
	darunter: Grundsteuern A und B	486.943,03	486.500	499.500	505.000	508.500	508.500
	Gewerbesteuer	1.969.413,28	2.200.000	2.300.000	2.200.000	2.200.000	2.200.000
	Gemeindeanteil an der Einkommensteuer	1.098.246,63	923.500	1.180.000	1.257.000	1.300.000	1.303.000
	Gemeindeanteil an der Umsatzsteuer	189.104, 14	190.750	205.000	300.000	303.000	303.000
2	+ Zuwendungen (Zuweisungen und Zuschüsse) und Umlagen für laufende Verwaltungstätigkeit	770.363,54	1.838.485	1.343.275	1.281.435	1.253.435	1.278.435
	darunter: allgemeine Schlüsselzuweisungen	22.888,00	1.1 00.000	665.000	603.000	575.000	600.000
	sonstige allgemeine Zuweisungen	4.431,71	4.100	4.100	4.100	4.100	4.100
	allgemeine Umlagen	0,00	0	0	0	0	0
3	+ sonstige Transfereinzahlungen	0,00	0	0	0	0	0
4	+ Öffentlich-rechtliche Leistungsentgelte, ausgenommen Investitionsbeiträge	694.448,03	669.480	949.070	953.870	955.170	961.1 20
5	+ privatrechtliche Leistungs--entgelte	992.699,40	956.355	965.715	965.815	967.115	973.065
6	+ Kostenerstattungen und Kostenumlagen	369.699,18	339.911	379.868	395.608	308.108	395.108
7	+ Zinsen und ähnliche Einzahlungen	420.351,60	385.00	330.000	271.200	257.560	247.560
8	+ sonstige haushaltswirksame Einzahlungen aus laufender Verwaltungstätigkeit	142.176,46	203.800	202.720	204.920	207.560	247.560
9	= Einzahlungen aus laufender Verwaltungstätigkeit (Nr. 1 bis 8)	**7.162.123,09**	**6.221.281**	**8.385.148**	**8.363.848**	**8.378.808**	**8.405.708**
10	Personalauszahlungen	2.965.567,26	3.405.024	3.492.365	3.474.955	3.421.155	3.421.155
11	+ Versorgungsauszahlungen	6.219,90	0	0	0	0	0
12	+ Auszahlungen für Sach- und Dienstleistungen	1.115.093,04	2.186.041	2.145.490	2.151.360	2.174.835	2.190.970
13	+ Zinsen und ähnliche Auszahlungen	0,00	0	0	0	0	0
14	+ Zuwendungen, Umlagen und sonstige Transferauszahlungen aus laufender Verwaltungstätigkeit	1.843.508,91	1.621.314	1.685-944	1.640.270	1.640.770	1.640.760
15	+ sonstige haushaltswirksame Auszahlungen laufender Verwaltungstätigkeit	1.167.058,08	868.390	867.870	883.690	873.990	879.620
16	= Auszahlungen aus laufender Verwaltungstätigkeit	**7.097.447,18**	**8.080.769**	**8.191.660**	**8.150.275**	**8.110.750**	**8.132.505**

[17] Abdruck nur auszugsweise, einige Zeilen wurden aus Gründen der Übersichtlichkeit nicht abgedruckt.

3. Haushaltswesen

		Einzahlungs- und Auszahlungsarten	Ergebnis des Vorvorjahres 2020 EUR	Ansatz des Vorjahres (lfd. HH-Jahr) 2021 EUR	Ansatz des Haushaltsjahres (Planjahr) 2022 EUR	das auf das Haushaltsjahr folgende Jahr 2023 EUR	das 2. auf das Haushaltsjahr folgende Jahr 2024 EUR	das 3. auf das Haushaltsjahr folgende Jahr 2025 EUR
			1	2	3	4	5	6
17	=	Zahlungsmittelsaldo aus laufender Verwaltungstätigkeit als Zahlungsmittelüberschuss oder Zahlungsmittelbedarf (Nr. 9 ./. Nr. 16)	**64.675,00**	**140.512**	**193.479**	**213.573**	**268.058**	**273.203**
18		Einzahlungen aus Investitionszuwendungen	321.087,71	1.548.220	2.642.500	1.009.500	178.000	228.000
		darunter: investive Schlüsselzuweisungen	3.701,00	52.400	38.000	115.000	150.000	200.000
19	+	Einzahlungen aus Investitionsbeiträgen und ähnlichen Entgelten für Investitionstätigkeit	-10.742.20	0	80.000	0	0	0
20	+	Einzahlung aus der Veräußerung von immateriellen Vermögensgegenständen	20.050,00	0	9.300	0	0	0
21	+	Einzahlung aus der Veräußerung von Grundstücken, Gebäuden und sonstigen unbeweglichen Vermögensgegenständen	53.912,00	50.000	50.000	50.000	50.000	50.000
22	+	Einzahlungen aus der Veräußerung von übrigem Sachanlagevermögen	0,00	0	0	0	0	0
23	+	Einzahlungen aus der Veräußerung von Finanzanlagevermögen und von Wertpapieren des Umlaufvermögens	14.507,40	0	0	0	0	0
25	=	Einzahlungen aus Investitionstätigkeit (Nr. 18 bis 24)	**399.094.31**	**2.463.220**	**2.781.800**	**1.059.500**	**228.000**	**278.000**
26	+	Auszahlung aus dem Erwerb von immateriellen Vermögensgegenständen	0,00	0	0	0	0	0
27	+	Auszahlungen für den Erwerb von Grundstücken und Gebäuden und sonstigen unbeweglichen Vermögensgegenständen	405.083,58	985.000	180.000	50.000	50.000	50.000
28	+	Auszahlungen für Baumaßnahmen	2.659.386,25	4.878.900	7.278.000	3.519.500	2.576.000	12.500
29	+	Auszahlungen für den Erwerb von übrigem Sachanlagevermögen	238.661,20	337.500	849.800	194.020	92.000	67.000
30	+	Auszahlungen für den Erwerb von Finanzanlagevermögen und von Wertpapieren des Umlaufvermögens	0,00	0	0	0	0	0
31	+	Auszahlungen für Investitionsförderungsmaßnahmen	66.823,78	0	400.000	0	0	0
32	+	Auszahlungen für sonstige Investitionen	0,00	0	0	0	0	0
33	=	Auszahlungen für Investitionstätigkeit (Nr. 26 bis 32)	**3.369.943.81**	**6.201.400**	**8.707.800**	**3.763.520**	**2.718.000**	**129.500**
34	=	Zahlungsmittelsaldo aus Investitionstätigkeit (Nr. 25 ./. Nr. 33)	**-2.970.860,50**	**-3.738.180**	**-5.926.000**	**-2.704-020**	**-2.490.000**	**148.500**

	Einzahlungs- und Auszahlungsarten	Ergebnis des Vorvorjahres 2020 EUR	Ansatz des Vorjahres (lfd. HH-Jahr) 2021 EUR	Ansatz des Haushaltsjahres (Planjahr) 2022 EUR	das auf das Haushaltsjahr folgende Jahr 2023 EUR	das 2. auf das Haushaltsjahr folgende Jahr 2024 EUR	das 3. auf das Haushaltsjahr folgende Jahr 2025 EUR
		1	2	3	4	5	6
35	= veranschlagter Finanzierungsmittelüberschuss/ -fehlbetrag (Nr. 17 + Nr. 34)	**-2.906.184,60**	**-3.597.668**	**-5.732.521**	**-2.490.447**	**-2.221.942**	**421.703**
36	Einzahlungen aus der Aufnahme von Krediten und wirtschaftlich gleichkommenden Rechtsgeschäften für Investitionen	0,00	0	0	0	0	0
38	Auszahlungen für die Tilgung von Krediten und wirtschaftlich gleichkommenden Rechtsgeschäften für Investitionen	0,00	0	0	0	0	0
40	= Zahlungsmittelsaldo aus Finanzierungstätigkeit (Nr. 36+37 ./. Nr. 38+39)	**0,00**	**0**	**0**	**0**	**0**	**0**
41	= Änderung des Finanzierungsmittelbestandes im Haushaltsjahr	**-2.906.184,60**	**-3.597.668**	**-5.732,521**	**-2.490.447**	**-2.221.942**	**421.703**
42 – 49	- Verminderung um Zuführung an Liquiditätsreserve	0,00	0	0	0	0	0
50	= Überschuss oder Bedarf an Zahlungsmitteln im Haushaltsjahr	**-2.906.184,60**	**-3.597.668**	**-5.732.521**	**-2.490.447**	**-2.221.942**	**421.703**
54	voraussichtlicher Bestand an Zahlungsmitteln zu Beginn des Haushaltsjahres (ohne Liquiditätskredite und Kontokorrentverbindlichkeiten)	0,00	-2.906.185	-6.503.853	-12.236.374	-14.726.821	-16.948.763
55	voraussichtlicher Bestand an Zahlungsmitteln am Ende des Haushaltsjahres, die Summe aus den Nummern 53 + 54	**-2.906.184,60**	**-6.503.853**	**-12.236.374**	**-14.726.821**	**-16.948.763**	**-16.527.060**

3.3.2.4 Haushaltsquerschnitt

Zum Gesamthaushalt gehört gemäß § 1 Abs. 2 Nr. 3 SächsKomHVO der Haushaltsquerschnitt. Dieser besteht aus einer Übersicht über die Erträge und Aufwendungen der Teilhaushalte des Ergebnishaushalts sowie der Einzahlungen und Auszahlungen und der Verpflichtungsermächtigungen der Teilhaushalte des Finanzhaushalts. Für die Gestaltung der Übersichten sind die Muster 3 und 4 der Anlage 5 der VwV KomHSys verbindlich.

Im Haushaltsquerschnitt werden die kumulierten Erträge und Aufwendungen bzw. die Einzahlungen und Auszahlungen, bezogen auf alle Teilhaushalte, und die sich hieraus ergebenden Überschüsse oder Fehlbeträge dargestellt. Der Haushaltsquerschnitt dient damit der schnellen Information über die finanzwirtschaftlichen Eckwerte der einzelnen Teilhaushalte und ermöglicht einen Vergleich zwischen den Teilhaushalten.

3.3.2.5 Teilhaushalte

Gliederung der Teilhaushalte

Der Gesamthaushalt ist in Teilhaushalte zu gliedern (§ 4 Abs. 1 Satz 1 SächsKomHVO). Im neuen kommunalen Haushaltsrecht stehen die Organisationsstruktur und die Bildung der Teilhaushalte in einem engen Zusammenhang. Den einzelnen Teilhaushalten muss mindestens ein Budget (= Organisationseinheit oder Bewirtschaftungseinheit) zugeordnet werden. Damit nimmt eine organisatorisch abgrenzbare Einheit künftig auch die Ressourcenverantwortung für die Mittelbewirtschaftung wahr. Sach- und Ressourcenverantwortung werden so miteinander verbunden. Die Gemeinde hat ein deutlich komplexeres Aufgabenspektrum als die meisten privaten Unternehmen. Daraus ergeben sich höhere Anforderungen an die Tiefe der Haushaltsgliederung.

Die Teilhaushalte sind produktorientiert nach vorgegebenen Produktbereichen oder nach der örtlichen Organisation in Teilergebnis- und Teilfinanzhaushalte zu gliedern (§ 4 Abs. 1 SächsKomHVO). Dabei fordert § 4 Abs. 1 SächsKomHVO nur, dass der Gesamthaushalt in Teilhaushalte zu gliedern ist. In welchem Umfang und in welcher Tiefe Teilhaushalte gebildet werden, richtet sich nach den örtlichen Verhältnissen und steht damit im Ermessen der Gemeinde. Die produktorientierte Bildung der Teilhaushalte führt regelmäßig zu einer größeren Planungstiefe, die sich bei der Deckungsfähigkeit innerhalb des Haushalts nachteilig auswirken kann. Darüber hinaus führen produktorientierte Teilhaushalte regelmäßig zu einer größeren Anzahl der Teilhaushalte, als bei einer organisationsorientierten Gliederung der Teilhaushalte.

Beispiel:
Gemeinde A bildet einen Teilhaushalt „Einwohnermeldewesen und Wahlen" und ordnet diesem die Produkte der Untergruppen 1211, 1212 und 1222 (Produkte 122201 bis 122208) zu. Diesem Teilhaushalt wird ein Budget zugeordnet (§ 4 Abs. 2). Im Ergebnis sind alle Aufwendungen innerhalb dieses Teilhaushalts gegenseitig kraft Gesetzes deckungsfähig (§ 20 Abs. 1 SächsKomHVO). Die Haushaltsführung ist äußerst flexibel.

Gemeinde B bildet Teilhaushalte auf Produktebene und zwar die Teilhaushalte Statistik, Wahlen, Allgemeines Meldewesen und Aufenthaltsbestimmungsrecht (Produkte 122201 bis 122205, 122207 und 122208) sowie Pass- und Personalausweiswesen (Produkt 122206). Jedem Teilhaushalt werden ein Budget und ein Budgetverantwortlicher zugeordnet. Im Ergebnis sind hier fünf Teilhaushalte zu planen und zu bewirtschaften. Die Flexibilität durch gegenseitige Deckungsfähigkeit innerhalb desselben Budgets nach § 20 Abs. 1 SächsKomHVO wird aufgrund des engeren Budgetrahmens eingeschränkt.

Kriterien für die Bildung von Teilhaushalten sind insbesondere

- die angestrebte Aggregationsebene der Teilhaushalte (kleinteilige Struktur oder größere Struktureinheiten),
- die Abstimmung der Teilhaushalte mit der Kosten-Leistungsrechnung,
- die vorhandene und künftige Aufbauorganisation der Gemeinde,
- die Ziele der internen Leistungsverrechnung (Umfang, detaillierte Verrechnung) und
- das Budgetierungskonzept.

Unabhängig von der gewählten Form der Gliederung der Teilhaushalte muss der Haushalt die Verantwortungsstrukturen abbilden. Budget- und Aufgabenverantwortung müssen zwingend übereinstimmen, um die Steuerung über Budgets überhaupt zu ermöglichen.

Beispiel:
In der Gemeinde A ist für das Sachgebiet Meldewesen und das Sachgebiet Personenstandswesen ein gemeinsames Budget eingerichtet. Die verantwortlichen Mitarbeiterinnen dürfen gemeinsam auf das Budget zugreifen. Schwierigkeiten bei der Haushaltsausführung sind hier vorprogrammiert, da nicht ausgeschlossen werden kann, dass das Budget durch ein Sachgebiet überbelastet wird. Besser wäre es, hier für jedes Sachgebiet ein eigenes Budget einzurichten oder die Sachgebiete organisatorisch zusammenzufassen und die Sach- und Budgetverantwortung bei einer Mitarbeiterin zu konzentrieren.

Produkte und Leistungen der Gemeinde

Das doppische Haushaltswesen stellt die Ergebnisse der Verwaltungstätigkeit in den Mittelpunkt – die Produkte. In § 59 Nr. 38 SächsKomHVO werden Produkte als Leistung oder Gruppe von Leistungen einer Verwaltungseinheit definiert, die für Stellen innerhalb oder außerhalb dieser Verwaltungseinheit erbracht werden.

Man unterscheidet deshalb:

Externe Produkte und Leistungen: Tätigkeiten der Verwaltungseinheit, die nur für Abnehmer außerhalb des eigenen Rechnungskreises (der Verwaltung) erbracht werden.

Beispiele:
Ausstellen eines Reisepasses, Erarbeitung einer Informationsbroschüre, Kinderbetreuung in den Kindertageseinrichtungen

Interne Produkte und Leistungen: Tätigkeiten der Verwaltungseinheit, die nur für Abnehmer innerhalb des eigenen Rechnungskreises erbracht werden.

Beispiele:
Druckarbeiten der zentralen Druckerei, Aufgaben der Personalverwaltung, Malerarbeiten des Bauhofes in einer Kindertageseinrichtung

Produkte und interne Leistungen werden über interne Leistungsverrechnungen mit dem Abnehmer verrechnet (§ 16 Abs. 2 SächsKomHVO).

Gemäß § 4 Abs. 2 Satz 4 SächsKomHVO sollen in den Teilhaushalten zu den Produkten auch Leistungsziele und Kennzahlen zur Messung der Zielerreichungen angegeben werden. Die Produkte sind zu beschreiben.

Schema Produktbeschreibung

Produktkennziffer	entsprechend Produktrahmen, Anlage 1 VwV KomHSys (soweit verbindlich sowie Arbeitshilfe SMI)
Produktbezeichnung	entsprechend Produktrahmen, Anlage 1 VwV KomHSys (soweit verbindlich sowie Arbeitshilfe SMI[18])
Produkthierarchie	Angabe von Produktbereich, Produktgruppe und Produktuntergruppe
Kurzbeschreibung	allgemeinverständliche Erläuterung der wesentlichen Merkmale des Produktes
Auftragsgrundlage	gesetzliche Ermächtigungsgrundlage, Beschluss, Vertrag usw.
Aufgabentyp	freiwillige Aufgabe, Pflicht- oder Weisungsaufgabe
Kennzahlen/ Leistungsumfang	Darstellung der zum Produkt gehörenden Leistungen sowie des Budgets
Ziele	Benennung der angestrebten Erfolge (spezifisch, messbar, akzeptiert, realistisch und terminiert = SMART-Methode)
Zielgruppe	Leistungsadressaten, Abnehmer
Erläuterungen	z. B. Deckungsvermerke, Zweckbindungen, Übertragungsvermerke

Gliederung nach den vorgegebenen Produktbereichen

Bei der Gliederung nach den vorgegebenen Produktbereichen werden zunächst die Aufgaben (= Produkte/Leistungen) der Gemeinde über einen Produktplan definiert. Diesem werden danach die organisatorischen und verwaltungsseitigen Strukturen zugeordnet. Diese Art der Haushaltsgliederung zieht eine umfassende Anpassung der Verwaltungsstruktur nach sich. Um der Übereinstimmung von Aufgaben- und Ressourcenverantwortung gerecht zu werden, muss die Organisation so zugeschnitten werden, dass den gebildeten Produktbereichen bzw. Produkten nur eine Organisationseinheit zugeordnet wird. Dies ist in der Praxis zumeist schwierig, da einzelne Produkte und Leistungen durch die Hände vieler Mitarbeiter aus unterschiedlichen Organisationseinheiten (Ämter, Fachbereiche, Dezernate) gehen. Hier müssen in der praktischen Umsetzung neue Verantwortungsstrukturen definiert werden. Als Vorteil zeigt sich bei dieser Art der Haushaltsgliederung, dass sie auch langfristig sehr stabil ist. Änderungen der Verwaltungsstruktur, z. B. nach Wahlen, erfordern regelmäßig keine Anpassung der Teilhaushalte. Das ermöglicht eine stabile Haushaltsführung und Zeitreihenvergleiche. Anpassungsbedarf entsteht dem Grunde nach nur, wenn der in Anlage 1 VwV KomHSys definierte Produktplan geändert wird.

Beispiel für eine Produktbeschreibung:

Produkt:	**Eigene Tageseinrichtungen für Kinder „Pleißenknirpse" Nr. 365101**
Produktgruppe:	**Tageseinrichtungen für Kinder**
Produktbereich:	**Kinder- und Jugendhilfe Nr. 365**
Produktbeschreibung:	**Außerschulische und bedarfsgerechte Betreuung, Bildung und Erziehung von Kindern nach SächsKitaG**
Auftrags-/Rechtsgrundlage:	§§ 3, 9 SächsKitaG Bedarfsplan vom ... Beschluss des Gemeinderates Nr. ... Satzung zur Benutzung der Kindertageseinrichtungen der Gemeinde Pleißental sowie Satzung über die Erhebung von Elternbeiträgen in der Gemeinde Pleißental
Produktverantwortliche(r):	Frau Müller
Teilhaushalt	36 (Kinder- und Jugendhilfe)
Bewirtschaftungseinheit:[19]	Hauptamt, SG Kinder- und Jugendhilfe
Zielgruppe:	– Kinder im kindergartenfähigen Alter (1. Lebensjahr bis Einschulung) – Intergrationskinder – Personensorgeberechtigte, Eltern
Leistungen:	– Vermittlung und Umsetzung des pädagogischen Konzeptes – flexible Öffnungszeiten (z. B. 6 bis 20 Uhr) – Essenversorgung der Kinder (Frühstück, Mittag, Vesper, Getränke) – fakultative Angebote (English for kids, musikalische Früherziehung, Sportgruppe) ...
Produktbezogene Kennzahlen:	– Anzahl der betreuten Kinder/ Betreuungsstunden – Anzahl fakultativer Angebote/ Teilnehmerzahl – Zufriedenheit der Eltern und Kinder – Anzahl der Veranstaltungen unter Einbeziehung von Angehörigen und Dritten (Auftritte bei Festen usw.) – Besuch weiterführender Schulen?

18 Arbeitshilfe Kommunaler Produktplan, zu finden unter www.kommunale-verwaltung.sachsen.de

19 Vgl. § 4 Abs. 2 SächsKomHVO.

Gliederung nach der vorhandenen Organisations- und Verwaltungsstruktur

Die Gliederung nach der vorhandenen Organisations- und Verwaltungsstruktur ermöglichte auf den ersten Blick einen erleichterten Umstieg auf die Doppik. Die vorhandene Verwaltungsstruktur wird als Basis übernommen. Ihr werden die Teilhaushalte und damit auch die Produktbereiche, -gruppen oder Produkte sowie die Budgets zugeordnet. Unter Managementaspekten erscheint die Gliederung nach der Verwaltungsstruktur als sinnvollere Lösung.[20] Die Gliederung nach der Verwaltungsstruktur baut auf vorhandenen Verantwortungsstrukturen auf, d. h. in die internen Abläufe wird am wenigsten eingegriffen. Budget- und Organisationseinheiten stimmen überein. Im Ergebnis wird der Haushalt ausgerichtet auf die örtliche Verwaltungsstruktur, die vorhandenen Ämter, Fachbereiche oder Dezernate. Bei Anpassungen und Änderungen der Organisationsstruktur wirkt sich diese Art der Haushaltsgliederung nachteilig aus. Jede budget- oder teilhaushaltsübergreifende Änderung der Organisationsstruktur zieht eine Anpassung der Teilhaushalte und Budgets nach sich. Damit werden die Stetigkeit der Haushaltsführung und die Abbildung von Haushaltsentwicklungen, beispielsweise über Zeitreihenvergleiche, erschwert.

Gliederung des Haushalts nach der Organisation[21]

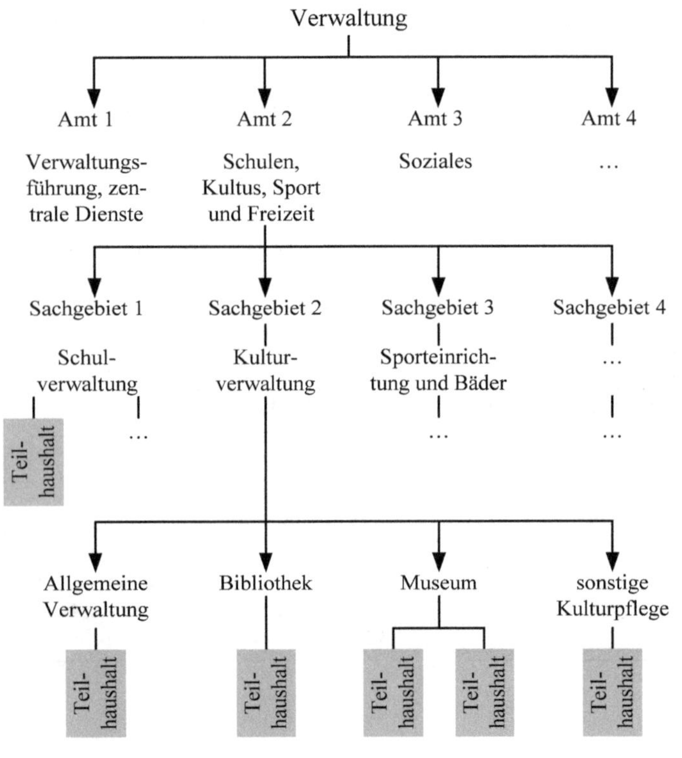

Teilergebnishaushalt

Im Teilergebnishaushalt sind die anteiligen ordentlichen Erträge und Aufwendungen entsprechend der Gliederung für den Gesamthaushalt zu veranschlagen (§ 4 Abs. 3 Nr. 1 bis 4 SächsKomHVO) sowie das anteilige ordentliche Ergebnis auszuweisen (§ 4 Abs. 3 Satz 5 SächsKomHVO). Damit werden in den Teilhaushalten die produktbezogenen Erträge (Benutzungsentgelte, Mieten, Verwaltungsgebühren) und die zugehörigen Aufwendungen (Personal- und Sachaufwand, Abschreibungen) zusammengefasst und bieten damit eine Grundlage für die Steuerung anhand von Produkten und Leistungen. Für den Teilergebnishaushalt ist das Muster 8 der Anlage 5 VwV KomHSys verbindlich.

Außerordentliche Erträge und Aufwendungen sind in den Teilhaushalten nicht zu veranschlagen, da sie in der Regel nicht teilhaushaltsspezifisch anfallen.[22] Steuern und allgemeine Zuweisungen als allgemeine Deckungsmittel werden nur im Gesamtergebnishaushalt veranschlagt. Sie können einem Teilhaushalt, der dem Produktbereich 61 entspricht, zugeordnet werden.[23]

Ausschließlich in den Teilhaushalten werden die Positionen nach § 4 Abs. 3 Nr. 6 bis 8 SächsKomHVO ausgewiesen. Sie enthalten die Erträge und Aufwendungen aus internen Leistungsverrechnungen sowie die kalkulatorischen Kosten. Diese sind Grundlage für das nach § 4 Abs. 3 Nr. 9 SächsKomHVO zu veranschlagende kalkulatorische Ergebnis.

Als „interne Leistungsverrechnungen" werden erbrachte und abgerechnete Leistungen zwischen einzelnen Produkten bezeichnet (§ 59 Nr. 21 i. V. m. § 16 Abs. 2 SächsKomHVO). Grundlage für die Ermittlung der zu verrechnenden Aufwendungen ist die interne Kosten-Leistungsrechnung (§ 14 SächsKomHVO).

Beispiel:

Der Bauhof repariert im kommunalen Kindergarten mehrere Spielgeräte und renoviert einen Gruppenraum. Hierfür sind Sach- und Personalaufwendungen i. H. v. 25.000 Euro angefallen. Da Verursacher der Aufwendungen nicht der Bauhof selbst ist, sondern der Kindergarten, werden die Aufwendungen zwischen den Teilhaushalten bzw. Produkten verrechnet. Der Bauhof (Produkt 111614) veranschlagt einen Ertrag i. H. v. 25.000 Euro, der Kindergarten (Produkt 365101) veranschlagt betragsgleich einen Aufwand. Damit ist der Aufwand im Bauhof neutralisiert und verursachungsgerecht dem Kindergarten zugerechnet.

Unter der Position „kalkulatorische Kosten" sollen die den Teilhaushalten zurechenbaren Kosten ausgewiesen werden. Diese werden aus der Kosten-Leistungsrechnung übernommen. Als zusätzliche oder betragsmäßig abweichende Kosten fließen in die Teilhaushalte dadurch beispielsweise kalkulatorische Abschreibungen nach Wiederbeschaffungszeitwerten oder die kalkulatorischen Zinsen ein.

20 Bahls, Neues kommunales Finanz- und Produktmanagement, Jehle Rehm GmbH, 2. Auflage 2008.
21 Vgl. § 4 Abs. 1 und 2 SächsKomHVO.
22 Vgl. Hoffmann/Jähnchen/Wirth, a. a. O., Nr. 3.3.5.3.
23 Ebenda.

Beispiel für einen Teilergebnishaushalt für das Planjahr 2022:

Teilergebnishaushalt gemäß § 4 Abs. 3 SächsKomHVO
Haushaltsjahr 2022

Produktklasse	3	Soziales und Jugend
Produktbereich	36	Kinder-, Jugend- und Familienhilfe (SGB VIII)
Produktgruppe	36.5	Tageseinrichtungen für Kinder
Produktuntergruppe	36.51	Tageseinrichtungen für Kinder
Produkt	36.51.01	Kindertagesstätten
Kostenstelle	36.51.01.01	Kita Bummi

	Ertrags- und Aufwandsarten (anteilig bezogen auf den Teilergebnishaushalt)	Ergebnis des Vorvorjahres 2020 EUR	Ansatz des Vorjahres (lfd. HH-Jahr) 2021 EUR	Ansatz des Haushaltsjahres (Planjahr) 2022 EUR	das auf das Haushaltsjahr folgende Jahr 2023 EUR	das 2. auf das Haushaltsjahr folgende Jahr 2024 EUR	das 3. auf das Haushaltsjahr folgende Jahr 2025 EUR
		1	2	3	4	5	6
1	Steuern und ähnliche Abgaben	0,00	0	0	0	0	0
	+ Zuwendungen (Zuweisungen und Zuschüsse). Umlagen nach Arten und aufgelöste Sonderposten	245.817,00	237.700	219.600	220.000	220.000	220.000
	darunter: Umlagen	0,00	0	0	0	0	0
	aufgelöste Sonderposten	0,00	0	0	0	0	0
	+ sonstige Transfererträge	0,00	0	0	0	0	0
	+ öffentlich-rechtliche Leistungsentgelte	127.092,36	133.000	150.000	149.000	149.000	150.000
	+ privatrechtliche Leistungsentgelte	1.454.78	0	0	0	0	0
	+ Kostenerstattungen und Kostenumlagen	40.201,91	25.000	34.720	34.720	34.720	34.720
	+ Finanzerträge (Zinsen, Erträge aus Beteiligungen und ähnliche Erträge)	0,00	0	0	0	0	0
	+/- aktivierte Eigenleistungen und Bestandsveränderungen	0,00	0	0	0	0	0
	+ sonstige ordentliche Erträge	0,00	0	0	0	0	0
2	= anteilige ordentliche Erträge	**414.566,05**	**395.700**	**404.320**	**403.720**	**403.720**	**404.720**
3	Personalaufwendungen	615.576,44	846.134	788.655	771.205	755.605	755.605

3. Haushaltswesen

Ertrags- und Aufwandsarten (anteilig bezogen auf den Teilergebnishaushalt)		Ergebnis des Vorvorjahres 2020 EUR	Ansatz des Vorjahres (lfd. HH-Jahr) 2021 EUR	Ansatz des Haushaltsjahres (Planjahr) 2022 EUR	das auf das Haushaltsjahr folgende Jahr 2023 EUR	das 2. auf das Haushaltsjahr folgende Jahr 2024 EUR	das 3. auf das Haushaltsjahr folgende Jahr 2025 EUR
		1	2	3	4	5	6
	+ Versorgungsaufwendungen	6.100,56	0	0	0	0	0
	+ Aufwendungen für Sach- und Dienstleistungen	16.666.05	25.750	24.200	24.100	23.900	21.600
	+ planmäßige Abschreibungen	60.712,23	63.340	60.712	60.712	60.712	60.712
	+ Zinsen und ähnliche Aufwendungen	0,00	0	0	0	0	0
	+ Transferaufwendungen wie Abschreibungen auf Investitionsfördermaßnahmen	477,87	0	0	0	0	0
	+ sonstige ordentliche Aufwendungen	2.789,07	6.050	8.500	3.000	3.050	3.050
4	= anteilige ordentliche Aufwendungen	**702.322,22**	**941.274**	**862.067**	**659.017**	**843.267**	**640.967**
5	= anteiliges veranschlagtes ordentliches Ergebnis	**-287.756,17**	**-545.574**	**-477.747**	**-455.297**	**-439.547**	**-436.247**
6	Erträge aus interner Leistungsverrechnung	0,00	0	0	0	0	0
7	Aufwendungen für interne Leistungsverrechnung	42.496,94	12.110	53.000	44.881	38.000	38.000
8	kalkulatorische Kosten	0,00	0	0	0	0	0
9	= veranschlagtes kalkulatorisches Ergebnis	**-42.496,94**	**-12.110**	**-53.000**	**-44.881**	**-38.000**	**-38.000**
10	= veranschlagter Nettoressourcenbedarf/-überschuss (Nr. 6 + Nr. 9)	**-330.253,11**	**-557.684**	**-530.747**	**-500.178**	**-477.547**	**-474.247**

Teilfinanzhaushalt

Der Inhalt des Teilfinanzhaushalts bestimmt sich nach § 4 Abs. 4 SächsKomHVO. Darzustellen im Teilfinanzhaushalt sind der anteilige (d. h. bezogen auf den jeweiligen Teilhaushalt) Zahlungsmittelüberschuss/-bedarf aus laufender Verwaltungstätigkeit unter Berücksichtigung besonderer, nicht zahlungswirksamer Hinzurechnungen und Abzugsbeträge

- die anteiligen Einzahlungen für Investitionstätigkeit
- die anteiligen Auszahlungen für Investitionstätigkeit und
- der anteilige Finanzierungsmittelüberschuss oder -bedarf

Beispiel für einen Teilfinanzhaushalt für das Planjahr 2022:

Teilfinanzhaushalt gemäß § 4 Abs. 4 und § 9 Abs. 1 SächsKomHVO
Haushaltsjahr 2022

Produktklasse	3	Soziales und Jugend
Produktbereich	36	Kinder-, Jugend- und Familienhilfe (SGB VIII)
Produktgruppe	36.5	Tageseinrichtungen für Kinder
Produktuntergruppe	36.51	Tageseinrichtungen für Kinder
Produkt	36.51.01	Kindertagesstätten
Kostenstelle	36.51.01.01	Kita Bummi

	Ein- und Auszahlungsarten	RE 2020 EUR	Ansatz 2021 EUR	Ansatz 2022 EUR	VE 2022 EUR	Plan 2023 EUR	Plan 2024 EUR	Plan 2025 inkl. Folgejahre EUR
		1	2	3	4	5	6	7
1	anteilige Steuern und ähnliche Abgaben	0,00	0	0	0	0	0	0
	+ anteilige Zuwendungen und Umlagen aus laufender Verwaltungstätigkeit	245.817,00	237.700	219.600		220.000	220.000	220.000
	+ anteilige sonstige Transfereinzahlungen	0,00	0	0		0	0	0
	+ anteilige öffentlich-rechtliche Leistungsentgelte, ausgenommen Investitionsbeiträge	127.002,36	133.300	150.000		149.000	149.000	150.000
	+ anteilige privatrechtliche Leistungsentgelte	1.454,78	0	0		0	0	0
	+ anteilige Kostenerstattungen und Kostenumlagen	40.201,91	25.000	34.720		34720	34.720	37.720
	+ anteilige Zinsen und ähnliche Einzahlungen	0,00	0	0		0	0	0
	+ anteilige sonstige haushaltswirksame Einzahlungen aus laufender Verwaltungstätigkeit	0,00	0	0		0	0	0
2	= anteilige Einzahlungen aus laufender Verwaltungstätigkeit	**414.566,05**	**395.700**	**404.320**		**403.720**	**403.720**	**404.720**
3	+ anteilige Personalauszahlungen	615.576,44	846.134	788.655		771.205	755.605	755.605
	+ anteilige Versorgungsauszahlungen	8.100,56	0	0		0	0	0
	+ anteilige Auszahlungen für Sach- und Dienstleistungen	16.666,05	25.750	24.200		24.100	23.900	21.600
	+ anteilige Zinsen und ähnliche Auszahlungen	00,00	0	0		0	0	0
	+ anteilige Zuwendungen, Umlagen und sonstige Transferauszahlungen aus laufender	477.87	0	0		0	0	0
	+ sonstige haushaltswirksame Auszahlungen aus laufender Verwaltungstätigkeit	2.789,07	6.050	8.500		3.000	3.050	3.050
4	= anteilige Auszahlungen aus laufender Verwaltungstätigkeit	**641.609,99**	**877.934**	**821.355**		**798.305**	**782.555**	**780.255**
5	= anteiliger Zahlungsmittelsaldo aus laufender Verwaltungstätigkeit (Nr. 2 ./. Nr. 4)	**-227.043,94**	**-482.234**	**-417.035**		**-394.585**	**-378.835**	**-375.535**
6	anteilige Einzahlungen aus Investitionszuwendungen	27.724,96	0	0		0	0	0
	darunter: investive Schlüsselzuweisungen	0,00	0	0		0	0	0
	+ anteilige Einzahlungen aus Investitionsbeiträgen und ähnlichen Entgelten für Investitionstätigkeit	0,00	0	0		0	0	0

		Ein- und Auszahlungsarten	RE 2020 EUR	Ansatz 2021 EUR	Ansatz 2022 EUR	VE 2022 EUR	Plan 2023 EUR	Plan 2024 EUR	Plan 2025 inkl. Folgejahre EUR
			1	2	3	4	5	6	7
	+	anteilige Einzahlungen aus der Veräußerung von immateriellen Vermögensgegenständen	0,00	0	0		0	0	0
	+	anteilige Einzahlungen aus der Veräußerung von Grundstücken, Gebäuden und sonstigen unbeweglichen Vermögensgegenständen	0,00	0	0		0	0	0
	+	anteilige Einzahlungen aus der Veräußerung von übrigem Sachanlagevermögen	0,00	0	0		0	0	0
	+	anteilige Einzahlungen aus der Veräußerung von Finanzanlagevermögen und von Wertpapieren des Umlaufvermögens	0,00	0	0		0	0	0
	+	anteilige Einzahlungen für sonstige Investitionstätigkeit	0,00	0	0		0	0	0
	=	anteilige Einzahlungen für Investitionstätigkeit	**27.724,96**	**0**	**0**		**0**	**0**	**0**
7	+	anteilige Auszahlungen für den Erwerb von immateriellen Vermögensgegenständen	0,00	0	0		0	0	0
	+	anteilige Auszahlungen für den Erwerb von Grundstücken, Gebäuden und sonstigen unbeweglichen Vermögensgegenständen-	0,00	0	0		0	0	0
	+	anteilige Auszahlungen für Baumaßnahmen	8.419,69	0	0		0	0	0
	+	anteilige Auszahlungen für den Erwerb von übrigem Sachanlagevermögen	4.578,50	0	3.800		0	0	0
	+	anteilige Auszahlungen für den Erwerb von Finanzanlagevermögen und von Wertpapieren des Umlaufvermögens	0,00	0	0		0	0	0
	+	anteilige Auszahlungen für Investitionsförderungsmaßnahmen	0,00	0	0		0	0	0
	+	anteilige Auszahlungen für sonstige Investitionstätigkeit	0,00	0	0		0	0	0
	=	anteilige Auszahlungen für Investitionstätigkeit	12.998,19	0	3.800		0	0	0
	=	anteiliger Zahlungsmittelsaldo aus Investitionstätigkeit (Nr. 6 ./. Nr. 7)	**14.726,77**	**0**	**-3.800**		**0**	**0**	**0**
8	=	anteilig veranschlagter Finanzierungsmittelüberschuss/-bedarf (Nr. 5 + Nr. 6 ./. Nr. 7)	**-212.317,17**	**-482.234**	**-420.835**		**-394.585**	**-378.835**	**-375.535**

Der Teilfinanzhaushalt kann gemäß § 4 Abs. 4 Satz 2 SächsKomHVO auf die Darstellung der veranschlagten Einzahlungen und Auszahlungen für die Investitionstätigkeit begrenzt werden. Investitionen von erheblicher finanzieller Bedeutung sind einzeln unter Angabe der Gesamtinvestitionssumme, der Einzahlungen und Auszahlungen sowie der Verpflichtungsermächtigungen für die Folgejahre darzustellen. Maßnahmen von geringer finanzieller Bedeutung dürfen zusammengefasst werden. Die Abgrenzung zwischen Maßnahmen von „erheblicher" und „geringer" finanzieller Bedeutung bedarf der Auslegung im Einzelfall. Der Gesetzgeber hat hier mit unbestimmten Rechtsbegriffen gearbeitet, um den Gemeinden einen ausreichenden Spielraum für eigene Regelungen zu schaffen. Die Gemeinden sollten zur Abgrenzung eine allgemeine Wertgrenze festlegen. Diese Regelung könnte in der Hauptsatzung oder in der Haushaltssatzung selbst (vgl. § 6 des Musters 1 der Anlage 5 VwV KomHSys) getroffen werden.

Teilfinanzhaushalt – Blatt 2
B. Investitionsprogramm – Planung einzelner Investitionsvorhaben

Muster Teilfinanzhaushalt
nach Anlage 5 VwV KomHSys, Teil B

Teilfinanzhaushalt Blatt 2 – B. Investitionsprogramm – Planung einzelner Investitionsvorhaben

Haushaltsjahr 2022

Produktklasse	3	Soziales und Jugend
Produktbereich	36	Kinder-, Jugend- und Familienhilfe (SGB VIII)
Produktgruppe	36.5	Tageseinrichtungen für Kinder
Produktuntergruppe	36.51	Tageseinrichtungen für Kinder
Produkt	36.51.01	Kindertagesstätten
Kostenstelle	36.51.01.01	Kita Bummi

Ein- und Auszahlungsarten (anteilig bezogen auf den Teilfinanzhaushalt)	Ergebnis des Vorjahres 2020 EUR	Ansatz des Vorjahres 2021 EUR	Ansatz des Haushaltsjahres (Planjahr) 2022 EUR	Verpflichtungsermächtigungen 2022 EUR	das auf das Haushaltsjahr folgende Jahr 2023	das 2. auf das Haushaltsjahr folgende Jahr 2024	das 3. auf das Haushaltsjahr folgende Jahr 2025	weitere auf das Haushaltsjahr folgende Jahre	Bisher bereitgestellt (inkl. Spalte 2) EUR	Gesamteinzahlungen/ -auszahlungen EUR
	1	2	3	4	5	6	7	8	9	10
Maßnahme: 00000002 Gültigkeit: 01.01.1899–	Geräte und Ausstattungen			Verantw.: Klasse: 1			Bis 20.000 Euro			
Einzahlungen aus Investitionszuweisungen	0,00	0	0		0	0	0	0	0	0
darunter investive Schlüsselzuweisungen	0,00	0	0		0	0	0	0	0	0
Einzahlungen aus Investitionsbeiträgen und ähnlichen Entgelten für Investitionstätigkeit	0,00	0	0		0	0	0	0	0	0
Einzahlungen aus der Veräußerung von Sachanlagevermögen	0,00	0	0		0	0	0	0	0	0
Einzahlungen aus der Veräußerung von Finanzanlagevermögen und von Wertpapieren des Umlaufvermögens	0,00	0	0		0	0	0	0	0	0
Einzahlungen für sonstige Investitionstätigkeit	0,00	0	0		0	0	0	0	0	0
Einzahlungen für Investitionstätigkeit	0,00	0	0		0	0	0	0	0	0
Auszahlungen für den Erwerb von Grundstücken und Gebäuden	0.00	0	0		0	0	0	0	0	0
Auszahlungen für Baumaßnahmen										
Auszahlungen für den Erwerb von beweglichen Sachanlagevermögen	0,00	0	3.800		0	0	0	0	0	3.800
Auszahlungen für den Erwerb von Finanzanlagevermögen und von Wertpapieren des Umlaufvermögens	0,00	0	0		0	0	0	0	0	0
Auszahlungen für Investitionsförderungsmaßnahmen	0,00	0	0		0	0	0	0	0	0

Ein- und Auszahlungsarten (anteilig bezogen auf den Teilfinanzhaushalt)	Ergebnis des Vorjahres 2020 EUR	Ansatz des Vorjahres 2021 EUR	Ansatz des Haushaltsjahres (Planjahr) 2022 EUR	Verpflichtungsermächtigungen 2022 EUR	das auf das Haushaltsjahr folgende Jahr 2023	das 2. auf das Haushaltsjahr folgende Jahr 2024	das 3. auf das Haushaltsjahr folgende Jahr 2025	weitere auf das Haushaltsjahr folgende Jahre	Bisher bereitgestellt (inkl. Spalte 2) EUR	Gesamteinzahlungen/ -auszahlungen EUR
	1	2	3	4	5	6	7	8	9	10
Auszahlungen für sonstige Investitionen	0,00	0	0		0	0	0	0	0	0
Auszahlungen für Investitionstätigkeit	0,00	0	3.800		0	0	0	0	0	3.800
Saldo (Einzahlungen aus Investitionstätigkeit ./. Auszahlungen für Investitionstätigkeit)	0,00	0	-3.800		0	0	0	0	0	-3.800
aus Vorjahren fortgeltende Verpflichtungsermächtigungen für die Maßnahme					0	0	0	0	0	0
vorgesehene Verpflichtungsermächtigungen des Haushaltsjahres für die Maßnahme					0	0	0	0	0	0
Summe der Verpflichtungsermächtigungen für die Maßnahme					0	0	0	0	0	0
davon voraussichtlich kreditfinanziert					0	0	0	0	0	0

Investitionen, die von geringer finanzieller Bedeutung sind, können zusammengefasst dargestellt werden.

Erläuterungen gemäß § 17 SächsKomHVO:

Im Teilfinanzhaushalt nicht berücksichtigt werden die Einzahlungen und Auszahlungen aus der Finanzierungstätigkeit. Damit werden beispielsweise Kreditaufnahmen nicht den Teilhaushalten zugeordnet, sondern ausschließlich zentral im Gesamtfinanzhaushalt veranschlagt.

Für den Teilfinanzhaushalt ist das Muster 10 der Anlage 5 VwV KomHSys verbindlich. Es gliedert sich in die Teile A und B. Teil A enthält dabei die allgemeine Zahlungsübersicht, Teil B die maßnahmebezogene Darstellung der Zahlungsströme aus laufender Verwaltungstätigkeit und Investitionstätigkeit. Vgl. Beispiele für die Teilfinanzhaushalte Teile A + B (s. S. 91 ff.).

3.3.2.6 Stellenplan

Gemäß § 63 SächsGemO bestimmt die Gemeinde im Stellenplan die Stellen ihrer Bediensteten, die für die Erfüllung der Aufgaben nach § 2 SächsGemO im Haushaltsjahr erforderlich sind. Der Stellenplan ist gemäß § 75 Abs. 2 SächsGemO i. V. m. § 1 Abs. 1 Nr. 3, § 5 SächsKomHVO Bestandteil des Haushaltsplanes. Im Stellenplan sind alle Stellen unabhängig von ihrer tatsächlichen Besetzung auszuweisen. Der Stellenplan weist vorrangig die Stellen der Beamten und die Stellen der nicht nur vorübergehend tariflich Beschäftigten sowie der insgesamt davon in der Kernverwaltung Beschäftigten systematisiert aus. Der Kernverwaltung werden die Produktbereiche 11, 12, 21 bis 24, 25 bis 29, 31 bis 35, 36, 41, 51, 52 sowie 55 bis 57 zugeordnet (§ 59 Nr. 28 SächsKomHVO). Diese Produktbereiche sind die typischen „Verwaltungsbereiche“ einer Gemeinde. Die Personalausstattung in der Kernverwaltung ist eine wichtige Kennzahl für interkommunale Vergleiche und die Bewertung der Effizienz einer Verwaltung. Für den Stellenplan ist das Muster 22 der Anlage 5 VwV KomHSys verbindlich anzuwenden. Das Vorhandensein einer entsprechenden Stelle im Stellenplan ist zwingende Voraussetzung für die Einstellung, Ernennung, Beförderung oder Höhergruppierung von Beschäftigten (vgl. auch Abschnitt 3.2.8.5).

Stellenplan[24]

Muster 22
(zu § 5 SächsKomHVO)

Teil A: Beamte

<table>
<tr><th rowspan="3">Laufbahngruppe und Amtsbezeichnung</th><th rowspan="3">Besoldungs-gruppe</th><th colspan="6">Zahl der Stellen</th><th rowspan="3">Vermerke, Erläuterungen (zum Beispiel Aufwandsent-schädigungen)</th></tr>
<tr><th rowspan="2">insgesamt</th><th colspan="2"></th><th colspan="3"></th></tr>
<tr><th>mit Zulage</th><th>Leerstellen</th><th>Zahl der Stellen 20..</th><th>Zahl der tatsächlich besetzten Stellen am 30. Juni 20..</th><th>davon Kernver-waltung, bezo-gen auf Spalte 3 – Zahl der Stellen insgesamt</th></tr>
<tr><td>1</td><td>2</td><td>3</td><td>4</td><td>5</td><td>6</td><td>7</td><td>8</td><td>9</td></tr>
<tr><td colspan="9">I. Gemeindeverwaltung – ohne Sondervermögen mit Sonderrechnung</td></tr>
<tr><td>Bürgermeister
Beigeordnete
Höherer Dienst

Gehobener Dienst

Mittlerer Dienst

Einfacher Dienst</td><td>...
...
...
...
...
...
...
...
...
...
...
...
...</td><td></td><td></td><td></td><td></td><td></td><td></td><td></td></tr>
<tr><td>Insgesamt:</td><td></td><td></td><td></td><td></td><td></td><td></td><td></td><td></td></tr>
</table>

<table>
<tr><td colspan="9">II. Sondervermögen mit Sonderrechnung</td></tr>
<tr><td>Insgesamt:</td><td></td><td></td><td></td><td></td><td></td><td></td><td></td><td></td></tr>
</table>

24 Auf einen Abdruck des Blattes 3 wurde verzichtet. Dieses enthält die Gliederung der Stellen nach Produkten.

Stellenplan – Blatt 2
Teil A: Arbeitnehmer

(umfasst auch die vergleichbaren Beschäftigten der nicht dem TVöD beigetretenen kommunalen Körperschaften)

	Entgelt-gruppe	Zahl der Stellen						Vermerke, Erläuterungen (zum Beispiel Aufwandsent-schädigungen)
		insgesamt	mit Zulage	Leerstellen	Zahl der Stellen 20..	Zahl der tat-sächlich be-setzten Stel-len am 30. Juni 20..	davon Kernver-waltung, bezo-gen auf Spalte 3 – Zahl der Stellen insgesamt	
1	2	3	4	5	6	7	8	9
I. Gemeindeverwaltung – ohne Sondervermögen mit Sonderrechnung								
	...							
	...							
	...							
	...							
	...							
	...							
	...							
	...							
	...							
	...							
	...							
	...							
	...							
	...							
	...							
	...							
	...							
Insgesamt:								

II. Sondervermögen mit Sonderrechnung								
Insgesamt:								

Beschäftigte insgesamt (A +B)						
ohne A II + B II **mit A II + B II**						

3.3.3 Anlagen des Haushaltsplanes

§ 1 Abs. 3 SächsKomHVO nennt verschiedene Dokumente und Übersichten, die dem Haushaltsplan als Anlage beizufügen sind. Diese Anlagen dienen insbesondere der Information der Gemeinderäte, Bürger, Rechtsaufsichtsbehörden und sonstigen Externen. Mit den Anlagen werden Ansätze des Haushaltsplanes näher erläutert und Informationen über Sachverhalte erteilt, die im Haushalt nicht oder nur eingeschränkt zu erkennen sind. Die Anlagen dienen damit der Transparenz der kommunalen Haushalte. Die Anlagen haben keinen Festsetzungscharakter und damit auch keine Satzungsqualität.

3.3.3.1 Vorbericht

Der Vorbericht (§ 1 Abs. 3 Nr. 1, § 6 SächsKomHVO) ist die Hauptinformationsquelle für externe Adressaten, die sich einen raschen Überblick über die wirtschaftliche Lage und dauerhafte Leistungsfähigkeit einer Gemeinde verschaffen wollen. Hierzu gehören insbesondere die Gemeinderäte, die Rechtsaufsichtsbehörden aber auch Prüfungseinrichtungen. Als Hilfsmittel sollen Kennzahlen eingesetzt werden, die neben dem Zeitreihenvergleich auch einen inter- und intrakommunalen Vergleich ermöglichen.

Die nachfolgende Übersicht zeigt die nach § 6 SächsKomHVO erforderlichen Darstellungen im Vorbericht:

Grundlage	Mindestinhalt	Erläuterung
§ 6 Nr. 1	Darstellung der wesentlichen Ziele und Strategien der Kommune unter Einbeziehung der Ergebnisse des Vorjahres	Die Ziele können sich auf bestimmte Leistungs- oder Finanzkennzahlen des Haushalts (Verschuldung, Liquidität, Investitionsquote) oder eines Produktes beziehen (durchschnittliche Bearbeitungsdauer, Aufwand). Grundlage sind strategische, d. h. langfristige Zielvorgaben des Rates, an denen sich das wirtschaftliche Handeln der Gemeinde auszurichten hat.
§ 6 Nr. 2, 1. HS	Entwicklungen der wesentlichen Erträge, Aufwendungen, Einzahlungen, Auszahlungen sowie aller Verbindlichkeiten und sonstigen Verpflichtungen	Neben der Darstellung wesentlicher aktueller Finanzpositionen und Entwicklungsfaktoren sollen diese auch im Vergleich zum Vorjahr und in Bezug auf die im Finanzplanungszeitraum zu erwartende Entwicklung bewertet werden.
§ 6 Nr. 2, 2. HS	Darstellung der durchschnittlichen rechnerischen Tilgungsdauer sowie der Nutzungsdauer des Anlagevermögens	Die durchschnittliche Tilgungsdauer zeigt, wie lange eine Gemeinde noch Schulden tilgen muss, wenn sie die bisherigen Tilgungsraten beibehält. Die durchschnittliche Nutzungsdauer zeigt dagegen, wieviele Jahre der Nutzungsdauer des abnutzbaren Vermögens bereits vergangen sind und wie viele Nutzungsjahre im Durchschnitt noch bleiben. Im Idealfall sollten Tilgungs- und Nutzungsdauer kongruent sein.
§ 6 Nr. 3	Entwicklung des Gesamtergebnisses unter Berücksichtigung von Fehlbeträgen und Rücklagen sowie der Entwicklung des Basiskapitals auf Grund der Verrechnungen nach § 72 Abs. 3 SächsGemO	Das Gesamtergebnis und die Rücklagen stehen in einem engen Zusammenhang. Eine negative Entwicklung des Gesamtergebnisses schmälert die Rücklagen und bewirkt langfristig das Entstehen von Fehlbeträgen. Sind bereits Fehlbeträge entstanden, soll dargestellt werden, wie diese im Finanzplanungszeitraum gedeckt werden können. Ferner ist die Entwicklung des Basiskapitals, differenziert nach dem verrechnungsfähigen und dem nicht verrechnungsfähigen Basiskapital durch die Verrechnungen nach § 72 Abs. 3 SächsGemO, darzustellen.
§ 6 Nr. 4	Darstellung erheblicher Investitionen und Investitionsförderungsmaßnahmen einschließlich der Belastungen künftiger Haushaltsjahre	Die Erheblichkeitsgrenze für eine Investition kann die Gemeinde nach örtlichen Erfordernissen beispielsweise in § 6 der Haushaltssatzung (vgl. Muster VwV KomHSys) selbst festlegen. Im Übrigen sollen hier insbesondere Darstellungen zum Umfang der Investitionsmaßnahmen unter Berücksichtigung aller Folgekosten und etwaiger Alternativen erfolgen.
§ 6 Nr. 5	Aussagen zur Entwicklung des Zahlungsmittelüberschusses bzw. -fehlbedarfs aus laufender Verwaltungstätigkeit sowie zur Inanspruchnahme von Kassenkrediten und der Liquiditätsreserve	Hier sollen insbesondere Aussagen zur Liquiditätsentwicklung der Gemeinde getroffen werden. Welche Änderungen hat es bei den Zahlungsmittelsalden gegeben, welche Mittel stehen als Liquiditätsreserve zur Verfügung und in welchem Umfang mussten Kassenkredite in Anspruch genommen werden.
§ 6 Nr. 6	Finanzierungsbedarf aus der Inanspruchnahme von Rückstellungen	Hierunter fallen Aussagen zur möglichen Inanspruchnahme aus Rückstellungen (z. B. vertragliche Verpflichtungen oder Nachsorgeaufwendungen für Deponien), die die Liquidität der Gemeinde einschränken.
§ 6 Nr. 7	Umsetzung von Maßnahmen des Haushaltsstrukturkonzeptes	Musste die Gemeinde ein Haushaltsstrukturkonzept aufstellen, so muss sie an dieser Stelle berichten, ob die Maßnahmen vollzogen wurden und wie sich dies auf die Entwicklung der wirtschaftlichen Lage ausgewirkt hat.
§ 6 Nr. 8	Auswirkungen der Bevölkerungsstatistik	Im Hinblick auf die demographische Entwicklung muss die Gemeinde darstellen, wie sie ihre Haushaltswirtschaft an die Änderungen der Bevölkerungsstatistik anpassen wird.

Grundlage	Mindestinhalt	Erläuterung
§ 6 Nr. 9	Entwicklung von haushaltswirtschaftlichen Belastungen aus der Eigenkapitalausstattung und der Verlustabdeckung für andere Organisationseinheiten und Vermögensmassen, aus Umlagen usw. für Sondervermögen mit Sonderrechnung, Formen der kommunalen Zusammenarbeit sowie den unmittelbaren und mittelbaren Beteiligungen	Ist die Gemeinde an Unternehmen beteiligt oder hat sie Sondervermögen (Eigenbetriebe) errichtet, können hieraus finanzwirtschaftliche Belastungen, z. B. die Übernahme von Verlusten oder Kreditsicherungen, entstehen. Diese muss die Gemeinde benennen und auf künftige Risiken hinweisen. Gleiches gilt für Verpflichtungen der Gemeinde, die sich aus der Mitgliedschaft in Zweckverbänden ergeben.

3.3.3.2 Haushaltsstrukturkonzept

Der Gemeinde gelingt es nicht immer, trotz weit reichender Einsparungen und der Erhöhung bzw. Erhebung von Erträgen, den Haushaltsausgleich im Ergebnis- und/oder Finanzhaushalt herbeizuführen. Eine hohe Verschuldung der Gemeinde im Kernhaushalt oder eine hohe Gesamtverschuldung kann eine wirtschaftliche Schieflage wegen des damit verbundenen Kapitaldienstes verursachen. In diesen Fällen muss die Gemeinde ein Haushaltsstrukturkonzept aufstellen.

Voraussetzungen eines Haushaltsstrukturkonzeptes

§ 72 Abs. 3 Satz 5 SächsGemO bestimmt hierzu:

Wird der Ausgleich im Ergebnishaushalt nicht erreicht, ist ein Haushaltsstrukturkonzept aufzustellen, welches den Ausgleich im Ergebnishaushalt bis zum vierten Folgejahr sicherstellt.

Ein Haushaltsstrukturkonzept ist nach § 72 Abs. 4 Satz 3 SächsGemO ferner aufzustellen, wenn die Voraussetzungen der Sätze 1 bis 2, das heißt die Erwirtschaftung eines Zahlungsmittelsaldos aus laufender Verwaltungstätigkeit in der notwendigen Höhe, nicht erreicht wird.

Darüber hinaus ist ein Haushaltsstrukturkonzept spätestens dann aufzustellen, wenn die Vermögensrechnung einen nicht durch die Kapitalposition gedeckten Fehlbetrag ausweist (Überschuldung) oder mit hinreichender Sicherheit feststeht, dass die Überschuldung mittelfristig eintreten wird. Mit dem Haushaltsstrukturkonzept muss die Überschuldung bis zum vierten Folgejahr beseitig oder abgewendet werden.

Erstellung und Zielstellung eines Haushaltsstrukturkonzeptes

Das Haushaltsstrukturkonzept bedarf gemäß § 72 Abs. 6 Satz 1 SächsGemO der Genehmigung durch die Rechtsaufsichtsbehörde, welche unter Bedingungen und Auflagen erteilt werden kann. Das Haushaltsstrukturkonzept bietet die Grundlage, einen nicht ausgeglichen Haushalt zu vollziehen, es ist der Haushaltsentwicklung regelmäßig anzupassen.

Durch das Haushaltsstrukturkonzept soll die Gewährleistung der Erfüllung kommunaler Aufgaben langfristig sichergestellt werden. Dies setzt voraus, dass

- der Haushalt nach § 72 Abs. 3 SächsGemO im Ergebnishaushalt (Gesamthaushalt unter Berücksichtigung zulässiger Verrechnungen) ausgeglichen ist und
- der Haushaltsgleich im Finanzhaushalt nach § 72 Abs. 4 SächsGemO gewährleistet ist sowie
- etwaige Fehlbeträge aus Vorjahren gedeckt sind (§ 72 Abs. 7 SächsGemO i. V. m. § 24 Abs. 4 SächsKomHVO).

Die inhaltlichen Anforderungen an das Haushaltsstrukturkonzept ergeben sich aus § 26 SächsKomHVO. Das Haushaltsstrukturkonzept besteht aus

- einer Darstellung von Maßnahmen zur Erhöhung von Erträgen und Einzahlungen und Reduzierung von Aufwendungen und Auszahlungen innerhalb der Produktgruppen unter Angabe des Konsolidierungsbetrages, d. h. der in Geld bewerteten realisierbaren Verbesserungen,
- einer Beschreibung der geplanten Maßnahmen,
- einer tabellarischen Darstellung der finanziellen Auswirkungen der Maßnahmen auf die Ertragslage und die Liquidität auf Ebene der Produktgruppen und
- einer Gesamtdarstellung der Maßnahmen, bei der die Auswirkungen auf den Haushaltsplan und Finanzplan sowohl mit als auch ohne Haushaltsstrukturkonzept ausgewiesen werden müssen.

Das Haushaltsstrukturkonzept ermöglicht es der Rechtsaufsichtsbehörde, dem Gemeinderat und anderen Sachkundigen zu beurteilen, ob die von der Gemeinde angestrebten Maßnahmen dem Grunde und der Höhe nach realistisch sind. Nur so kann eine Aussage darüber getroffen werden, ob und gegebenenfalls wann ein Haushaltsausgleich bei der Gemeinde wieder aus eigenen Kräften möglich ist.

Beispiel:

Das Haushaltsstrukturkonzept sieht vor, in der Produktgruppe Tageseinrichtungen für Kinder (365) Personalaufwendungen i. H. v. 1,5 Mio. Euro einzusparen. Darüber hinaus sollen im Produkt Meldewesen (122201) durch Standardabbau Minderaufwendungen i. H. v. 750.000 Euro generiert werden. Bei der Überprüfung wird festgestellt, dass im Kindergarten auf Grund des gesetzlich fixierten Personalschlüssels voraussichtlich zwei neue Mitarbeiter eingestellt werden müssen. Die angegebene Reduzierung der Personalaufwendungen ist somit nicht realisierbar. Da es sich beim Meldewesen um eine Weisungsaufgabe nach § 2 Abs. 3 SächsGemO handelt, steht es der Gemeinde nicht frei, über Standards zu entscheiden. Auch dieser Sparvorschlag ist unrealistisch.

Das Haushaltsstrukturkonzept ist für die Haushaltsplanung und -durchführung verbindlich (§ 26 Abs. 2 SächsKomHVO). Es ist der tatsächlichen Entwicklung anzupassen und regelmäßig fortzuschreiben (§ 72 Abs. 6 Satz 4 SächsGemO).

Maßnahmen zur Haushaltskonsolidierung

Zur Erlangung des Haushaltsausgleiches im Ergebnis- und/oder Finanzhaushalt muss die Gemeinde im Haushaltsstrukturkonzept alle in Betracht kommenden Maßnahmen zur Erhöhung von Erträgen/Einzahlungen und zur Reduzierung von Aufwendungen/Auszahlungen prüfen. In Betracht kommen dabei beispielsweise auf der Ertragsseite

- die Erhöhung der Hebesätze für die Realsteuern,
- die Verbesserung des Kostendeckungsgrades bei öffentlichen Einrichtungen durch Erhöhung der Entgelte oder durch bessere Auslastung,
- die erstmalige Erhebung oder Erhöhung von Mieten, Pachten und Konzessionsabgaben und
- die rechtzeitige Einziehung von Forderungen sowie die Festsetzung von abgabenrechtlichen Nebenleistungen (Säumniszuschläge, Stundungszinsen usw.).

Die Veräußerung kommunalen Vermögens führt nicht zu einer Verbesserung des ordentlichen Ergebnisses, da

- Veräußerungserlöse nur dann einen Ertrag bedeuten, wenn ein Kaufpreis realisiert wird, welcher über dem Restbuchwert liegt und
- diese Erträge als außerordentliche Erträge im Sonderergebnis darzustellen sind.

Ferner ist hierbei zu beachten, dass der positive Effekt der Vermögensveräußerung einmalig ist und gleichzeitig zu einem Vermögensverzehr führt.

Auf der Aufwandsseite sind mögliche Maßnahmen:

- die Reduzierung von Personalaufwendungen durch Einstellungssperren, Wiederbesetzungssperren und Überprüfung der Eingruppierung nach dem Tarifvertrag für den öffentlichen Dienst (TVöD),
- die Reduzierung der Zuschüsse an öffentliche Einrichtungen und Unternehmen mit kommunaler Beteiligung,
- die Reduzierung von Verwaltungs- und Betriebsaufwendungen oder
- die Effektivierung von Verwaltungsstrukturen (weniger Aufwand bei gleichem Ergebnis) sowie
- die Umstrukturierung des Anlagevermögens.

Die Einsparungsmöglichkeiten geraten dort an ihre Grenze, wo die Gemeinde nicht mehr handlungsfähig ist bzw. gesetzliche Pflichten nicht mehr erfüllt werden können.

Beispiel:
Das Haushaltsstrukturkonzept sieht vor, die Abteilung Finanzverwaltung aufzulösen und die Mitarbeiter zu entlassen.

Ein ordnungsgemäßes Haushalts- und Rechnungswesen ist für alle Gemeinden verpflichtend. Werden die Mitarbeiter vollständig entlassen, kann die Aufgabe nicht mehr erfüllt werden. Die Verwaltung wäre handlungsunfähig und der Vorschlag damit unzulässig.

3.3.3.3 Übersichten zu Verpflichtungsermächtigungen, Verbindlichkeiten, Rückstellungen und Rücklagen

Gemäß § 1 Abs. 3 Nr. 3 bis 6 SächsKomHVO sind dem Haushaltsplan verschiedene Übersichten als Anlage beizufügen.

Hierzu gehören die

- eine Übersicht zur Entwicklung des Basiskapitals nach dem Muster 21 Anlage 5 VwV KomHSys,
- Übersicht über die aus Verpflichtungsermächtigungen in den einzelnen Haushaltsjahren voraussichtlich fällig werdenden Auszahlungen (Muster 17 Anlage 5 VwV KomHSys),
- Übersicht über den voraussichtlichen Stand der Verbindlichkeiten ohne Kassenkredite einschließlich der Verpflichtungen aus Bürgschaften, Gewährverträgen und der ihnen wirtschaftlich gleichkommenden Rechtsgeschäfte (Muster 18 Anlage 5 VwV KomHSys),
- Übersicht über den voraussichtlichen Stand der Rückstellungen (Muster 20 Anlage 5 VwV KomHSys),
- Übersicht über den voraussichtlichen Stand der Rücklagen (Muster 19 Anlage 5 VwV KomHSys) sowie
- Übersicht zu wesentlichen Instandhaltungs- und Instandsetzungsmaßnahmen (Muster 9 Anlage 5 VwV KomHSys).

Die Angaben beziehen sich jeweils auf den Beginn des Vorjahres und auf den Beginn des Haushaltsjahres. Die verbindlichen Muster der Anlage 5 VwV KomHSys sind Grundlage für die Gestaltung der Anlagen.

Die Anlagen sollen einen schnellen Überblick über die finanzwirtschaftliche Lage der Gemeinde ermöglichen. So kann der Leser aus der Übersicht über den Stand der Verbindlichkeiten schnell erkennen, wie hoch die Gemeinde verschuldet ist, welche Verbindlichkeiten bestehen und in welchem Umfang Verbindlichkeiten abgebaut werden.

3.3.3.4 Wirtschaftspläne und neueste Jahresabschlüsse

Hat die Gemeinde Sondervermögen mit Sonderrechnung errichtet, müssen dem Haushaltsplan als Anlage auch die Wirtschaftspläne des Sondervermögens sowie die neuesten Jahresabschlüsse beigefügt werden (§ 1 Abs. 3 Nr. 7 SächsKomHVO). Zu dem mit Sonderrechnung geführten Sondervermögen gehören insbesondere Eigenbetriebe und das Vermögen rechtlich unselbstständiger Stiftungen (§ 91 Abs. 1 SächsGemO).

Gleiches gilt auch für Unternehmen und Einrichtungen mit eigener Rechtspersönlichkeit, an denen die Gemeinde mit mehr als 20 v. H. beteiligt ist (§ 1 Abs. 3 Nr. 8 SächsKomHVO). Liegen für diese Unternehmen die Wirtschaftspläne und Jahresabschlüsse nicht vor, kann an deren Stelle eine kurz gefasste Übersicht über die Wirtschaftslage und die voraussichtliche Entwicklung der Unternehmen und Einrichtungen treten.

Mit diesen Anlagen werden die wirtschaftlichen Daten zur Entwicklung von ausgelagerten Einrichtungen erkennbar. Die Gesamtbetrachtung der Gemeinde mit ihren ausgelagerten Einrichtungen als „Konzern" wird in der Zukunft an Bedeutung zunehmen. Bedingt durch eine Verlagerung von Aufgaben in Gesellschaften oder andere juristische Personen des Privatrechtes steigen auch die Haftungs- und Aufgabenerfüllungsrisiken der Gemeinde. Diese sollen durch eine Einbeziehung in den Haushaltsplan transparenter werden.

3.3.3.5 Übersichten zur Zuordnung von Produktbereichen und -gruppen sowie von Erträgen und Aufwendungen

Gemäß § 1 Abs. 3 Nr. 9 i. V. m. § 4 Abs. 5 SächsKomHVO sind dem Haushaltsplan als Anlage je eine Übersicht über die Zuordnung der Produktbereiche und -gruppen zu den Teilhaushalten sowie Übersichten zur Zuordnung von Erträgen und Aufwendungen zum vorgegebenen Produktrahmen beizufügen.

Für die Zuordnung der Produktbereiche und -gruppen ist für jeden Teilhaushalt eine Übersicht zu erstellen. Ein verbindliches Muster hierfür ist nicht vorgegeben.

Für die Übersichten zu den produktbezogenen Finanzdaten (= Erträge und Aufwendungen) des Ergebnishaushalts ist das Muster 6 der Anlage 5 VwV KomHSys verbindlich anzuwenden. Diese für alle Gemeinden einheitlich vorgegebene Form der Darstellung soll vor allem den Rechtsaufsichtsbehörden im Rahmen der Prüfung kommunaler Haushalte dienen.

Fragen zur Lernkontrolle

66. In welchen Phasen entsteht der Haushaltsplan? Welche Möglichkeiten gibt es für das interne Planverfahren?
67. Nennen Sie die Bestandteile und Anlagen des Haushaltsplanes?
68. Wie unterscheiden sich Bestandteile und Anlagen des Haushaltsplanes hinsichtlich Inhalt und rechtlicher Qualität?
69. Was versteht man unter einem Teilhaushalt? Welche Merkmale hat ein Teilhaushalt und welche Unterschiede bestehen zum Gesamthaushalt?
70. Ist die Gemeinde bei der Gestaltung ihrer Haushaltssatzung und der Bestandteile und Anlagen des Haushaltsplanes frei? Wenn nein, welche Vorschriften muss sie beachten? Welcher Zweck wird hiermit verfolgt?
71. Können oder müssen die Planansätze unter bestimmten Voraussetzungen während des Haushaltsjahres angepasst oder geändert werden? Was muss die Gemeinde hierfür tun?

3.4 Haushaltssystematik

Die kommunale Haushaltssystematik befasst sich mit der Gliederung der Haushalte in Produkte und Konten. Um eine Vergleichbarkeit der kommunalen Produkte und Leistungen gegenüber anderen Gemeinden sicherzustellen, wurden hierzu einheitliche Rahmenpläne erarbeitet. Diese umfassen den Produktrahmen und den Kontenrahmen.

3.4.1 Produktrahmen und Produktplan

In den Teilhaushalten werden die Produkte abgebildet (vgl. Abschnitt 3.3.2.5). Die Bildung der Produkte ist dabei nicht jeder Gemeinde freigestellt. Gemäß Teil II Nr. 1 VwV KomHSys muss die Gemeinde den Produktrahmen der Anlage 1 zur Grundlage nehmen. Der Produktrahmen enthält verschiedene Ebenen zur Gliederung der Produkte:

- Produktbereiche (2steller) = Zusammenfassung von inhaltlich zusammengehörenden Produktgruppen innerhalb der Produkthierarchie, § 59 Nr. 39 SächsKomHVO
- Produktgruppe (3steller) = Zusammenfassung von inhaltlich zusammengehörenden Produkten und Produktuntergruppen innerhalb der Produkthierarchie, § 59 Nr. 40 SächsKomHVO
- Produktuntergruppe (4steller)
- Produkt (6steller) = Leistung oder Gruppe von Leistungen, die für Stellen innerhalb oder außerhalb der Verwaltungseinheit erbracht werden, § 59 Nr. 38 SächsKomHVO.[25]

Auf der folgenden Seite ist ein Auszug aus der Arbeitshilfe kommunaler Produktrahmen abgedruckt:

25 Die 6steller sind nicht verbindlich vorgegeben. Sie werden in der Arbeitshilfe des SMI nur empfohlen.

Auszug aus der Arbeitshilfe Kommunaler Produktrahmen[26]

Die fett markierten Produktbereiche, Produktgruppen und Produktuntergruppen sind verbindlich vorgeschrieben.

Produkt-bereich	**Produkt-gruppe**	**Produkt-unter-gruppe**	**Produkt**	**Bezeichnung**
11				Innere Verwaltung
	111			**Verwaltungssteuerung und -service**
		1111		Gemeindeorgane
			111101	Gemeinderat, Stadtrat, Kreistag
			111102	Ortschaftsrat, Stadtbezirksrat
			111103	Oberbürgermeister, Bürgermeister, Landrat, Beigeordneter, Ortsvorsteher, soweit nicht in anderen Produkten dargestellt
			111104	Ausschüsse
			111105	Fraktionen
			111106	Repräsentationen, Ehrungen, partnerschaftliche Beziehungen
			111110	Gemeinschaftsausschuss, Verbandsversammlung, sonstige Gremien
		1112		Innere Verwaltungsangelegenheiten
			111201	Organisationsangelegenheiten
			111202	Personalangelegenheiten
			111203	Allgemeine Rechtsangelegenheiten und Regelung offener Vermögensfragen
			111204	Rats- oder Verwaltungsbeauftragte für besondere Aufgaben
			111205	Öffentlichkeitsarbeit
			111206	Personal- und Betriebsrat, Schwerbehindertenvertretung, Frauenbeauftragte
		1113		Finanzverwaltung
			111301	Haushaltswirtschaft, Finanzsteuerung
			111302	Kassen- und Rechnungswesen, Vollstreckung
			111303	Finanzvermögens- und Schuldenverwaltung
			111304	Verwaltung von Steuern und sonstigen Abgaben
			111305	Bebautes und unbebautes Grundvermögen, Liegenschaftsverwaltung, Gebäudemanagement
			111306	Beteiligungsmanagement einschließlich Eigenbetriebe und Zweckverbände
			111307	Sonstige Finanzaufgaben wie Erbschaften, Stiftungen, Spenden
		1114		Rechnungsprüfung
			111401	Rechnungsprüfung
		1115		Kommunalaufsicht
			111501	Kommunalaufsicht
		1116		Einrichtungen für die gesamte Verwaltung sowie Verwaltungsangehörige
			111601	Betriebskindergarten
			111602	IT-Benutzungsbetreuung
			111603	Entwicklung und Pflege von IT-Anwendungen
			111604	IT-Schulungen
			111605	Zentrales Netz inklusive Telekommunikation
			111606	Zentrale und dezentrale Rechentechnik
			111607	Fahrdienst
			111608	Hauptregistratur
			111609	Hauptarchiv
			111610	Hausdruckerei, Buchbinderei, Vervielfältigung
			111611	Kantinen, sonstige Gemeinschaftsküchen
			111612	Post- und Zustelldienst, Botendienst
			111613	Zentrale Beschaffungsstelle und Vergabestelle
			111614	Baubetriebshof, soweit nicht in anderen Produkten dargestellt
12				**Sicherheit und Ordnung**
	121			**Statistik und Wahlen**
		1211		Statistik
			121101	Statistische Angelegenheiten, eigene Statistiken und Auftragsstatistiken aller Art
			121102	Kommunale Gebietsgliederung
		1212		Wahlen
			121201	Erledigung aller Aufgaben bei der Durchführung von Wahlen und Abstimmungen
	122			**Ordnungsangelegenheiten**
		1221		Ordnungsaufgaben
			122101	Allgemeine Gefahrenabwehr und Angelegenheiten der allgemeinen öffentlichen Sicherheit und Ordnung einschließlich Obdachlose, Nachlass, Bestattungen, Schornsteinfegerwesen
			122102	Aufgaben der unteren Jagdbehörden nach Bundes- und Landesrecht, Waffen- und Sprengstoffrecht, Jagdwesen
			122103	Fundsachen
			122104	Dienstleistungen des Ordnungswesens, soweit nicht bei anderen Produkten zugeordnet
			122105	Überwachung erlaubnisfreier Gewerbebetriebe
			122106	Erteilung der Genehmigung und Überwachung erlaubnispflichtiger Gewerbebetriebe
			122107	Kraftfahrzeugzulassung
			122108	Fahrerlaubnisse

26 Vgl. www.kommunale-verwaltung.sachsen.de

3. Haushaltswesen

Produkt-bereich	Produkt-gruppe	Produkt-unter-gruppe	Produkt	Bezeichnung
			122109	Beförderungserlaubnisse
			122110	Fleischhygiene
			122111	Lebensmittel- und Bedarfsgegenständeüberwachung
			122112	Tierseuchenbekämpfung, Tierschutz
			122113	Schiedsstelle, Friedensrichter
			122114	Vereins-, Versammlungs- und Pressewesen nach Landesrecht
			122115	Untersagung der Fortsetzung des Betriebes nach § 1 6 Abs. 3 HwO
		1222		Melde- und Personenstandwesen
			122201	Aufgaben des Meldewesens
			122202	Aufenthaltsregelungen für Ausländer aus Staaten außerhalb der Europäischen Union ohne Asyl
			122203	Aufenthaltsregelungen für Asylbewerber
			122204	Genehmigungen für Ausländer aus dem Bereich der Europäischen Union
			122205	Aufgaben nach WPflG
			122206	Ausweis- und sonstige Dokumente
			122207	Regelungen der deutschen Staatsangehörigkeit
			122208	Lohnsteuerkarten
			122209	Behördliche Namensänderungen
			122210	Beurkundungen
			122211	Geburten- und Sterbebuch
			122212	Heiratsbuch, Familienbuch, Eheschließung, Verpartnerung
			122213	Standesamtsaufsicht
		1223		Wahrnehmung der Aufgaben der unteren Straßenaufsichtsbehörden und der Straßenverkehrsbehörden
			122301	Überwachung des ruhenden und fließenden Verkehrs
			122302	Verkehrsrechtliche Anordnungen und Genehmigungen
	126			**Brandschutz**
			126001	Brandbekämpfung und Gefahrenabwehr
			126002	Gefahrenvorbeugung
			126003	Feuerwehrtechnische Leitstelle, soweit nicht anderen Produkten zugeordnet; bezieht sich auf Anteil des Brandschutzes an der Leitstelle
	127			**Rettungsdienst**
			127001	Krankentransport
			127002	Medizinischer Transport (Implantate, Medikamente)
			127003	Notfallrettung
			127004	Rettungssicherheitswachdienst
			127005	Rettungsleitstelle, soweit nicht anderen Produkten zugeordnet; bezieht sich auf Anteil Rettungsdienst
	128			**Katastrophenschutz**
			128001	Katastrophen- und Zivilschutz
2 1 -24				**Schulträgeraufgaben**
	211			**Grundschulen**
		2111		Grundschulen in öffentlicher Trägerschaft
			211101	Grundschulen in öffentlicher Trägerschaft
		2112		Grundschulen in freier Trägerschaft
			211201	Grundschulen in freier Trägerschaft
	215			**Oberschulen**
		2151		Oberschulen in öffentlicher Trägerschaft
			215101	Oberschulen in öffentlicher Trägerschaft
		2152		Oberschulen in freier Trägerschaft
			215201	Oberschulen in freier Trägerschaft
		2153		Abendoberschulen
			215301	Abendoberschulen
	2 1 7			**Gymnasien, Kollegs**
		2171		Gymnasien, Kollegs ohne berufliche Gymnasien in öffentlicher Trägerschaft
			217101	Gymnasien, Kollegs ohne berufliche Gymnasien in öffentlicher Trägerschaft
		2172		Gymnasien in freier Trägerschaft
			217201	Gymnasien in freier Trägerschaft
		2173		Abendgymnasien
			217301	Abendgymnasien
		2174		Sonstige
			217401	Sonstige
	221			**Förderschulen**
		2211		Förderschulen für Blinde und Sehbehinderte
			221101	Förderschulen für Blinde und Sehbehinderte
		2212		Förderschulen für Hörgeschädigte
			221201	Förderschulen für Hörgeschädigte
		2213		Förderschulen für geistig Behinderte
			221301	Förderschulen für geistig Behinderte
		2214		Förderschulen für Körperbehinderte
			221401	Förderschulen für Körperbehinderte
		2215		Förderschulen für Lernförderung
			221501	Förderschulen für Lernförderung

Produkt-bereich	Produkt-gruppe	Produkt-unter-gruppe	Produkt	Bezeichnung
		2216		Sprachheilschulen
			221601	Sprachheilschulen
		2217		Förderschulen für Erziehungshilfe
			221701	Förderschulen für Erziehungshilfe
		2218		Klinik- und Krankenhausschulen
			221801	Klinik- und Krankenhausschulen
		2219		Förderschulen in freier Trägerschaft
			221901	Förderschulen in freier Trägerschaft
	231			**Berufliche Schulen**
		2311		Berufsschulen, Fachschulen. Berufsfachschulen. berufliche Gymnasien, Fachoberschulen einschließlich Berufskollegs, Vorbereitungs- und Berufsgrundbildungsjahr in öffentlicher Trägerschaft
			231101	Berufsschulen, Fachschulen. Berufsfachschulen. berufliche Gymnasien, Fachoberschulen einschließlich Berufskollegs, Vorbereitungs- und Berufsgrundbildungsjahr in öffentlicher Trägerschaft
		2312		Berufsschulen, Fachschulen. Berufsfachschulen. berufliche Gymnasien, Fachoberschulen einschließlich Berufskollegs, Vorbereitungs- und Berufsgrundbildungsjahr in freier Trägerschaft
			231201	Berufsschulen, Fachschulen. Berufsfachschulen. berufliche Gymnasien, Fachoberschulen einschließlich Berufskollegs, Vorbereitungs- und Berufsgrundbildungsjahr in freier Trägerschaft
		2313		Berufsbildende Förderschulen in öffentlicher Trägerschaft
			231301	Berufsbildende Förderschulen in öffentlicher Trägerschaft
		2314		Berufsbildende Förderschulen in freier Trägerschaft
			231401	Berufsbildende Förderschulen in freier Trägerschaft
		2315		Einjährige Fachschulen im Bereich Agrarwirtschaft
			231501	Einjährige Fachschulen im Bereich Agrarwirtschaft
	241			**Schülerbeförderung**
			241001	Schülerbeförderung
	242			**Fördermaßnahmen für Schüler**
		2421		Sonstige Leistungen
			242101	Sonstige Leistungen
	243			**Sonstige schulische Aufgaben**
			243001	Schulartenübergreifende Maßnahmen für allgemeinbildende und berufliche Schulen
			243002	Schulnetzplanung und örtliche Standortplanung
			243003	Medienzentren
			243004	Sonstige Serviceeinrichtungen für Schulen
			243005	Schulpsychologischer Dienst
			243006	Schullandheime
			243007	Schülerverkehrsgärten, Schülerlotsen
			243008	Entscheidungen über die Erfüllung und das Ruhen der Schulpflicht
			243009	Finanzielle Unterstützung bei auswärtiger Unterbringung

Die Gliederung in die Produktbereiche und Produktgruppen ist entsprechend der Anlage 1 der VwV KomHSys verbindlich.

In Sachsen sind folgende sieben Bereiche für die Produktgliederung vorgegeben:

1 Zentrale Verwaltung
2 Schule und Kultur
3 Soziales und Jugend
4 Gesundheit und Sport
5 Gestaltung der Umwelt
6 Zentrale Finanzdienstleistungen
7 Besondere Schadensereignisse

Die Produktbereiche der Gliederung 7 (Produktbereich 71 bis 76) sind ausschließlich bei außergewöhnlichen Schadensereignissen und nur durch einen Erlass des Sächsischen Staatsministeriums des Inneren zu bilden.

Die Anlage l der VwV KomHSys gibt eine Reihe von Produktuntergruppen aus den Bereichen 2, 3 und 5 vor, von welchen die Gemeinden nicht abweichen dürfen. Die darüber hinaus bestehenden Produktuntergruppen und die darunter liegenden Produkte und Leistungen dürfen nach eigenem Ermessen zugeordnet, bezeichnet und gegliedert werden. Die Gemeinde ist damit aufgefordert einen eigenen Produktplan aufzustellen, der die Produkte entsprechend den örtlichen Gegebenheiten umfasst. Das SMI hat hierfür im Internet die schon benannte Arbeitshilfe zur Verfügung gestellt.

3.4.2 Kontenrahmen und Kontenplan

Neben dem Produktrahmen bildet der einheitliche Kontenrahmen ein Instrument zur Buchung nach einheitlichen Maßstäben und zur Erfüllung der statistischen Berichtspflichten der Kommunen. Der kommunale Kontenrahmen enthält die geordnete Übersicht über alle Konten, die in einer Verwaltung vorkommen können. Neben seiner vereinheitlichenden Funktion liefert er für die spezifischen kommunalen Bedürfnisse den Rahmen für einen Kontenplan und eine Kontierungsrichtlinie.[27]

27 Vgl. Hoffmann, Jänchen, Wirth, a. a. O., Abschnitt 5.3.1.

Der Kontenrahmen ist nach Teil II Nr. 2 der VwV KomHSys verbindlich. Er zeigt auf, welche Konten mindestens gebildet werden müssen. Tiefere Gliederungen stehen im Ermessen der Gemeinden.

Der Kontenrahmen (Anlage 2 VwV KomHSys) ist in zehn Kontenklassen aufgeteilt, die die Komponenten des Haushalts widerspiegeln:

Gliederung des sächsischen Kontenrahmens									
0	1	2	3	4	5	6	7	8	9
Immaterielles und Sachanlagevermögen	Finanzvermögen, Aktive Rechnungsabgrenzungsposten	Kapitalposition, Sonderposten, Verbindlichkeiten Rückstellungen	Ordentliche Erträge	Ordentliche Aufwendungen	Außerordentliche Erträge und Aufwendungen	Einzahlungen	Auszahlungen	Eröffnungs- und Abschlusskonten	Konten Kosten- und Leistungsrechnung
Aktiva		Passiva	Ergebnishaushalt			Finanzhaushalt			

Der Kontenrahmen gliedert sich ebenfalls in mehrere Ebenen:

- Kontenklasse (1steller)
- Kontengruppe (2steller)
- Kontenart (3steller)
- Konto (4steller)

In den Kontenklassen 0 bis 2 sind die Kontenarten verbindlich vorgegeben. In den Kontenklassen 3 bis 7 sind alle Konten verbindlich.

< Auszug aus dem Kontenrahmen gemäß Anlage 2 VwV KomHSys >

Aktiva

Kontenklasse 0
Immaterielle Vermögensgegenstände, Sachanlagevermögen und Vorratsvermögen

00 **Immaterielle Vermögensgegenstände und Sonderposten für geleistete Investitionszuwendungen**
001 Gewerbliche Schutzrechte und ähnliche Rechte und Werte sowie Lizenzen an solchen Rechten und Werten
002 Anzahlungen auf immaterielles Vermögen
003 Sonderposten für geleistete Investitionszuwendungen

01 **Unbebaute Grundstücke und grundstücksgleiche Rechte**
011 Grünflächen
012 Ackerland
013 Wald und Forsten
014 Schutz- und Ausgleichsflächen
015 Gewässer
016 Sonstige unbekannte Grundstücke

02 **Bebaute Grundstücke und grundstücksgleiche Rechte**
021 mit Wohnbauten
022 mit sozialen Einrichtungen
023 mit Schulen
024 mit Kulturanlagen
025 mit Sportanlagen
026 mit Gartenanlagen
027 mit Verwaltungsgebäuden
029 mit sonstigen Gebäuden

03 **Infrastrukturvermögen einschließlich Grundstücke und grundstücksgleiche Rechte**
031 Brücken, Tunnel und ingenieurbauliche Anlagen
032 Gleisanlagen mit Streckenausrüstung und Sicherheitsanlagen
033 Stromversorgungsanlagen
034 Gasversorgungsanlagen
035 Wasserversorgungsanlagen
036 Abfallbeseitigungsanlagen
037 Entwässerungs- und Abwasserbeseitigungsanlagen
038 Straßen, Wege und Plätze
039 Sonstiges Infrastrukturvermögen

04 **Bauten auf fremdem Grund und Boden**
041 Wohnbauten
042 Soziale Einrichtungen
043 Schulen
044 Kulturanlagen
045 Sportanlagen
046 Gartenanlagen
047 Verwaltungsgebäude
048 Grundstückseinrichtungen
049 Sonstige Bebauung

05 Kunstgegenstände und Denkmäler
051 Kunstgegenstände
055 Baudenkmäler
056 Bodendenkmäler
059 Sonstige Denkmäler

Zusätzlich zu den 4stelligen Konten werden auf der 5. oder 6. Stelle so genannte Bereichsabgrenzungen vorgenommen (Anlage 4 VwV KomHSys). Mit diesen besonderen Kennziffern werden u. a. die Herkunft der Mittel, die Laufzeit einer Verbindlichkeit oder die Zinsart abgebildet. Zu erkennen ist die Bereichsabgrenzung daran, dass im Kontenrahmen dem Konto ein Buchstabe A bis C angehängt wird.

Beispiel:
Das Konto der Vermögensrechnung „Verbindlichkeiten aus Kreditaufnahmen für Investitionen" hat die Kontierung 231. Zusätzlich sind die Buchstaben B und C zur Bereichsabgrenzung vorgesehen. Gemäß Anlage 4 VwV KomHSys ist hier eine Abgrenzung vorzunehmen, gegenüber wem die Verbindlichkeiten bestehen (Bund, Land, andere Gemeinden, Banken, natürliche Personen usw.) und welche Laufzeit die Verbindlichkeiten haben. Besteht eine Verbindlichkeit aus einer Kreditaufnahme gegenüber der Sparkasse mit kurzer Laufzeit, ergibt sich die vollständige Kontierung mit 23 /71.

Da der Kontenrahmen der VwV KomHSys unter Berücksichtigung der örtlichen Bedürfnisse angepasst werden muss, muss jede Gemeinde einen eigenen – gemeindespezifischen – „Kontenrahmen" aufstellen (§ 23 SächsKomKBVO). Dieser wird dann als Kontenplan bezeichnet. In diesem werden nur die Konten erfasst, die für die Gemeinde benötigt werden. Der Kontenplan muss der Mindestgliederung des Kontenrahmens entsprechen, er kann aber wesentlich tiefer ausgestaltet werden. Mit diesem einheitlichen Kontenplan kann sichergestellt werden, dass alle Buchhalter innerhalb einer Gemeinde für gleichartige Verwaltungsvorfälle die gleiche Kontierung verwenden. Der Kontenplan muss so ausführlich wie nötig sein. Während des Haushaltsjahres sollen neue Konten nur ausnahmsweise eingerichtet werden.

3.4.3 Bildung von Produktsachkonten

Das Produkt und das Konto bilden zusammen das Produktsachkonto. Dieses besteht damit aus einer Ziffernfolge, die sowohl das Produkt als auch das Konto abbildet.

Kontierungsbeispiele:

Verwaltungsvorfall	Produkt	Sachkonto
Dienstaufwand in der Kindertagesstätte	365101.	4012 (Ergebnishaushalt)
		7012 (Finanzhaushalt)
Telefonkosten in der Finanzverwaltung	111300.	4431 (Ergebnishaushalt)
		7431 (Finanzhaushalt)
Fahrzeugunterhaltung im Bauhof	111614.	4251 (Ergebnishaushalt)
		7251 (Finanzhaushalt)
Erwerb eines Dienstautos	111607.	7832 (nur Finanzhaushalt)
Tilgung eines Kredites bei der Sparkasse mit kurzer Laufzeit	612001.	792BD (nur Finanzhaushalt) = 79271

3.5 Haushaltsgrundsätze

3.5.1 Einteilung der Haushaltsgrundsätze

Für die Haushaltswirtschaft gelten bestimmte Regeln und Vorschriften, die man als Haushaltsgrundsätze bezeichnet. Die Einteilung der Haushaltsgrundsätze kann wie folgt vorgenommen werden:

Übersicht Haushaltsgrundsätze

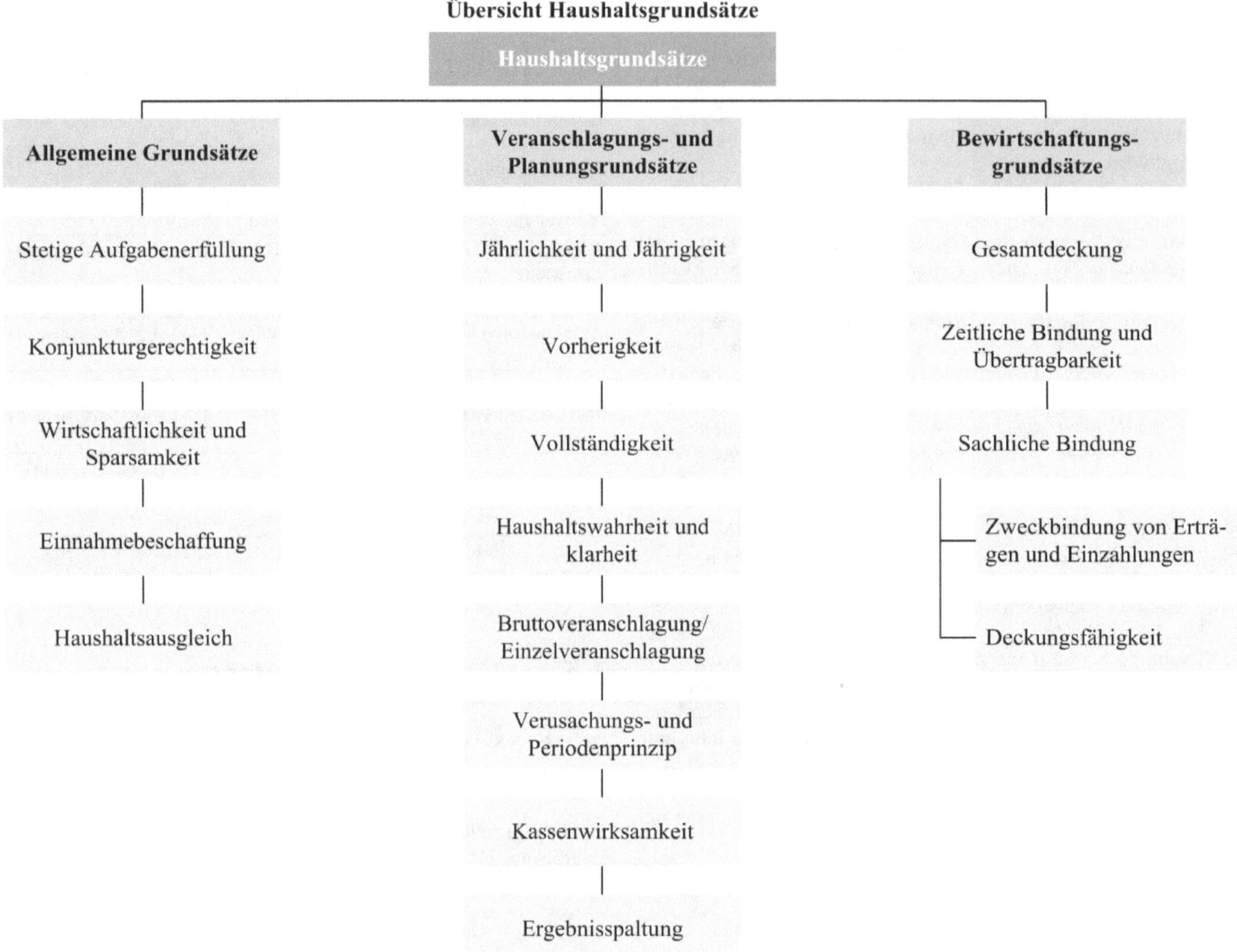

Die Einteilung der Haushaltsgrundsätze ist gesetzlich nicht im Einzelnen bestimmt. Deshalb kann es in der Fachliteratur auch zu geringfügigen Unterschieden in der Abgrenzung und Bezeichnung der Haushaltsgrundsätze kommen. Das vorstehende Schema enthält eine mögliche Darstellungsform der Haushaltsgrundsätze. In den folgenden Abschnitten 3.5.2 und 3.5.3 werden die Allgemeinen Haushaltsgrundsätze sowie die Veranschlagungs- und Planungsgrundsätze erläutert. Der Grundsatz des Haushaltsausgleichs wird in einem gesonderten Abschnitt (vgl. 3.6) erläutert. Die Bewirtschaftungsgrundsätze werden im Abschnitt 3.8 näher ausgeführt. Daneben muss die Gemeinde für die Bewirtschaftung im Haushaltsjahr und die Buchführung auch die Grundsätze ordnungsmäßiger Buchführung (vgl. Abschnitt 2.9.1) beachten.

3.5.2 Allgemeine Haushaltsgrundsätze

3.5.2.1 Stetige Aufgabenerfüllung

Nach § 72 Abs. 1 Satz 1 SächsGemO ist die Haushaltswirtschaft so zu planen und zu führen, dass eine stetige Aufgabenerfüllung gesichert ist. Art und Umfang der zu erfüllenden Aufgaben ergeben sich aus Art. 84 und 85 SächsVerf i. V. m. § 2 SächsGemO für die Gemeinden und i. V. m. § 2 SächsLKrO für die Landkreise. Die stetige Aufgabenerfüllung ist nicht nur ein operatives (= kurzfristiges) Ziel, sondern auch im Finanzplanungszeitraum, als strategisches Planungsinstrument (= langfristig), zu gewährleisten (§ 80 Abs. 1 SächsGemO). Der politische Entscheidungshorizont ist dabei noch langfristiger zu sehen. Bedeutsame Investitionen und strategische Entwicklungen können einen Zeitraum von über zehn Jahren erfassen. Als essentielles Entscheidungskriterium ist dabei auch die Bevölkerungsentwicklung zu berücksichtigen (§ 12 Abs. 2 Satz 2 SächsKomHVO).

Beispiel:
Die Gemeinde plant die Erweiterung eines Kindergartens um 100 Plätze in massiver Bauweise. Die langfristige Bevölkerungsprognose des Statistischen Landesamtes geht für diese Gemeinde bis zum Jahr 2030 von einem Bevölkerungsrückgang um 15 % und einer Zunahme des Durchschnittsalters der Wohnbevölkerung um 5 Jahre aus. Die momentan gute Geburtenrate wird in voraussichtlich 5 Jahren stark abflauen, so dass langfristig (>3 Jahre) die Kapazitätserweiterung nicht benötigt wird. Strategisch und wirtschaftlich ist der Neubau in massiver Bauweise nicht vertretbar. Die Gemeinde müsste Alternativen, z. B. die Anmietung von Räumlichkeiten oder eine Containerbauweise prüfen.

Vorrang vor der Erfüllung freiwilliger Aufgaben haben die gesetzlichen Pflichtaufgaben mit oder ohne Weisung (vgl. § 2 Abs. 2 und 3 SächsGemO). Hierzu gehören bei den Gemeinden insbesondere die Aufgaben des Meldewesens, des Personenstandswesens und die Aufgaben der Daseinsvorsorge, d. h. die Bereitstellung lebensnotwendiger Einrichtungen u. a. für Wasserver- und Abwasserentsorgung, Brandschutz, Schulen, Kindertageseinrichtungen, Friedhöfe und die Straßenunterhaltung.

Den Landkreisen obliegen als Weisungs- oder Pflichtaufgaben insbesondere die Erbringung von sozialen Leistungen, die Bauaufsicht, die Wahrnehmung der Aufgaben als Rechtsaufsichtsbehörde und bestimmte Aufgaben der Straßenverkehrsbehörde.

Erst wenn die Erfüllung der Pflichtaufgaben sichergestellt ist, darf die Gemeinde verfügbare Mittel für freiwillige Aufgaben (Wirtschaftsförderung, Unterhaltung von Kultureinrichtungen oder die Förderung von Vereinen) verwenden.

Kernziel der Haushaltswirtschaft muss es also sein, die zur Aufgabenerfüllung benötigten finanziellen Mittel zu beschaffen und diese bedarfsgerecht und nach wirtschaftlichen Grundsätzen einzusetzen. Der Grundsatz der stetigen Aufgabenerfüllung findet dabei in den weiteren Planungsgrundsätzen der SächsKomHVO Konkretisierungen und Ergänzungen.

3.5.2.2 Konjunkturgerechtigkeit

§ 72 Abs. 1 Satz 2 SächsGemO formuliert, dass die Haushaltswirtschaft an den Erfordernissen des gesamtwirtschaftlichen Gleichgewichts auszurichten ist. Diese Pflicht ergibt sich aus § 16 i. V. m. § 1 StabG.

§ 1 StabG benennt als Ziele der Haushaltswirtschaft: „Die Maßnahmen sind so zu treffen, dass sie im Rahmen der marktwirtschaftliehen Ordnung gleichzeitig zur Stabilität des Preisniveaus, zu einem hohen Beschäftigungsstand und außenwirtschaftlichem Gleichgewicht bei stetigem und angemessenem Wirtschaftswachstum beitragen." Diese Ziele werden als magisches Viereck dargestellt.

„Magisches Viereck“

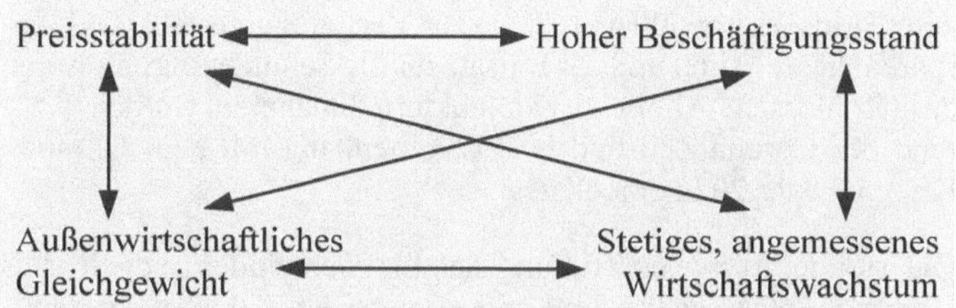

Die Schwierigkeit hierbei ist es, dass alle Ziele gleichzeitig angestrebt werden sollen, diese volkswirtschaftlich jedoch in Konkurrenz zueinander stehen und sich hieraus Zielkonflikte ergeben.

Beispiel:
Das Ziel, einen hohen Beschäftigungsgrad zu erreichen, bedeutet, dass auch Mitarbeiter beschäftigt werden, die am Markt unter normalen Bedingungen nicht vermittelbar sind. Damit wird die Ressource oder der Produktionsfaktor „Personal“ nicht optimal genutzt. Das Wirtschaftswachstum wird eingeschränkt und damit das Ziel eines stetigen und angemessenen Wirtschaftswachstums verfehlt.

Die Gemeinden sollen zur Zielerreichung beitragen, indem sie sich „antizyklisch“ verhalten. In Konjunkturhochphasen, bei „boomender Wirtschaft“, sollen die Gemeinden ihre Investitionen zurückfahren, die Kreditaufnahme beschränken und erzielte Mehreinnahmen „ansparen“. Damit werden finanzielle Mittel dem Wirtschaftskreislauf entzogen und wirken deflationär. Die Inflation, die mit einer Boomphase einhergeht, wird gebremst.

In rezessiven Phasen (= Rezession) sollen die Gemeinden die zuvor angesparten Mittel in den Markt bringen, investieren und verstärkt Kredite aufnehmen. Die Investitionstätigkeit unter- stützt die Wirtschaftstätigkeit und fördert den Arbeitsmarkt, der „Motor der Volkswirtschaft“ kann wieder anspringen und die Rezession überwunden werden.

Die Pflicht zur Konjunkturgerechtigkeit bzw. dem „antizyklischen“ Verhalten ist für die Gemeinden in der Praxis nur schwer realisierbar und steht oft im Konflikt zum Grundsatz der Aufgabenerfüllung. Vielfach stehen den Gemeinden in rezessiven Phasen nicht genug Mittel für Investitionen zur Verfügung, da dann auch die Steuerkraft der Gemeinde gering ist. Die Gemeinde muss Investitionen verschieben. Wenn in Hochphasen dann die Steuereinnahmen wieder sprudeln, kann die Gemeinde verschobene Investitionen nachholen, sie kann aber in der Regel nicht zusätzlich Mittel „ansparen“. Damit bleibt auch in der nächsten Rezession der Rückgriff auf finanzielle Polster verwehrt.

Ein Beispiel für die Umsetzung des antizyklischen Verhaltens war das im Jahre 2009 aufgrund der weltweiten Finanzkrise erlassene Zukunftsinvestitionsgesetz (das so genannte Konjunkturpaket II). Darin stellte der Bund den Ländern und diese den Gemeinden finanzielle Mittel zur Verfügung, die diese zur Ankurbelung der Wirtschaft und zur Überwindung der Rezession in Bildungs- und

Infrastrukturmaßnahmen investieren sollten. Den sächsischen Gemeinden und Landkreisen wurde im Rahmen des Konjunkturpaketes II insgesamt 509 Mio. Euro zur Verfügung gestellt. Das Ansparen dieser Mittel und der Einsatz für die Schuldentilgung waren ausgeschlossen. Ähnliche Konjunkturmaßnahmen wurden während der Corona-Zeit und in Zusammenhang mit dem Ukraine-Krieg im Jahr 2022 eingeleitet.

Die stetige Aufgabenerfüllung hat für Gemeinden jedoch stets Vorrang. Entsprechend des Gesetzestextes ist „dabei" die gesamtwirtschaftliche Entwicklung zu berücksichtigen.

Vermehrt wird in der Literatur bereits vom magischen Sechseck gesprochen. Neben den oben genannten Zielen haben auch die Ziele

- Recht auf ein menschenwürdiges Dasein und Bildung (Art. 7 Abs. 1 SächsVerf) sowie
- Schutz der Umwelt als Lebensgrundlage (Art. 20a GG, Art. 10 Abs. 1 SächsVerf)

Verfassungsrang und sind damit in die Entscheidungsfindung der Gemeinden einzubeziehen.

3.5.2.3 Grundsatz der Einnahmebeschaffung

Die Einnahmequellen der Gemeinden sind im Gegensatz zu Bund und Ländern vielfältig. Sie ergeben sich zum Teil aus privatrechtlichen, zum anderen Teil aus öffentlich-rechtlichen Vorgängen. Das Recht der Gemeinde, zur Bedarfsdeckung eigene Einnahmen zu beschaffen, leitet sich aus Art. 28 Abs. 2 GG und Art. 87 Abs. 2 SächsVerf ab. Maßstab der Einnahme- oder Finanzmittelbeschaffung sind dabei die zur Bedarfsdeckung, d. h. zur Aufgabenerfüllung, benötigten Mittel. Die Gemeinden dürfen grundsätzlich keine „Gewinne" erwirtschaften. Etwaige Bewirtschaftungsüberschüsse werden durch die Leistungserbringung (Qualität, Quantität, geringeres Entgelt) dem Bürger wieder zurückgegeben.

Übersicht zu den wichtigsten Finanzmitteln bzw. Ressourcen

Einteilung	Erläuterung	Beispiele
Privatrechtliche Erträge und Einzahlungen	Hierzu gehören die Vermögenserträge und -einzahlungen, die unmittelbar dem Haushalt zufließen, die Erlöse aus der Veräußerung von Gemeindevermögen und Vermögensrückflüsse, die Erträge aus kommunalen Einrichtungen, soweit sie auf privatrechtlicher Basis erhoben werden, wie z. B. die Entgelte für die Inanspruchnahme von Ver- und Entsorgungseinrichtungen, Freibädern oder Sportstätten in Form von Eintrittsgeldern und die Ausschüttungen der Versorgungsbetriebe aus ihren Überschüssen. Grundlage der Erträge und Einzahlungen sind privatrechtliche Verträge oder Ansprüche.	• Veräußerung eines Grundstückes über Buchwert (außerordentlicher Ertrag), • Eintritt für das kommunale Freibad, • Miete für die Raumnutzung im Gemeindezentrum
Eigene Steuern	Steuern sind gemäß § 3 Abs. 1 AO allgemeine Finanzierungsmittel, denen keine unmittelbare Gegenleistung gegenübersteht. Die Lenkungswirkung darf als Nebenzweck verfolgt werden. Eigene Steuern der Gemeinden sind die Realsteuern und die örtlichen Verbrauch- und Aufwandsteuern.	• Grund- und Gewerbesteuern • Vergnügungs-, • Zweitwohnungs-, • Hundesteuer
Steuern im Steuerverbund	Die Gemeinden sind nach Art. 106 Abs. 5 und Abs. 5a GG mit einem Vomhundertsatz am Aufkommen der Einkommen- und Umsatzsteuer beteiligt. Berechnungsgrundlage ist die zu entrichtende Einkommensteuer der Gemeindeeinwohner sowie die im Gemeindegebiet anfallende Umsatzsteuer (Gemeindeschlüssel). Die Beteiligung an der Einkommen- und Lohnsteuer beträgt 15 v. H. (Abgeltungsteuer 12 v. H.) sowie an der Umsatzsteuer 2,2 v. H. des Gesamtaufkommens bezogen auf den konkreten Gemeindeschlüssel	Gemeindeanteil an • Einkommensteuer • Umsatzsteuer
Zuweisungen und Zuschüsse	Finanzhilfen zur Erfüllung kommunaler Aufgaben (vgl. Abschnitt 1.2.1).	• Schlüsselzuweisungen • Bedarfszuweisungen • Fachförderungen

Einteilung	Erläuterung	Beispiele
Gebühren, Beiträge und öffentliche Abgaben	Für die Erbringung einer konkreten Gegenleistung oder die Verschaffung eines Vorteiles können die Gemeinden auf Grundlage des SächsKAG sowie einiger spezialgesetzlicher Vorschriften Gebühren, Beiträge und sonstige öffentliche Abgaben erheben. Voraussetzung ist regelmäßig die Festsetzung der Abgaben in einer Satzung (§ 2 Abs. 1 SächsKAG).	• Benutzungsgebühren für öffentliche Einrichtungen • Abwasserbeiträge • Kurabgabe • Verwaltungsumlage • Verwaltungsgebühren • Aufwandsersätze • Erschließungsbeiträge
Kreditaufnahmen	Hierzu gehören die Einzahlungen aus der Aufnahme von Krediten sowohl zur Finanzierung von Investitionen und Investitionsförderungsmaßnahmen, aus Umschuldungen, aber auch zur Liquiditätssicherung. Kredite sind gemäß § 73 Abs. 4 SächsGemO nachrangiges Finanzierungsmittel.	• Aufnahme eines Investitionskredites • Inanspruchnahme des Überziehungskredites
Übrige Erträge/ Einzahlungen aus Verwaltung und Betrieb	Hierunter fallen alle sonstigen Erträge/Einzahlungen der Gemeinden, die weder eine Steuer, ein leistungsbezogenes Entgelt noch eine Kreditaufnahme darstellen. Zu dieser Gruppe gehören insbesondere Auslagenersätze, Ordnungs-, Buß- und Verwarn- und Zwangsgelder, Zinserträge.	• „Knöllchen" für Parksünder • Auslagenersätze in Verwaltungsverfahren • Zwangsgeld zur Durchsetzung einer Abrissverfügung

Die Grundsätze der Einnahmebeschaffung ergeben sich aus § 73 SächsGemO. Danach hat die Gemeinde die zur Aufgabenerfüllung erforderlichen Mittel zu beschaffen und zwar nach einer vorgegebenen Rangfolge, die für alle Gemeinden verbindlich ist. Die wichtigsten Finanzmittel sind in § 73 SächsGemO nicht erwähnt, nämlich die sonstigen Erträge und Einzahlungen. Hierzu gehören entsprechend der vorstehenden Übersicht insbesondere die privatrechtlichen Erträge und Einzahlungen, die Steuererträge aus dem Steuerverbund, die Zuweisungen und Zuschüsse und die übrigen Erträge und Einzahlungen. Diese Gruppe der Finanzmittel stellt eine bedeutende Finanzierungsquelle dar. Merkmal der sonstigen Erträge und Einzahlungen ist, dass sie unabhängig von der wirtschaftlichen Leistungsfähigkeit der Abgabenpflichtigen entstehen und zudem meist ohne besondere Aktivitäten der Gemeinde zufließen. Sie stehen deshalb an oberster Stelle.

§ 73 SächsGemO gibt eine Rangordnung der Einnahmebeschaffung in der Form vor, dass die Gemeinde zunächst Entgelte für die von ihr erbrachten Leistungen zu erheben hat (§ 73 Abs. 2 Nr. 1 SächsGemO). Es ist von dem Grundsatz auszugehen, dass derjenige, der eine kommunale Leistung in Anspruch nimmt oder eine kommunale Einrichtung benutzt, die entstehenden Kosten in vertretbarem und gebotenem Umfang tragen soll (Äquivalenzprinzip). Erst dann, d. h. subsidiär, kann die Gemeinde Steuern erheben (§ 73 Abs. 2 Nr. 2 SächsGemO). Steuern sollen damit nur soweit erhoben werden, wie die Entgelte und die übrigen Erträge nicht ausreichen, die zur Erfüllung der Aufgaben erforderlichen Aufwendungen zu decken. Steuern sind gegenüber den Finanzierungsmöglichkeiten in Form der sonstigen Erträge bzw. der leistungsbezogenen Entgelte nachrangig, da sie ein allgemeines Deckungsmittel darstellen (vgl. § 3 Abs. 1 AO). Die eigenen Erträge bzw. Einzahlungen der Gemeinde werden ergänzt durch allgemeine Finanzzuweisungen im Rahmen des Finanzausgleichs sowie durch spezielle Zweckzuweisungen im Rahmen von Fachförderprogrammen (vgl. Abschnitt 1.2.1.2).

Übersicht zur Rangfolge der Finanzmittelbeschaffung

Rangfolge	Beispiele
1. Sonstige Erträge und Einzahlungen	Zuweisungen und Zuschüsse vom öffentlichen oder privaten Bereich, Erträge aus der Veräußerung oder Nutzung von Vermögen (Mieten, Zinsen), Gemeindeanteil an der Einkommen- und Umsatzsteuer
2. Leistungsbezogene Entgelte	Gebühren, Beiträge, Kostenersätze
3. Steuern	Realsteuern, örtliche Verbrauch- und Aufwandsteuern
4. Kredite, welche als Deckungsmittel ausschließlich für Investitionen und Investitionsförderungsmaßnahmen eingesetzt werden dürfen. Ihre Verwendung ist damit auf den Finanzhaushalt beschränkt.	

Kredite sind grundsätzlich das letztrangige Finanzierungsmittel. Aufgrund der mit einer Kreditaufnahme verbundenen Rückzahlungs- und Zinsverpflichtungen, darf eine Gemeinde Kredite nur aufnehmen, wenn eine andere Finanzierung nicht möglich ist oder diese wirtschaftlich unzweckmäßig ist.

Beispiel:

Die Gemeinde konnte in einer Hochzinsphase eine langfristige Geldanlage über fünf Jahre zu einem Zinssatz von 5 v. H. tätigen. Wegen anstehender Investitionen benötigt die Gemeinde nun Finanzierungsmittel. Bei vorzeitiger Auflösung der Geldanlage würde der Zinsanspruch entfallen. Die vorliegenden Angebote für eine Kreditfinanzierung bieten einen Zinssatz zwischen 3 und 3,5 v. H. Langfristig wäre es hier wirtschaftlicher, einen Zwischenkredit aufzunehmen, der bei Fälligkeit der Geldanlage abgelöst wird. Die erzielten Zinsen liegen über dem Zinsaufwand.

Aus diesem Subsidiaritätsgrundsatz erwächst der Gemeinde die Pflicht, vor einer Kreditaufnahme zu prüfen, ob ihr nicht andere Finanzierungsmöglichkeiten zur Verfügung stehen. Die Gemeinde muss insbesondere prüfen, ob und inwieweit eine investive Maßnahme aus Investitionszuweisungen, Kostenbeteiligungen, Beiträgen oder Entgelten Dritter oder gegebenenfalls aus einer Erhöhung der Steuern finanziert werden kann.

Rangfolge der Einnahmebeschaffung

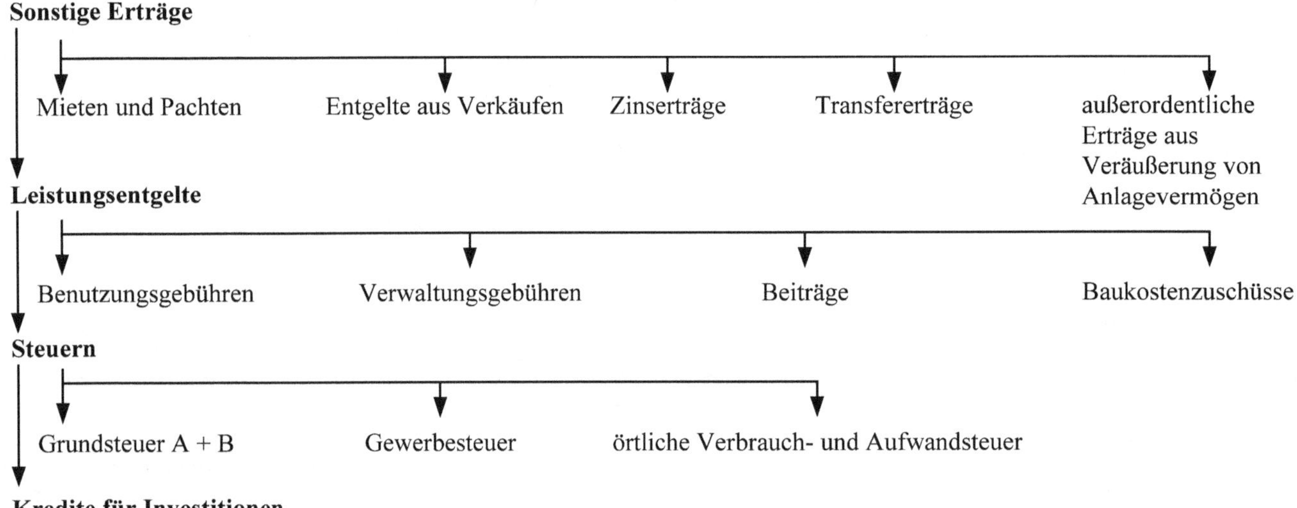

3.5.2.4 *Wirtschaftlichkeit und Sparsamkeit*

Den Grundsatz der Wirtschaftlichkeit und Sparsamkeit (§ 72 Abs. 2 Satz 1 SächsGemO) hat die Gemeinde bei allen Planungen und der Ausführung des Haushaltsplanes zu beachten. Das Wirtschaften mit öffentlichen Mitteln (= Zuschüsse und Zuweisungen) und Mitteln Dritter (= Steuereinnahmen, Gebühren, Entgelte) verpflichtet die Gemeinde, bei allen Entscheidungen vernünftig und sorgfältig die Erforderlichkeit einer Maßnahme zu prüfen. Was unter dem Grundsatz der Wirtschaftlichkeit und Sparsamkeit konkret zu verstehen ist, wird weder durch Gesetz noch durch Rechtsverordnungen detailliert zum Ausdruck gebracht.

Der Grundsatz der Sparsamkeit bezieht sich nur auf zahlungswirksame Aufwendungen und die Auszahlungen. Diese sind auf ein zur Aufgabenerfüllung erforderliches Minimum zu begrenzen. Die „Sparsamkeit" ist dabei stets im Kontext zur „Wirtschaftlichkeit" zu sehen. Eine für sich sparsame, weil „billige" Entscheidung, kann in der Gesamtbetrachtung unwirtschaftlich sein.

Beispiel:
Bei der Neueindeckung des Schuldaches wird aus Kostengründen auf eine zweite Dämmschicht und den Einbau von Solarzellen verzichtet. Kurzfristig war die Entscheidung sparsam, da finanzielle Mittel eingespart wurden. Ob die Entscheidung auch wirtschaftlich war, kann nur durch eine Gegenüberstellung der kurzfristig eingesparten Mittel mit den durch den besseren Dämmwert und die Selbsterzeugung von Energie langfristig reduzierten Betriebskosten beurteilt werden.

Sparsam ist das Handeln der Gemeinde dann, wenn die zahlungswirksamen Aufwendungen und Auszahlungen so niedrig gehalten werden, dass die von der Gemeinde wahrzunehmen- den Aufgaben nicht vernachlässigt werden. Ansätze des Haushaltsplanes für Aufwendungen und Auszahlungen dürfen erst dann in Anspruch genommen werden, wenn es die Erfüllung der Aufgaben erfordert (§ 28 Abs. 1 SächsKomHVO). Von einer sparsamen Haushaltswirtschaft ist ferner dann die Rede, wenn alle verfügbaren Einnahmequellen ausgeschöpft werden und auf eine zeitnahe Beitreibung offener Forderungen geachtet wird (§ 27 SächsKomHVO).

Ein wirtschaftliches Handeln setzt voraus, dass nicht nur momentane Haushaltsbelastungen und Zahlungsströme berücksichtigt werden, sondern stets alle relevanten Gesichtspunkte. Bei langfristigen Investitionen sind deshalb nicht nur die Investitionskosten, sondern auch die Folgekosten zu ermitteln und miteinander zu vergleichen (§ 12 Abs. 2 SächsKomHVO). Bei bedeutsamen Investitionen ist durch einen Wirtschaftlichkeitsvergleich stets die unter mehreren in Betracht kommenden Möglichkeiten wirtschaftlichste Lösung zu ermitteln. Dieser Wirtschaftlichkeitsvergleich muss bereits im Planungsstadium, d. h. vor der Beschlussfassung durch das zuständige Organ/Organteil erfolgen. Grundsätzlich kann davon ausgegangen werden, dass eine Haushaltswirtschaft dann wirtschaftlich geführt wird, wenn mit dem geringsten Aufwand der angestrebte Erfolg erreicht wird.

Dem Begriff des wirtschaftlichen Handelns liegen das Minimal- und Maximalprinzip zu Grunde.

Minimalprinzip: Ein gewünschter/angestrebter Erfolg wird mit möglichst geringem Mittelaufwand erreicht.

Maximalprinzip: Mit den gegebenen Mitteln soll stets der größtmögliche Nutzen erzielt werden.

Beispiel:
Die Gemeinde erhält eine Spende für die Sanierung im Bereich einer Kindertageseinrichtung i. H. v. 5.000 Euro. Die Gemeinde kann jetzt das Geld investieren und die notwendigsten Bauarbeiten veranlassen. Die Gemeinde könnte aber auch einen Antrag auf Investitionsförderung beim Land für die Sanierung der Kindertageseinrichtung stellen. Die gespendeten Gelder könnten so zusammen mit einem Eigenanteil und der Zuweisung des Landes eine umfassende Sanierung ermöglichen. Das gespendete Geld würde so quasi „vermehrt" und entsprechend des Maximalprinzips mit größtmöglichem Nutzen eingesetzt.

3.5.3 Planungs- und Veranschlagungsgrundsätze

Mit den Planungsgrundsätzen und Deckungsregelungen wird das Ziel verfolgt, im Haushaltsplan ein vollständiges und übersichtliches Bild der Erträge und Aufwendungen, d. h. der erwirtschafteten oder erforderlichen Ressourcen sowie der finanziellen Lage der Gemeinde wiederzugeben.[28] Als Veranschlagung bezeichnet man dabei die Aufnahme eines Ansatzes in den Haushaltsplan.

3.5.3.1 Jährlichkeit und Jährigkeit

→ Rechtsgrundlage: §§ 74 Abs. 1, 75 Abs. 1, 88 Abs. 1 Satz 1 SächsGemO

Der Grundsatz der Jährlichkeit besagt, dass die Gemeinde für jedes Jahr eine Haushaltssatzung zu erlassen hat. Da der Haushaltsplan Teil der Haushaltssatzung ist, ist auch der Haushaltsplan einschließlich seiner Bestandteile und Anlagen jährlich aufzustellen. Spiegelbildlich dazu muss die Gemeinde jährlich ihre Planerfüllung belegen und einen Jahresabschluss erstellen. Eine Ausnahme dazu stellt der Erlass einer Haushaltssatzung für zwei Haushaltsjahre (Doppelhaushalt) dar, da dann das Planverfahren nur im zweijährigen Rhythmus vorzunehmen ist.

Eng damit zusammen hängt der Grundsatz der Jährigkeit. Dieser besagt, dass die Festsetzungen des Haushaltsplanes grundsätzlich für ein Haushaltsjahr (= Kalenderjahr, § 74 Abs. 3 SächsGemO) gelten. Dies gilt auch dann, wenn ein Doppelhaushalt erlassen wird. Dieser muss die Festsetzungen für zwei Haushaltsjahre, aber nach Jahren getrennt enthalten (§ 74 Abs. 1 Satz 2 SächsGemO).

Einzelne Festsetzungen der Haushaltssatzung gelten unter bestimmten Voraussetzungen auch über das Haushaltsjahr hinaus (vgl. §§ 81 Abs. 3, 82 Abs. 3 und 84 Abs. 2 Satz 2 SächsGemO, vgl. Abschnitte 3.2.4.1, 3.2.4.2 und 3.2.4.3). Gleiches gilt für den Stellenplan (§ 78 Abs. 3 SächsGemO, vgl. Abschnitt 3.2.6.7).

Als Ausnahme von diesem Grundsatz sind die Regelungen zur Übertragbarkeit von Ansätzen nach § 21 SächsKomHVO zu sehen. Diese bestimmen, dass Ansätze für Auszahlungen und Aufwendungen unter bestimmten Voraussetzungen in das folgende Jahr kraft Gesetzes oder Haushaltsvermerk übertragen werden (können). Näheres hierzu unter Abschnitt 3.8.3.4.

3.5.3.2 Vorherigkeit

→ Rechtsgrundlage: § 76 Abs. 2 SächsGemO

Dieser Grundsatz verlangt von der Gemeinde, bereits frühzeitig mit der Planung für das folgende Haushaltsjahr zu beginnen. Die Haushaltssatzung soll der Rechtsaufsichtsbehörde nach § 76 Abs. 2 Satz 2 SächsGemO spätestens einen Monat vor Beginn des Haushaltsjahres vorliegen. Nur so kann sichergestellt werden, dass das Bekanntmachungs- und Niederlegungsverfahren (Abschnitt 3.2.5.5) so abgeschlossen werden kann, dass damit die Gemeinde frühzeitig – im Idealfall am 01.01. des Haushaltsjahres – über eine rechtskräftige Haushaltssatzung verfügt. Gelingt dies nicht, muss die Gemeinde die Regelungen zur vorläufigen Haushaltsführung beachten (§ 78 SächsGemO, Abschnitt 3.2.6).

3.5.3.3 Vollständigkeit

→ Rechtsgrundlagen: § 75 Abs. 1 Satz 2 SächsGemO, §§ 1, 2, 4 Abs. 3 und § 4 Abs. 4 SächsKomHVO

Nach dem Grundsatz der Vollständigkeit muss der Haushaltsplan alle für die Aufgabenerfüllung im Haushaltsjahr voraussichtlich anfallenden Erträge und eingehenden Einzahlungen sowie alle entstehenden Aufwendungen und zu leistende Auszahlungen und ferner die notwendigen Verpflichtungsermächtigungen enthalten. Es sind alle vorhersehbar zu erwartenden Vorgänge, die sich auf das Jahresergebnis oder den Bestand der Finanzmittel im laufenden Haushaltsjahr auswirken, zu berücksichtigen. Darüber hinaus sind im Bereich der Investitionstätigkeit auch die Auszahlungen und Einzahlungen zu berücksichtigen, die erst in späteren Perioden kassenwirksam werden.

Außerhalb des Haushaltsplanes darf es keine weiteren Kassen oder „Schattenhaushalte" geben, mit denen Ressourcen bewirt-

28 Vgl. Hoffmann/Jänchen/Wirth, Neues Kommunales Haushalts- und Rechnungswesen im Freistaat Sachsen. Richard Boorberg Verlag 2009.

schaftet oder Geldvorgänge abgewickelt werden.[29] Ausnahme hierzu sind die Bestimmungen in § 15 SächsKomHVO. Fremde Finanzmittel sind Mittel, die zwar den Finanzmittelbestand der Gemeinde berühren, sich jedoch nicht auf das Haushaltsergebnis auswirken.

Beispiel 1:
Die Gemeinde verkauft im Auftrag des überregionalen Abfallentsorgers Müllmarken in ihrem Bürgerbüro.

Hierbei handelt es sich um „Durchlaufende Gelder" (§ 15 Nr. 1 SächsKomHVO), da der Ertrag aus dem Verkauf der Müllmarken dem Entsorger zusteht. Die Gemeinde nimmt das Geld an und leitet es weiter. Der Verkauf im Bürgerbüro geschieht aus Gründen der Bürgerfreundlichkeit. Der kassenmäßige Nachweis über die Abwicklung der Geschäfte für den Entsorger erfolgt in der Finanzrechnung (vgl. § 49 Abs. 2 Nr. 44 und 45 SächsKomHVO).

Beispiel 2:
Die Gemeinde zahlt auf Grundlage einer örtlichen Vorschrift für den zuständigen Träger Sozialleistungen (Tages- oder Wochensätze, Wohngeld) an bestimmte Hilfeempfänger aus.

Hier zahlt die Gemeinde auf Grund einer Rechtsvorschrift Beträge für den Haushalt eines anderen öffentlichen Aufgabenträgers (Landkreis) aus (§ 15 Nr. 2 SächsKomHVO). Die auszuzahlenden Mittel werden der Gemeinde vom zuständigen Träger überwiesen und unmittelbar an den Leistungsempfänger ausgezahlt. Die Gemeinde hat dabei kein Ermessen. Auch in diesen Fällen erfolgt der kassenmäßige Nachweis über die Finanzrechnung.

3.5.3.4 Haushaltswahrheit und Haushaltsklarheit

→ Rechtsgrundlage: § 75 Abs. 1 Satz 2 SächsGemO, § 10 Abs. 1 SächsKomHVO

Der Grundsatz der Haushaltswahrheit verpflichtet die Gemeinden, sämtliche Aufwendungen und Erträge sowie die im Haushaltsjahr voraussichtlich eingehenden Einzahlungen und zu leistende Auszahlungen sorgfältig zu ermitteln und im Haushaltsplan zu veranschlagen. Eine Schätzung kommt nur in Betracht, wenn die Beträge nicht konkret ermittelbar sind. Unreelle Ansätze sollen damit vermieden werden. Zu niedrig veranschlagte Aufwendungen oder Auszahlungen oder zu hoch veranschlagte Erträge und Einzahlungen führen regelmäßig zu Fehlbeträgen bzw. Liquiditätsdefiziten in der Haushaltsdurchführung. Gleiches gilt für Scheinansätze oder willkürliche Ansätze, etwa um den sonst verfehlten Haushaltsausgleich abzubilden. Ziel einer sorgfältigen Haushaltsplanung ist es, die Abweichungen zwischen den Planansätzen und den Rechnungsbeträgen so gering wie möglich zu halten.[30] Hilfsmittel für die Planung sind die vom Freistaat Sachsen bekannt gegebenen Orientierungsdaten, die eine Richtgröße für die Entwicklung der wichtigsten Ertrags- und Aufwandsarten enthalten (z. B. Anteile der Gemeinde an der Einkommen- und Umsatzsteuer, Schlüsselzuweisungen). Diese soll die Gemeinde bei ihrer Finanzplanung nach § 9 Abs. 3 SächsKomHVO berücksichtigen. Darüber hinaus muss der Fachbedienstete für das Finanzwesen die Entwicklung von Marktpreisen und Tarifen verfolgen, um etwaig relevante Preissteigerungen berücksichtigen zu können.

Der Grundsatz der Haushaltsklarheit steht für einen systematischen Aufbau der kommunalen Haushalte in Sachsen, welcher eine Vergleichbarkeit über mehrere Jahre aber auch mit anderen Gemeinden ermöglicht. Hieraus ergibt sich die Pflicht der Gemeinden, die verbindlichen Gliederungsvorschriften und Muster (§§ 1 bis 4 SächsKomHVO, VwV KomHSys), insbesondere die vorgegebenen Produkt- und Kontenrahmen, anzuwenden.

Beispiel:
Die Gemeinde ordnet in ihrem Kontenplan den Personalaufwendungen nach § 2 Abs. 1 Nr. 11 SächsKomHVO auch das Konto 4261 (Aus- und Fortbildung) zu. Nach der Struktur des Ergebnishaushalts sind diese Aufwendungen jedoch in der Position § 2 Abs. 1 Nr. 13 SächsKomHVO als Aufwendungen für Sach- und Dienstleistungen auszuweisen.

Der Grundsatz der Haushaltsklarheit gebietet darüber hinaus, dass Erträge und Aufwendungen bzw. Einzahlungen und Auszahlungen für denselben Zweck nicht an verschiedenen Stellen veranschlagt werden sollen (§ 10 Abs. 4 SächsKomHVO). Wird ausnahmsweise anders verfahren, ist auf die Ansätze gegenseitig zu verweisen.

Der Grundsatz der Haushaltswahrheit und -klarheit soll dem Anspruch der Politik und der Öffentlichkeit (Bürger und Abgabenpflichtige) auf Transparenz, Verständlichkeit und Vollständigkeit genügen. Deshalb bezieht er sich nicht nur auf die eigentlichen Plandokumente, sondern auf alle verbindlichen Bestandteile und Anlagen. Insbesondere die Inhalte des Vorberichtes, die Produktbeschreibungen mittels Kennzahlen und die verschiedenen Übersichten zu Rückstellungen und Verbindlichkeiten sollen einem Außenstehenden einen Überblick über die Entwicklung und den Stand der Haushaltswirtschaft geben und eine Analyse der finanziellen Lage ermöglichen.

3.5.3.5 Grundsatz der Bruttoveranschlagung – Bruttoprinzip

→ Rechtsgrundlage: §§ 2 Abs. 2 und 10 Abs. 2 SächsKomHVO

Nach dem Bruttoprinzip sind Aufwendungen und Erträge bzw. Einzahlungen und Auszahlungen in voller Höhe getrennt voneinander zu veranschlagen. Dieser Planungsgrundsatz gilt insbesondere auch für die Haushaltsbewirtschaftung. Eine Saldierung der entsprechenden Positionen ist damit unzulässig. Durch das Saldierungsverbot wird vermieden, dass der tatsächliche Ressourcenverbrauch bzw. das -aufkommen und die Zahlungsströme verzerrt

29 Vgl. Lasar/Grommas/Goldbach/Zähle, Neues Kommunales Haushalts- und Rechnungswesen in Niedersachsen, Kurzkommentar, Saxonia Verlag für Recht, Wirtschaft und Kultur, 2006.

30 Rose, Haushaltswirtschaft der niedersächsischen Gemeinden, 7. Auflage, Stuttgart 2003.

oder gar nicht abgebildet werden. Eingeräumte Rabatte und Skonti stellen keine Erträge/ Einzahlungen dar. Sie werden bei den Anschaffungs- und Herstellungskosten als Minderungen vom Anschaffungswert abgesetzt (§ 38 Abs. 1 Satz 3 SächsKomHVO). Verbindlichkeiten werden stets mit ihrem Rückzahlungsbetrag passiviert (§ 42 Abs. 1 SächsKomHVO). Das gilt auch, wenn bei einem Kredit nicht der volle Nennbetrag ausgezahlt wird oder bereits im laufenden Haushaltsjahr Tilgungen vorgesehen sind. Die Zahlungsströme sind getrennt nach Einzahlungen und Auszahlungen im Finanzhaushalt zu erfassen. Ist der Rückzahlungsbetrag eines Kredites höher als sein Auszahlungsbetrag, so ist der Unterschiedsbetrag (Disagio) nach dem Bruttogrundsatz als Rechnungsabgrenzungsposten zu aktivieren und auf die gesamte Laufzeit der Verbindlichkeit aufzulösen (§ 39 Abs. 3 SächsKomHVO).

Beispiel 1:
Die Gemeinde nimmt einen Kredit über 100.000 EUR für einen Zeitraum von 10 Jahren und zu einem Auszahlungssatz von 99 v. H. auf. Die Differenz des Kreditbetrages und Auszahlungsbetrages ist das Disagio. Dieser Betrag ist als Rechnungsabgrenzungsposten zu aktivieren und im Rückzahlungszeitraum über ein Aufwandskonto ergebniswirksam aufzulösen. Rechnerisch ergibt sich folgende Darstellung:

Kreditbetrag = Rückzahlungsbetrag	100.000 EUR
Disagio (1 v. H.)	1.000 EUR
Zugang Kreditverbindlichkeiten (Passivposten)	100.000 EUR
Zugang aktiver Rechnungsabgrenzungsposten	1.000 EUR
Auflösung Rechnungsabgrenzungsposten, 1. Jahr	100 EUR
Auflösung Rechnungsabgrenzungsposten, 2. Jahr	100 EUR
...	
Summe aufgelöster Rechnungsabgrenzungsposten nach 10 Jahren	1.000 EUR

Ausnahmen für das Bruttoprinzip bestehen nach § 29 SächsKomKBVO. Danach sind zu viel eingegangene oder ausgezahlte Beträge bei den Erträgen und/oder Einzahlungen sowie den Aufwendungen und/oder Auszahlungen abzusetzen. Dies betrifft alle Rückzahlungen aus dem gleichen Rechtsverhältnis heraus, das heißt, wenn Schuldner und Gläubiger jeweils identisch sind. Man spricht hier von der so genannten „Rotabsetzung“ oder Stornobuchung, da die Beträge jeweils als negativer Ertrag bzw. Aufwand oder als negative Einzahlung bzw. Auszahlung behandelt werden.

Beispiel 2:
Aufgrund eines Zahlendrehers wurden einem Lieferanten von der Gemeinde am 20.12. des Haushaltsjahres statt 49 EUR ein Betrag von 94 EUR überwiesen.

Variante 1: *Der Lieferant zahlt den Betrag noch im laufenden Haushaltsjahr zurück. Dann ist die Rückzahlung dem Aufwandskonto gutzuschreiben und bei der Auszahlung abzusetzen.*

Variante 2: *Der Lieferant zahlt den Betrag erst im folgenden Haushaltsjahr zurück. Der Aufwand des Jahres ist zu korrigieren, soweit das Haushaltsjahr noch geöffnet ist. Im Finanzhaushalt kann die Rückzahlung erst im Folgejahr von den Auszahlungen abgesetzt werden.*

3.5.3.6 Einzelveranschlagung

→ Rechtsgrundlagen: §§ 4 Abs. 4 und 10 Abs. 3 SächsKomHVO

Der strenge Grundsatz der Einzelveranschlagung wird im doppischen kommunalen Haushaltswesen nur noch begrenzt weitergeführt. Erträge und Einzahlungen sowie Aufwendungen und Auszahlungen sind nach ihrer sachlichen Zugehörigkeit und nach Arten entsprechend §§ 2 und 3 SächsKomHVO zu veranschlagen. Es erfolgt damit keine kontenspezifische Veranschlagung, sondern eine Aggregation auf höherer Ebene in den so genannten Haushaltspositionen. Dies entspricht der Outputorientierung des doppischen kommunalen Haushaltswesens. Die Darstellungen im Haushaltsplan werden damit reduziert und überschaubarer. Die Mittelanmeldungen bei der Haushaltsplanung werden auch weiterhin auf Kontenebene erfolgen (z. B. Lehr- und Lernmittelbedarf einer Schule), um die Nachvollziehbarkeit zu gewährleisten. Die Kontenarten werden aber nicht mehr einzeln im Haushaltsplan veranschlagt. Ausgewiesen wird vielmehr eine Zusammenfassung verschiedener Kontengruppen.

Beispiel:
Alle Aufwendungen einer Körperschaft für die Beschäftigten (Entgelte, Bezüge, Leistungsentgelte, Zuschläge), Arbeitgeberanteile an der Sozialversicherung, Zuführungen zu Rückstellungen für Pensionen und Beihilfen und die Beiträge zu Versorgungskassen werden im Ergebnishaushalt unter der Position „Personalaufwendungen“ (§ 2 Abs. 1 Nr. 11 SächsKomHVO) zusammengefasst. Im Teilhaushalt erfolgt dann die Spezifizierung für einzelne Teilbereiche der Verwaltung, jedoch werden die Aufwendungen nicht getrennt als Bruttoentgelte, Arbeitgeberanteile, Beihilfen usw. veranschlagt.

Der Grundsatz der Einzelveranschlagung wurde für Investitionen von nicht geringer finanzieller Bedeutung beibehalten. Gemäß § 4 Abs. 4 Satz 3 SächsKomHVO sind Investitionen einzeln unter Angabe der Gesamtinvestitionssumme, der Einzahlungen und Auszahlungen sowie der Verpflichtungsermächtigungen für die Folgejahre nach dem Investitionsprogramm (§ 9 Abs. 2 SächsKomHVO) darzustellen. Der Gemeinderat hat so die Möglichkeit, jede einzeln veranschlagte Investitionsmaßnahme getrennt zu beraten und abzuwägen. Grundlage für die Planung ist das Muster 10 der Anlage 5 VwV KomHSys, Teil B (Investitionsprogramm – Planung einzelner Investitionsvorhaben).

Beispiel für die Veranschlagung einer Investitionsmaßnahme nach Muster 10 Anlage 5 VwV KomHSys
Die Gemeinde plant den Neubau einer Feuerwache. Nach dem Bauzeitenplan wird von einer Bauzeit von zwei Jahren ausgegangen. Die Gesamtbaukosten betragen laut Kostenschätzung des Architekten 4,8 Mio. EUR, davon entfallen 2,8 Mio. EUR auf das Haushaltsjahr 2023. Der Restbetrag soll in 2024 verausgabt werden. Der Planungsvertrag mit dem Architekten bis zur Schluss-

phase soll noch in 2023 abgeschlossen werden. Es wird mit Auszahlungen i. H. v. 25.000 EUR jeweils in 2023 und 2024 gerechnet. Der für die Investitionsmaßnahme erforderliche Grundstücksankauf erfolgte bereits im Haushaltsjahr 2022 (35.000 EUR). Die Gemeinde erhält eine Zuweisung des Landes für den Neubau i. H. v. 1 Mio. EUR. Wie würde die Veranschlagung nach Muster 10 Anlage 5 VwV KomHSys im Teilfinanzhaushalt aussehen?

Beispiel für eine Veranschlagung einer Investitionsmaßnahme nach Muster 10 Anlage 5 VwV KomHSys

Ein- und Auszahlung	Ergebnis Vorvorjahr	Ansatz Vorjahr	Ansatz Haushalts-jahr	Verpflich-tungser-mächtigung	folgende Haushaltsjahre			bisher bereitgestellt	Gesamtaus-/ -einzahlun-gen
	2021	2022	2023	2023	2024	2025	2026		
Maßnahme: Neubau Feuerwache Gemeinde Pleißental									
Zuweisung	0	0	1.000.000	–	0	0	0	0	1.000.000
Summe Einzahlungen	0	0	1.000.000	–	0	0	0	0	1.000.000
Grundstücks-erwerb	0	35.000	0	0	0	0	0	35.000	35.000
Baumaßnahme	0	0	2.800.000	0	2.000.000	0	0	0	4.800.000
Planung	0	0	25.000	25.000	25.000	0	0	0	50.000
Summe Auszahlungen	0	35.000	2.825.000	25.000	2.025.000	0	0	35.000	4.885.000
Saldo	**0**	**-35.000**	**-1.825.000**	**-25.000**	**-2.025.000**	**0**	**0**	**-35.000**	**-3.885.000**
...									

Eine Ausnahme gilt für Investitionen von geringer finanzieller Bedeutung, die zusammengefasst dargestellt werden dürfen. Da der unbestimmte Rechtsbegriff „von geringer finanzieller Bedeutung" nicht gesetzlich definiert ist, sollte die Gemeinde in ihrer Haushaltssatzung (§ 6 Muster 1, Anlage 5 der VwV KomHSys) oder in der Hauptsatzung (§ 4 Abs. 2 Satz 2 SächsGemO) eine entsprechende Wertgrenze festlegen.

Weiterhin sind die Verfügungsmittel des Bürgermeisters einzeln zu veranschlagen (§ 13 SächsKomHVO). Das Prinzip der Einzelveranschlagung wird hier insbesondere dadurch deutlich, dass diese Mittel weder übertragen werden dürfen noch deckungsfähig sind. Sie stehen dem Bürgermeister nur für dienstliche Zwecke zur Verfügung (§ 59 Nr. 55 SächsKomHVO, siehe auch Abschnitt 3.7.1).

3.5.3.7 Verursachungs- oder Periodenprinzip

→ Rechtsgrundlagen: § 75 Abs. 1 Satz 2 SächsGemO, § 10 Abs. 1, 1. Alternative und § 37 Abs. 1 Nr. 4 SächsKomHVO

Das Periodenprinzip liegt dem Ergebnishaushalt zu Grunde. Danach sind Erträge und Aufwendungen in ihrer voraussichtlichen Höhe in dem Haushaltsjahr zu veranschlagen, dem sie wirtschaftlich zuzuordnen sind. Abgestellt wird nicht auf den Mittelab- oder -zufluss (vgl. Kassenwirksamkeitsprinzip), sondern auf den Zeitpunkt oder -raum des Ressourcenverbrauches bzw. des -aufkommens. Dies entspricht dem Prinzip der intergenerativen Gerechtigkeit.

Grundlage für die Periodisierung von Erträgen und Aufwendungen ist das Realisationsprinzip. Bei der Realisierbarkeit eines Ertrages wird auf die zugrundeliegende Leistungserbringung oder die Entstehung eines Anspruchs abgestellt. Ein Ertrag aus einer Leistungsbeziehung (z. B. Benutzung einer öffentlichen Einrichtung) gilt mit der Leistungserbringung als realisiert. Nicht leistungsbezogene Erträge (z. B. Steuern) gelten als realisiert, wenn der Anspruch hierauf entstanden ist.

Beispiel:

Steuern stellen gegenleistungslose Abgaben dar. Diese werden häufig rückwirkend festgesetzt. Das gilt insbesondere für die Gewerbesteuer. Hier erhalten die Gemeinden im laufenden Jahr Festsetzungsbescheide für Steuerjahre, die weit zurück liegen können. Trotzdem sind die Gewerbesteuerbescheide nach ihrem Eingang dem laufenden Jahr zuzuordnen. Die Forderung aus dem Gewerbesteuerbescheid ist erst mit ihrer Festsetzung entstanden und damit verursacht. Das strenge kaufmännische Verursachungsprinzip wird damit aber durchbrochen.

Gleiches gilt für die Zuordnung von Aufwendungen zu einer Periode. Aufwendungen, die unmittelbar mit Erträgen zusammenhängen, sind derselben Periode zuzurechnen wie die Erträge.[31] Stehen Aufwendungen nicht in einem Zusammenhang mit Erträgen, erfolgt die Periodenzuordnung entsprechend des Ressourcenverbrauches. Das ist regelmäßig die Periode, in der ein rechtswirksamer Anspruch eines Dritten auf Ressourcen der Gemeinde entstanden ist.[32] Das kann beispielsweise die Erbringung einer

31 Vgl. IVR, Fußnote 35.

32 Ebenda.

Dienstleistung für die Gemeinde, eine Lieferung oder ein gesetzlicher Anspruch (z. B. Schadenersatz) sein.

Beispiel:
Die Gemeinde bestellt im Dezember des Jahres 2022 mehrere neue Drucker für jeweils 140 EUR brutto. Bei der Inbetriebnahme wird festgestellt, dass einer defekt ist. Die Rechnung wurde deshalb am 28.12.2022 nur mit einem Teilbetrag überwiesen. Der Lieferant erhält eine Mängelanzeige. Im Januar 2023 wird ein neuer Drucker geliefert. Da der Anspruch des Lieferanten auf Zahlung des Restpreises erst mit der Lieferung des neuen, funktionstüchtigen Druckers entstanden ist, fällt der Ressourcenverbrauch anteilig in das Haushaltsjahr 2023.

Ist eine periodengerechte Zuordnung der Erträge oder Aufwendungen nicht möglich, etwa weil eine Rechnung nicht rechtzeitig vorgelegt wird, so sind die Erträge und Aufwendungen, auch wenn sie periodenfremd sind, den ordentlichen Erträgen und Aufwendungen zuzuordnen. Dies gilt nur, wenn es sich um Erträge und Aufwendungen aus der gewöhnlichen Geschäftstätigkeit handelt. Lediglich außerhalb der gewöhnlichen Geschäftstätigkeit anfallende und Erträge und Aufwendungen in Zusammenhang mit dem Übergang oder Veräußerung von Vermögen sind dem außerordentlichen Ergebnis zuzuordnen.

Beispiel:
Die Stromendabrechnung einer kommunalen Einrichtung für das Haushaltsjahr 2022 wird erst im Mai 2023 mit einem Guthaben von 500 EUR vorgelegt. Da die Kommune den Jahresabschluss 2022 bereits aufgestellt hat, kann die Abrechnung im Abschluss 2022 nicht mehr berücksichtigt werden. Nach dem kaufmännischen Periodenprinzip wäre das Guthaben in 2023 als außerordentlicher Ertrag zu erfassen. Bei einer Betrachtung der Energiekosten der Jahre 2022 und 2023 in dieser Einrichtung bliebe das Guthaben dann unberücksichtigt, da sie an einer anderen Stelle erfasst wurden. Vergleiche zu anderen Jahren, anderen Einrichtungen oder anderen Kommunen wären damit immer fehlerbehaftet. Deshalb sehen die Regelungen für die öffentliche Buchführung vor, dass das Guthaben in 2023 als Absetzung vom Aufwand darzustellen ist (§ 29 SächsKomKBVO).

Hierbei wird vom strengen kaufmännischen Prinzip der Periodenabgrenzung abgewichen. Mit der Zuordnung von periodenfremden Erträgen und Aufwendungen zum ordentlichen Ergebnis kann aber eine Transparenz und Nachvollziehbarkeil der Rechnungslegung der Kommunen sichergestellt werden (beispielsweise bei Jahresvergleichen oder interkommunalen Vergleichen). Die Abweichungen können durch die Besonderheiten der öffentlichen Buchführung gerechtfertigt werden.

3.5.3.8 Kassenwirksamkeitsprinzip

→ Rechtsgrundlagen: § 75 Abs. 1 Satz 2 SächsGemO, § 10 Abs. 1, 2. Alternative SächsKomHVO

Das Prinzip der Kassenwirksamkeit gilt für den Finanzhaushalt. Danach sind Einzahlungen und Auszahlungen nur in Höhe der im Haushaltsjahr voraussichtlich eingehenden oder zu leistenden Beiträge zu veranschlagen. Der Finanzhaushalt ist damit liquiditätsorientiert und beinhaltet alle Zahlungsmittelab- und -zuflüsse unabhängig von ihrer wirtschaftlichen Zuordnung zu einer Rechenperiode. Dementsprechend muss auch bei mehrjährigen Investitionsvorhaben der Zahlungsmittelbedarf, bezogen auf das einzelne Haushaltsjahr, ermittelt und veranschlagt werden.

Die Qualität der Haushaltsplanung und die Ordnung der Haushaltswirtschaft hängen im Wesentlichen von der Richtigkeit und Genauigkeit der Planungsdaten ab. Deshalb dürfen Einzahlungen und Auszahlungen ebenso wie Erträge und Aufwendungen nur geschätzt werden, wenn sie nicht errechenbar sind (§ 10 Abs. 1 letzter Halbsatz SächsKomHVO).

3.5.3.9 Ergebnisspaltung

Das Ergebnis eines Haushaltsjahres ist sowohl im (Gesamt)Ergebnishaushalt als auch in den Teilergebnishaushalten gespalten. Im (Gesamt)Ergebnishaushalt gliedert sich das Ergebnis wie folgt:

Ergebnisstufe	Rechtsgrundlage	Beschreibung
Ordentliches Ergebnis	§ 2 Abs. 1 Nr. 19 SächsKomHVO	Ausgewiesen wird das laufende Ergebnis der ordentlichen Erträge und Aufwendungen, d. h. der im Haushaltsjahr erwirtschaftete oder entstandene Ressourcenzuwachs oder -verbrauch.
Außerordentliches Ergebnis (Sonderergebnis)	§ 2 Abs. 1 Nr. 23, Abs. 2 SächsKomHVO	Im Sonderergebnis wird das Ergebnis der nicht dem Haushaltsjahr zuzuordnenden regelmäßig oder unregelmäßig anfallenden Erträge und Aufwendungen, die außerhalb der gewöhnlichen Geschäfts- und Verwaltungstätigkeit anfallen, insbesondere Erträge und Aufwendungen aus Vermögensveräußerungen und Vermögensübertragungen, ausgewiesen.

Im Teilergebnishaushalt wird ein Sonderergebnis nicht ausgewiesen. Da die außerordentlichen Erträge und Aufwendungen eben nicht planmäßig anfallen, werden sie den einzelnen Produkten und Teilhaushalten nicht zugeordnet. Das Sonderergebnis dient damit insgesamt dem Jahresergebnis. Der Teilergebnishaushalt folgt einer anderen Ergebnisgliederung:

Ergebnisstufe	Rechtsgrundlage	Beschreibung
Anteiliges ordentliches Ergebnis im Teilhaushalt	§ 4 Abs. 3, Satz 1, Nr. 5 SächsKomHVO	Ausgewiesen werden die anteiligen laufenden ordentlichen Erträge und Aufwendungen, d. h. der im Haushaltsjahr erwirtschaftete oder entstandene Ressourcenzuwachs oder -verbrauch bezogen auf den jeweiligen Teilhaushalt
Kalkulatorisches Ergebnis im Teilhaushalt	§ 4 Abs. 3 Satz 1, Nr. 9, SächsKomHVO	Im kalkulatorischen Ergebnis werden die Erträge und Aufwendungen aus den internen Leistungsverrechnungen und die kalkulatorischen Kosten einschließlich des kalkulatorischen Fehlbetrages dargestellt.

Kalkulatorische Kosten stellen betriebswirtschaftlich so genannte Anders- oder Zusatzkosten dar. Anderskosten werden im ordentlichen Ergebnis dem Grunde nach zwar veranschlagt, in der Kosten-Leistungsrechnung weichen sie jedoch in der Höhe ab (vgl. Abschnitt 2.1.2).

Der Ausweis des kalkulatorischen Ergebnisses spiegelt die allgemeine Pflicht zur Implementierung der Kosten-Leistungsrechnung nach den örtlichen Bedürfnissen wider (§ 14 SächsKomHVO).

Die Darstellung des Ergebnisses auf den verschiedenen Stufen findet sich auch im Jahresabschluss wieder.

Fragen zur Lernkontrolle

72. Was versteht man unter einem Produkt? Wo sind Produkte darzustellen und wie sind sie zu beschreiben?
73. Was ist ein Schlüsselprodukt?
74. Welche Rolle spielt die gesamtkonjunkturelle Entwicklung für die Investitionstätigkeit der Kommunen?
75. Wie muss sich eine Gemeinde verhalten, wenn sie eine antizyklische Finanzpolitik betreibt?
76. Was versteht man unter dem Grundsatz der Wirtschaftlichkeit und Sparsamkeit?
77. Wann ist der Bruttogrundsatz beachtet?
78. Was versteht man unter dem Grundsatz der Einzelveranschlagung?
79. Welche Aussagen muss die Gemeinde dem Grundsatz der Einnahmebeschaffung entnehmen?
80. Für welchen Zeitraum werden Haushaltsansätze im Haushaltsplan veranschlagt?
81. Welchen Zwecken dient die kommunale Finanzplanung?
82. Wird der kommunale Finanzplan durch den Gemeinderat beschlossen?
83. Was versteht man unter dem Begriff der Ergebnisspaltung?
84. Was sind kalkulatorische Kosten? Wo spielen sie im doppischen Haushalt eine Rolle?

3.6 Der doppische Haushaltsausgleich

Mit der Änderung der SächsGemO im Jahr 2017 wurde der Haushaltsausgleich völlig neu strukturiert. Die Gemeinden müssen einen ausgeglichenen Haushalt auf zwei Ebenen nachweisen:

- Ausgleich des Ergebnishaushaltes nach § 72 Abs. 3 i. V. m. § 24 Abs. 1 bis 4 SächsKomHVO und
- Ausgleich des Finanzhaushaltes nach § 72 Abs. 4 i. V. m. § 24 Abs. 5 bis 7 SächsKomHVO.

Damit muss neben einem Ausgleich des Ressourcenverbrauchs im Ergebnishaushalt seit 2018 auch die Stabilität der Liquidität im Finanzhaushalt dauerhaft gewährleistet werden.

Die Verpflichtung zum Haushaltsausgleich gilt im Übrigen grundsätzlich auch für die mittelfristige Finanzplanung im Ergebnishaushalt und ebenso für den Finanzhaushalt (§ 9 Abs. 4 SächsKomHVO).

§ 72 SächsGemO normiert den gesetzlichen Rahmen für den Haushaltsausgleich. Die konkrete Ausgestaltung und die Anforderungen werden in § 24 SächsKomHVO definiert.

Kann die Gemeinde keinen ausgeglichenen Haushalt – im Ergebnis- oder Finanzhaushalt – aufstellen, wird die Rechtsaufsichtsbehörde die Haushaltsführung sanktionieren. So können dann Kreditaufnahmen oder genehmigungspflichtige Verpflichtungsermächtigungen versagt werden.

Der Haushaltsausgleich im Ergebnishaushalt

1. Nach § 72 Abs. 3 Satz 1 SächsGemO muss der Ergebnishaushalt in jedem Jahr ausgeglichen sein. Anknüpfungspunkt dafür ist das Gesamtergebnis nach § 2 Abs. 1 Nr. 28 SächsKomHVO. Ein ausgeglichener Haushalt liegt vor, wenn der Betrag der Erträge insgesamt unter Berücksichtigung von Fehlbeträgen aus Vorjahren (§ 2 Abs. 1 Nr. 24 und 25 SächsKomHVO) sowie der Verrechnungen nach § 72 Abs. 3 Satz 3 SächsGemO den Betrag der Aufwendungen übersteigt bzw. betragsgleich ist. Basis sind dabei alle Erträge und Aufwendungen, d. h. auch nicht planbare oder einmalige Erträge, wie z. B. Erträge aus der Veräußerung von Anlagevermögen und außerordentliche Aufwendungen, wie z. B. Aufwendungen aus Vermögensminderungen und außerplanmäßigen Abschreibungen. Sind die Anforderungen erfüllt, spricht man von einem originär ausgeglichenen Haushalt.
2. Gelingt dies nicht, sind die Mittel der Rücklage aus dem Ergebnis der Vorjahre, getrennt für das ordentliche und das Sonderergebnis zu verwenden (§ 2 Abs. 1 Nr. 29 und 30 i. V. m. § 24 Abs. 1 SächsKomHVO). Damit wird den Schwankungen in der Haushaltswirtschaft Rechnung getragen, „fette" Jahre tragen zum Ausgleich „magerer" Jahre bei.
3. Als ausgeglichen gilt der Haushalt nach § 72 Abs. 3 Satz 3 SächsGemO ferner, wenn die Fehlbeträge, die im Haushaltsjahr aus den Abschreibungen auf das Anlagevermögen entstehen,

durch Verrechnung mit dem Basiskapital ausgeglichen werden können. Bezugszeitpunkt für die Ermittlung des verrechnungsfähigen Fehlbetrages ist dabei der 31.12.2017, d. h. also der letzte Bilanzstichtag vor Änderung der Ausgleichsvorschriften. Die Ermittlung des Fehlbetrages aus Abschreibungen wird in § 24 Abs. 2 Satz 1 SächsKomHVO vorgegeben. Man unterscheidet bei der Ermittlung der Belastungen aus Abschreibungen nach dem sog. Altvermögen (Anschaffung vor dem 31.12.2017) und dem Neuvermögen (Anschaffung ab dem 1.1.2018).
Die Verrechnung mit dem Basiskapital ist dabei insgesamt auf 2/3 des zum 31.12.2017 festgestellten Basiskapitals beschränkt. 1/3 des Basiskapitals bezogen auf den Stichtag 31.12.2017 gelten damit als eine Art unantastbares Grundkapital, mit dem die dauerhafte Leistungsfähigkeit der Gemeinde gesichert werden soll (§ 72 Abs. 3 Satz 4 SächsGemO i. V. m. § 24 Abs. 2 Satz 3 SächsKomHVO). Mit der Reduzierung des Basiskapitals wird unmittelbar die wirtschaftliche Leistungsfähigkeit der Gemeinde beeinträchtigt. Die Gemeinde verliert „Substanz".

Der Haushaltsausgleich im Ergebnishaushalt berücksichtigt daher neben den aktuellen Entwicklungen im Haushaltsjahr auch nichtzahlungswirksame Effekte aus früheren Jahren.

Die Anforderungen an den Haushaltsausgleich im Ergebnishaushalt lassen sich am besten an einem Beispiel erläutern. Es liegen folgende Informationen zum Ergebnishaushalt i. S. v. § 2 SächsKomHVO und zum Basiskapital vor:

Position	**Betrag in EUR**
Sonstige Erträge	4.000.000
Erträge aus der Auflösung von Sonderposten *Neu*vermögen	30.000
Erträge aus der Auflösung von Sonderposten *Alt*vermögen	600.000
Summe Erträge	**4.630.000**
Sonstige Aufwendungen	3.940.000
Abschreibungen Altvermögen	900.000
Abschreibungen Neuvermögen	90.000
Abschreibungen Finanzvermögen (alt)	50.000
Summe Aufwendungen	**4.980.000**
Fehlbetrag im Ergebnishaushalt	**-350.000**
Verrechnungsfähiges Basiskapital	**500.000**

Im Beispiel rechnet die Gemeinde mit einem Fehlbetrag i. H. v. 350.000 EUR. Die Anforderungen an den Haushaltsausgleich nach § 72 Abs. 3 Satz 1 SächsGemO wären damit nicht erfüllt.

Jetzt darf die Gemeinde jedoch die Verrechnung des Fehlbetrages aus Abschreibungen auf das Altvermögen durchführen. Ermittlung des verrechnungsfähigen Betrages:

Position	**Betrag in EUR**
Erträge aus der Auflösung von Sonderposten Altvermögen abzgl.	600.000
Abschreibungen Altvermögen	900.000
Abschreibungen Finanzvermögen (alt)	50.000
Fehlbetrag aus Abschreibungen auf das Altvermögen	**350.000**

Die Gemeinde darf damit einen Betrag von 350.000 EUR mit dem Basiskapital verrechnen und dadurch ihr Ergebnis im laufenden Haushaltsjahr „aufbessern". Die Gemeinde hätte damit ein ausgeglichenes Ergebnis. Für künftige Jahre stünden dann aber nur noch 150.000 EUR für eine Verrechnung zur Verfügung.

Die Möglichkeit, die sogenannten Altabschreibungen mit dem Basiskapital zu verrechnen, stellt damit eine befristet wirkende Option dar, langsam in die Folgen des doppischen Haushaltsrechtes hineinzuwachsen. Ist der Betrag des verrechnungsfähigen Basiskapitals aufgezehrt, muss die Gemeinde alle Fehlbeträge wieder im laufenden Haushaltsjahr und aus eigener Kraft erwirtschaften.

Die Möglichkeit zur Verrechnung der Altabschreibungen endet, wenn an einem Vermögensgegenstand nachträglich eine umfassende Sanierung (Investition) durchgeführt wird (§ 24 Abs. 3 SächsKomHVO). Damit gilt der Vermögensgegenstand wieder als neu und die Abschreibungen sind im laufenden Jahr zu erwirtschaften.

Beispiel – Ausgangsdaten:

- (alte) Schule mit RBW 1.000.000 EUR, RND 20 Jahre
- Errichtung eines unselbstständigen Anbaus für 2.000.000 EUR
- RBW des Sonderpostens 600.000 EUR, jährl. Auflösung 30.000 EUR

Mit der Errichtung des Anbaus müssen dessen Baukosten zum Restbuchwert der Schule hinzuaktiviert werden (Buchwert neu = 3.000.000 EUR). Damit können die Abschreibungen auf das alte Schulgebäude nicht mehr mit dem Basiskapital verrechnet werden und die jährlichen Abschreibungen (3.000.000 EUR/20 Jahre Restnutzungsdauer = 150.000 EUR) müssen im laufenden Jahr erwirtschaftet werden.

Um diesen Effekt zu minimieren, darf der Saldo aus Restbuchwert des Vermögensgegenstandes und des zugehörigen Sonderpostens ebenfalls mit dem Basiskapital verrechnet und in eine Rücklage eingestellt werden (§ 24 Abs. 3 Satz 2 SächsKomHVO). Diese Rücklage steht dann neben der Verrechnungsrücklage aus Abschreibungen in künftigen Jahren zur Verrechnung von Fehlbeträgen zur Verfügung (vgl. Konto 20222 gemäß Anlage 3, VwV KomHSys). Die Buchwerte der Vermögensgegenstände und der zugehörigen Sonderposten bleiben davon unberührt.

In unserem Beispiel könnte der Saldo von 400.000 EUR (RBW Schule 1.000.000 EUR – RBW Sonderposten 600.000 EUR) in eine Verrechnungsrücklage umgebucht werden.

Gelingt es der Gemeinde nicht einen ausgeglichenen Ergebnishaushalt aufzustellen, muss sie nach § 72 Abs. 3 Satz 5 SächsGemO ein Haushaltsstrukturkonzept aufstellen. Spätestens dann sind erhebliche Einsparungen erforderlich, um den Ausgleich innerhalb von vier Jahren wiederherzustellen. Für die Gemeinden besteht generell ein Überschuldungsverbot (§ 73 Abs. 5 Sächs-

GemO).[33] Die Pflicht zur Aufstellung eines Haushaltsstrukturkonzeptes besteht auch dann, wenn sich bei der Aufstellung des Jahresabschlusses ein Fehlbetrag ergibt, welcher nicht unter Ausnutzung aller Verrechnungsmöglichkeiten ausgeglichen werden kann (§ 73 Abs. 7 SächsGemO).[34]

Der Haushaltsausgleich im Finanzhaushalt

Für die Gesetzmäßigkeit des Haushaltes ist es gemäß § 72 Abs. 4 SächsGemO ferner erforderlich, dass der Zahlungsmittelsaldo laufende Verwaltungstätigkeit im Finanzhaushalt mindestens den Betrag erreicht, welcher für die ordentliche Kredittilgung und die Tilgungsverpflichtungen für kreditähnliche Rechtsgeschäfte notwendig ist.

Damit sollen Kreditverpflichtungen stets durch Überschüsse im laufenden Haushaltsjahr bedient werden können. Dies ist eine wichtige Bedingung für einen generationengerechten Haushalt.

Um den Haushaltsausgleich im Finanzhaushalt beurteilen zu können, sind folgende Informationen notwendig:

- Zahlungsmittelsaldo laufende Verwaltungstätigkeit gemäß § 3 Abs. 1 Nr. 17 SächsKomHVO sowie
- Betrag der Auszahlungen für die Tilgung von Krediten und den wirtschaftlich gleichkommenden Rechtsgeschäften gemäß § 3 Abs. 1 Nr. 38 und 39 SächsKomHVO.

Bildlich dargestellt bedeutet dies:

Überschuss im Zahlungsmittelsaldo laufende Verwaltungstätigkeit > Zahlungsverpflichtungen aus ordentlichen Tilgungen und kreditähnlichen Rechtsgeschäften

Gelingt es der Gemeinde diese Anforderungen zu erfüllen, so kann sie ihre laufenden Verpflichtungen bedienen. Ein darüber hinaus erwirtschafteter Betrag steht für Investitionen in das Vermögen zur Verfügung, wodurch der Verpflichtung zum Vermögenserhalt nach § 89 Abs. 1 SächsGemO Rechnung getragen wird.

Die Gemeinden sollen ihre Liquiditätsplanung grundsätzlich so ausrichten, dass auch Mittel für (Investitions)Bedarfe künftiger Jahre angesammelt werden (§ 24 Abs. 7 SächsKomHVO). Um Kreditaufnahmen zu vermeiden, ist es – wie bei Privatpersonen und Unternehmen ebenso – notwendig, Mittel anzusparen und damit eine größere Investition zu finanzieren. Deshalb kann die Gemeinde unter bestimmten Voraussetzungen zum Nachweis des Ausgleichs im Finanzhaushalt auch auf angesparte Liquidität aus Vorjahren verweisen. Nach § 72 Abs. 4 Satz 2 SächsGemO können verfügbare Mittel im Zahlungsmittelsaldo Investitionstätigkeit (z. B. aus zeitlich verzögerter Auszahlung von Zuwendungen), aus der Rückzahlung von Darlehen und im Bestand der liquiden Mittel zur Deckung im Finanzhaushalt herangezogen werden. Die liquiden Mittel dürfen nur dann genutzt werden, wenn sie nicht gesetzlich, vertraglich oder in sonstiger Weise bereits gebunden sind (§ 24 Abs. 5 SächsKomHVO).

Beispiel:

Die Gemeinde hat eine Zuweisung für den Kita-Bereich i. H. v. 500.000 EUR erhalten, welche sie auf Grund einer vertraglichen Vereinbarung an den Freien Träger weiterleiten muss. Auch wenn sich die Mittel vorübergehend im Liquiditätsbestand der Gemeinde befinden, gelten sie nicht als verfügbar i. S. v. § 24 Abs. 5 SächsKomHVO), da sie der Gemeinde nicht für eigene Zwecke zur Verfügung stehen.

Die Gemeinde hat eine Rückstellung für ein laufendes Gerichtsverfahren über 150.000 EUR gebildet. Der Betrag wird auf dem Bankkonto vorgehalten, falls es zu einer Zahlungspflicht kommt. Auch diese Mittel können nicht ohne Weiteres für andere Zwecke, etwa zur Tilgung von Krediten, verwendet werden. Sie werden für einen speziellen Zweck zurückgehalten und sind damit nicht verfügbar.

Kann die Gemeinde den Haushaltsausgleich im Finanzhaushalt nicht nachweisen, ergeben sich daraus dieselben Rechtsfolgen wie für den Ergebnishaushalt. Nach § 72 Abs. 4 Satz 3 SächsGemO ist die Gemeinde verpflichtet ein Haushaltsstrukturkonzept aufzustellen. Darin muss die Gemeinde nachweisen, dass sie innerhalb von vier Jahren die Anforderungen an den Ausgleich im Finanzhaushalt wieder erfüllen kann. Auch in diesem Fall sind erhebliche Sparbemühungen notwendig.[35]

Fragen zur Lernkontrolle

85. Wann gilt der Ergebnishaushalt der Gemeinde als ausgeglichen? Benennen Sie die Rechtsgrundlagen und erläutern Sie die Anforderungen an den Ausgleich.

86. Wann gilt der Finanzhaushalt der Gemeinde als ausgeglichen? Skizieren Sie die Stufen des Ausgleichs im Finanzhaushalt und benennen Sie die Rechtsgrundlagen.

[33] Die Überschuldung tritt ein, wenn sie durch einen hohen Bestand der Verbindlichkeiten ein negatives Eigenkapital, bei den Gemeinden eine negative Kapitalposition ergibt.

[34] Der Fehlbetrag ist in diesem Fall nach § 24 Abs. 4 SächsKomHVO in Folgejahre vorzutragen, d. h. der Fehlbetrag wird in der Vermögensrechnung als Negativposition ausgewiesen (vgl. § 51 Abs. 3 Nr. 1 Buchst. c SächsKomHVO).

[35] Zu den Anforderungen an das Haushaltsstrukturkonzept vgl. Abschnitt 3.3.3.2

3.7 Einzelfragen der Haushaltsplanung

3.7.1 Veranschlagung besonderer Aufwendungen und Erträge

Verfügungsmittel

Gemäß § 13 SächsKomHVO können im Ergebnishaushalt Verfügungsmittel des Bürgermeisters in angemessener Höhe veranschlagt werden (§ 2 Abs. 1 Nr. 17 SächsKomHVO, Konto 4429). Diese Mittel stehen dem Bürgermeister für dienstliche Zwecke zur Verfügung. Die Mittel dürfen nur in Anspruch genommen werden, soweit hierfür nicht an einer anderen Stelle bereits Mittel veranschlagt wurden. Aus den Verfügungsmitteln werden typischerweise Aufwendungen für Präsente, Geschäftsessen oder auch Spenden finanziert. Die Angemessenheit der Verfügungsmittel orientiert sich an der Einwohnerzahl und der wirtschaftlichen Leistungsfähigkeit der Gemeinde. Die Ansätze im Haushaltsplan dürfen im Haushaltsjahr nicht überschritten werden. Sie sind darüber hinaus nicht in das folgende Haushaltsjahr übertragbar und dürfen nicht durch Ansätze in anderen Haushaltspositionen gedeckt werden.

Ortschaftsbezogene Ansätze

Ist in einer Gemeinde die Ortschaftsverfassung (vgl. §§ 65 ff. SächsGemO) eingeführt, so dürfen dem Ortschaftsrat eigene, so genannte ortschaftsbezogene Ansätze mit dem Haushaltsplan zur Verfügung gestellt werden. Diese dienen der Erfüllung der Aufgaben des Ortschaftsrates (§ 67 Abs. 3 SächsGemO). So können dem Ortschaftsrat beispielsweise Mittel zur Unterhaltung, Ausstattung und Benutzung der in der Ortschaft gelegenen öffentlichen Einrichtungen, zur Förderung der Vereine oder zur Pflege von Patenschaften und Partnerschaften zugewiesen werden. Die ortschaftsbezogenen Ansätze sollen unter Berücksichtigung des Umfanges der in der Ortschaft vorhandenen Einrichtungen festgesetzt werden. Die ortschaftsbezogenen Ansätze werden dem Produkt 111102 bzw. dem jeweiligen sachbezogenem Produkt (z. B. Förderung der Heimatpflege, Produkt 281004) zugeordnet.

Interne Leistungsverrechnungen

Eine besondere Bedeutung kommt der Veranschlagung und dem Aus von internen Leistungsbeziehungen über interne Leistungsverrechnungen zu. Diese sind im Teilergebnishaushalt zwingend auszuweisen (§ 4 Abs. 3 Nr. 6 und 7 SächsKomHVO). Damit sollen verwaltungsinterne Leistungsbeziehungen kostentransparent und nachvollziehbar dargestellt werden.

Beispiel:
Der Bauhof erbringt seine Leistungen u. a. für die Gebäudeunterhaltung in den Kindertagesstätten, den Schulen und im Museum sowie für den Winterräum- und Straßenreinigungsdienst. Die Aufwendungen hieraus werden dem Produkt 111614 zugeordnet. Verursacher der Aufwendungen ist aber nicht der Bauhof als solcher, sondern die jeweilige Einrichtung, die die Leistung in Anspruch nimmt. Um die Aufwendungen verursachungsgerecht darzustellen, erfolgt deshalb eine Verrechnung der erbrachten Leistungen. Das bedeutet, dass die Aufwendungen der jeweiligen Einrichtung zugeordnet werden und beim Produkt Bauhof ein betragsgleicher Ertrag veranschlagt wird.

Beispiel zur Veranschlagung:
- *Aufwendungen aus internen Leistungsverrechnungen, Produkt 215101 (§ 4 Abs. 3 Nr. 7 SächsKomHVO, Konto 4810) = 25.000 EUR*
- *Erträge aus internen Leistungsverrechnungen, Produkt 111614 (§ 4 Abs. 3 Nr. 6 SächsKomHVO, Konto 3810) = 25.000 EUR*

Gemäß § 16 Abs. 2 SächsKomHVO sind interne Leistungen in der Regel in Höhe der Selbstkosten zwischen den Teilhaushalten zu verrechnen. Darüber hinaus sind aktivierungsfähige interne Leistungen den einzelnen Investitionsmaßnahmen zuzurechnen und im Anlagevermögen auszuweisen.

Beispiel:
Der Bauhof stellt in den Wintermonaten ein neues Spielgerät für den Außenbereich der Kindertagesstätte her. Der Materialaufwand hierfür beträgt 4.000 EUR. Personalaufwendungen fallen i. H. v. 10.000 EUR an. Bei den Aufwendungen handelt es sich um aktivierungsfähige Herstellungskosten nach § 38 Abs. 2 Satz 1 SächsKomHVO. Folgerichtig ist hierfür eine Aktivierung im Anlagevermögen über 14.000 EUR vorzunehmen, beim Bauhof wird in gleicher Höhe ein Ertrag aus aktivierten Eigenleistungen gutgeschrieben.

Verrechnung im Haushalt:
Ausstattung Kindertageseinrichtungen, Produkt 365101 (§ 38 Abs. 2 SächsKomHVO, Konto 072) = 14.000 EUR

Erträge aus aktivierten Eigenleistungen, Produkt 111614 (§ 4 Abs. 3 Nr. 1, § 2 Abs. 1 Nr. 7 SächsKomHVO, Konto 3710) = 14.000 EUR

Verrechnet werden sollen alle Leistungen, die für Stellen innerhalb der Verwaltung erbracht werden. Hierzu gehören neben den Leistungen des Bauhofes u. a. auch Leistungen der Personalverwaltung, der Finanzverwaltung und eines zentralen Gebäude- und Liegenschaftsmanagements. Der Umfang und die Tiefe der Verrechnung sollte von jeder Gemeinde auch unter dem Gesichtspunkt der Wirtschaftlichkeit der Haushaltsführung festgelegt werden. Es ist möglich, hierzu auch Bagatellgrenzen festzulegen, unterhalb derer eine Verrechnung interner Leistungen nicht erfolgt. Interne Leistungsverrechnungen werden nur in den Teilergebnishaushalten abgebildet, nicht jedoch im Gesamthaushalt und in den Teilfinanzhaushalten.

Fraktionsmittel

Gemäß § 35a Abs. 3 SächsGemO kann die Gemeinde den Fraktionen Mittel aus ihrem Haushalt für die sächlichen und personellen Aufgaben der Geschäftsführung gewähren. Diese Aufwendungen sind im Produkt 111105 darzustellen. Dem Haushaltsplan ist eine Anlage (vgl. Muster 23 der Anlage 5 VwV KomHSys) beizufügen, aus der sowohl die erbrachten Geldleistungen an die Fraktionen als auch die geldwerten Leistungen der Verwaltung an die Fraktionen hervorgehen. Die geldwerten Leistungen sind dem Grunde nach interne Leistungen. Dementsprechend sind hier interne Leistungsverrechnungen auszuweisen.

Fremde Finanzmittel

Gemäß § 15 SächsKomHVO werden im Haushaltsplan der Gemeinde nicht veranschlagt:

- durchlaufende Gelder (Begriff vgl. § 59 Nr. 12 SächsKomHVO),
- Beträge, die die Gemeinde auf Grund einer Rechtsvorschrift unmittelbar für den Haushalt eines anderen öffentlichen Aufgabenträgers einnimmt oder ausgibt, einschließlich der ihr zur Selbstbewirtschaftung überlassenen Mittel,
- Beträge, die die Kasse des endgültigen Kostenträgers oder eine andere Kasse, die unmittelbar mit dem endgültigen Kostenträger abrechnet, anstelle der Gemeindekasse vereinnahmt oder ausgibt.

Diese Mittel stellen eine Ausnahme vom Grundsatz der Vollständigkeit nach § 75 Abs. 1 SächsGemO dar.

Zu den fremden Finanzmitteln zählen beispielsweise:

- Spenden, die die Gemeinde für Dritte (örtliche Vereine) erhält und an diese weiterreicht,
- fehlerhafte, nicht zuordenbare Einzahlungen,
- Einzahlungen und Auszahlungen bei Kommissionsgeschäften,
- Leistungen nach dem Unterhaltssicherungsgesetz und
- Leistungen nach dem Bundesausbildungsförderungsgesetz oder dem Wohngeldgesetz.

Die fremden Finanzmittel werden im Ergebnis- und Finanzhaushalt der Gemeinde nicht veranschlagt, da sie das Ergebnis der Gemeinde nicht beeinflussen. Sie sind nachrichtlich als Saldo unter dem Finanzhaushalt anzugeben. Lediglich in der Finanzrechnung sind die Einzahlungen und Auszahlungen aus den fremden Finanzmitteln (§ 49 Abs. 2 Nr. 42 bis 44 SächsKomHVO) nachzuweisen.

3.7.2 Planung von Investitionen

Für die Veranschlagung von Investitionen enthält § 12 SächsKomHVO besondere Vorschriften. Gemäß § 12 Abs. 1 Satz 1, § 4 Abs. 4 Satz 3 SächsKomHVO sind Investitionen und Investitionsförderungsmaßnahmen, die sich über mehrere Jahre erstrecken, unter Angabe der Gesamtinvestitionssumme im Teilfinanzhaushalt zu veranschlagen. Maßnahmen von geringer finanzieller Bedeutung dürfen zusammengefasst werden (§ 4 Abs. 4 Satz 4, § 12 Abs. 4 SächsKomHVO). Der unbestimmte Rechtsbegriff der „Maßnahmen von geringer finanzieller Bedeutung“ bedarf einer Auslegung im Einzelfall. Die Wertgrenze ist den örtlichen Verhältnissen und dem Haushaltsvolumen der Gemeinde anzupassen. Soweit keine Festlegung einer solchen Wertgrenze in der Hauptsatzung erfolgt, sollte die Festlegung entsprechend § 74 Abs. 2 Satz 2 SächsGemO in der Haushaltssatzung vorgenommen werden (vgl. § 6 des Musters 1 der Anlage 5 VwV KomHSys).

Die in einzelnen Haushaltsjahren erforderlichen Auszahlungen sind auch im Finanzplan zu berücksichtigen (§ 12 Abs. 1 Satz 2 SächsKomHVO).

Der Investitionsbegriff wird in § 59 Nr. 23 SächsKomHVO definiert (vgl. auch Abschnitt 3.2.4.1).

Bevor Maßnahmen von erheblicher finanzieller Bedeutung im Finanzhaushalt beschlossen werden dürfen, soll gemäß § 12 Abs. 2 SächsKomHVO durch Vergleich der Anschaffungs- und Herstellungskosten die wirtschaftlichste Lösung ermittelt werden. Dabei sind auch die Folgekosten und die demografische Entwicklung zu berücksichtigen.

Diese Vorschrift zwingt die Gemeinde bei Investitionsmaßnahmen von erheblicher Bedeutung

- Vergleichsberechnungen durchzuführen, um die wirtschaftlichste – nicht bloß die billigste – Lösung zu ermitteln,
- Alternativlösungen aufzuzeigen und zu prüfen,
- die Folgekosten und die künftige Bevölkerungsentwicklung zu prognostizieren und zu bewerten.

Vergleichsberechnungen erfolgen mit Hilfe von statischen oder dynamischen Investitionsrechnungen (z. B. Kostenvergleichsrechnungen, Gewinnvergleichsrechnung, Nutzwertanalyse). Zu berücksichtigen sind dabei neben den Anschaffungs- und Herstellungskosten auch die Nebenkosten (Montage, Gebühren), die Nutzungsdauer und die Folgekosten aus der Erhaltung und Unterhaltung. Diese Berechnungen dienen der monetären Bewertung einzelner Investitionsvarianten, um diese nach objektiven Kriterien miteinander vergleichen und die vorteilhafteste Investitionsvariante ermitteln zu können. Diese Pflicht ergibt sich bereits aus dem Grundsatz der Sparsamkeit und Wirtschaftlichkeit der Haushaltsführung (§ 72 Abs. 2 Satz 1 SächsGemO), der durch § 12 SächsKomHVO für investive Vorhaben näher bestimmt wird.

§ 12 Abs. 3 SächsKomHVO fordert ferner, dass bei Auszahlungen und Verpflichtungsermächtigungen für Baumaßnahmen vor der Veranschlagung bestimmte Planungsdokumente vorliegen müssen. Hierzu gehören verschiedene zeichnerische Planungen, Kostenberechnungen zur Ermittlung des voraussichtlichen finanziellen Umfanges, die Kostenbeteiligung Dritter und die Verteilung auf die einzelnen Haushaltsjahre, ein Bauzeitenplan sowie weitere Erläuterungen. Hiermit soll sichergestellt werden, dass der Gemeinderat bei der Entscheidung über die Investition im Rahmen der Beschlussfassung über die Haushaltssatzung den Umfang und die Folgen dieser objektiv beurteilen kann.

3.7.3 Planung der Finanzierungstätigkeit

Im Finanzhaushalt nach § 3 SächsKomHVO sind neben Einzahlungen und Auszahlungen aus der laufenden Verwaltungstätigkeit und der Investitionstätigkeit auch die Einzahlungen und Auszahlungen sowie der Saldo aus der Finanzierungstätigkeit zu veranschlagen.

Einzahlungen aus der Finanzierungstätigkeit ergeben sich insbesondere bei:

- Einzahlungen aus Anleihen,
- Aufnahme von Krediten für Investitionen,
- Aufnahme von Krediten zur Liquiditätssicherung und
- Rückflüssen von Darlehen.

Auszahlungen aus der Finanzierungstätigkeit fallen an für:

- Tilgung von Anleihen,
- Tilgung von Krediten für Investitionen,
- Tilgung von Krediten zur Liquiditätssicherung und
- Gewährung von Darlehen (Ausleihungen).

Zu beachten ist, dass die Ein- und Auszahlungen bei der Aufnahme und Tilgung von Krediten zur Liquiditätssicherung nicht im Finanzhaushalt veranschlagt werden. Weist der Saldo in § 3 Abs. 1 Nr. 50 SächsKomHVO einen negativen Betrag aus (Bedarf an Kassenmitteln), so stellt dieser Betrag den Sockelbestand des Kassenkreditbedarfes dar.[36] Der Höchstbetrag der Kassenkredite ist gemäß § 74 Abs. 2 Nr. 2 SächsGemO in der Haushaltssatzung festzusetzen. In der Haushaltsdurchführung werden die Ein- und Auszahlungen aus der Aufnahme und Tilgung von Krediten zur Liquiditätssicherung jedoch in der Finanzrechnung gebucht, um den tatsächlichen Liquiditätszu- bzw. -abfluss darzustellen.

Zu veranschlagen sind Ein- und Auszahlungen bei Krediten, wenn es sich um Umschuldungen handelt. Eine Umschuldung ist die Tilgung eines Kredites mit gleichzeitiger Aufnahme eines neuen Kredites (§ 59 Nr. 52 SächsKomHVO). Regelmäßig erfolgt eine Umschuldung, wenn die Zinsbindungsfrist abgelaufen ist, jedoch noch eine Restschuld besteht und diese von der Gemeinde nicht als Einmalzahlung geleistet werden kann. In diesen Fällen wird für die Tilgung der Restschuld ein neuer Kreditvertrag abgeschlossen. Die Ein- und Auszahlungen bei Umschuldungen werden im Finanzhaushalt veranschlagt, jedoch erfolgt keine Festsetzung in der Haushaltssatzung gemäß § 74 Abs. 2 Nr. 1 Buchst. c, Doppelbuchst. aa SächsGemO.

Zu den Voraussetzungen für die Aufnahme von Krediten für Investitionen wird auf Abschnitt 3.2.4.1 verwiesen.

Die Gewährung eines Darlehens durch die Gemeinde wird nur in seltenen Fällen vorkommen. Es ist jedoch möglich, dass die Gemeinde einen Dritten mit der Erfüllung einer Aufgabe beauftragt. Kann dieser die erforderlichen Finanzmittel nicht selbst aufbringen, kann die Gemeinde unter Berücksichtigung des Grundsatzes der Sparsamkeit und Wirtschaftlichkeit und der stetigen Aufgabenerfüllung ein Darlehen gewähren.

Beispiel:
Die Gemeinde hat das Gemeindezentrum an den örtlichen Heimatverein zur Bewirtschaftung übergeben. Da dieser die erforderlichen Finanzmittel für eine kostenintensive Dachreparatur nicht aufbringen kann, gewährt die Gemeinde ein Darlehen, welches der Verein langfristig aus den Erträgen der Benutzungsentgelte an die Gemeinde zurückzahlt.

Die Auszahlung und die Rückzahlung des Darlehens sind im Finanzhaushalt auszuweisen. Soweit das Darlehen dem Verein nur gegen Verzinsung überlassen wird, sind die Zinserträge im Ergebnishaushalt auszuweisen (§ 2 Abs. 1 Nr. 7 SächsKomHVO). Die Gewährung eines Darlehens kommt dem Grunde nach nur zur Erfüllung einer originären Aufgabe der Gemeinde in Betracht.

Fragen zur Lernkontrolle

87. Welcher Zweck wird mit internen Leistungsverrechnungen verfolgt? Wie wirken sich interne Leistungsverrechnungen auf den Haushalt der Gemeinde aus?
88. Was versteht man unter einer Investition? Welche besonderen Veranschlagungsregelungen hat die Gemeinde bei der Planung von investiven Maßnahmen zu beachten?

3.8 Bewirtschaftung des Haushaltsplanes

3.8.1 Bewirtschaftungsgrundsätze

Grundlage für die Wirtschaftsführung im Haushaltsjahr ist der Haushaltsplan (§ 75 Abs. 4 Satz 1 SächsGemO). Die Ausführung des Haushaltsplanes besteht im weitesten Sinne aus der Erteilung von Anordnungen zur Verfügung über die Haushaltsansätze und der Abwicklung der damit zusammenhängenden Geldbewegungen. Die Bewirtschaftung bedeutet, dass die Gemeinde nach außen vertragliche Verpflichtungen eingeht oder Rechte begründet.[37]

Die Ausführung des Haushalts und die Erfüllung der Aufgaben sind während des gesamten Haushaltsjahres durch die Gemeinde zu gewährleisten. Deshalb ist sie gezwungen, bei der Bewirtschaftung der Ansätze im Haushaltsplan besondere Sorgfalt anzuwenden. Ziel der Bewirtschaftung muss dabei stets die Sicherung des Haushaltsausgleiches nach § 72 Abs. 3 und 4 SächsGemO i. V. m. § 24 SächsKomHVO sein. Soweit die Gemeinde bei der Haus-

36 Vgl. Hofmann, Jänchen, Wirth, a. a. O., Abschnitt 3.3.4.3, S. 56.

37 Vgl. Hofmann, Jänchen, Wirth, a. a. O., Abschnitt 3.3.7.

haltsplanung einen Fehlbetrag veranschlagt hat, ist sie gehalten, diesen auf ein Minimum zu reduzieren. Darüber hinaus muss die Liquidität gesichert sein.

Die damit einhergehenden Maßnahmen zur Verwaltung der Ansätze für Erträge und Aufwendungen, Einzahlungen und Auszahlungen sowie der Verpflichtungsermächtigungen bezeichnet man als Bewirtschaftung.

Ein im Haushaltsplan aufgenommener Ansatz gewährt dabei gleichzeitig das Recht, die für die Erfüllung notwendigen Verträge abzuschließen oder Maßnahmen durch die Verwaltung einzuleiten. Dieses Recht bezeichnet man auch als Bewirtschaftungsbefugnis.

Die Bewirtschaftungsbefugnis kommt der Verwaltung dabei meist nicht unbeschränkt zu. In der Mehrzahl der Gemeinden werden in der Hauptsatzung bestimmte Bewirtschaftungsgrenzen festgelegt. Diese Werte grenzen die Zuständigkeiten von Bürgermeister, als Leiter der laufenden Verwaltung, und von Gemeinderat und gegebenenfalls von den Ausschüssen ab. Bis zur festgelegten Wertgrenze darf die Verwaltung den Ansatz selbst bewirtschaften. Gehen einzelne Verträge oder Maßnahmen über diese Grenze hinaus, muss auch die Zustimmung des Gemeinderates oder eines Ausschusses eingeholt werden (z. B. § 28 Abs. 2 Nr. 14 SächsGemO).

Die Bewirtschaftungsgrundsätze stellen eine Zusammenfassung verschiedener Regelungen für die Umsetzung des Haushaltsplanes während des Haushaltsjahres dar, die von der Verwaltung, aber auch den Organen der Gemeinde zu beachten sind. Die formellen Bewirtschaftungsgrundsätze umfassen die Fragen der Zuständigkeit. Daneben bestehen eine Reihe materieller Bewirtschaftungsgrundsätze, die inhaltliche Fragen der Bewirtschaftung ausgestalten.

Übersicht zur Einteilung der materiellen Bewirtschaftungsgrundsätze

<table>
<tr><td colspan="5">Bewirtschaftungsgrundsätze</td></tr>
<tr><td colspan="2">Bewirtschaftungsformen</td><td colspan="3">Bewirtschaftungsregeln</td></tr>
<tr><td>Gesamtdeckung</td><td>Budgetierung</td><td colspan="2">Deckungsfähigkeit</td><td>Übertragbarkeit</td></tr>
<tr><td></td><td></td><td>unechte ~</td><td>echte ~</td><td></td></tr>
</table>

Die einzelnen Bewirtschaftungsformen und -regeln werden in den folgenden Abschnitten näher erläutert. Daneben finden sich spezielle Regelungen für die Bewirtschaftung von Ansätzen für Erträge und Einzahlungen sowie der Ansätze für Aufwendungen und Auszahlungen. Diese werden in den Abschnitten 3.9.6 und 3.9.8 erläutert.

3.8.2 Bewirtschaftungsformen

3.8.2.1 Gesamtdeckungsgrundsatz

→ Rechtsgrundlage: § 18 SächsKomHVO

Die Regelung des § 18 SächsKomHVO entspricht im Kern der früheren kameralen Regelung. Im Bereich der öffentlichen Finanzen soll es keine „Topfwirtschaft" durch verschiedene Zweckbindungen geben (vgl. § 7 HGrG), vielmehr dienen alle Einnahmen zur Deckung aller Ausgaben. Ins doppische Konzept übertragen bedeutet dies, dass alle Erträge des Ergebnishaushalts insgesamt zur Deckung aller Aufwendungen im Ergebnishaushalt heranzuziehen sind. Im Finanzhaushalt werden die Einzahlungen insgesamt zur Deckung der Auszahlungen eingesetzt. Es bestehen damit dem Grunde nach keine Mittelbindungen, soweit sie nicht ausdrücklich entsprechend §§ 19 und 20 SächsKomHVO zulässig sind und angeordnet werden.

Beispiele:

Die Einzahlungen aus der Veräußerung eines alten Fahrzeuges im Bauhof müssen nicht zwingend für Neuanschaffungen, d. h. Auszahlungen für den Bauhof, eingesetzt werden. Einzahlungen sind vielmehr für jede zu leistende Auszahlung einsetzbar.

Erträge aus Steuereinnahmen haben kraft Gesetzes keine Zweckbestimmung. Sie können außerhalb des zugeordneten Produktes zur Deckung von Aufwendungen in allen Budgets und Produkten eingesetzt werden.

Die grundsätzliche Zweckbindung von Erträgen und Aufwendungen bzw. Einzahlungen und Auszahlungen ist in öffentlichen Haushalten auch nicht durchführbar. Anders als bei wirtschaftlichen Unternehmen muss die öffentliche Hand nicht kostendeckende Bereiche durch Bereiche mit Überschüssen stets quersubventionieren. Das der Doppik zu Grunde liegende Ressourcenverbrauchskonzept erfordert einen flexiblen Einsatz der knappen Ressourcen. Dies ist nur mit dem Gesamtdeckungsprinzip zu erreichen. Das Gesamtdeckungsprinzip spielt damit eine wichtige Rolle bei der Verteilung der Budgets im Rahmen der Planaufstellung (vgl. Abschnitt 3.2.5.1).

3.8.2.2 Budgetierung

Der Gesamtdeckungsgrundsatz wird durch den Budgetierungsgrundsatz näher bestimmt. Ein Budget ist eine in Geldeinheiten bewertete Plangröße, die einer Entscheidungs- oder Bewirtschaftungseinheit für eine bestimmte Zeitperiode mit einem bestimmten Verbindlichkeitsgrad vorgegeben wird und vom Budgetverantwortlichen einzuhalten ist.[38] Vereinfacht und auf die kommunale Ebene übertragen kann man sagen, dass einer bestimmten Verwaltungseinheit (Amt, Sachgebiet, Einrichtung) ein in Geld bewerteter Betrag im Rahmen der Haushaltsplanung zur Verfügung gestellt wird, der für die Erfüllung der zugeordneten Aufgaben im Höchstfall aufgewendet werden darf. Als Budgetierung bezeichnet man die Methode, mit welcher die Finanzverantwortung

38 Vgl. Klaus Homann, Verwaltungscontrolling, Verlag Gabler, 2005.

auf die Fachebene (Amt, Sachgebiet, Einrichtung) verlagert wird. Entsprechend des Konzeptes des neuen kommunalen Haushalts-, Kassen- und Rechnungswesens werden Fach- und Ressourcenverantwortung zusammengefasst. Es gilt der Grundsatz: Ein Budget, ein Verantwortlicher.

§ 4 Abs. 2 Satz 1 SächsKomHVO bestimmt, dass jeder Teilhaushalt aus mindestens einer Bewirtschaftungseinheit (Budget) bestehen muss. Es ist möglich, innerhalb eines Teilhaushalts mehrere Budgets einzurichten. Darüber hinaus ist es auch zulässig, mehrere Teilhaushalte zu einem Budget zusammenzufassen, soweit die Aufwendungen sachlich eng zusammenhängen. § 4 Abs. 1 Satz 1 SächsKomHVO legt darüber hinaus fest, dass der Gesamthaushalt in „Teilhaushalte" zu gliedern ist. Im Ergebnis muss jede Gemeinde mindestens zwei Teilhaushalte und auch zwei Budgets einrichten. Damit ist die Bildung eines Globalbudgets über alle Aufwendungen und Auszahlungen der Gemeinde im Gesamthaushalt unzulässig.

Beispiel einer Budgetstruktur

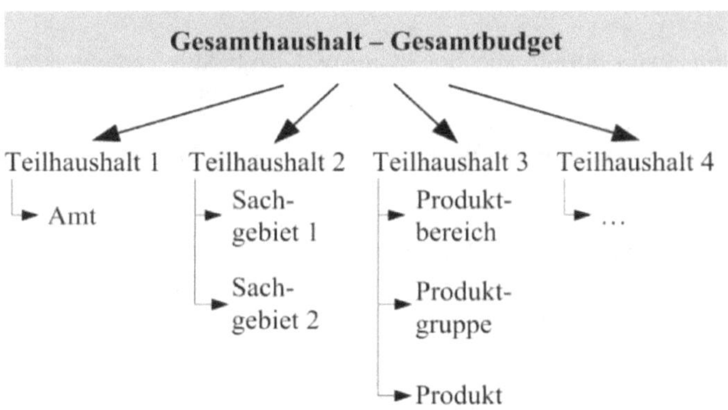

Merkmale eines Budgets

Ein Budget	Erläuterung
– gibt einen Handlungsrahmen vor.	Das Budget ist ein wertmäßiger Handlungsrahmen, der im Regelfall nicht oder nur mit Sanktionen überschritten werden darf. ***Beispiele:*** *Betrag in EUR/Bearbeitungsfall, Betrag in EUR/Betreuungsstunde, Betrag in EUR/Haushaltsjahr*
– ist globalisiert.	Das Budget steht regelmäßig nicht für bestimmte Aufwendungen/Auszahlungen zur Verfügung, sondern kann innerhalb der Bewirtschaftungseinheit frei verwendet werden. Einschränkungen aus gesetzlichen oder vertraglichen Gründen sind dabei möglich, beispielsweise bei den Personalaufwendungen. ***Beispiele:*** *Budget „Kindergarten A", „Budget „Mittelschule", Budget „Bauhof"*
– ist liberalisiert.	Die Aufwendungen innerhalb eines Budgets sind regelmäßig gegenseitig deckungsfähig (§ 20 Abs. 1 Satz 1 SächsKomHVO). Eine vollständige oder teilweise Übertragung unverbrauchter Budgets in das folgende Haushaltsjahr kann durch Haushaltsvermerke bestimmt werden (§ 17 Nr. 5, § 21 Abs. 2 SächsKomHVO) ***Beispiele für Haushaltsvermerke:*** *Minderaufwendungen im Budget „Kindergarten" werden zu 50 v. H. übertragen, Minderaufwendungen im Budget „Bauhof" werden zu 30 v. H. übertragen.*
– überträgt Verantwortung.	An das Budget ist die Verantwortung für den wirtschaftlichen und sparsamen Ressourceneinsatz geknüpft. Budgetüberziehungen sind durch den Verantwortlichen zu begründen. Die Überziehung kann mit Sanktionen verbunden werden. ***Beispiel:*** *Der Budgetverantwortliche gibt bereits im ersten Quartal des Haushaltsjahres 50 v. H. seines Budgets aus. Da das Budget einen Handlungsrahmen bietet, muss er Alternativen aufzeigen, wie das Budget dennoch für das gesamte Haushaltsjahr reicht. Die Budgetverantwortung ist in seiner Zielvereinbarung für das Leistungsentgelt nach TVöD festgeschrieben. Gelingt es ihm nicht, könnten Teile des Leistungsentgeltes gestrichen werden.*

Die Budgetierung ist ein wichtiges Instrument zur Zusammenführung der Fach- und Ressourcenverantwortung in den Verwaltungseinheiten. Budgetierung sichert ausreichende Managementspielräume und schafft bei zweckmäßiger Ausgestaltung starke Anreize für ein effektives und wirtschaftliches Handeln. Budgets müssen den Verantwortlichen Handlungsspielräume lassen, deshalb dürfen Budgets nicht zu klein sein. Zum Budgetierungsverfahren bei der Aufstellung des Haushaltsplanes vgl. Abschnitt 3.2.5.1.

In erster Linie werden im kommunalen Bereich Aufwendungen und Auszahlungen im Rahmen der Haushaltsplanung budgetiert. Aber auch andere Kenngrößen der Leistungserstellung können budgetiert werden. So können neben den Aufwendungen und Auszahlungen auch bestimmte Deckungsbeiträge oder Umsätze budgetiert werden.

3.8.3 Bewirtschaftungsregeln

3.8.3.1 Grundsatz der sachlichen Bindung

→ Rechtsgrundlage: § 75 Abs. 4 SächsGemO, § 28 SächsKomHVO

Der Grundsatz der sachlichen Bindung bedeutet, dass die Verwendung der Haushaltsansätze für die im Haushaltsplan vorgesehenen Zwecke verbindlich ist. Die Verbindlichkeit bezieht sich dabei auf die im Haushaltsplan zu veranschlagenden Haushaltspositionen innerhalb der Teilhaushalte. Durch die Regelungen zur Budgetierung und zur Deckungsfähigkeit spielt dieser Grundsatz im Ergebnishaushalt nur noch eine untergeordnete Rolle (vgl. Abschnitte 3.8.2.2, 3.8.3.3). Eine sachliche Bindung besteht aber dennoch für die im Finanzhaushalt einzeln veranschlagten Investitionen.

3.8.3.2 Grundsatz der zeitlichen Bindung

→ Rechtsgrundlage: § 76 Abs. 3 SächsGemO

Der Grundsatz der zeitlichen Bindung ergibt sich aus dem Grundsatz der Jährigkeit (vgl. Abschnitt 3.5.3.1). Nach diesem Grundsatz gelten die Ansätze des Haushaltsplanes nur für das Haushaltsjahr. Eine Ausnahme von diesem Grundsatz stellen die Regelungen zur Übertragbarkeit von Haushaltsermächtigungen in § 21 SächsKomHVO dar (vgl. Abschnitt 3.8.3.4).

3.8.3.3 Deckungsfähigkeit

→ Rechtsgrundlage: § 20 SächsKomHVO

Die Bestimmungen in § 20 SächsKomHVO zur echten Deckungsfähigkeit stellen eine Ausnahme vom Grundsatz der sachlichen Bindung dar. Zu unterscheiden ist zwischen gegenseitig oder einseitig deckungsfähigen Ansätzen. Gegenseitige Deckungsfähigkeit bedeutet, dass Minderaufwendungen bei einzelnen Bewirtschaftungseinheiten für Mehraufwendungen bei anderen Bewirtschaftungseinheiten und umgekehrt verwendet werden können. Die einseitige Deckungsfähigkeit ermöglicht dies nur von einer Bewirtschaftungseinheit zu einer anderen, jedoch nicht umgekehrt.

Die Deckungsfähigkeit kann dabei sowohl innerhalb einzelner Budgets als auch budgetübergreifend bestehen. Innerhalb eines Budgets besteht eine gegenseitige Deckungsfähigkeit der Aufwendungen und investiven Auszahlungen sowie Verpflichtungsermächtigungen kraft Gesetzes (§ 20 Abs. 1 Satz 1 und Abs. 3 SächsKomHVO). Budgetübergreifend können Aufwendungen und investive Auszahlungen sowie Verpflichtungsermächtigungen mittels Haushaltsvermerk für gegenseitig oder einseitig deckungsfähig erklärt werden (§ 20 Abs. 2 und Abs. 3 SächsKomHVO), wenn sie in einem sachlichen Zusammenhang stehen.

Beispiel:
Eine Gemeinde betreibt vier Kindertageseinrichtungen. Jeder Einrichtung wurde ein Budget zugeordnet. Um die Flexibilität zu fördern und um auf Änderungen bei einzelnen Einrichtungen reagieren zu können, erklärt die Gemeinde die Personalaufwendungen (§ 2 Abs. 1 Nr. 11 SächsKomHVO) sowie die Aufwendungen für Sach- und Dienstleistungen (§ 2 Abs. 1 Nr. 13 SächsKomHVO) zwischen den Einrichtungen durch Haushaltsvermerk für gegenseitig deckungsfähig.

Die Deckungsfähigkeit wird in § 20 Abs. 1 Satz 2 SächsKomHVO begrenzt. Zahlungsunwirksame Aufwendungen des Ergebnishaushalts dürfen danach nicht zugunsten zahlungswirksamer Aufwendungen oder für Auszahlungen des Finanzhaushalts für deckungsfähig erklärt werden. Hierbei werden die Besonderheiten der Zahlungswirksamkeit und damit der Liquiditätssicherung berücksichtigt.

Beispiel:
Die Gemeinde kann einen Minderaufwand bei Abschreibungen nicht zugunsten gestiegener Personalaufwendungen für deckungsfähig erklären. Die Leistung von zahlungswirksamen Personalaufwendungen würde unweigerlich zu einer Belastung der Liquidität der Gemeinde führen.

Umgekehrt dürfen jedoch zahlungswirksame Aufwendungen zugunsten von nicht zahlungswirksamen Aufwendungen und innerhalb eines Budgets auch zugunsten von Auszahlungen des Budgets im Finanzhaushalt für einseitig deckungsfähig erklärt werden.

Beispiel:
Die Gemeinde hat ein Dienstfahrzeug geleast. Die Leasingraten sind im Ergebnishaushalt veranschlagt. Bei der Neuausschreibung der Leasingverträge wird festgestellt, dass ein Erwerb des Fahrzeuges wirtschaftlicher wäre. Der Finanzhaushalt enthält jedoch hierfür keinen Ansatz. Soweit ein entsprechender Haushaltsvermerk vorliegt, kann die Gemeinde die Minderaufwendungen aus den nicht benötigten Leasingraten zur (Teil)Finanzierung des Fahrzeugkaufes im Finanzhaushalt einsetzen.

Die Deckungsfähigkeit besteht dabei grundsätzlich auch für Ansätze bei Verpflichtungsermächtigungen. Dabei ist jedoch zu beachten, dass nach § 20 Abs. 3 i. V. m. Abs. 1 und 2 SächsKomHVO die Möglichkeit der Deckungsfähigkeit von Verpflichtungsermächtigungen nur innerhalb eines Haushaltsjahres besteht. Bezugszeitpunkt sind demnach nicht alle im Finanzplanungszeitraum veranschlagten Verpflichtungsermächtigungen, sondern nur die innerhalb eines Haushalts- bzw. Folgejahres (z. B. 1. Folgejahr oder 2. Folgejahr vgl. Muster 10, Teil B Anlage 5 VwV KomHSys, Spalten 4 und 5) veranschlagten Ermächtigungen.

3.8.3.4 Übertragbarkeit von Haushaltsermächtigungen

→ Rechtsgrundlage: § 21 SächsKomHVO

Der Grundsatz der zeitlichen Bindung, nach dem Ansätze des Haushaltsplanes nur für das Haushaltsjahr gelten, wird durch die Übertragbarkeit von Ansätzen nach § 21 SächsKomHVO durchbrochen.

Auszahlungen für Investitionen und Kreditermächtigungen

Gemäß § 21 Abs. 1 SächsKomHVO können Ansätze für Auszahlungen sowie Einzahlungen bei Investitionen und Investitionsförderungsmaßnahmen bis zur Fälligkeit der letzten Zahlung für ihren Zweck verfügbar bleiben, bei Baumaßnahmen und Beschaffungen längstens jedoch zwei Jahre nach Schluss des Haushaltsjahres, in dem der Bau oder der Gegenstand in seinen wesentlichen Teilen in Benutzung genommen wurde.

Beispiel:
Die Gemeinde hat im Haushaltsplan 2023 den Neubau eines Feuerwehrgerätehauses veranschlagt. Für den Finanzplanungszeitraum sind keine weiteren Auszahlungen geplant. Da die Arbeiten im Haushaltsjahr 2023 nicht vollständig abgeschlossen werden können, werden die Außenanlagen und Teile der Innenausstattung erst 2024 beauftragt. § 21 Abs. 1 SächsKomHVO bietet hierfür die gesetzliche Grundlage. Wenn das Feuerwehrgerätehaus noch im Haushaltsjahr 2023 in Benutzung genommen wird, dann darf die Gemeinde aus der im Haushaltsplan 2023 veranschlagten Ermächtigung noch bis zum Jahr 2025 Auszahlungen leisten.

Eine Sonderregelung besteht gemäß § 21 Abs. 1 Satz 2 SächsKomHVO für Ansätze, die zur Leistung von Auszahlungen aus Sicherheitseinbehalten bei Investitionsmaßnahmen vorgesehen waren. Diese bleiben bis zu fünf Jahre nach dem Schluss des Haushaltsjahres, in dem der Vermögensgegenstand in Benutzung genommen wurde, verfügbar.

Die Übertragbarkeit soll eine fortlaufende Investitionsabwicklung ohne haushaltsbedingte Einschränkungen gewährleisten. Durch die Fortgeltung der Haushaltsermächtigung kraft Gesetzes kann die Gemeinde flexibler auf äußere Umstände (Schlechtwetterperioden, unvorhergesehene Ereignisse) reagieren. Die Übertragung setzt stets eine willentliche Übertragungsentscheidung voraus. Bei investiven Ansätzen im Haushaltsplan ist die Übertragung aber kraft Gesetzes möglich, das heißt es bedarf nicht zwingend eines Übertragbarkeitsvermerkes.

Die Ermächtigung zur Aufnahme von Krediten für Investitionen und Investitionsförderungsmaßnahmen bleibt kraft Gesetzes bis zum Inkrafttreten der Haushaltssatzung für das übernächste Jahr verfügbar (§ 82 Abs. 2 SächsGemO).

Aufwendungen und Auszahlungen eines Budgets

Die Aufwendungen des Ergebnishaushalts und Auszahlungen, die zu einen Budget gehören, können durch Haushaltsvermerk für ganz oder teilweise übertragbar erklärt werden (§ 21 Abs. 2 SächsKomHVO). Die Fortgeltung der Ermächtigung tritt hier nicht kraft Gesetzes ein, sondern es bedarf der ausdrücklichen Bestimmung im Rahmen der Haushaltssatzung bzw. des Haushaltsplanes. Diese erfolgt mittels Haushaltsvermerk (§ 17 Nr. 5 SächsKomHVO). Diese Möglichkeit zur Übertragung soll dem so genannten „Dezemberfieber“ entgegenwirken. Nicht verbrauchte Ansätze müssen nicht zwangsläufig am 31.12. des Haushaltsjahres verfallen, soweit dies mit dem Haushaltsplan bestimmt ist. Sie können maximal bis in das zweite Folgejahr übertragen werden.

Beispiel:
Der Kindertageseinrichtung „Pleißenknirpse“ ist ein Budget zugeordnet. Der Haushaltsplan enthält folgenden Haushaltsvermerk: Nicht benötigte zahlungswirksame Aufwendungen im Budget können mit 50 v. H. in das Folgejahr auf Antrag der Budgetverantwortlichen übertragen werden. Die Leiterin der Kindertageseinrichtung stellt im Dezember 2023 fest, dass ihr Budget noch zu 15.000 EUR, davon 10.000 EUR zahlungswirksame Aufwendungen, frei verfügbar ist. Sie könnte die Mittel noch ausgeben oder eine Übertragung der nicht verbrauchten zahlungswirksamen Mittel gemäß Haushaltsvermerk i. H. v. 5.000 EUR in das Jahr 2024 beantragen. Diese Mittel stünden ihr damit auch im Folgejahr, zusätzlich zu den im Budget neu veranschlagten Mitteln zur Verfügung.

Sind bestimmte Erträge und Einzahlungen auf Grund rechtlicher Verpflichtung, z. B. Spenden und Zuweisungen, zweckgebunden, können die daran gebundenen Aufwendungen und Auszahlungen auch in späteren Haushaltsjahren geleistet werden (vgl. § 21 Abs. 3 SächsKomHVO). Die Mittel bleiben entsprechend verfügbar.

Die Regelungen zur Übertragbarkeit gelten entsprechend für überplanmäßige und außerplanmäßige Auszahlungen (§ 21 Abs. 4 SächsKomHVO), soweit diese bis zum Ende des Jahres in Anspruch genommen wurden.

Darstellung im Jahresabschluss

Die Übertragung von Haushaltsermächtigungen in das Folgejahr wird nicht gebucht. Sie wirkt sich nicht auf das Ergebnis des Haushaltsjahres aus. Die Übertragung bewirkt lediglich eine Erhöhung des Ansatzes für diesen Zweck im folgenden Haushaltsjahr. Gemäß § 88 Abs. 4 Nr. 4 SächsGemO ist dem Anhang zum Jahresabschluss eine Übersicht über die in das folgende Jahr zu übertragenden Haushaltsermächtigungen beizufügen.

Beispiel für eine Übersicht zur Übertragung von Haushaltsermächtigungen in das folgende Haushaltsjahr nach§ 88 Abs. 4 Nr. 4 SächsGemO

Aufstellung der zu übertragenden Haushaltsermächtigungen					
Nr.	Teilhaushalt/ Produktgruppe/ Produkt	Konto/ Bezeichnung	Übertrag der Ermächtigung in das folgende Jahr i. H. v.	davon bereits gebunden	davon frei verfügbar
1	12600 1 Brandschutz	78511 Neubau Wache	750.000 EUR	500.000 EUR	250.000 EUR
2	272001 Bibliothek	7833 Neuerwerb EDV	20.000 EUR	11.000 EUR	9.000 EUR
3	111302 Kämmerei	4012 Personalaufwand 7012 -auszahlung	125.000 EUR 125.000 EUR	0 EUR 0 EUR	125.000 EUR 125.000 EUR
4	...				
5	...				
Summe:			1.020.000 EUR	511.000 EUR	509.000 EUR

Fragen zur Lernkontrolle

89. Was bedeutet der Grundsatz der Gesamtdeckung? Welche Ausnahmeregelungen gibt es hierzu?
90. Was versteht man unter dem Begriff der „Budgetierung“? Welche Ziele werden mit der Budgetierung verfolgt?
91. Welche Bestimmungen muss die Gemeinde bei der Bildung von Budgets beachten?
92. Wann und in welcher Form können Haushaltsermächtigungen in das folgende Haushaltsjahr übertragen werden? Nennen Sie die entsprechende(n) Rechtsgrundlage(n).

3.8.4 Unterjährige Berichtspflichten und Haushaltssperre

Gemäß § 75 Abs. 5 SächsGemO unterrichtet der Bürgermeister den Gemeinderat und die Rechtsaufsichtsbehörde in der Mitte des Haushaltsjahres schriftlich über wesentliche Abweichungen vom Haushaltsplan. Berichtspflichten bestehen insbesondere über Abweichungen bei der Entwicklung

- der Erträge und Aufwendungen,
- der Einzahlungen und Auszahlungen,
- der Inanspruchnahme der Kreditermächtigung,
- des Schuldenstandes und
- der sonstigen von der Gemeinde übernommenen Bürgschaften und Verpflichtungen aus Gewährverträgen,
- der Verpflichtungen aus kreditähnlichen Rechtsgeschäften sowie
- über den Vollzug eines gegebenenfalls aufgestellten Haushaltsstrukturkonzeptes (§ 72 Abs. 4 SächsGemO).

Mit dieser Berichtspflicht soll sowohl dem Gemeinderat als auch der Rechtsaufsichtsbehörde frühzeitig die Möglichkeit eingeräumt werden, auf Fehlentwicklungen reagieren zu können.

Beispiel:

Auf Grund der wirtschaftlichen Entwicklung muss der größte Gewerbesteuerzahler der Gemeinde im Mai des Haushaltsjahres Insolvenz anmelden. Es ist davon auszugehen, dass der Gewerbesteueransatz um 75 v. H. unterschritten wird. Dies muss der Bürgermeister dem Gemeinderat mitteilen. Dieser könnte dann gemeinsam mit dem Bürgermeister und der Verwaltung beraten, ob zum Ausgleich der zu erwartenden Mindererträge andere Erträge erhöht oder Ansätze für Aufwendungen reduziert werden können. Beispielsweise könnte eine geplante Investition zeitlich verschoben und so der bereits geplante Aufwand aus Abschreibungen reduziert werden.

Weitere Berichtspflichten ergeben sich aus § 29 SächsKomHVO. Eine Berichtspflicht besteht ferner, wenn eine haushaltswirtschaftliche Sperre nach § 30 SächsKomHVO ausgesprochen wurde.

Die haushaltswirtschaftliche Sperre ist ein weiteres Instrument zur Sicherung des Haushaltsausgleichs. Soweit und solange es die Entwicklung der Erträge und Einzahlungen oder der Aufwendungen und Auszahlungen erfordert, kann die Inanspruchnahme von Ansätzen für Aufwendungen und Auszahlungen sowie für Verpflichtungsermächtigungen durch den Leiter der Finanzverwaltung eingeschränkt oder gesperrt werden. Eine solche Sperre kommt insbesondere bei einer konjunkturellen Schieflage oder einem örtlich bedingten, deutlichen Rückgang von Erträgen, z. B. aus Steuereinnahmen, in Betracht. Die Verwaltung darf dann über veranschlagte Ansätze des Haushaltsplanes nicht oder nur mit ausdrücklicher Zustimmung des Leiters der Finanzverwaltung verfügen. Der Gemeinderat kann eine haushaltswirtschaftliche Sperre aufheben. Häufig wird als Folge der Erlass einer Nachtragssatzung erforderlich.

3.8.5 Abweichungen vom Haushaltsplan

Die für das Haushaltsjahr veranschlagten Ansätze weichen regelmäßig von der tatsächlichen Entwicklung im Haushaltsjahr ab. Geringfügige Abweichungen können dabei innerhalb der Budgets ausgeglichen werden (§ 20 Abs. 1 und Abs. 3 SächsKomHVO). Weichen die Aufwendungen und Auszahlungen jedoch deutlich von den Ansätzen und den Budgets ab, dann entstehen über- oder außerplanmäßige Aufwendungen und Auszahlungen.

Begriff

Eine *überplanmäßige Aufwendung bzw. Auszahlung* liegt vor, wenn die im Haushaltsplan des Haushaltsjahres veranschlagten Beträge und die aus dem Vorjahr übertragenen Haushaltsermächtigungen (§ 21 SächsKomHVO) nicht zur Deckung der tatsächlichen Aufwendungen und Auszahlungen reichen.

→ Der Planansatz wird in diesem Fall überzogen.

Demgegenüber liegt eine *außerplanmäßige Aufwendung bzw. Auszahlung* vor, wenn im Haushaltsplan hierfür keine Mittel veranschlagt waren und keine übertragenen Haushaltsermächtigungen des Vorjahres zur Verfügung stehen.

→ Es liegt kein entsprechender Planansatz vor.

Zulässigkeit

Über- und außerplanmäßige Aufwendungen bzw. Auszahlungen sind gemäß § 79 Abs. 1 SächsGemO nur zulässig, soweit

1. ein dringendes Bedürfnis besteht und sowohl die Finanzierung im Finanzhaushalt als auch die Deckung im Ergebnishaushalt der zusätzlichen Aufwendungen bzw. Auszahlungen gewährleistet ist oder
2. die Aufwendungen bzw. Auszahlungen unabweisbar sind und sowohl die Finanzierung im Finanzhaushalt gewährleistet ist als auch im Ergebnishaushalt dadurch kein erheblicher Fehlbetrag entsteht oder ein geplanter Fehlbetrag sich nur unerheblich erhöht.

Sind die Aufwendungen bzw. Auszahlungen nach Umfang und Bedeutung erheblich, muss der Gemeinderat seine Zustimmung erteilen.

Ein *dringendes Bedürfnis* ist anzunehmen, wenn die Aufwendung bzw. Auszahlung keinen Aufschub duldet (zeitliche Komponente) und zur Sicherstellung der Aufgabenerfüllung erforderlich ist (sachliche Komponente). Alleine ein Wunsch – als subjektiv empfundenes Bedürfnis – reicht nicht aus.

Beispiel:
Wegen der außergewöhnlich langen Winterperiode fallen deutlich höhere Aufwendungen für die Instandsetzung der Straßen an. Die Deckung kann aus nicht bzw. nur in geringerem Umfang benötigten Mitteln aus der Straßenreinigung sichergestellt werden.

Als Deckungs- oder Finanzierungsmöglichkeit kommen grundsätzlich Einsparungen bei anderen Haushaltspositionen des Ergebnishaushalts oder Finanzhaushalts in Betracht. Zu beachten ist dabei, dass zahlungswirksame Aufwendungen nicht durch Einsparungen bei nicht zahlungswirksamen Aufwendungen gedeckt werden können (§ 20 Abs. 1 Satz 2 SächsKomHVO).

Beispiel:
Die erhöhten Aufwendungen bei der Straßenunterhaltung im obigen Beispiel dürfen nicht durch geringere Aufwendungen aus Abschreibungen gedeckt werden.

Unabweisbar sind Aufwendungen bzw. Auszahlungen dann, wenn sie auch bei kritischer Prüfung keinen Aufschub bis zu einem späteren Zeitpunkt dulden. Die Veranschlagung im folgenden Haushaltsjahr darf nicht abgewartet werden. Dies muss sich aus rechtlichen oder gesetzlichen Verpflichtungen ergeben.

Beispiel:
Infolge eines Brandes muss das Dach der Grundschule zur Aufrechterhaltung des Schulbetriebes sofort behelfsmäßig instand gesetzt werden.

Unabweisbare Aufwendungen bzw. Auszahlungen dürfen auch geleistet werden, wenn keine Deckungsmöglichkeit besteht. Voraussetzung ist, dass kein erheblicher Fehlbetrag entsteht (vgl. Abschnitt 3.2.8.2). Gemeint sind hiermit sowohl Fehlbeträge im Ergebnishaushalt als auch Zahlungsmittelbedarfe (Fehlbeträge) im Finanzhaushalt. Ist der zu erwartende Fehlbetrag erheblich, ist gemäß § 77 Abs. 2 Nr. 1 SächsGemO eine Nachtragssatzung zwingend zu erlassen.

Eine Sonderregelung besteht für nicht veranschlagte oder zusätzliche Aufwendungen, die erst bei der Aufstellung des Jahresabschlusses festgestellt werden können und nicht zu Auszahlungen führen. Dazu gehören insbesondere im Rahmen des Jahresabschlusses zu bildende Rückstellungen, Wertberichtigungen auf Forderungen und außerplanmäßige Abschreibungen. Diese sind meist nicht im Vorfeld erkennbar und in aller Regel auch nicht vermeidbar, sodass eine Bilanzierungspflicht besteht. Sie dürften daher im Zuge der Aufstellung des Jahresabschlusses auch ohne Ansatzprüfung gebucht werden. Sie gelten nicht als außer- oder überplanmäßige Aufwendungen.

Zuständigkeit

Gemäß § 79 Abs. 1 Satz 2 SächsGemO bedürfen über- oder außerplanmäßige Aufwendungen bzw. Auszahlungen der Zustimmung durch den Gemeinderat, wenn sie erheblich sind. Die Zustimmung im gesetzlichen Sprachgebrauch bedeutet regelmäßig die vorherige Einwilligung zur Leistung der Aufwendung bzw. Auszahlung. Wann eine Aufwendung bzw. Auszahlung erheblich ist, bestimmt sich nach dem Einzelfall. Gemessen wird die „Erheblichkeit“ hier nicht am Gesamtvolumen des Ergebnis- oder Finanzhaushalts, sondern am Betrag des einzelnen Haushaltsansatzes oder an einer festen Wertgrenze. Eine solche Wertgrenze wird von der Gemeinde regelmäßig in der Hauptsatzung festgelegt. Sie dient der Abgrenzung der Zuständigkeiten von Bürgermeister, den Ausschüssen und dem Gemeinderat. Im Rahmen der festgelegten Wertgrenzen darf das zuständige Organ über die Leistung der über- oder außerplanmäßigen Aufwendungen bzw. Auszahlungen entscheiden. Der Bürgermeister kann im Rahmen seiner Zuständigkeit den Fachbediensteten für das Finanzwesen oder einen anderen leitenden Bediensteten mit der Erteilung der Zustimmung beauftragen.

Kann die Zustimmung wegen besonderer Eilbedürftigkeit nicht rechtzeitig eingeholt werden, trifft der Bürgermeister eine Eilentscheidung (§ 52 Abs. 3 SächsGemO). Die Gründe für die Eilentscheidung sind dem Gemeinderat unverzüglich mitzuteilen.

Fortsetzungsinvestitionen

Für Investitionen, die im Folgejahr fortgesetzt werden, sind überplanmäßige Auszahlungen gemäß § 79 Abs. 2 SächsGemO auch dann zulässig, wenn ihre Finanzierung erst im Folgejahr gesichert ist. Hierbei handelt es sich um so genannte Fortsetzungsinvestitionen. Für diese Investitionen ist eine Deckung im laufenden Haushaltsjahr nicht erforderlich. Es ist ausreichend, wenn ausweislich des Finanzplanes die Mittel im Folgejahr zur Verfügung stehen. § 79 Abs. 2 SächsGemO kommt vor allem dann zur Anwendung, wenn eine mehrjährige Baumaßnahme schneller als ursprünglich geplant durchgeführt werden kann. Um eine Kostensteigerung durch Baustopps oder Unterbrechungen zu vermeiden, dient das Instrument zur Flexibilisierung. Eine Nachtragssatzung oder eine förmliche Verpflichtungsermächtigung sind in diesen Fällen nicht erforderlich. Die Bestimmungen des § 79 Abs. 2 SächsGemO gelten nur für überplanmäßige Auszahlungen aus Investitionstätigkeit (§ 3 Abs. 1 Nr. 33 SächsKomHVO). Für außerplanmäßige Auszahlungen und Aufwendungen des Ergebnishaushalts ist § 79 Abs. 2 SächsGemO nicht anwendbar. Hinsichtlich der Abgrenzung von über- und außerplanmäßigen Aufwendungen und Auszahlungen wird auf das Schema in Abschnitt 3.2.8.1 verwiesen.

Fragen zur Lernkontrolle

89. Was bedeutet der Grundsatz der Gesamtdeckung? Welche Ausnahmeregelungen gibt es hierzu?
90. Was versteht man unter dem Begriff der „Budgetierung"? Welche Ziele werden mit der Budgetierung verfolgt?
91. Welche Bestimmungen muss die Gemeinde bei der Bildung von Budgets beachten?
92. Wann und in welcher Form können Haushaltsermächtigungen in das folgende Haushaltsjahr übertragen werden? Nennen Sie die entsprechende(n) Rechtsgrundlage(n).

3.9 Kassenwesen

3.9.1 Organisation und Aufgaben der Kasse

3.9.1.1 Einheitskasse

Grundsätzlich hat die Gemeindekasse alle Kassengeschäfte der Gemeinde zu erledigen (§ 86 Abs. 1 SächsGemO). Es gilt der Grundsatz der Einheitskasse. Dieser Grundsatz soll sicherstellen, dass in den Ämtern und Einrichtungen keine selbstständigen Einzelkassen eingerichtet werden und die Kassenmittel der Gemeinde zentral und ausschließlich durch eine Kasse bewirtschaftet werden. Kassengeschäfte dürfen damit nicht von anderen Organisationseinheiten (Ämter, nachgeordnete Einrichtungen usw.) wahrgenommen werden, soweit nicht ausdrücklich eine Ausnahmeregelung besteht.

Die Gemeindekasse ist die zentrale Stelle der Gemeinde, die zur Leistung von Auszahlungen und zur Annahme von Einzahlungen berechtigt ist. Sie nimmt ihre Aufgaben selbstständig, d. h. unabhängig wahr. Damit soll ein hohes Maß an Sicherheit gewährleistet und der Zahlungsverkehr effektiv abgewickelt werden.

Zur Erledigung der Aufgaben der Kasse hat jede Gemeinde einen Kassenverwalter und einen Stellvertreter zu bestellen (§ 86 Abs. 2 SächsGemO).

3.9.1.2 Aufgaben der Gemeindekasse

Übersicht zu den Aufgaben der Gemeindekasse

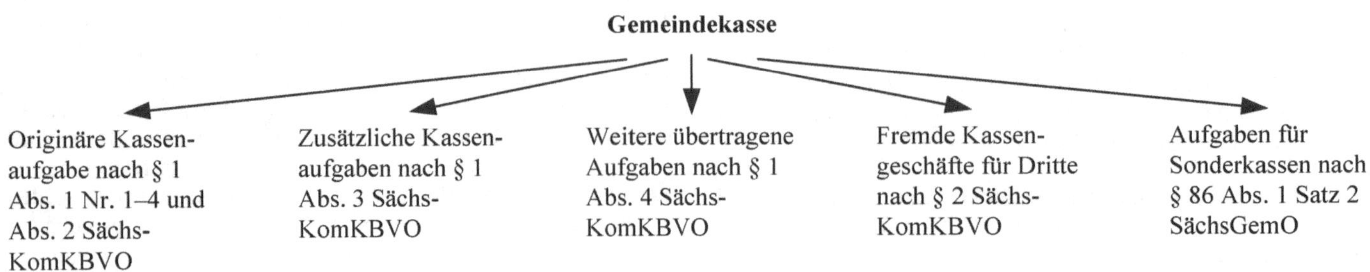

Kernaufgaben

Die Gemeindekasse hat verschiedene Kernaufgaben. Diese und mögliche weitere Aufgaben nimmt sie wahr, soweit keine andere Stelle innerhalb der Verwaltung damit beauftragt ist. Die Kernaufgaben der Gemeindekasse ergeben sich im Wesentlichen aus § 1 SächsKomKBVO, danach erledigt die Gemeindekasse

- die Annahme von Einzahlungen und die Leistung von Auszahlungen (§§ 12 ff. SächsKomKBVO),
- die Verwaltung der Kassenmittel (§ 18 SächsKomKBVO),
- die Verwahrung von Wertgegenständen (§ 20 SächsKomKBVO) und anderen Gegenständen (§ 21 SächsKomKBVO) und
- die Buchführung (§ 22 ff. SächsKomKBVO) einschließlich der Sammlung der Belege (§§ 33, 34 SächsKomKBVO).

Als **Auszahlungen** werden die aus der Gemeindekasse hinausgehenden Beträge einschließlich der Verrechnungen bezeichnet (§ 40 Nr. 2 SächsKomKBVO). Umgekehrt sind **Einzahlungen** die bei der Gemeindekasse eingehenden Beträge einschließlich der Verrechnungen (§ 40 Nr. 4 SächsKomKBVO).

Kassenmittel sind gemäß § 40 Nr. 6 SächsKomKBVO alle Zahlungsmittel (Bargeld, Schecks, Geld-, Debit- und Kreditkarten) und die Bestände auf Bankkonten der Gemeindekasse oder Sonderkassen mit Ausnahme der angelegten Kassenmittel (vgl. auch Abschnitt 3.9.5). Der Begriff der Zahlungsmittel wird in § 40 Nr. 7 SächsKomKBVO näher definiert.

Kassenaufgaben für den Schulträger

Gemäß § 1 Abs. 2 SächsKomKBVO können Kassengeschäfte, die mit Schulangelegenheiten zusammenhängen und die der Gemeinde als Schulträger obliegen, statt von der Gemeindekasse auch von den an diesen Schulen beschäftigten Bediensteten des Freistaates Sachsen wahrgenommen werden. Im Falle der Übertragung muss gewährleistet sein, dass die Ausführung und Prüfung der Kassengeschäfte nach den für die Gemeindekasse geltenden Vorschriften erfolgt. Die Entscheidung zur Übertragung trifft der Bürgermeister als Leiter der Verwaltung (§ 1 Abs. 2 Satz 2 SächsKomKBVO).

Zwangsweise Einziehung und Nebenforderungen

Der Gemeindekasse obliegen weiterhin

- die Mahnung, Beitreibung und Einleitung der Zwangsvollstreckung (zwangsweise Einziehung) der Forderungen und
- die Festsetzung, Stundung, Niederschlagung und der Erlass von Mahngebühren, Vollstreckungskosten und Nebenforderungen (§ 1 Abs. 3 SächsKomKBVO).

Mit diesen Aufgaben kann der Bürgermeister auch eine andere Stelle innerhalb der Verwaltung (z. B. Vollstreckungsstelle, Steueramt) beauftragen.

Weitere übertragene Aufgaben

Der § 1 Abs. 4 SächsKomKBVO ermächtigt den Bürgermeister, der Gemeindekasse weitere Aufgaben zu übertragen. Diese dürfen die Erledigung der Aufgaben nach § 1 Abs. 1 SächsKomKBVO nicht beeinträchtigen und dürfen nicht im Widerspruch dazu stehen.

Mögliche weitere Aufgaben der Kasse können sein:

- die Erstellung der Kassen- und Finanzstatistiken,
- der Abschluss der Finanzrechnung,
- die Bewertung von Forderungen (§ 38 Abs. 4 SächsKomHVO),
- die Kassenführung für Sonderkassen und
- die Verwahrung von Fundgegenständen, insbesondere Bargeld (§ 978 BGB).

Fremde Kassengeschäfte

Kassengeschäfte für Dritte (fremde Kassengeschäfte) darf die Gemeindekasse nur wahrnehmen, wenn dies durch Gesetz oder auf Grund eines Gesetzes bestimmt oder durch den Bürgermeister angeordnet ist (§ 2 Abs. 1 SächsKomKBVO).

Häufig kommen folgende Fälle vor, bei denen ein fremdes Kassengeschäft vorliegt:

- Die Gemeindekasse übernimmt den Zahlungsverkehr und die Buchführung für einen Zweckverband, bei dem sie Mitglied ist. Der Zweckverband selbst hat keine Kasse eingerichtet, sondern in der Verbandssatzung bestimmt, dass die Kassengeschäfte von einem Verbandsmitglied wahrgenommen werden.
- Die Gemeindekasse verkauft für den Entsorgungsverband Müllmarken und -banderolen. Die Erträge hieraus reicht die Gemeinde an den Entsorgungsverband weiter. Die Gemeinde tritt aus Gründen der Kundennähe als „Vertreiber“ auf.
- Die Gemeinde hat die Trägerschaft für eine Kindertageseinrichtung an einen Verein übertragen. Da dieser über kein eigenes Verwaltungspersonal verfügt, übernimmt die Gemeindekasse die Abwicklung des Zahlungsverkehrs, der Mahnung und der Buchführung für den Verein.

Die Übernahme fremder Kassengeschäfte ist nur zulässig, wenn ein Interesse der Gemeinde – wie in den vorstehenden Fällen dargestellt – besteht. Bei der Erledigung fremder Kassengeschäfte sind die für die Gemeinde geltenden Vorschriften der SächsKomKBVO anzuwenden. Dies gilt auch für die Pflicht zur Prüfung der Erledigung der Kassengeschäfte (§ 2 Abs. 2, Abs. 1 Satz 2 SächsKomKBVO).

3.9.1.3 Ausnahmen vom Grundsatz der Einheitskasse

Vom Grundsatz der Einheitskasse gibt es zwei Arten von Ausnahmen

1. Übertragung von Kassengeschäften auf eine Stelle außerhalb der Verwaltung oder
2. Übertragung von Kassengeschäften auf eine Stelle innerhalb der Verwaltung

Die Gemeinde kann Kassengeschäfte ganz oder zum Teil von einer Stelle *außerhalb der Verwaltung* besorgen lassen (§ 87 Abs. 1 SächsGemO i. V. m. §§ 35 ff. SächsKomKBVO). Zu den übertragbaren Kassengeschäften gehören sowohl die Abwicklung des Zahlungsverkehrs als auch die Buchführung. Um im Falle der Übertragung ein hohes Maß an Sicherheit, Effektivität und Nachprüfbarkeit zu gewährleisten, muss die Gemeinde die Voraussetzungen der §§ 35 und 36 SächsKomKBVO erfüllen. Die Gemeinde muss bei der Übertragung der Kassengeschäfte vertraglich sicherstellen, dass der beauftragte Dritte als Geschäftsbesorger die für die Kassengeschäfte geltenden Vorschriften und Bestimmungen ebenso beachtet, wie die Gemeinde selbst. Der beauftragte Dritte muss Nachweise über Ein- und Auszahlungen nach den für die Gemeinde geltenden Grundsätzen der ordnungsmäßigen Buchführung unter Berücksichtigung des Konten- und Produktrahmens der Gemeinde führen. Die Gemeindekasse hat die vom beauftragten Dritten angenommenen Einzahlungen und geleisteten Auszahlungen kumuliert, d. h. jeweils in Summe und nicht jede Zahlung für sich, in ihre Bücher zu übernehmen. Wenn die ordnungsgemäße Besorgung der Kassengeschäfte und die Prüfung nach den für die Gemeinde geltenden Vorschriften durch andere geeignete Maßnahmen gewährleistet ist, kann der Bürgermeister gemäß § 37 SächsKomKBVO Ausnahmen von den Bestimmungen der §§ 35, 36 SächsKomKBVO zulassen.

Eine Übertragung auf Stellen *außerhalb der Verwaltung* kommt häufig bei der Verwaltung des kommunalen Wohnungsbestandes, dem Gebühreneinzug oder bei der Entgeltberechnung und -auszahlung an die Beschäftigten vor. Von der Möglichkeit zur Übertragung der Kassengeschäfte soll die Gemeinde aber nur Gebrauch machen, wenn dies wirtschaftlicher und zweckmäßiger ist.

Nicht von den Bestimmungen des § 87 Abs. 1 SächsGemO i. V. m. §§ 35 bis 37 SächsKomKBVO erfasst, ist die Übertragung von Kassengeschäften auf eine andere Körperschaft des öffentlichen Rechts nach den Vorschriften des SächsKomZG (z. B. Zweckverband, Verwaltungsverband, erfüllende Gemeinde einer Verwaltungsgemeinschaft). Die Aufgabenübertragung ergibt sich hier aus den Bestimmungen des SächsKomZG (§ 8 Abs. 1 Nr. 2) oder den Bestimmungen der Satzung und stellt keine Übertragung i. S. v. § 87 Abs. 1 SächsGemO dar.

Eine Übertragung von Kassengeschäften auf andere Stellen *innerhalb der Verwaltung* kommt wegen des Grundsatzes der Einheitskasse nur eingeschränkt in Frage.

Durch andere Stellen innerhalb der Verwaltung können wahrgenommen werden:

- die Sammlung der Belege und begründenden Unterlagen (§ 1 Abs. 1 Nr. 4 i. V. m. § 34 Abs. 1 Satz 2 SächsKomKBVO),
- die Mahnung, die Beitreibung und Einleitung der Zwangsvollstreckung (§ 1 Abs. 3, 1. Halbsatz SächsKomKBVO),
- die Festsetzung, Stundung, Niederschlagung und der Erlass von Mahngebühren, Vollstreckungskosten und Nebenforderungen wie Zinsen und Nebenleistungen (§ 1 Abs. 3, 2. Halbsatz SächsKomKBVO) sowie
- die Entgegennahme und Aushändigung von Zahlungsmitteln durch vom Bürgermeister ermächtigte Personen oder mit Hilfe von Zahlungsautomaten (§ 12 Abs. 2 Satz 2 SächsKomKBVO).

Darüber hinaus wird der Grundsatz der Einheitskasse durch die Einrichtung von *Sonderkassen* für Sondervermögen und Treuhandvermögen (§ 91 Abs. 1 Nr. 1, § 92 Abs. 1 SächsGemO) durchbrochen. Jedoch sollen die Sonderkassen mit der Gemeindekasse verbunden werden (§ 86 Abs. 1 Satz 2 SächsGemO), so dass eine zentrale Bewirtschaftung der Mittel noch erfolgt.

Sonderkassen werden in Eigenbetrieben und selbstständigen Stiftungen eingerichtet. Diese Einrichtungen verfügen über eine getrennte Buchführung und Rechnungslegung sowie eine eigene Planung (Wirtschaftplan, vgl. § 95a Abs. 1 Satz 2 SächsGemO). Bei diesen Einrichtungen ist die Einrichtung einer Sonderkasse obligatorisch (vgl. § 14 SächsEigBVO). Die Sonderkasse ist damit eine eigenständige Kasse, die der Gemeindekasse nicht untergeordnet ist. Ist die Sonderkasse mit der Gemeindekasse verbunden, nimmt diese die Aufgaben dann als übertragene Aufgabe nach § 1 Abs. 4 SächsKomKBVO wahr.

Beispiel:
Der als Eigenbetrieb geführte Abwasserbeseitigungsbetrieb einer Gemeinde verfügt über eigene Konten. Diese Konten sind über einen „Pool" mit den Geschäftskonten der Gemeinde verbunden. Im Falle einer kurzzeitigen Unterdeckung auf einem Konto des Eigenbetriebes, kann die Liquidität vorübergehend durch ein Konto der Gemeinde bereitgestellt werden. Die Inanspruchnahme eines Kassenkredites bei einer Bank durch den Eigenbetrieb kann dadurch vermieden werden. Die „Liquiditätshilfe" der Gemeinde stellt für den Eigenbetrieb zwar einen Kassenkredit dar, jedoch ist er einfacher zu organisieren und immer günstiger als ein Bankkredit.

Nimmt die Gemeindekasse vollständig die Aufgaben der Sonderkasse wahr, so handelt es sich hierbei um ein fremdes Kassengeschäft nach § 2 SächsKomKBVO. Die Erledigung bedarf der Anordnung durch den Bürgermeister und ist durch das Sonder- oder Treuhandvermögen angemessen zu entschädigen (vgl. § 2 Satz 1 SächsEigBVO).

3.9.1.4 Einrichtung der Gemeindekasse

Nachstehende Übersicht zeigt die mögliche Organisation der Kasse in einer Gemeinde:

Übersicht zur Organisation der Gemeindekasse

Gemeindekasse
als Einheitskasse nach § 86 Abs. 1 SächsGemO
unter Leitung des Kassenverwalters

Zahlungsverkehr

Buchführung

Zahlstellen nach § 3 SächsKomKBVO, die der Fachaufsicht durch den Kassenverwalter unterliegen

Handvorschüsse zur Leistung geringfügiger Zahlungen und Wechselgeld, die mind. jährlich mit der Gemeindekasse abzurechnen haben, auch mit Hilfe von Automaten, § 4 SächsKomKBVO

Sonderkassen (§ 86 Abs. 1 Satz 2 SächsGemO) bei denen eine Verbindung mit der Gemeindekasse besteht

Zahlstelle 1 – Bürgerbüro

Zahlstelle 2 – Freibad

Zahlstelle 3 – Bauverwaltung

Bauhof

Büro des Bürgermeisters

Eigenbetrieb

← Teil der Kassenorganisation

← – – Organisatorische und fachliche Selbstständigkeit, aber Abrechnung mit Gemeindekasse bzw. Verbindung

Zahlstellen

Auf Grund von räumlichen und sachlichen Besonderheiten ist es dem Bürger meist nicht zuzumuten, alle Einzahlungen bei der zentralen Gemeindekasse zu leisten. Deshalb kann die Gemeinde Zahlstellen als Teil der Gemeindekasse einrichten (§ 3 SächsKomKBVO). Die Zahlstellen unterstehen fachlich dem Kassenverwalter und haben in regelmäßigen Abständen bei der Gemeindekasse abzurechnen. Die Einrichtung von Zahlstellen muss unter den Gesichtspunkten einer wirtschaftlichen Aufgabenerfüllung erfolgen. Kriterien für eine Zahlstelle sind regelmäßig wiederkehrende Ein- oder Auszahlungen in einem erheblichen Umfang oder die räumliche Trennung der Gemeindekasse von der erhebenden Stelle.

Bei folgenden Beispielen ist die Einrichtung einer Zahlstelle gerechtfertigt:

- Einrichtungen mit regelmäßig wiederkehrenden Zahlungen, die auf Grund ihrer Öffnungszeiten und der räumlichen Trennung nicht mit der Gemeindekasse verbunden sind und bei denen die Erhebung eines Entgeltes Zulassungsvoraussetzung ist (Freibad, Museen, Theater).
- Dienststellen der Verwaltung, die kostenpflichtig Urkunden, Erlaubnisse, Zulassungen usw. erteilen, bei denen die Erteilung regelmäßig von der Entrichtung einer Gebühr abhängig ist und den Einwohnern auf Grund der räumlichen Trennung, der Gang zur Gemeindekasse nicht zugemutet werden kann (Einwohnermeldeamt, Personenstandswesen, Gewerbeamt, KfZ-Zulassungsstelle).

Ob der Umfang der zu erledigenden Kassengeschäfte und die örtlichen Gegebenheiten die Errichtung einer Zahlstelle rechtfertigen, muss die Gemeinde im Einzelfall prüfen. Wegen der bestehenden formellen Anforderungen (Prüfung der Zahlstelle, regelmäßige Abrechnungen, gesonderte Buchführung) muss die Gemeinde die Wirtschaftlichkeit und Notwendigkeit prüfen.

Den eingerichteten Zahlstellen können alle Aufgaben nach § 1 Abs. 1 und 3 SächsKomKBVO übertragen werden. Die Regelungen hierzu (Umfang der übertragenen Aufgaben, Abrechnung mit der Gemeindekasse, Zuständigkeit) trifft der Bürgermeister in Schriftform (§ 3 Satz 2, § 39 SächsKomKBVO).

Handvorschüsse und Einzahlungskassen

Zur Leistung geringfügiger Zahlungen oder als Wechselgeld können einzelnen Dienststellen oder Beschäftigten Handvorschüsse in bar, mittels Geldkarte (§ 40 Nr. 7.2 SächsKomKBVO) oder bargeldlos über ein Girokonto gewährt werden. Charakteristisch für Handvorschüsse ist, dass sie im Wesentlichen nur Auszahlungen in geringem Umfang leisten, jedoch keine Einzahlungen annehmen. Sie dienen ebenfalls der Verwaltungspraktikabilität. Über Handvorschüsse dürfen nur solche Zahlungen abgewickelt werden, die mit einer gewissen Regelmäßigkeit anfallen, von geringem Betrag sind und üblicherweise sofort in bar geleistet werden.

Werden Einzahlungen angenommen, die zwar regelmäßig anfallen können, jedoch insgesamt nur von geringfügiger Bedeutung sind, liegt eine Einzahlungskasse vor.

Handvorschüsse und Einzahlungskassen nehmen grundsätzlich nur die Aufgaben nach § 1 Abs. 1 Nr. 1 SächsKomKBVO wahr. Spätestens zum Jahresabschluss muss eine Abrechnung der Handvorschüsse und Einzahlungskassen bei der Gemeindekasse erfolgen.

Handvorschüsse und Einzahlungskassen werden häufig eingerichtet für:

- Portokassen,
- Handkasse des Bürgermeisters (für Blumen, Geschenke, Repräsentationen),
- Handkasse im Bauhof,
- Handkasse im Heimatmuseum oder in der Gemeindebücherei (nur geringfügige Zahlungen) oder
- Handkasse im Bürgerbüro für kostenpflichtige Kopien und Beglaubigungen.

Eine besondere Art des Handvorschusses ist der Wechselgeldvorschuss, der häufig an Beschäftigte im Außendienst (z. B. Gemeindliche Vollstreckungsbedienstete, Marktmeister, Ordnungsamt) ausgereicht wird.

Auch für die Handvorschüsse und Einzahlungskassen muss der Bürgermeister schriftliche Regelungen für eine ordnungsgemäße Verwaltung treffen.

Zahlungen mit Hilfe von Automaten

Zwischenzeitlich haben sich bei den Gemeindekassen Zahlungsautomaten als Zahlungsmöglichkeit etabliert (z. B. Parkscheinautomaten, Kassenautomaten im Freibad, electronic-cash). Für Zahlungen, die mit Hilfe von Automaten angenommen oder geleistet werden, gelten die Bestimmungen über die Handvorschüsse und Einzahlungskassen entsprechend.

Zu den Aufgaben der Gemeindekasse gehört es, die Einzahlungen in den Automaten anzunehmen, zu zählen und zu buchen und die Automaten ggf. neu mit Bargeld auszustatten.

3.9.2 Trennung von Verwaltungsbuchführung und Zahlungsverkehr

Buchführung und Zahlungsverkehr in der öffentlichen Verwaltung unterliegen besonderen Sicherungsmechanismen, die Manipulationen und Unregelmäßigkeiten durch ein mehrstufiges Buchungsverfahren verhindern sollen. Diesem Ziel wird durch ein stetes 4-Augen-Prinzip Rechnung getragen. Dieses Prinzip besteht auch bei der Verwaltungsbuchführung und dem Zahlungsverkehr, welche gemäß § 5 Abs. 2 SächsKomKBVO nicht von demselben Beschäftigten vorgenommen werden sollen. Das Prinzip dient der Ordnungsmäßigkeit der Verwaltung und der Kassensicherheit.

Das 4-Augen-Prinzip gilt ferner auch für die Unterzeichnung von Überweisungsaufträgen, Abbuchungsaufträgen und -vollmachten sowie Schecks. Diese sind nach § 5 Abs. 3 SächsKomKBVO stets durch Kassenbedienstete zu unterzeichnen, soweit die Gemeindekasse ständig mit mehr als einem Beschäftigten besetzt ist. Die gesetzliche Ausnahmeregelung greift damit nur für Gemeinden mit wenig Bediensteten.

3.9.3 Anordnungswesen

3.9.3.1 Begriff und Einteilung der Anordnung

Die Gemeindekasse darf, sofern nichts anderes bestimmt ist, die in § 7 Abs. 1 SächsKomKBVO genannten Kassengeschäfte nur auf Grund einer schriftlichen oder auf elektronischem Wege übermittelten Anordnung erledigen. Diese Anordnung wird als Kassenanordnung bezeichnet. Eine Kassenanordnung ist erforderlich zur

- Annahme von Einzahlungen und zur Leistung von Auszahlungen, einschließlich der hierzu erforderlichen Buchungen,
- Vornahme von Buchungen, die das Ergebnis ändern, sich jedoch nicht aus einem Zahlungsvorgang ergeben, und
- Annahme und Auslieferung von zu verwahrenden Gegenständen.

Übersicht zur Einteilung von Kassengeschäften

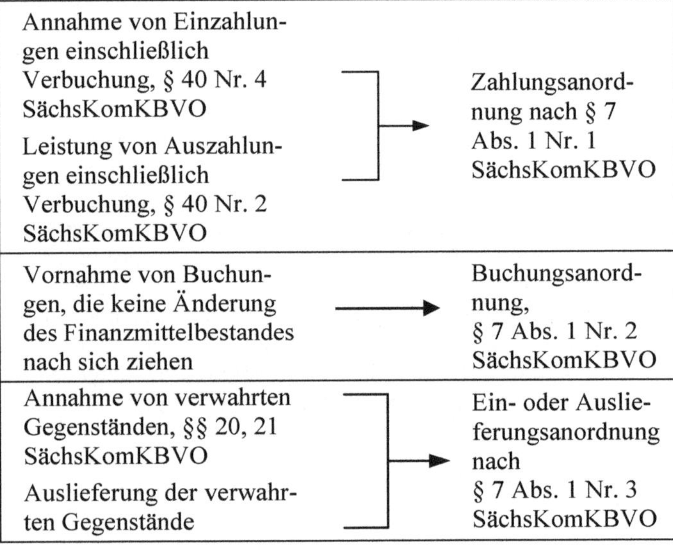

Kassengeschäft		Anordnung
Annahme von Einzahlungen einschließlich Verbuchung, § 40 Nr. 4 SächsKomKBVO Leistung von Auszahlungen einschließlich Verbuchung, § 40 Nr. 2 SächsKomKBVO	→	Zahlungsanordnung nach § 7 Abs. 1 Nr. 1 SächsKomKBVO
Vornahme von Buchungen, die keine Änderung des Finanzmittelbestandes nach sich ziehen	→	Buchungsanordnung, § 7 Abs. 1 Nr. 2 SächsKomKBVO
Annahme von verwahrten Gegenständen, §§ 20, 21 SächsKomKBVO Auslieferung der verwahrten Gegenstände	→	Ein- oder Auslieferungsanordnung nach § 7 Abs. 1 Nr. 3 SächsKomKBVO

Die Kassenanordnungen werden unterteilt nach:

a) Einzelanordnungen — Eine Einzelanordnung wird bei einmaligen Kassengeschäften (Überweisung einer Rechnung, Begleichung eines Bußgeldbescheides) und innerhalb eines Haushaltsjahres bei einem bestimmten Debitor oder Kreditor (Mietzahlungen, Pachten) erteilt. Der Anordnungsbetrag steht hierbei vorher fest. Wiederkehrende Anordnungen bezeichnet man auch als „Jahresanordnung".

b)	Sammelanordnungen	Sammelanordnungen werden für einmalige oder unterjährig wiederkehrende Zahlungen bei einer Mehrzahl von Debitoren oder Kreditoren erstellt, bei denen die Fälligkeit zum gleichen Zeitpunkt eintritt (Sammel-Auszahlungsanordnung für Entgelte an Beschäftigte und für Sozialversicherungsbeiträge an die Krankenkassen).
c)	Daueranordnungen	Als Daueranordnungen gelten Kassenanordnungen, die über den Zeitraum eines Haushaltsjahres hinaus eine Forderung oder Verbindlichkeit bei wiederkehrenden Zahlungen begründen (mehrjährige Miet- und Pachtverträge, Zahlungsverpflichtungen aus Mitgliedschaften).

Neben den förmlichen Kassenanordnungen können unter den Voraussetzungen des § 9 SächsKomKBVO allgemeine Kassenanordnungen (allgemeine Zahlungsanordnungen) erteilt werden. Allgemeine Zahlungsanordnungen sind hinsichtlich ihres Inhaltes beschränkt. Sie sind zulässig für

- dem Grunde nach regelmäßig wiederkehrende Einzahlungen,
- regelmäßig wiederkehrende Auszahlungen, bei denen der Zahlungsgrund und der Empfangsberechtigte, nicht aber der Betrag der Auszahlung, feststehen,
- geringfügige Auszahlungen, die üblicherweise in bar erfolgen und
- die Auszahlung von Gebühren, Zinsen und ähnlichen Aufwendungen, die bei der Erledigung der Kassenaufgaben regelmäßig anfallen.

Beispiele:
Zinseinnahmen aus der Anlage der Kassenmittel auf den Gemeindekonten, Auszahlungen für Grundgebühren und Abschläge an den Wasserversorger, Auszahlung von Kontoführungsgebühren an das kontoführende Kreditinstitut.

Inhalt und Form der Kassenanordnung werden in den §§ 8 bis 11 SächsKomKBVO bestimmt. Ein amtliches Muster für eine Kassenanordnung gibt es nicht. Aus § 8 SächsKomKBVO ergibt sich folgender Mindestinhalt für eine Zahlungsanordnung:

- ein anzunehmender oder auszuzahlender Betrag,
- Grund der Zahlung,
- Zahlungspflichtiger (Debitor) bzw. Zahlungsempfänger (Kreditor),
- Tag der Fälligkeit,
- Buchungssatz sowie die Kostenstelle und das Haushaltsjahr,
- die Feststellung der rechnerischen und sachlichen Richtigkeit nach § 11 SächsKomKBVO,
- das Datum der Anordnung und
- die Unterschrift des Anordnenden bzw. dessen elektronische Signatur.

Beispiel für eine Annahmeanordnung aus einer EDV-Anwendung

2024-01-0000000001-101 

	BA: AR ZS: 63	
01 Stadtverwaltung Musterstadt **Jahr** 2024 **AO-Nr.:** 40000018 **Journal-Nr.:** 101 **Belegdatum :** 05.01.2024	**Jahres-AO Debitoren**	**JD**
Betrag:	**2.300,00 €** in Worten: Zweitausenddreihundert	**Interne Belegnummer:** Kasse/2024/0001 **Fremdbelegnummer:**

Konto	Produkt	Bezeichnung	Invest.-Nr./Pos.	Soll	Haben
611000.153013	Steuern, allgemeine Zuweisungen,	Steuerforderungen-Gewerbesteuer	/	2.300,00	0,00
611000.301300	Steuern, allgemeine Zuweisungen,	Gewerbesteuer	/	0,00	2.300,00

Kontensummen

Konto	Bezeichnung	Ansatz	Bewilligung	Sperre	Angeordnet	Gebucht	Verfügbar
611000.301300	Steuern, allgemeine Zuweisungen, Gewerbesteuer	105.494,00	0,00	0,00	-2.300,00	-51.597,00	-53.897,00
611000.601300	Steuern, allgemeine Zuweisungen, Gewerbesteuer	105.494,00	0,00	0,00	53.897,00	0,00	-53.897,00

Debitor: (Zahlungspflichtiger)	Personen-Nr.: **0000000001** Mustermann Miriam Musterstraße 99 99999 Musterstadt IBAN: XXX BIC: XXX **Zahlungsart: Kein autom. ZV**			
Buchungstext:	VZ Gewerbesteuer			
Fälligkeiten:		Brutto	Netto	MWST
	15.02.2024	575,00	575,00	0,00
	15.05.2024	575,00	575,00	0,00
	15.08.2024	575,00	575,00	0,00
	15.11.2024	575,00	575,00	0,00

RPA	**Inventar/ ANBU**	**Kämmerer**
Datum: Unterschrift	Datum: Unterschrift	Datum: Unterschrift
Nutzer: 99998 Mustermann		Erfassungsdatum: 05.01.2024 12:32:43

Beispiel für eine Auszahlungsanordnung aus einer EDV-Anwendung

2024-01-0000017828-100 

BA: ER ZS: 00

01 Stadtverwaltung Musterstadt

Jahr/Periode 2024/01 **AO-Nr.:** 40000017 **Journal-Nr.:** 100 **Belegdatum :** 05.01.2024	**Eingangsrechnung**	**ER**
Betrag:	**1.754,60 €** in Worten: Eintausendsiebenhundertvierundfünfzig 60/100	**Interne Belegnummer:** **Fremdbelegnummer:**

Konto	Produkt	Bezeichnung	Invest.-Nr. / Pos. Verw.-Nr. Vorgangsnr.	Soll	Haben
211110.443110	Grundschule Mitte	Aufwendungen für Büromaterial	/	1.754,60	0,00
211110.251100	Grundschule Mitte	Verbindlichkeiten aus Lieferungen und Leistungen	/	0,00	1.754,60

Kontensummen

Konto	Bezeichnung	Ansatz	Bewilligung	Sperre	Auftrag	angeordnet	gebucht	verfügbar
211110.443110	Grundschule Mitte Aufwendungen für Büromaterial	3.000,00	0,00	0,00	0,00	1.754,60	0,00	1.245,40
211110.743110	Grundschule Mitte Auszahlungen für Büromaterial	3.000,00	0,00	0,00	0,00	-1.754,60	0,00	1.245,40

Kreditor: (Zahlungsempfänger)	Personen-Nr.: **0000017828** OTTO Office GmbH & Co. KG Musterstraße 105 a 22177 Hamburg IBAN: DE82 6647 0035 XXXX XXXX XX BIC: DEUTDE6F664 **Zahlungsart: autom. ZV**	**Fälligkeit: 15.01.2024**
Buchungstext:	Extern: Rnr. 2024-000123 Kdnr. 47895 Intern: Kopierpapier	
RPA Datum: Unterschrift	**Inventar/ ANBU** Datum: Unterschrift	**Kämmerer** Datum: Unterschrift

Nutzer: 99998 Mustermann | Erfassungsdatum: 05.01.2024 12:27:05

Seite: 1 von 1

An allgemeine Zahlungsanordnungen sind inhaltlich geringere Anforderungen gestellt, da man aufgrund der Regelmäßigkeit bzw. Geringfügigkeit davon ausgeht, dass die Angaben bekannt sind.

Eine Kassenanordnung, die den Anforderungen nicht genügt, darf erst ausgeführt werden, wenn sie durch die anordnende Stelle berichtigt wurde. Die Überprüfung der Kassenanordnung muss insbesondere dahingehend erfolgen, ob der Rechnungsbetrag richtig angegeben ist, Skontoabzüge berücksichtigt wurden, das Sachkonto und das Produkt richtig zugeordnet wurden und die Debitoren und Kreditoren vollständig und korrekt bezeichnet wurden.

In den Fällen des § 10 SächsKomKBVO kann eine Kassenanordnung entfallen bzw. kann diese nachgeholt werden.

3.9.3.2 Anordnungsberechtigung

Als gesetzlicher Außenvertreter der Gemeinde (§ 51 Abs. 1 Satz 2 SächsGemO) und im Rahmen seiner Zuständigkeit zur Regelung der Geschäfte der laufenden Verwaltung (§ 53 Abs. 2 Satz 1 SächsGemO) obliegt dem Bürgermeister bzw. im Vertretungsfall seinem Stellvertreter (§§ 54, 55 SächsGemO) das Recht Anordnungen zu erteilen. Darunter ist das Recht zu verstehen, schriftliche Anordnungen an die Kasse i. S. v. § 7 Abs. 1 SächsKomKBVO rechtsverbindlich zu unterzeichnen.

Im Rahmen interner Organisationsregelungen und in Abhängigkeit der Größe der Verwaltung kann und wird der Bürgermeister die Befugnis auf Bedienstete übertragen. Dementsprechend entscheidet der Bürgermeister darüber, wer eine Kassenanordnung erteilen darf (§ 7 Abs. 2 SächsKomKBVO). Die Entscheidung zur Übertragung der Anordnungsbefugnis wird regelmäßig in einer besonderen Dienstanweisung schriftlich dokumentiert (§ 39 SächsKomKBVO). Diese Dienstanweisung enthält Regelungen, wer dem Grunde nach Anordnungen erteilen darf und in welchem Umfang die Anordnungsberechtigung übertragen wird (Festlegung von Wertgrenzen, Eingrenzung auf bestimmte Budgets oder bestimmte Aufwendungen oder Erträge).

Den Namen der Beschäftigten, die eine Anordnung erteilen dürfen, die Form der Anordnung (Schriftform oder per elektronischer Unterschrift nach dem Signaturgesetz) und den Umfang der Anordnungsberechtigung teilt der Bürgermeister der Gemeindekasse mit. Dies geschieht regelmäßig, indem er die gültige Dienstanweisung der Gemeindekasse zur Kenntnis gibt. Die Anordnungsberechtigung soll nicht übertragen werden auf:

- Beschäftigte, die nach § 11 SächsKomKBVO die rechnerische oder sachliche Feststellung treffen (§ 7 Abs. 2 Satz 2 SächsKomKBVO),
- Beschäftigte der Gemeindekasse, die eine Kassenanordnung weder vorbereiten noch erteilen sollen (§ 7 Abs. 3 SächsKomKBVO) und
- den Leiter und die Prüfer des Rechnungsprüfungsamtes bzw. andere mit Aufgaben der Rechnungsprüfung betraute Personen (§ 103 Abs. 5 Satz 3 SächsGemO).

3.9.4 Sachliche und rechnerische Feststellung

Bestandteil der förmlichen Zahlungsanordnung nach § 8 Abs. 1 Nr. 6 SächsKomKBVO ist die Feststellung der sachlichen und rechnerischen Richtigkeit. Gemäß § 11 Abs. 1 SächsKomKBVO sind jeder Anspruch und jede Zahlungsverpflichtung auf ihren Grund und ihre Höhe zu prüfen. Die Bestätigung hat schriftlich oder durch elektronische Unterschrift zu erfolgen und ist vor Erteilung der Anordnung zu treffen (§ 11 Abs. 2 SächsKomKBVO). Lediglich in den Fällen des § 10 Abs. 2 Nr. 1 und 3 sowie Abs. 3 SächsKomKBVO entfällt die sachliche und rechnerische Feststellung.

Diese Feststellung dient dem Zweck, vor der Erteilung einer Zahlungsanordnung eine sorgfältige Prüfung des Anspruches dem Grunde und der Höhe nach vorzunehmen. Mit der rechnerischen Feststellung wird bestätigt, dass die Rechnung keine Rechenfehler enthält und die Summen richtig gebildet wurden, Steuer- und Skontosätze ordnungsgemäß ermittelt wurden. Die sachliche Feststellung bestätigt, dass der geltend gemachte Anspruch dem Grunde nach gerechtfertigt ist. Zu prüfen ist in diesem Zusammenhang, ob beispielsweise die auf der Rechnung ausgewiesenen Waren und Dienstleistungen auch erbracht wurden, ob entsprechende Verträge vorliegen und ob die abgerechneten Preise der vertraglichen Vereinbarung entsprechen. Insbesondere bei Baumaßnahmen umfasst die sachliche Feststellung regelmäßig auch die technische Feststellung. Damit ist zu bestätigen, dass die verwendeten Baustoffe, Materialien, Verfahren und Ausbildungen auch dem technischen Stand entsprechen und ordnungsgemäß, d. h. funktionsfähig eingesetzt wurden.

Der Bürgermeister regelt schriftlich, wer die sachliche und rechnerische Feststellung treffen darf (§§ 11 Abs. 3 i. V. m. § 39 SächsKomKBVO). Er muss dabei prüfen, ob die beauftragten Beschäftigten zur Beurteilung des Sachverhaltes auch in der Lage sind. Die Bediensteten der Gemeindekasse dürfen die Feststellung nur dann treffen, wenn der Sachverhalt nur von ihnen beurteilt werden kann (§ 11 Abs. 3 Satz 3 SächsKomKBVO). Dies trifft insbesondere bei den von der Kasse selbst festgesetzten Nebenleistungen wie Mahngebühren, Vollstreckungskosten, Auslagen usw. zu.

3.9.5 Zahlungsverkehr

Einteilung des Zahlungsverkehrs

Die Annahme von Zahlungen und Leistung von Auszahlungen (Zahlungsverkehr) ist Aufgabe der Gemeindekasse (§ 1 Abs. 1 Nr. 1 SächsKomKBVO).

Der Zahlungsverkehr wird gemäß § 40 Nr. 8 SächsKomKBVO in folgende drei Kategorien unterteilt:

- unbare Zahlungen (Nr. 8.1),
- Barzahlungen (Nr. 8.2) und
- Verrechnungen (Nr. 8.3).

Unbarer Zahlungsverkehr liegt vor bei

- Überweisungen und Bareinzahlungen auf ein Konto der Gemeinde bei einem Kreditinstitut,
- Überweisungen und Auszahlungen von einem Konto der Gemeinde zu Gunsten eines Dritten,
- Aus- und Einzahlungen mittels Geldkarten, Debitkarten, Kreditkarten oder Lastschrift und der
- Übersendung von Schecks.

Barzahlungen liegen vor bei

- der Übergabe oder Übersendung von Bargeld und
- der Übergabe von Schecks.

Als Verrechnung bezeichnet man den buchmäßigen Ausgleich zwischen Einzahlungen und Auszahlungen, ohne dass die Höhe des Kassenbestandes verändert wird (z. B. Aufrechnungen nach §§ 387 ff. BGB, § 16 Abs. 1 Satz 2 SächsKomKBVO, § 16 Abs. 3 SächsKomHVO).

Beispiele:
Ein Steuerpflichtiger hat in seinem Personenkonto eine offene Forderung aus fälligen Grundsteuern i. H. v. 250 EUR. Aufgrund einer Leistungserbringung stellt er der Gemeinde eine Rechnung über 300 EUR. Diese verrechnet die Verbindlichkeit mit der offenen Forderung, so dass die Rechnung tatsächlich nur i. H. v. 50 EUR zur Zahlung angewiesen wird. Der Differenzbetrag wird zwischen den Haushaltspositionen verrechnet.

§ 12 Abs. 1 SächsKomKBVO formuliert insbesondere aus Sicherheitsgründen den Vorrang des unbaren Zahlungsverkehrs.

Darüber hinaus hat der unbare Zahlungsverkehr weitere Vorteile:

- leichte Nachprüfbarkeit der Vorgänge auch nach langen Zeiträumen,
- Personaleinsparung durch Wegfall bzw. Reduzierung des Personals an Kassenschaltern,
- Reduzierung der Gefahr von Verlust oder Diebstahl, Vorbeugung von Unterschlagungen und von Kassendifferenzen.

Aus Sicherheitsgründen wird ferner bestimmt, dass

- Zahlungsmittel nur in den Kassenräumen und
- nur von den damit beauftragten Beschäftigten
- angenommen und ausgezahlt werden dürfen (§§ 5 Abs. 1, 12 Abs. 2 SächsKomKBVO).

Außerhalb der Kassenräume dürfen nur vom Bürgermeister ausdrücklich ermächtigte Personen (§ 59 SächsGemO) Zahlungen annehmen oder leisten. Nicht davon erfasst sind Zahlungen an Automaten (Parkschein-, Gebühren- und Geldautomaten). Sie dürfen unter Beachtung der Bestimmungen des § 4 SächsKomKBVO jederzeit erfolgen. Ausnahmsweise ist es möglich, Beschäftigten der Gemeinde Zahlungsmittel zur Weitergabe an Dritte auszuhändigen (§ 12 Abs. 3 SächsKomKBVO). Auch diese Bestimmung soll der Kassensicherheit und der Vermeidung von Unterschlagungen dienen.

Einteilung der Zahlungsmittel

Einzahlungen und Auszahlungen erfolgen meist durch Zahlungsmittel. Die Zahlungsmittel, die von der Gemeindekasse angenommen werden dürfen, werden entsprechend § 40 Nr. 7 SächsKomKBVO wie folgt eingeteilt:

Übersicht zur Einteilung der Zahlungsmittel

Zahlungsmittel	Beschreibung	Beispiele
Bargeld	Bargeld sind Münzen und Banknoten, die als gesetzliches Zahlungsmittel anerkannt sind (§ 40 Nr. 3 SächsKomKBVO). Hierunter fällt sowohl der Euro als auch fremde Währungen.	Euromünzen, -banknoten
Schecks	Ein Scheck ist ein Orderpapier, welches den Empfänger (Kreditinstitut) anweist, an den Berechtigten einen bestimmten Betrag auszuzahlen (Art. 5 Scheckgesetz). Im Hinblick auf die internationalen Finanzmärkte haben Schecks als Zahlungsmittel an Bedeutung verloren. Wird eine Einzahlung mittels Scheck bewirkt, ist dies in der Quittung mittels eines Vermerkes „Eingang vorbehalten" anzugeben (§ 14 Abs. 2 SächsKomKBVO).	Verrechnungsschecks
Geldkarten	Kartensysteme, bei denen der Karteninhaber dem Kartenausgeber bereits im Voraus einen bestimmten Gegenwert bezahlt, welcher auf der Geldkarte in Form eines Wertguthabens gespeichert wird (§ 40 Nr. 7.2 SächsKomKBVO).	Wertkarten, Guthabenkarten
Debitkarten	Mittels einer Debitkarte kann der Karteninhaber bargeldlos Auszahlungen leisten, dabei wird sein Konto in Höhe des Auszahlungsbetrages unmittelbar belastet (§ 40 Nr. 7.3 SächsKomKBVO).	EC-Karten, Debitkarten
Kreditkarten	Bei der Zahlung mit Kreditkarte belastet das Kreditkartenunternehmen das Konto des Karteninhabers mit der bargeldlos geleisteten Auszahlung. Im Unterschied zu den Debitkarten erfolgt die Belastung jedoch zeitverzögert mit einem individuell vereinbarten oder festen Zahlungsziel.	Mastercard, VISA-Card

Gemäß § 13 Abs. 2 SächsKomKBVO soll die Gemeinde Auszahlungen nicht mittels Debitkarten oder Kreditkarten leisten. Der Bürgermeister kann Ausnahmen hiervon zulassen.

Auszahlungen sollen nur dann mittels Schecks geleistet werden, wenn dies der Empfänger ausdrücklich wünscht, der Überweisungsweg ist vorzuziehen. Die Scheckvordrucke der Gemeinde sind sicher aufzubewahren. Ausgestellte Schecks sind stets von zwei Bediensteten zu unterzeichnen (§ 5 Abs. 3 SächsKomKBVO), soweit die Gemeindekasse dauerhaft mit mehr als einem Bediensteten besetzt ist.

Lastschriftverfahren und Daueraufträge

Bei einem **Dauerauftrag** ermächtigt der Zahlungspflichtige (Debitor) sein Kreditinstitut, von seinem Konto an die Gemeinde einen bestimmten, regelmäßig gleich bleibenden Betrag zu konkret festgelegten Terminen zu überweisen.

Umgekehrt kann die Gemeinde auch selbst für regelmäßig wiederkehrende Zahlungen (z. B. Abschläge an Versorgungsunternehmen, Mieten) Daueraufträge erteilen.

Bei einer **Lastschrift** erteilt der Zahlungspflichtige dem Zahlungsempfänger widerruflich die Berechtigung, offene Forderungen von seinem Konto einzuziehen. Im Unterschied zum Dauerauftrag ist die Lastschrift nicht auf einem bestimmten Betrag begrenzt. Änderungen hat es hierbei mit der Einführung der einheitlichen Zahlungsinstrumente in Europa (SEPA; Single Euro Payments Area) gegeben. Im Unterschied zu einer Überweisung muss der Kontoinhaber der Belastung seines Kontos bei einer Lastschrift ausdrücklich zustimmen. Gleichzeitig muss er das kontoführende Kreditinstitut anweisen, eine Zahlung auf das Konto des Zahlungsempfängers vorzunehmen.

Bei einer SEPA-Lastschrift kann der Kontoinhaber bis zu acht Wochen nach der Belastung eine Wiedergutschrift verlangen, soweit keine Firmenlastschrift vorliegt. Der Zahlungspflichtige muss die SEPA-Lastschrift verbindlich autorisieren. Neu ist, dass der Zahlungsempfänger auch den Fälligkeitstermin bestimmen muss, was insbesondere für kommunale Forderungen sehr wichtig ist.

Die Zustimmung des Zahlers (das sogenannte SEPA-Lastschriftmandat) kann wie folgt formuliert werden:[39]

> Ich ermächtige (Name des Zahlungsempfängers), Zahlungen von meinem Konto mittels Lastschrift einzuziehen. Zugleich weise ich mein Kreditinstitut an, die von (Name des Zahlungsempfängers) auf mein Konto gezogenen Lastschriften einzulösen.
>
> **Hinweis:** Ich kann innerhalb von acht Wochen, beginnend mit dem Belastungsdatum, die Erstattung des belasteten Betrags verlangen. Es gelten dabei die mit meinem Kreditinstitut vereinbarten Bedingungen.

Das Lastschriftverfahren hat für die Gemeinde als Zahlungsempfänger beim Einzug kommunaler, regelmäßig wiederkehrender Forderungen (Mieten, Pachten, Steuern, Gebühren) eine große Bedeutung. Durch die Bevorzugung des unbaren Zahlungsverkehrs muss die Gemeinde ihre Zahlungspflichtigen bei wiederkehrenden Forderungen regelmäßig verwaltungsaufwendig auffordern, rechtzeitig den Zahlungspflichten nachzukommen. Dies kann durch die Erteilung einer Einzugsermächtigung im Lastschriftverfahren vermieden werden. Damit kann die Gemeindekasse bei Fälligkeit der Forderung entsprechend § 27 SächsKomHVO diese einziehen. Dies trägt erheblich zur Effizienz des Forderungseinzuges bei und sichert die Liquidität der Gemeinde.

Auch die Gemeinde kann eine Einzugsermächtigung mittels Lastschrift erteilen. Aufgrund der größeren Risiken muss sie hierbei jedoch die Bestimmungen des § 16 Abs. 3 SächsKomKBVO beachten.

Nach § 16 Abs. 3 SächsKomKBVO darf eine Lastschrift nur vereinbart werden, wenn

- sie sich auf eine bestimmte Art der Forderung bezieht,
- zu erwarten ist, dass der Empfangsberechtigte ordnungsgemäß mit der Gemeindekasse abrechnet,
- die Forderung zeitlich und der Höhe nach abschätzbar ist

und

- gewährleistet ist, dass das Kreditinstitut den abgebuchten Betrag dem Konto der Gemeinde wieder gut schreibt, falls diese der Abbuchung widerspricht.

Beispiel:
Lastschriften werden häufig erteilt für regelmäßig wiederkehrende Forderungen bei Telekommunikationsanbietern, Postdienstleistern, Rundfunk- und Fernsehgebühren, öffentlich-rechtlichen Forderungen. Unzulässig wäre eine pauschale Lastschriftermächtigung beispielsweise für ein Bauunternehmen, welches für die Gemeinde eine Baumaßnahme durchführt.

Einrichtung von Konten der Gemeinde

Auf Grund des Vorranges des unbaren Zahlungsverkehrs (§ 12 Abs. 1 SächsKomKBVO) muss jede Gemeinde ein Konto zur Abwicklung des unbaren Zahlungsverkehrs einrichten. Der Bürgermeister trifft Regelungen zur Errichtung von Konten. Meist überträgt er diese Aufgabe an den Kassenverwalter (§§ 18 Abs. 2 Satz 1, 39 SächsKomKBVO). Die Verfügung über die Kassenmittel (§ 40 Nr. 6 SächsKomKBVO) ist gemäß § 1 Abs. 1 Nr. 2 SächsKomKBVO Aufgabe der Kasse. Auf Grund der Trennung von Anordnung und Vollzug dürfen dem Bürgermeister und den sonstigen anordnungsberechtigten Personen keine Verfügungsberechtigungen eingeräumt werden. Verfügungen über Kassenmittel mittels Überweisungs- und Abbuchungsauftrag, Abbuchungsvollmacht sowie Scheck sind von zwei Personen schriftlich oder durch elektronische Unterschrift nach dem Signaturgesetz zu unterzeichnen (§ 5 Abs. 3 SächsKomKBVO). Nicht zu den Kassenmitteln gehören

39 Quelle: Zentraler Kreditausschuss, Stand Juni 2009.

angelegte Gelder. Deren Verwaltung obliegt dem Fachbediensteten für das Finanzwesen (vgl. Abschnitt 4.1.3).

Über die für den Zahlungsverkehr bei Kreditinstituten eingerichteten Konten hat die Gemeindekasse ein Kontogegenbuch zu führen (§ 24 Abs. 2 SächsKomKBVO), soweit eine Überwachung nicht durch das Zeitbuch oder auf andere Weise möglich ist. Dieses dient zum Nachweis des Bestandes und der Veränderungen der einzelnen Konten.

3.9.6 Überwachung von Forderungen

Die Regelungen des § 27 SächsKomHVO für die Erträge und Einzahlungen und in § 28 SächsKomHVO für die Aufwendungen und Auszahlungen gehören zu den Bewirtschaftungsgrundsätzen (vgl. Abschnitt 3.8.1).

Die Erträge und Einzahlungen (Forderungen), die der Gemeinde zustehen, sind vollständig zu erfassen und rechtzeitig einzuziehen (§ 27 Satz 1 SächsKomHVO). Ausstehende Zahlungen sind zu überwachen. Erforderlichenfalls sind die notwendigen Beitreibungs- und Vollstreckungsmaßnahmen einzuleiten (§ 15 Abs. 2 SächsKomKBVO).

Um eine vollständige Erfassung und Verfolgung aller Forderungen zu gewährleisten, muss die Gemeinde sicherstellen, dass

- die damit beauftragten Ämter der Verwaltung alle öffentlichrechtlichen und privatrechtliehen Forderungen frühzeitig ermitteln, die Zahlungspflichtigen bei Fälligkeit zur Zahlung auffordern und der Kasse die hierfür erforderliche Annahmeanordnung (§ 7 Abs. 1 Nr. 1 SächsKomKBVO) übermitteln,
- die Kasse den Zahlungseingang lückenlos überwacht und bei Zahlungsausfällen die Schuldner (Debitoren) zeitnah mahnt und gegebenenfalls erforderliche Maßnahmen für die Vollstreckung einleitet und verfolgt (§ 1 Abs. 1 Nr. 1 und Abs. 3, § 15 Abs. 2 SächsKomKBVO).

Die Gemeinden richten hierzu in ihrer Buchhaltung so genannte „Personenkonten“[40] zur Haushaltsüberwachung ein. Auf diesen können für jeden Zahlungspflichtigen die offenen Forderungen und etwaige Überzahlungen nachvollzogen werden. Die Buchungen in den Personenkonten bezeichnet man auch als Debitorenbuchhaltung (vgl. Abschnitt 2.7.5.2). Die Personenkonten werden dabei meist als Vorbücher zum Hauptbuch geführt (§ 27 Abs. 2 SächsKomKBVO). Durch die Automatisierung der Buchführung kann die Gemeinde regelmäßig Mahnläufe vornehmen oder „Offene-Posten-Listen“ erstellen, um sich einen Überblick über die offenen Forderungen zu verschaffen.

Die Gemeinde ist damit verpflichtet, ihre Finanzsituation zu jedem Zeitpunkt zu optimieren. Hierzu gehört auch die Prüfung, ob

- alle bestehenden Forderungen (z. B. Nebenleistungen wie Stundungszinsen, Säumniszuschläge und Mahngebühren oder Vorauszahlungen bei der Erhebung von Beiträgen nach dem SächsKAG) rechtzeitig und vollständig geltend gemacht werden,
- für Leistungen der Gemeinde kostendeckende Entgelte bzw. unter Beachtung des Vertretbarkeitsgebotes angemessene Entgelte erhoben werden und
- Zuweisungen und Zuschüsse von Dritten rechtzeitig und vollständig abgefordert werden.

3.9.7 Billigkeitsmaßnahmen

In Ausnahmefällen kann es vorkommen, dass ein Zahlungspflichtiger bestehende offene Forderungen aus objektiven Gründen (vorläufig) nicht begleichen kann oder nicht begleichen will. Unter bestimmten Voraussetzungen kann die Gemeinde deshalb von der vollständigen und rechtzeitigen Einziehung der Forderungen (vorläufig) absehen. Die Gemeinde hat hierfür verschiedene Möglichkeiten, die als Billigkeitsmaßnahmen zusammengefasst werden.

Zu den Billigkeitsmaßnahmen gehören

- die Stundung eines Anspruchs,
- die Niederschlagung eines Anspruchs oder
- der teilweise oder vollständige Erlass einer Forderung (Erlöschen eines Anspruchs).

Beziehen sich die Billigkeitsmaßnahmen auf öffentlich-rechtliche Forderungen (Realsteuern, Gebühren, Beiträge, Nebenforderungen), so finden hierfür gemäß § 32 Abs. 5 SächsKomHVO i. V. m. § 3 SächsKAG bzw. § 1 Abs. 2 AO die Bestimmungen der Abgabenordnung (AO) Anwendung. In sonstigen Fällen kann die Gemeinde die Stundung, Niederschlagung oder den Erlass eines Anspruchs unmittelbar auf § 32 Abs. 1 bis 3 SächsKomHVO stützen.

Stundung

Als Stundung bezeichnet man das Hinausschieben der Fälligkeit eines Anspruchs. Sowohl die Höhe als auch der Anspruch dem Grunde nach bleiben bestehen. Jedoch muss der Zahlungspflichtige nicht zum ursprünglich bestimmten Termin seine Zahlung leisten. Die Fälligkeit wird auf einen oder mehrere (Ratenzahlung) Termine in die Zukunft hinausgeschoben.

Eine Stundung setzt regelmäßig einen Antrag voraus (§ 222 Satz 2 AO). Sie soll nur gegen Sicherheitsleistung, z. B. die Benennung eines Bürgen, die Hinterlegung einer Bürgschaft oder die Abtretung einer Forderung, gewährt werden (§ 222 Satz 2 AO). Voraussetzung ist eine erhebliche Härte bzw. die Stundungswürdigkeit des Schuldners. Bei der Stundungswürdigkeit wird sowohl auf sachliche Gründe als auch auf Gründe, die in der Person des Schuldners liegen, abgestellt.

Ein Schuldner ist u. a. dann nicht stundungswürdig, wenn er die Notlage selbst herbeigeführt hat.

40 Auch Debitorenkonten.

Beispiel:
Ein Schuldner ist begeisterter Besucher von Spielhallen. Als er zum nächsten Fälligkeitstermin die fällige Grundsteuer nicht bezahlen kann, verweigert ihm die Gemeinde eine Stundung des Anspruchs, da er die Ursache für die Zahlungsunfähigkeit selbst herbeigeführt hat.

Gestundete Ansprüche sind für den Zeitraum der Stundung zu verzinsen (§ 32 Abs. 1 Satz 2 SächsKomHVO, § 234 Abs. 1 AO). Die Stundung wird durch einen Stundungsbescheid oder eine Stundungsvereinbarung gegenüber dem Schuldner bekannt gegeben.

Niederschlagung

Die Niederschlagung stellt eine rein verwaltungsinterne Maßnahme dar, von welcher der Schuldner meist keine Kenntnis erhält. Bei der Niederschlagung stellt die Gemeinde die Verfolgung des fälligen Anspruchs befristet oder unbefristet zurück, der Anspruch bleibt sowohl dem Grunde als auch der Höhe nach bestehen.

Zumeist handelt es sich hierbei um Fälle, bei denen die Verwaltung von bestimmten Sachverhalten (z. B. ein laufendes Insolvenzverfahren, unbekannter Verzug) Kenntnis erlangt, wodurch die Beitreibung objektiv gehindert ist. Dann kann die Verwaltung intern festlegen, den Anspruch für eine gewisse Zeit oder auch unbegrenzt nicht weiter zu verfolgen. Der Schuldner wird dann nicht mehr gemahnt. Sollten sich die wirtschaftlichen Verhältnisse des Schuldners jedoch wieder bessern bzw. der Schuldner wieder auftauchen, kann die Verwaltung jederzeit erneut Beitreibungsmaßnahmen einleiten.

Beispiel:
Ein Schuldner der Gemeinde begibt sich mit Rucksack auf Weltreise. Da keine zustellfähige Adresse bekannt ist, wird die Gemeinde die Beitreibung der offenen Forderungen zunächst einstellen. Kehrt der Schuldner auch nach mehreren Jahren noch an seinen alten Wohnort zurück, kann die offene Forderung wieder geltend gemacht werden. Dabei hat die Gemeinde die Verjährung der Forderung zu berücksichtigen.

§ 32 Abs. 2 SächsKomHVO ermöglicht auch dann die Niederschlagung einer Forderung, wenn die Kosten der Durchsetzung außer Verhältnis zur Höhe des Anspruchs stehen. Hierunter fallen insbesondere Kleinbeträge aus Mahngebühren, Zustellgebühren, Zinsen u. ä., die vom Schuldner nicht mit bezahlt werden. Die Gemeinde kann hierzu in einer Dienstanweisung festlegen, dass Kleinbeträge bis 10 Euro nicht beigetrieben werden, soweit es nicht aus besonderen Gründen geboten ist. Zwischen juristischen Personen des öffentlichen Rechts beträgt dieser Bagatellbetrag 25 Euro (Verwaltungsvorschrift zu § 59 Sächsische Haushaltsordnung [SäHO], Anlage). Die Niederschlagung der Kleinbeträge ermöglicht es der Gemeinde, bei einer erneuten Forderung auch diese Kleinbeträge wieder geltend zu machen, da der Anspruch nicht erlischt.

In der Buchführung und im Jahresabschluss werden niedergeschlagene Forderungen und Ansprüche einzelwertberichtigt, da sie nach dem Vorsichtsprinzip objektiv derzeit nicht realisierbar sind (§ 38 Abs. 4 SächsKomHVO).

Erlass

Der Erlass stellt eine absolute Ausnahme dar. Mit einem Erlass verzichtet die Gemeinde in vollem Umfang und unwiderruflich auf die zunächst bestehende Forderung. Der Anspruch ist mit dem Erlass erloschen (§ 397 BGB). Ein Erlass kommt deshalb nur in Betracht, wenn eine Stundung oder Niederschlagung aus objektiven Gründen nicht möglich ist. Voraussetzung für den Erlass muss ein besonderer Härtefall oder ein objektives Vollstreckungshindernis sein.

Beispiel:
Ein Schuldner der Gemeinde ist verstorben. Er hat keine Erben. Der vorhandene Nachlass reicht gerade aus, um daraus die Beerdigungskosten zu bezahlen. Die Forderung kann damit objektiv von niemandem mehr beglichen werden. Ein Erlass ist zulässig.

Der Erlass einer Forderung führt zur Ausbuchung der Forderung in der Buchführung und im Jahresabschluss.

Die Ausbuchung einer Forderung ist nach § 32 Abs. 4 SächsKomHVO aber nur möglich, soweit die Gemeinde davon ausgeht, dass die Forderung objektiv nicht mehr einbringlich ist. Die Ausbuchung bedeutet, dass die Forderung in den Büchern nicht mehr verfolgt wird. Damit kann sie auch nicht mehr im Beitreibungsverfahren berücksichtigt werden, sie gerät in „Vergessenheit". Es wäre deshalb nur schwer möglich bei einer Wiedererlangung der Liquidität eines Schuldners nochmals auf die alte Forderung zurück zu greifen. Deshalb soll eine Ausbuchung auch nur in objektiv begründeten Fällen vorgenommen werden.

Zuständigkeit

Da die Bewilligung einer Billigkeitsmaßnahme sich nicht nur auf die Zahlbarmachung eines Anspruchs auswirkt, sondern den Anspruch dem Grunde nach berührt, handelt es sich hierbei um eine Angelegenheit der Anordnung (vgl. Abschnitt 3.9.3). Wegen der Trennung von Anordnung und Vollzug (§ 7 Abs. 3 SächsKomHVO) darf die Gemeindekasse außerhalb des § 1 Abs. 3 SächsKomHVO (Billigkeitsmaßnahmen bei Mahngebühren, Vollstreckungskosten und Nebenforderungen) keine Billigkeitsmaßnahmen bewilligen. Dies obliegt – in Abhängigkeit des Betrages und der örtlichen Regelungen – der anordnenden Stelle in der Verwaltung oder dem Gemeinderat bzw. einem Ausschuss. Die anordnende Stelle hat die Gemeindekasse unverzüglich von einer Stundung in Kenntnis zu setzen, damit diese alle Beitreibungsmaßnahmen zunächst einstellen kann (§ 15 Abs. 1 Satz 2 SächsKomKBVO). Soweit es der Verwaltungsvereinfachung dient und die ordnungsgemäße Erledigung gewährleistet ist, darf der Bürgermeister die Gemeindekasse ausnahmsweise mit der Bewilligung von Stundungen beauftragen (§ 15 Abs. 1 Satz 3 SächsKomKBVO). Dies kommt in der Praxis nur für sehr kleine Gemeinden mit wenig Personal in Betracht.

Die Anordnung einer Billigkeitsmaßnahme ergeht damit durch das zuständige Fachamt oder den Gemeinderat bzw. einen Ausschuss. Bei der Beschlussfassung im Gemeinderat oder dem Ausschuss muss dieser das Steuergeheimnis beachten (§ 30 AO). Deshalb werden Anträge auf Stundung, Niederschlagung oder den Erlass einer Forderung regelmäßig in nichtöffentlicher Sitzung (§ 37 Abs. 1 SächsGemO) behandelt.

Übersicht zu den Billigkeitsmaßnahmen

Kriterium	Stundung	Niederschlagung	Erlass
Antrag	regelmäßig auf Antrag	ohne Antrag	auf Antrag (soweit möglich)
Wirkung	Fälligkeit der Forderung wird hinausgeschoben	Verfolgung der Forderung wird (zeitweise) ausgesetzt	Anspruch erlischt
Dauer	stets befristet	befristet oder unbefristet	endgültig
Charakter der Maßnahme	Verwaltungsakt, Vertrag	verwaltungsinterne Maßnahme (kein Verwaltungsakt)	Verwaltungsakt
Rechtsgrundlage	§ 222 AO, § 32 Abs. 1 SächsKomHVO	§ 261 AO, § 32 Abs. 2 SächsKomHVO	§ 227 Abs. 1 AO, § 32 Abs. 3 SächsKomHVO § 397 BGB
Zuständigkeit	Bewilligung durch anordnende Stelle bzw. Gemeinderat oder Ausschuss		

3.9.8 Bewirtschaftung und Überwachung von Aufwendungen und Auszahlungen

Die Ansätze für Aufwendungen und Auszahlungen sind so zu bewirtschaften, dass sie für das gesamte Haushaltsjahr reichen. Sie dürfen erst und nur in der Höhe in Anspruch genommen werden, wie es die Aufgabenerfüllung erfordert. Für Auszahlungen des Finanzhaushalts bestimmt§ 28 Abs. 2 SächsKomHVO ferner, dass über die Ansätze nur verfügt werden darf, soweit die Finanzierungsmittel rechtzeitig bereitgestellt werden können. Als Finanzierungsmittel kommen neben den Haushaltsansätzen auch Kreditermächtigungen und Einzahlungen aus der Veräußerung von Anlagevermögen sowie aus Zuwendungen in Betracht. Letztere gelten als bereitgestellt, wenn ein Zuwendungsbescheid vorliegt. Neue Maßnahmen des Finanzhaushalts dürfen nur begonnen werden, wenn dadurch die Finanzierung bereits laufender Maßnahmen nicht gefährdet wird (§ 28 Abs. 2 Satz 2 SächsKomHVO).

Beispiel:

Die Gemeinde hat im Finanzhaushalt den grundhaften Ausbau einer Straße sowie den Neubau einer Fluchttreppe für die Schule geplant. Als Finanzierungsmittel stehen hierfür Einnahmen aus Zuweisungen und Veräußerungserlöse von Grundstücksverkäufen zur Verfügung. Der Neubau der Fluchttreppe wird bereits im Februar begonnen. In der Haushaltsdurchführung zeigt sich, dass die Grundstücke nicht wie geplant verkauft werden können. Die zur Verfügung stehenden Finanzierungsmittel reichen damit nicht mehr aus, um den Ausbau der Straße zu finanzieren. Um den Neubau der Fluchttreppe nicht zu gefährden, muss die Gemeinde den Straßenausbau so lange zurückstellen, bis die hierfür erforderlichen Finanzierungsmittel verfügbar sind.

Die Inanspruchnahme der Ansätze für Aufwendungen und Auszahlungen sowie der bewilligten über- und außerplanmäßigen Aufwendungen und Auszahlungen sind stets zu überwachen (§ 28 Abs. 3 SächsKomHVO). Die noch verfügbaren Ansätze müssen stets erkennbar sein. In der Praxis werden hierfür mittels EDV so genannte „Haushaltsüberwachungslisten“ oder Sachkontenauszüge erstellt und den Budgetverantwortlichen übergeben. Alternativ können den Budgetverantwortlichen Leserechte in die Buchhaltungsprogramme eingeräumt werden. Diese können dann jederzeit erkennen, welche Aufwendungen und Auszahlungen auf die Planansätze bzw. die bewilligten über- und außerplanmäßigen Aufwendungen und Auszahlungen geleistet wurden, bereits durch entsprechende Anordnungen gebunden sind und welche Mittel noch verfügbar sind. Da bereits mit der Erteilung eines Auftrages, beispielsweise für die Lieferung eines neuen Dienstfahrzeuges, eine Mittelbindung eintritt, werden die Aufträge als Vormerkungen in der Haushaltsüberwachung fortlaufend erfasst. Überplanmäßige Aufwendungen und Auszahlungen können so vermieden werden.

Beispiel:

Der Bauhofleiter bestellt im August für die Gemeinde den Wintervorrat Streusalz. Der Planansatz für die Vorratsbeschaffung beträgt 5.000 EUR. Das Streusalz soll erst im Oktober geliefert werden. Der Kaufpreis beträgt 4.000 EUR. Würde dieser Auftrag nicht bereits zu einer Mittelbindung (=Vormerkung) führen, könnte es passieren, dass im September noch weitere Vorratsbestellungen ausgelöst werden, die den freien Ansatz von 1.000 EUR übersteigen. Durch eine entsprechende Vormerkung in der Haushaltsüberwachung kann vor Erteilung eines Auftrages jederzeit geprüft werden, welche Mittel noch verfügbar sind.

Auszahlungen sind stets erst bei Fälligkeit der Zahlung zu leisten (§ 16 Abs. 1 SächsKomKBVO). Auszahlungen in bar dürfen nur gegen Quittung vorgenommen werden (§ 17 Abs. 1 SächsKomKBVO). Es ist zu dokumentieren, an welchem Tag und auf welchem Weg (Zahlungsverkehr) die Zahlung geleistet wurde (§ 17 Abs. 2 SächsKomKBVO). Zur besseren Liquiditätsplanung in der Gemeinde haben die anordnenden Ämter die Gemeindekasse zu unterrichten, wenn mit größeren Ein- oder Auszahlungen zu rechnen ist (§ 18 Abs. 2 Satz 2 SächsKomKBVO). Für die Praxis empfiehlt es sich, hierfür eine bestimmte Wertgrenze in einer Dienstanweisung festzulegen.

Die Bewirtschaftungsregelungen gelten auch für die Inanspruchnahme von Verpflichtungsermächtigungen (§ 28 Abs. 4 SächsKomHVO). Die im Haushaltsjahr eingegangenen Verpflichtungen sind in der Haushaltsüberwachung zu erfassen. Diese Erfassung ist gleichzeitig Voraussetzung für die Berücksichtigung bei der Haushaltsplanung für die folgenden Haushaltsjahre.

Fragen zur Lernkontrolle

96. Was bedeutet der Begriff der Einheitskasse?

97. Welche Aufgaben nimmt die Kasse originär wahr?

98. Was versteht man unter dem Grundsatz der Trennung von Anordnung und Vollzug?

99. Wer ist kraft Gesetzes innerhalb der Gemeinde anordnungsbefugt? Darf die Anordnungsbefugnis auf Dritte übertragen werden?

100. Darf die Gemeindekasse eine von ihr festgesetzte Mahngebühr ohne Annahmeanordnung annehmen? Welche Unterlagen sind hierfür erforderlich?

101. Ein Gemeindebürger A beschwert sich über die schlechte Behandlung am Kassenschalter der Gemeindekasse? Die „Zahlstellen"-Tante hätte ihn beleidigt. Hat er den richtigen Begriff gewählt?

102. Was versteht man unter einer Sonderkasse? Für welche Einrichtungen werden Sonderkassen eingerichtet?

103. Gemeindebürger B zahlt auf der Bank zu Gunsten des Gemeindekontos seine fällige Grundsteuer ein. Welche Form des Zahlungsverkehrs liegt hier vor? Welche Formen für den Zahlungsverkehr gibt es noch? Welche Form des Zahlungsverkehrs liegt bei der Übergabe eines Schecks vor?

4. Personal zur Wahrnehmung von Aufgaben

4.1 Fachbediensteter für das Finanzwesen

4.1.1 Begriff und Funktion

Eine zentrale Funktion innerhalb der Gemeinde nimmt der Fachbedienstete für das Finanzwesen wahr. Gemäß § 62 Abs. 1 SächsGemO obliegen die Aufstellung des Haushaltsplanes, des Finanzplanes und des Jahresabschlusses sowie des Gesamtabschlusses, die Haushaltsüberwachung sowie die Verwaltung des Vermögens und der Schulden dem Fachbediensteten für das Finanzwesen. Die Gemeinde muss zwingend einen Bediensteten mit dieser Funktion betrauen. Eine Verteilung der Aufgaben auf mehrere Bedienstete ist unzulässig.

4.1.2 Voraussetzungen

Die persönlichen und sachlichen Anforderungen an den Fachbediensteten für das Finanzwesen ergeben sich aus § 62 Abs. 2 SächsGemO. Danach darf zum Fachbediensteten für das Finanzwesen nur bestellt werden, wer über

1. eine abgeschlossene wirtschafts- oder finanzwissenschaftliche Ausbildung oder die Laufbahnbefähigung für die Laufbahngruppe 2 der Fachrichtung allgemeine Verwaltung mit dem fachlichen Schwerpunkt allgemeiner Verwaltungsdienst und
2. eine mindestens einjährige Berufserfahrung im öffentlichen Rechnungs- und Haushaltswesen oder in entsprechenden Funktionen eines Unternehmens in einer Rechtsform des privaten Rechts

verfügt. Diese Voraussetzungen müssen kumulativ vorliegen. Mit Zustimmung der oberen Rechtsaufsichtsbehörde darf zudem zum Fachbediensteten bestellt werden, wer über eine mindestens einjährige Berufserfahrung im öffentlichen Rechnungs- und Haushaltswesen verfügt und aufgrund seiner Ausbildung in der Lage ist, die Aufgaben nach § 62 Abs. 1 SächsGemO vollumfänglich wahrzunehmen. Diese Erleichterung wurde erst mit einer neueren Änderung der SächsGemO aufgenommen. Ziel ist es, auch Bewerbern außerhalb einer klassischen Verwaltungslaufbahn die Übernahme von Führungsaufgaben im Finanzwesen zu ermöglich. Damit soll dem bestehenden Fachkräftemangel gerade in diesem Bereich begegnet werden.

Der Bürgermeister darf nicht zum Fachbediensteten für das Finanzwesen bestellt werden (§ 62 Abs. 3 SächsGemO).

4.1.3 Aufgaben

Aus § 62 Abs. 1 SächsGemO leiten sich folgende gesetzliche Aufgaben des Fachbediensteten für das Finanzwesen ab:

- Aufstellung des Haushaltsplanes,
- Finanzplanung,
- Aufstellung des Jahresabschlusses und des Gesamtabschlusses,
- Haushaltsüberwachung,
- Verwaltung des Geldvermögens einschließlich der angelegten Kassenmittel sowie
- Verwaltung der Schulden.

Bei diesen Aufgaben handelt es sich um einen Mindestkatalog, der nach den örtlichen Bedürfnissen erweitert werden kann. Als weitere Aufgaben, die in die Zuständigkeit des Fachbediensteten für das Finanzwesen übertragen werden können, kommen insbesondere in Betracht:

- Liegenschaftsverwaltung,
- Mitwirkung bei Zuschussanträgen,
- Pflichten der Kommune als Steuerschuldner,
- Kosten-Leistungsrechnung,
- Wirtschaftlichkeitsrechnungen,
- Beteiligungssteuerung und/oder
- Mitwirkungsrechte bei Angelegenheiten von finanzieller Bedeutung ab einer bestimmten Wertgrenze.

Der Fachbedienstete für das Finanzwesen nimmt insgesamt eine herausgehobene Stellung ein. Ziel ist es, alle wesentlichen Aufgaben des Haushalts- und Finanzbereiches organisatorisch bei einer Person zusammenzufassen, die die erforderlichen fachlichen und persönlichen Voraussetzungen erfüllt, um die stetige Aufgabenerfüllung gewährleisten zu können.

4.1.4 Bestellung

Mit seiner herausgehobenen Stellung nimmt der Fachbedienstete für das Finanzwesen die Rolle eines leitenden Bediensteten ein. Die Bestellung zum Fachbediensteten für das Finanzwesen obliegt als Vorbehaltsaufgabe gemäß § 28 Abs. 2 Nr. 2 SächsGemO dem Gemeinderat. Eine Übertragung auf einen Ausschuss oder den Bürgermeister (§ 53 Abs. 2 Satz 3 SächsGemO) ist ausgeschlossen. Die Bestellung erfolgt gemäß § 39 Abs. 7 SächsGemO durch Wahl.

4.2 Kassenverwalter

4.2.1 Persönliche Voraussetzungen

Gemäß § 86 Abs. 2 SächsGemO hat die Gemeinde, soweit sie ihre Kassengeschäfte nicht durch einen Dritten erledigen lässt, einen Kassenverwalter sowie einen stellvertretenden Kassenverwalter zu bestellen. Beide sind keine Organe der Gemeinde.

Bei der Bestellung zum Kassenverwalter sind die Zuverlässigkeit, die fachliche Qualifikation und die wirtschaftlichen Verhältnisse der in Frage kommenden Beschäftigten bzw. Bewerber zu berücksichtigen.

4.2.2 Befangenheitsvorschriften und Ausnahmen

§ 86 Abs. 3 SächsGemO enthält eine Reihe von Tatbeständen, wann eine Bestellung zum Kassenverwalter oder stellvertretenden Kassenverwalter unzulässig ist. Dies soll Interessenkollisionen vermeiden. Er schreibt daher das Verbot der gleichzeitigen Wahrnehmung von Zahlungsanordnungen (vgl. Abschnitt 3.9.3) und der Aufgaben der Kassenführung fest. Dieses Verbot ergibt sich aus dem „4-Augen-Prinzip". Darüber hinaus dürfen auch Leiter und Prüfer des Rechnungsprüfungsamtes sowie Rechnungsprüfer nicht zum Kassenverwalter bzw. Stellvertreter bestellt werden.

§ 86 Abs. 4 SächsGemO regelt, dass der Kassenverwalter und sein Stellvertreter sowie andere Bedienstete der Gemeindekasse untereinander, zum Bürgermeister, zu einem Beigeordneten, einem Stellvertreter des Bürgermeisters, zum Fachbediensteten für das Finanzwesen oder einem anordnungsbefugten Bediensteten sowie zum Leiter und den Prüfern des Rechnungsprüfungsamtes und zu den Rechnungsprüfern nicht in einem eine Befangenheit nach § 20 Abs. 1 Nr. 1 bis 3 SächsGemO begründenden Verhältnis stehen dürfen. Hierunter fallen alle Verwandtschaftsgrade bis zum dritten Grad in gerader und Seitenlinie sowie Verschwägerungen bis zum zweiten Grad in gerader oder Seitenlinie. Die sich hieraus ergebende Inkompatibilität soll jedes Verdachtsmoment von mangelnder Führung der Kassengeschäfte von vornherein ausschließen.

Gerade in kleinen Gemeinden kann diese strenge Regelung personelle Probleme erzeugen. Deshalb sieht § 86 Abs. 4 Satz 2 SächsGemO eine Ausnahme für Gemeinden unter 1.000 Einwohnern vor, soweit der Gemeinderat dies ausdrücklich auf Grund besonderer Umstände zulässt.

4.2.3 Aufgaben

Der Kassenverwalter und sein Stellvertreter nehmen die Aufgaben der Gemeindekasse nach § 1 SächsKomKBVO wahr. In größeren Gemeinden sind dem Kassenverwalter weitere Bedienstete als Kassenbedienstete zugewiesen, die dem Kassenverwalter fachlich und personell unterstehen.

Zu den Aufgaben des Kassenverwalters gehören:

- die Annahme von Einzahlungen und die Leistung von Auszahlungen sowohl über die Barkasse als auch die Geschäftskonten,
- die Verwaltung der Kassenmittel, d. h. der Zahlungsmittel und Bestände auf Bankkonten der Gemeinde sowie der Sonderkassen mit Ausnahme der angelegten Kassenmittel (§ 40 Nr. 6 SächsKomKBVO),
- die Verwahrung von Wertgegenständen und anderen zugewiesenen Gegenständen (z. B. Bargeldfunde) sowie
- die Buchführung.

Dem Kassenverwalter können im Rahmen der Regelungen der SächsKomKBVO weitere Aufgaben zugewiesen werden. Dies erfolgt durch den Aufgabengliederungsplan der Gemeinde oder durch Einzelanweisungen des Bürgermeisters.

4.2.4 Bestellung

Die Formulierung in § 86 Abs. 2 SächsGemO „zu bestellen" erfordert einen besonderen Ernennungsakt. Die bloße Übertragung der Aufgabe durch den Arbeitsvertrag oder durch Aufgabenzuweisung in der Stellenbeschreibung reicht hierfür nicht aus. Die Bestellung wird durch eine Urkunde belegt, welche zur Personalakte genommen wird.

Ob der Kassenverwalter ein „leitender Bediensteter" i. S. v. § 28 Abs. 2 Nr. 2 SächsGemO ist, hängt stark vom Einzelfall und den organisationsbedingten Unter- und Überordnungsverhältnissen ab. Ist die Eigenschaft zu bejahen, muss der Gemeinderat den Kassenverwalter und seinen Stellvertreter bestellen. Nimmt der Kassenverwalter keine leitende Funktion wahr, genügt die Bestellung durch einen Ausschuss oder den Bürgermeister. Die Zuständigkeit hierfür kann auch in der Hauptsatzung geregelt werden.

4.3 Örtliche Rechnungsprüfung

4.3.1 Zweck und Organisation der Rechnungsprüfung

Der Zweck von Rechnungsprüfungen besteht darin, die Rechtmäßigkeit, Ordnungsmäßigkeit und Wirtschaftlichkeit der kommunalen Haushalts- und Wirtschaftsführung zu überwachen.

Die Organisation der Rechnungsprüfung ergibt sich aus §§ 103 ff. der SächsGemO. Es ist zu unterscheiden zwischen der

- örtlichen Rechnungsprüfung (§§ 103 bis 106 SächsGemO) und der
- überörtlichen Rechnungsprüfung (§§ 108 und 109 SächsGemO).

Überörtliche Prüfungsbehörde ist der Sächsische Rechnungshof. Er nimmt seine Aufgaben unabhängig wahr. Seine Aufgaben ergeben sich aus § 109 SächsGemO. Zur Erfüllung seiner Aufgaben hat der Sächsische Rechnungshof staatliche Rechnungsprüfungsämter eingerichtet.

Die Organisation der örtlichen Rechnungsprüfung kann jede Gemeinde für sich entsprechend § 103 SächsGemO festlegen. Danach haben die Gemeinden ein eigenes Rechnungsprüfungsamt einzurichten, sofern sie sich nicht eines anderen kommunalen Rechnungsprüfungsamtes bedienen. Darüber hinaus dürfen Gemeinden unter 20.000 Einwohner auch einen geeigneten Bediensteten zum Rechnungsprüfer bestellen oder mit den Aufgaben der Rechnungsprüfung einen Wirtschaftsprüfer oder eine Wirtschaftsprüfergesellschaft betrauen.

Die Landkreise müssen gemäß § 64 Satz 1 SächsLKrO ein eigenes Rechnungsprüfungsamt einrichten.

Organisation der Rechnungsprüfung

Rechnungsprüfung ↙	↘
örtliche Rechnungsprüfung, § 103 SächsGemO	überörtliche Rechnungsprüfung, § 108 SächsGemO
→ örtliche Prüfung des Jahres- und Gesamtabschlusses, § 104 SächsGemO	→ Einhaltung der gesetzlichen Vorschriften bei der Haushalts-, Kassen- und Rechnungsführung, § 109 Abs. 1 Nr. 1 SächsGemO
→ örtliche Prüfung der Eigenbetriebe, § 105 SächsGemO	→ zweckmäßige Verwendung staatlicher Zuweisungen, § 109 Abs. 1 Nr. 2 SächsGemO
→ weitere Aufgaben der Rechnungsprüfung, § 106 Abs. 1 SächsGemO	→ Organisation und Wirtschaftlichkeit der Verwaltung, § 109 Abs. 2 SächsGemO
→ Aufgabenwahrnehmung nach Ermessen, § 106 Abs. 2 SächsGemO	

Zweckverbände können durch Verbandssatzung bestimmen, dass sie ein eigenes Rechnungsprüfungsamt einrichten oder sich eines kommunalen Rechnungsprüfungsamtes oder eines bestellten kommunalen Rechnungsprüfers oder eines Wirtschaftsprüfers bzw. einer Wirtschaftsprüfergesellschaft bedienen (§ 59 Abs. 1 SächsKomZG). Trifft die Verbandssatzung keine entsprechende Regelung, ist ein geeigneter Bediensteter des Zweckverbandes oder eines Verbandsmitgliedes zum Rechnungsprüfer zu bestellen.

Weitere Einzelheiten zur Rechnungsprüfung sind in der Kommunalprüfungsordnung (SächsKomPrüfVO) geregelt.

4.3.2 Unabhängigkeit der örtlichen Rechnungsprüfung

Das örtliche Rechnungsprüfungsamt ist eine nur dem Bürgermeister unmittelbar unterstellte, sachlich unabhängige Dienststelle der Gemeinde. Der Leiter des Rechnungsprüfungsamtes ist an Weisungen nicht gebunden. Der Bürgermeister darf gegenüber dem Leiter des Rechnungsprüfungsamtes Maßnahmen nur treffen und Weisungen nur erteilen, soweit eine ordnungsgemäße Erfüllung der Aufgaben des Rechnungsprüfungsamtes gefährdet erscheint. Auf Gegenstand, Art, Umfang, Ort, Zeit, Inhalt und Ergebnis der Prüfung darf der Bürgermeister keinen Einfluss nehmen. Der Bürgermeister darf insbesondere keine Prüfungsaufträge erteilen. Im Rahmen des § 106 Abs. 2 Satz 2 SächsGemO obliegt dieses Recht ausschließlich dem Gemeinderat. Gleiches gilt für die bestellten Rechnungsprüfer in Gemeinden unter 20.000 Einwohner.

4.3.3 Aufgaben

Unabhängig von der Organisation der Rechnungsprüfung obliegen den damit betrauten Personen die Aufgaben nach §§ 104 bis 106 SächsGemO.

Die Aufgaben der örtlichen Rechnungsprüfung umfassen insbesondere

- die Jahresabschluss- und Gesamtabschlussprüfung nach § 104 SächsGemO,
- die örtliche Prüfung der Eigenbetriebe nach § 105 SächsGemO und
- die weiteren Aufgaben der Rechnungsprüfung nach § 106 SächsGemO.

Die Prüfung des Jahresabschlusses erfolgt innerhalb von drei Monaten nach dessen Aufstellung (§ 88c Abs. 2, § 104 Abs. 2 SächsGemO). Sie umfasst gemäß § 104 Abs. 1 SächsGemO die Prüfung, ob

- bei den Erträgen und Aufwendungen, den Einzahlungen und Auszahlungen sowie bei der Vermögensverwaltung vorschriftsmäßig verfahren worden ist,
- die Rechnungsbeträge sachlich und rechnerisch vorschriftsmäßig begründet und belegt sind,
- der Haushaltsplan eingehalten wurde und
- das Vermögen, die Kapitalposition, die Sonderposten, die Rechnungsabgrenzungsposten und die Schulden richtig nachgewiesen sind.

Gleiches gilt für die Prüfung des Gesamtabschlusses.

Daneben hat die örtliche Rechnungsprüfung insbesondere die Aufgaben der Kassenprüfung und die Prüfung des Nachweises von Vermögensbeständen und Vorräten bei der Gemeinde und den Sondervermögen wahrzunehmen (§ 106 Abs. 1 SächsGemO). Auch hierbei handelt es sich um Pflichtaufgaben der örtlichen Rechnungsprüfung.

Das Rechnungsprüfungsamt kann darüber hinaus die in § 106 Abs. 2 SächsGemO angegebenen Aufgaben wahrnehmen. Hierbei handelt es sich um Aufgaben mit eingeschränktem Ermessen. Das Rechnungsprüfungsamt kann sein Ermessen dahingehend ausüben, wann und in welcher Tiefe bzw. in welchem Umfang Prüfungshandlungen vorgenommen werden. Es besteht jedoch eine Prüfungspflicht dem Grunde nach.

Beispiel:
Das Rechnungsprüfungsamt stellt für das folgende Haushaltsjahr eine Prüfungsplanung auf. Darin ist vorgesehen, dass als Schwerpunkte die Prüfungsaufgaben nach § 106 Abs. 2 Nr. 1 und 3 SächsGemO wahrgenommen werden. Eine Schwerpunktprüfung der Vergaben (§ 106 Abs. 2 Nr. 2 SächsGemO) soll erst im darauffolgenden Haushaltsjahr erfolgen. Unzulässig wäre es, wenn das Rechnungsprüfungsamt die Prüfung von Vergaben in der Prüfungsplanung gänzlich ausschließt.

Weitere Aufgaben können dem Rechnungsprüfungsamt bzw. den mit der Rechnungsprüfung betrauten Personen ausschließlich durch den Gemeinderat übertragen werden (§ 28 Abs. 2 Nr. 12 i. V. m. § 106 Abs. 2 Satz 2 SächsGemO).

4.3.4 Personelle Voraussetzungen

Der Leiter des Rechnungsprüfungsamtes muss hauptamtlicher Bediensteter (Beamter, tariflich Beschäftigter) der Gemeinde sein und die für sein Amt erforderliche Vorbildung, Erfahrung und Eignung besitzen (§ 103 SächsGemO). Seine Abberufung bedarf eines Beschlusses des Gemeinderates, welcher mit einer Mehrheit von zwei Dritteln der Stimmen aller Mitglieder des Gemeinderates gefasst und der Rechtsaufsichtsbehörde angezeigt werden muss (§ 103 Abs. 4 SächsGemO). Für den Leiter des Rechnungsprüfungsamtes und die Rechnungsprüfer bestehen besondere Befangenheitsregelungen (§ 103 Abs. 5 SächsGemO). Der Leiter des Rechnungsprüfungsamtes muss über eine bestimmte berufliche Qualifikation (mindestens eine Befähigung für den gehobenen nichttechnischen Verwaltungsdienst) und ferner über eine mehrjährige Berufserfahrung im öffentlichen Haushalts-, Rechnungs- oder Prüfungswesen verfügen. Gleiches gilt für die bestellten Rechnungsprüfer. Grundsätzlich müssen auch die Prüfer die fachlichen Voraussetzungen nach § 62 Abs. 2 SächsGemO erfüllen.

Nach dem Grundsatz der Trennung von Prüfung, Anordnung und Vollzug dürfen mit Aufgaben der Rechnungsprüfung betraute Personen Zahlungen der Gemeinde weder anordnen noch ausführen (§ 103 Abs. 5 Satz 3 SächsGemO).

Fragen zur Lernkontrolle

104. Wer ist für die Verwaltung der Schulden und des Vermögens verantwortlich?
105. Muss die Gemeinde einen Kassenverwalter bestellen? Wer darf nicht zum Kassenverwalter bestellt werden?
106. Welche Aufgaben hat die örtliche Rechnungsprüfung?
107. Wer nimmt die Aufgaben der überörtlichen Rechnungsprüfung im Freistaat Sachsen wahr?

Komplexaufgabe – Buchführung

Aufgabenstellung

Die Stadt XY möchte ihre Schlussbilanz für das abgeschlossene Haushaltsjahr erstellen. Bearbeiten Sie hierzu folgende Aufgaben:

1. Erstellen Sie die Eröffnungsbilanz (Das Eröffnungsbilanzkonto muss nicht gebucht werden).
2. Bilden Sie unter Angabe der Konten die Buchungssätze für die Sachverhalte 1 bis 12. Ergänzen Sie keine Sachverhalte, auch wenn dies insbesondere aus Vollständigkeitsgründen geboten erscheint.
3. Übertragen Sie die Sachverhalte auf T-Konten.
4. Schließen Sie die Konten ab und ermitteln Sie mit Hilfe des Ergebnisrechnungskontos das Jahresergebnis.
5. Erstellen Sie das Schlussbilanzkonto bzw. die Schlussbilanz zum 31.12.2015.

Hinweise:

- Für die Eröffnungsbuchungen und die Jahresabschlussbuchungen müssen keine Buchungssätze gebildet werden
- Zahlungskonten sind nicht zu buchen
- Aus Vereinfachungsgründen ist im Rahmen der Jahresabschlussbuchungen nur das Konto für die Kapitalposition zu buchen

Zu bilanzierende Posten	Bilanzieller Wert	AK/HK
Bankguthaben	800.000	3.000.000 darunter 2.700.000 (Gebäude)
Schulen (Grdst. + Gebäude)	2.500.000	
Verbindlichkeiten ggü. Lieferanten	400.000	
Fahrzeuge	70.000	120.000
Bankkredite	3.500.000	
Grünflächen	200.000	200.000
Materialbestände (Vorräte)	10.000	
Büroausstattung	90.000	200.000
Kindertagesstätten (Grdst. + Gebäude)	700.000	1.000.000 darunter 800.000 (Gebäude)
Wälder	300.000	300.000
Beteiligungen	200.000	250.000

Sachverhalte

1. Verkauf eines Kopierers für 4.000 EUR (Restbuchwert 1.500 EUR). Der Betrag geht auf dem Bankkonto ein.
2. Begleichung von Reinigungskosten für das Schulgebäude i. H. v. 9.000 EUR (bestehende Verbindlichkeit aus dem Vorjahr).
3. Die Gehälter für den Monat August i. H. v. 250.000 EUR werden gebucht und am Monatsende überwiesen (Steuern, gesetzliche Sozialversicherung etc. sind nicht zu berücksichtigen).
4. Die Stadt hat eine Lagerhalle für den Monat Januar 2016 angemietet. Am 02. Dezember 2015 wird die Miete i. H. v. 1.100 EUR im Voraus überwiesen.
5. Ordentliche Tilgung der Kreditverbindlichkeiten per Banküberweisung i. H. v. 80.000 EUR.
6. Die Inventur hat ergeben, dass sich der Bestand an Vorräten um 8.000 erhöht hat.
7. Erstellung des Gewerbesteuerbescheides für die Volks-GmbH i. H. v. 190.000 EUR mit Zahlungsziel.
8. Zahlung der jährlichen Zinsen für Bankkredite i. H. v. 70.000 EUR.
9. Eingang einer Dividende i. H. v. 15.000 EUR.
10. Erstellung des Grundsteuerbescheides (Grundsteuer B) für die Adida AG i. H. v. 60.000 EUR, die Überweisung erfolgt nach zehn Tagen.
11. Jährliche Abschreibung der bebauten Grundstücke (ND 70 Jahre; lineare Abschreibung).
12. Jährliche Abschreibungen der Fahrzeuge (ND 8 Jahre, lineare Abschreibung).

Lösung:

Eröffnungsbilanz

Aktiva	EÖB zum 1.1.2015		Passiva
Anlagevermögen	**4.060.000**	**Kapitalposition**	**970.000**
Unbebaute Grundstücke	**500.000**	**Sonderposten**	**0**
Bebaute Grundstücke	3.200.200	**Rückstellungen**	**0**
Fahrzeuge	70.000	**Verbindlichkeiten**	**3.900.000**
BGA	90.000	VB aus Krediten	3.500.000
Beteiligungen	200.000	VB aus LL	400.000
Umlaufvermögen	**810.000**	**PRAP**	**0**
Vorräte	10.000		
Liquide Mittel	800.000		
ARAP	**0**		
Summe	**4.870.000**	**Summe**	**4.870.000**

Komplexaufgabe – Buchführung Aufgabenstellung

Buchungssätze

1. Verkauf eines Kopierers für 4.000 EUR (Restbuchwert 1.500 EUR). Der Betrag geht auf dem Bankkonto ein.	Soll	Haben
161 Forderungen an	4.000	
5062 Erträge Veräußerung		4.000
5162 Aufwendungen aus Veräußerung an	1.500	
074 BGA		1.500
171 Bank an	4.000	
161 Forderungen		4.000

2. Begleichung von Reinigungskosten für das Schulgebäude i. H. v. 9.000 EUR (bestehende Verbindlichkeit aus dem Vorjahr).	Soll	Haben
251 Verbindlichkeiten aus LL an	9.000	
171 Bank		9.000

3. Die Gehälter für den Monat August i. H. v. 250.000 EUR werden gebucht und am Monatsende überwiesen (Steuern, gesetzliche Sozialversicherung etc. sind nicht zu berücksichtigen).	Soll	Haben
401 Dienstaufwendungen an	250.000	
276 Verbindlichkeiten ggü. Mitarbeitern		250.000
276 Verbindlichkeiten ggü. Mitarbeitern an	250.000	
171 Bank		250.000

4. Die Stadt hat eine Lagerhalle für den Monat Januar 2016 angemietet. Am 02. Dezember 2015 wird die Miete i. H. v. 1.100 EUR im Voraus überwiesen.	Soll	Haben
181 ARAP an	1.100	
171 Bank		1.100

5. Ordentliche Tilgung der Kreditverbindlichkeiten per Banküberweisung i. H. v. 80.000 EUR.	Soll	Haben
231 Verbindlichkeiten aus Kreditaufnahmen an	80.000	
171 Bank		80.000

6. Die Inventur hat ergeben, dass sich der Bestand an Vorräten um 8.000 erhöht hat.	Soll	Haben
08 Vorräte an	8.000	
372 Bestandsveränderungen		8.000

7. Erstellung des Gewerbesteuerbescheides für die Volks-GmbH i. H. v. 190.000 EUR mit Zahlungsziel.	Soll	Haben
153 Steuerforderungen an	190.000	
3013 Gewerbesteuer		190.000

8. Begleichung der jährlichen Zinsen für Bankkredite i. H. v. 70.000 EUR.	Soll	Haben
451 Zinsaufwendungen an	70.000	
171 Bank		70.000

9. Eingang einer Dividende i. H. v. 15.000 EUR.	Soll	Haben
171 Bank an	15.000	
365 Erträge aus Gewinnanteilen		15.000

10. Erstellung des Grundsteuerbescheides (Grundsteuer B) für die Adida AG i. H. v. 60.000 EUR, die Überweisung erfolgt nach 10 Tagen.	Soll	Haben
153 Steuerforderungen an	60.000	
3013 Gewerbesteuer		60.000
171 Bank an	60.000	
153 Steuerforderungen		60.000

11. Abschreibung der bebauten Grundstücke (jeweils ND 70 Jahre; lineare Abschreibung).	Soll	Haben
471 Abschreibungen an	50.000	
022 Bebaute Grundstücke mit soz. Einrichtungen		11.428,57
023 Bebaute Grundstücke mit Schulen		38.571,43

12. Abschreibungen für Fahrzeuge (ND 8 Jahre, lineare Abschreibung).	Soll	Haben
471 Abschreibungen an	15.000	
061 Fahrzeuge		15.000

Bestandskonten

011 Grünflächen

Soll		Haben	
AB	**200.000**	**SB**	**200.000**
Summe	**200.000**	**Summe**	**200.000**

013 Wald und Forsten

Soll		Haben	
AB	**300.000**	**SB**	**300.000**
Summe	**300.000**	**Summe**	**300.000**

022 Bebaute Grundstücke mit soz. Einrichtungen

Soll		Haben	
AB	**700.000**	(11) Abschreibung	11.428,57
		SB	**688.571,43**
Summe	**700.000**	**Summe**	**700.000**

Soll	023 Bebaute Grundstücke mit Schulen		Haben
AB	2.500.000	(11) Abschreibung	38.571,43
		SB	2.461.428,57
Summe	2.500.000	Summe	2.500.000

Soll	061 Fahrzeuge		Haben
AB	70.000	(12) Abschreibung	15.000
		SB	55.000
Summe	70.000	Summe	70.000

Soll	074 BGA		Haben
AB	90.000	(1) Verkauf	1.500
		SB	88.500
Summe	90.000	Summe	90.000

Soll	08 Vorräte		Haben
AB	10.000	SB	18.000
(6) Zugänge	8.000		
Summe	18.000	Summe	18.000

Soll	111 Beteiligungen		Haben
AB	200.000	SB	200.000
Summe	200.000	Summe	200.000

Soll	153 Steuerforderungen		Haben
AB	0	SB	250.000
(7) Gewerbesteuer	190.000		
(10) Grundsteuer B	60.000		
Summe	250.000	Summe	250.000

Soll	161 Privatrechtliche Forderungen aus Lieferungen und Leistungen		Haben
AB	0	(1) Verkauf BGA	4.000
(1) Verkauf BGA	4.000	SB	0
Summe	4.000	Summe	4.000

Soll	171 Sichteinlagen bei Banken und Versicherungen		Haben
AB	800.000	(2) Reinigung	9.000
(1) Verkauf BGA	4.000	(3) Gehälter	250.000
(9) Dividende	15.000	(4) Miete	1.100
(10) Grundsteuer	60.000	(5) Tilgung	80.000
		(8) Zinsen	70.000
		SB	468.900
Summe	879.000	Summe	879.000

Soll	181 ARAP		Haben
AB	0	SB	1.100
(4) Miete	1.100		
Summe	1.100	Summe	1.100

Soll	251 Verbindlichkeiten aus Lieferungen und Leistungen		Haben
(2) Reinigung	9.000	AB	400.000
SB	391.000		
Summe	400.000	Summe	400.000

Soll	231 Verbindlichkeiten aus Kreditaufnahmen für Investitionen		Haben
(5) Tilgung	80.000	AB	3.500.000
SB	3.420.000		
Summe	3.500.000	Summe	3.500.000

Soll	276 Sonst. Verb. ggü. Organmitgliedern und Mitarbeitern		Haben
(3) Gehälter	250.000	AB	0
SB	0	(3) Gehälter	250.000
Summe	250.000	Summe	250.000

Ergebniskonten

Soll	3012 Grundsteuer B		Haben
Saldo (ERK)	60.000	(10) Steuerforderungen	60.000
Summe	60.000	Summe	60.000

Soll	3013 Gewerbesteuer		Haben
Saldo (ERK)	190.000	(7) Steuerforderungen	190.000
Summe	190.000	Summe	190.000

Soll	365 Erträge aus Gewinnanteilen		Haben
Saldo (ERK)	15.000	(9) Bank	15.000
Summe	15.000	Summe	15.000

Soll	372 Bestandsveränderungen		Haben
Saldo (ERK)	8.000	(6) Vorräte	8.000
Summe	8.000	Summe	8.000

Soll	401 Dienstaufwendungen		Haben
(3) VB ggü. MA	250.000	Saldo (ERK)	250.000
Summe	250.000	Summe	250.000

Soll	451 Zinsaufwendungen		Haben
(8) Bank	70.000	**Saldo (ERK)**	**70.000**
Summe	**70.000**	**Summe**	**70.000**

Soll	471 Abschreibungen		Haben
(11) soz. Einrichtungen	11.428,57	**Saldo (ERK)**	**60.000**
(11) Schulen	38.571,43		
(12) Fahrzeuge	15.000,00		
Summe	**60.000**	**Summe**	**60.000**

Soll	5062 Erträge aus der Veräußerung von bewegl. Vermögensgegenständen		Haben
Saldo (ERK)	**4.000**	(1) BGA	4.000
Summe	**4.000**	**Summe**	**4.000**

Soll	5162 Aufwendungen aus der Veräußerung von bewegl. Vermögensg.		Haben
(1) BGA	1.500	**Saldo (ERK)**	**1.500**
Summe	**1.500**	**Summe**	**1.500**

Abschlusskonten

Aktiva	80 __ Ergebnisrechnungskonto (ERK)		Passiva
401 Dienstaufwendungen	250.000	3012 Grundsteuer B	60.000
451 Zinsaufwendungen	70.000	3013 Gewerbesteuer	190.000
471 Abschreibungen	60.000	365 Erträge aus Gewinnanteilen	15.000
5162 Aufwendungen aus der Veräußerung	1.500	372 Bestands-veränderungen	8.000
		5062 Erträge aus der Veräußerung	4.000
		Saldo (KP)	**109.500**
Summe	**386.500**	**Summe**	**386.500**

Soll	20 Kapitalposition		Haben
Verlust (ERK)	109.500	**AB**	**970.000**
SB (SBK)	**860.600**		
Summe	**970.000**	**Summe**	**970.000**

Aktiva	SBK zum 31.12.2015		Passiva
Anlagevermögen	**3.993.500**	**Kapitalposition**	**860.500**
Unbebaute Grundstücke	500.000	**Sonderposten**	**0**
Bebaute Grundstücke	3.150.200	**Rückstellungen**	**0**
Fahrzeuge	55.000	**Verbindlichkeiten**	**3.811.000**
BGA	88.500	VB aus Krediten	3.420.000
Beteiligungen	200.000	VB aus LL	391.000
Umlaufvermögen	**676.900**	**PRAP**	**0**
Vorräte	18.000		
Forderungen	190.000		
Liquide Mittel	468.900		
ARAP	**1.100**		
Summe	**4.671.500**	**Summe**	**4.671.500**

Fragen zur Lernkontrolle – Lösungen

1. **Was versteht man unter dem Begriff der Zuweisungen und Zuschüsse?**
Zuweisungen und Zuschüsse sind finanzielle Leistungen zur Erfüllung einer Aufgabe innerhalb des öffentlichen Bereichs oder vom öffentlichen an den privaten Bereich und umgekehrt, soweit es sich hierbei nicht um Gegenleistungen, Erstattungen oder Darlehen handelt. Zuweisungen und Zuschüsse werden unter dem Oberbegriff „Zuwendungen" zusammengefasst. Zuweisungen sind Übertragungen innerhalb des öffentlichen Bereichs. Zuschüsse sind Übertragungen vom öffentlichen Bereich an den unternehmerischen und übrigen Bereich und umgekehrt.

2. **Wie beteiligt das Land die kommunalen Körperschaften an seinen Einnahmen aus dem Steuerverbund?**
Die Beteiligung erfolgt über den vertikalen Finanzausgleich. In die Finanzausgleichsmasse fließen die Anteile des Landes am Aufkommen der Gemeinschaftssteuern, der Landessteuern einschließlich des Anteiles an der Gewerbesteuerumlage, aus den Ausgleichszahlungen des Bundes für die Kfz-Steuer sowie aus dem Anteil des Länderfinanzausgleiches ein. Prinzip ist der Gleichmäßigkeitsgrundsatz.

3. **Welche Kenngrößen müssen zur Berechnung der Schlüsselzuweisungen ermittelt werden?**
Kenngrößen sind die Einwohnerzahl, Schülerzahl, die Kinderzahlen sowie die Steuerkraft der Gemeinde aus den Realsteuern (Grundsteuer A und B, Gewerbesteuer abzüglich Gewerbesteuerumlage) und der Gemeindeanteil an der Einkommen- und Umsatzsteuer. Die Größen ergeben die Bedarfs- und Steuerkraftmesszahl (§§ 7 und 8 SächsFAG).

4. **Welche Ziele verfolgt der kommunale Finanzausgleich?**
Im kommunalen Finanzausgleich erfolgt eine horizontale Mittelverteilung zwischen finanzschwachen und finanzstarken Gemeinden. Ziele sind die Ergänzung der eigenen Erträge der Gemeinde (Ergänzungsfunktion), der Ausgleich von Finanzunterschieden (Nivellierungsfunktion), die Erschließung eigener Möglichkeiten zur Beschaffung von Finanzmitteln (Anreizfunktion) und die Stärkung der kommunalen Selbstverwaltung.

5. **Wie unterscheiden sich vertikaler und horizontaler Finanzausgleich?**
Im vertikalen Finanzausgleich erfolgt der Ausgleich zwischen verschiedenen staatlichen Ebenen (Bund, Länder, Kommunen), d. h. von oben nach unten. Der horizontale Finanzausgleich erfolgt nur auf einer Ebene (z. B. Bundesländer oder Kommunen).

6. **Wie und durch welches Mittel partizipiert der Landkreis von den Steuereinnahmen seiner kreisangehörigen Gemeinden?**
Wesentliche Ertragsposition der Landkreise ist die Kreisumlage nach § 26 SächsFAG. Ermittelt wird die Kreisumlage nach der Steuerkraft der Gemeinden und den erhaltenen Schlüsselzuweisungen. Sind die Steuererträge der Gemeinden hoch, kann auch der Landkreis davon profitieren.

7. **Für die dargestellten Sachverhalte ist zu entscheiden, ob und ggf. in welcher Höhe Auszahlungen, Aufwendungen, Einzahlungen und Erträge entstehen.**

1. Für die Erstellung eines Personalausweises wird bar die Gebühr i. H. v. 35 EUR gezahlt.

Auszahlung	Aufwand	Einzahlung	Ertrag
		35 EUR	35 EUR

2. Die Kommune macht eine Mietforderung i. H. v. 14.000 EUR geltend.

Auszahlung	Aufwand	Einzahlung	Ertrag
			14.000 EUR

3. Der Kommune wird das Entgelt für eine Versicherung i. H. v. 600 EUR vom Bankkonto abgebucht.

Auszahlung	Aufwand	Einzahlung	Ertrag
600 EUR	600 EUR		

4. Mitarbeitergehälter werden i. H. v. 165.000 EUR gebucht, aber noch nicht beglichen.

Auszahlung	Aufwand	Einzahlung	Ertrag
	165.000 EUR		

5. Die gebuchten Mitarbeitergehälter werden i. H. v. 165.000 EUR gezahlt.

Auszahlung	Aufwand	Einzahlung	Ertrag
165.000 EUR			

8. **Für die dargestellten Sachverhalte ist zu entscheiden, in welcher Höhe Aufwendungen bzw. Erträge auf 2015 oder 2016 entfallen.**

1. Zahlung der Pacht i. H. v. 12.000 EUR im Juli 2015 für die Zeit vom 01.08.2015 bis 31.07.2016.

Aufwand 2015	Aufwand 2016
5.000 EUR	7.000 EUR

2. Begleichung eines Beratungshonorars im Januar 2016 für Dezember 2015 i. H. v. 14.000 EUR.

Aufwand 2015	Aufwand 2016
14.000	

3. Für vermietete Stellflächen gehen im Dezember 2015 240 EUR auf das Bankkonto der Kommune ein, die vom Mieter für die Monate Dezember 2015, Januar 2016 und Februar 2016 geschuldet werden.

Ertrag 2015	Ertrag 2016
80 EUR	160 EUR

4. Dem örtlichen Hundezüchterverein wird durch die Kommune ab Januar 2015 ein Trainingsgelände für die Dauer von 15 Jahren überlassen. Hierfür wird eine einmalige Zahlung in Höhe von 22.500 EUR vereinbart.

Ertrag 2015	Ertrag 2016
1.500 EUR	1.500 EUR

5. Ein Bürger pachtet ab März 2015 eine Familiengrabstelle für 20 Jahre. Im selben Monat wird die Rechnung über 5.000 EUR verschickt, fällig innerhalb von einem Monat. Im April 2015 überweist der Bürger den kompletten Betrag für die Familiengrabstelle i. H. v. 5.000 EUR.

Ertrag 2015	Ertrag 2016
208,34 EUR	250,00 EUR

6. Im Januar 2015 kauft die Kommune eine Maschine für den Bauhof im Wert von 2.000 EUR und nimmt sie in Betrieb. Die Nutzungsdauer beträgt fünf Jahre. Es wird linear abgeschrieben.

Aufwand 2015	Aufwand 2016
400 EUR	400 EUR

9. **Was versteht man unter einer Inventur?**
Bestandsaufnahme aller Vermögensgegenstände und Schulden (§ 59 Nr. 22 SächsKomHVO).

10. **Welche Vermögensgegenstände müssen aufgenommen werden?**
Grundstücke, grundstücksgleiche Rechte, Forderungen, Schulden, Bargeld, sonstige Vermögensgegenstände (§ 34 Abs. 1 Satz 1 SächsKomHVO), die sich im wirtschaftlichen Eigentum der Gemeinde befinden (§ 39 AO).

11. **Welche wesentlichen Schritte müssen bei der Aufstellung einer Vermögensrechnung vollzogen werden?**
Bestandsaufnahme (Inventur) → Aufbereitung, Ergänzung der Inventurergebnisse (z. B. Anschaffungsdatum, Anschaffungskosten) → Bewertung und Erstellung des Inventars → Aufstellung der Bilanz.

12. **Welche Grundsätze ordnungsmäßiger Inventur gibt es? Vollständigkeit, Richtigkeit und Willkürfreiheit, Einzelerfassung und -bewertung, Nachprüfbarkeit, Klarheit, Wirtschaftlichkeit und Wesentlichkeit.**

13. **Welche Inventurverfahren gibt es für welche Vermögensgegenstände?**
Körperliche Inventur für physisch erfassbare und Buchinventur für physisch nicht erfassbare Vermögensgegenstände. Dabei handelt es sich um einen Grundsatz gemäß § 34 Abs. 1 Satz 1 SächsKomHVO. Ausnahmen werden in § 35 SächsKomHVO definiert.

14. **Welche Inventurvereinfachungsverfahren kennen Sie? Stichprobeninventur (§ 35 Abs. 1 SächsKomHVO), vorverlegte Inventur und permanente Inventur (§ 35 Abs. 3 SächsKomHVO).**

15. **Wozu dient eine Inventurrichtlinie?**
Sicherstellung einer ordnungsgemäßen Durchführung des Inventurvorgangs. Gewährleistung, dass die Erfassung und Bewertung des Vermögens und der Schulden einheitlich, vollständig und nach gleichen Kriterien erfolgen.

16. **Welche Gegenstände sind grundsätzlich nicht aufzunehmen?**
Selbst erstellte immaterielle Vermögenswerte; technische Anlagen und Maschinen, soweit sie als Gebäudebestandteil einzustufen sind; Kunst am Bau.

17. **Welchen Zweck erfüllt die Anlagenbuchhaltung? Mit Hilfe der Anlagenbuchhaltung werden die Bestände und insbesondere art-, mengen- und wertmäßige Bewegungen des Anlagevermögens erfasst.**

18. **In welche Komponenten gliedert sich das Anlagevermögen?**
Immaterielles Vermögen, Sonderposten für geleistete Investitionszuwendungen, Sachanlagevermögen, Finanzanlagevermögen.

19. **Um welche Art von Buch handelt es sich bei der Anlagenbuchhaltung und wo ist die Führung gesetzlich geregelt?**
Es handelt sich um ein Nebenbuch. Nur der Anlagennachweis muss geführt werden. Die Anlagenbuchhaltung ist optional, aber sinnvoll.

20. **Welche drei wesentlichen Aufgaben erfüllt die Anlagenbuchhaltung?**
Vermögensnachweis, Darstellung der Veränderung des Anlagevermögens, Darstellung von Abschreibungen (Schnittstelle Ergebnisrechnung)

21. Welche Bewirtschaftungsvorgänge finden in der Anlagenbuchhaltung statt?
Erfassung von Zu- und Abgängen, Umbuchungen, plan- und außerplanmäßige Abschreibungen

22. In welcher Form erfolgt die Darstellung der Vermögensrechnung/Bilanz?
In Kontenform (§ 51 Abs. 1 SächsKomHVO)

23. In welche zwei Bereiche wird das Vermögen der Kommune unterteilt?
Anlage- und Umlaufvermögen (Unterscheidung vgl. § 59 Nr. 3 und Nr. 48 SächsKomHVO)

24. Wie werden Verbindlichkeiten eingeteilt?
- Langfristige Verbindlichkeiten (länger als 5 Jahre)
- Mittelfristige Verbindlichkeiten (zwischen 1 und 5 Jahren
- Kurzfristige Verbindlichkeiten (kürzer als 1 Jahr)

(§ 54 Abs. 3 SächsKomHVO)

25. Wie gliedert sich die Kapitalposition?
- Basiskapital
- Rücklagen
- Fehlbeträge

(§ 51 Abs. 3 Nr. 1 SächsKomHVO)

26. Wie heißen die beiden Seiten der Vermögensrechnung/ Bilanz?
Aktiva und Passiva

27. Welche Größen der Buchhaltung werden in der Ergebnisrechnung gegenübergestellt?
Aufwand und Ertrag

28. Nennen Sie je drei typische Aufwands- und Ertragsarten kommunaler Verwaltungen.
Aufwand: Personalaufwendungen, Aufwand für Sach- und Dienstleistungen, Abschreibungen

Ertrag: Steuererträge, öffentlich-rechtliche Leistungsentgelte, Zuweisungen und Zuschüsse für laufende Zwecke

29. Ertrag < Aufwand = ...
Ertrag > Aufwand = ...
Ertrag < Aufwand = Verlust (Jahresfehlbetrag)
Ertrag > Aufwand = Gewinn (Jahresüberschuss)

30. In welchem Paragraphen der SächsKomHVO wird die Ergebnisrechnung maßgeblich geregelt?
§ 48 SächsKomHVO

31. Wie beeinflusst das Ergebnis der Ergebnisrechnung die Bilanz?
Das Jahresergebnis beeinflusst die Kapitalposition.

32. Welche Bilanzposition wird durch die Finanzrechnung direkt berührt?
Liquide Mittel

33. Welche Größen der Buchhaltung werden in der Finanzrechnung gegenübergestellt?
Ein- und Auszahlungen (§ 49 Abs. 2 SächsKomHVO)

34. In welcher Form erfolgt die Aufstellung der Finanzrechnung?
In Staffelform (§ 49 Abs. 1 SächsKomHVO)

35. Berechnen Sie die Schlussbestände für die folgenden Konten.

Konto:	2511 Verbindlichkeiten aus LL
AB:	300 EUR
Zugänge:	150 EUR
Abgänge:	200 EUR

Soll	**2511 VBaLL**		**Haben**
Abgänge	**200**	**AB**	**300**
SB	**250**	**Zugänge**	**150**
Summe	**450**	**Summe**	**450**

Konto:	1711 Bank
AB:	1.000 EUR
Zugänge:	500 EUR
Abgänge:	700 EUR

Soll	**1711 Bank**		**Haben**
	1.000	**Abgänge**	**700**
Zugänge	**500**	**SB**	**800**
Summe	**1.500**	**Summe**	**1.500**

36. Banküberweisung für Lieferantenrechnung i. H. v. 2.000 EUR.

Welche Konten werden berührt?	**Zugang**	**Abgang**
(251) Verbindlichkeiten aus Lieferungen und Leistungen		X
(171) Sichteinlagen bei Banken und Versicherungen Konto		X
Buchungssatz	**Soll**	**Haben**
(251) Verbindlichkeiten aus Lieferungen und Leistungen an	2.000	
(171) Sichteinlagen bei Banken und Versicherungen Konto		2.000

37. Kauf eines Schreibtisches im Wert von 600 EUR auf Ziel.

Welche Konten werden berührt?	Zugang	Abgang
(074) Sonstige Betriebs- und Geschäftsausstattung	X	
(251) Verbindlichkeiten aus Lieferungen und Leistungen	X	
Buchungssatz	**Soll**	**Haben**
(074) Sonstige Betriebs- und Geschäftsausstattung an	600	
(251) Verbindlichkeiten aus Lieferungen und Leistungen an		600

38. Umwandlung einer kurzfristigen Verbindlichkeit i. H. v. 12.000 EUR in ein langfristiges Darlehen.

Welche Konten werden berührt?	Zugang	Abgang
(23xx) Verbindlichkeiten aus Kreditaufnahmen	X	
(251) Verbindlichkeiten aus Lieferungen und Leistungen		X
Buchungssatz	**Soll**	**Haben**
(251) Verbindlichkeiten aus Lieferungen und Leistungen an	12.000	
(23xx) Verbindlichkeiten aus Kreditaufnahmen		12.000

39. Kauf eines Büroschrankes im Wert von 500 EUR durch sofortige Barzahlung aus der Kasse.

Welche Konten werden berührt?	Zugang	Abgang
(074) Sonstige Betriebs- und Geschäftsausstattung	X	
(173) Bargeld		X
Buchungssatz	**Soll**	**Haben**
(074) Sonstige Betriebs- und Geschäftsausstattung	500	
(173) Bargeld		500

40. Beantworten Sie die folgenden Fragen für alle vorgegebenen Verwaltungsvorfälle.

- Welche Bestandskonten werden berührt?
- Handelt es sich um Aktiv- und/oder Passivkonten?
- Handelt es sich um eine Veränderung des Bilanzvolumens (Bilanzverlängerung bzw. Bilanzverkürzung) oder um eine Veränderung der Bilanzstruktur (Aktiv- bzw. Passivtausch)?

(1) Sachverhalt:
Kreditaufnahme für den Bau einer Brücke

Konten:
(171) Sichteinlagen bei Banken und Versicherungen (Aktivkonto)
(231) Verbindlichkeiten aus Kreditaufnahmen für Investitionen (Passivkonto)

Bilanzveränderung
Aktiv-Passivmehrung, Bilanzverlängerung

(2) Sachverhalt:
Brückenbau

Konten:
(031) Brücken (Aktivkonto)
(251) Verbindlichkeiten aus Lieferungen und Leistungen (Passivkonto)
(171) Sichteinlagen bei Banken und Versicherungen (Aktivkonto)

Bilanzveränderung (bei Buchung über Verbindlichkeiten):
Aktiv-Passivmehrung, Bilanzverlängerung

Bilanzveränderung (bei direkter Bank-Buchung):
Aktivtausch (keine Änderung der Bilanzsumme)

(3) Sachverhalt:
Bankeinzahlung von Barbeständen der Pass- und Meldestelle

Konten:
(173) Bargeld (Aktivkonto)
(171) Sichteinlagen bei Banken und Versicherungen (Aktivkonto)

Bilanzveränderung:
Aktivtausch (keine Änderung der Bilanzsumme)

(4) Sachverhalt:
Kauf von Büromöbeln per Bankabbuchung

Konten:
(074) Betriebs- und Geschäftsausstattung (Aktivkonto)
(171) Sichteinlagen bei Banken und Versicherungen (Aktivkonto)

Bilanzveränderung:
Aktivtausch (keine Änderung der Bilanzsumme)

(5) Sachverhalt:
Eingang einer Abschlagrechnung für den Bau einer Straße

Konten:
(096) Anlagen im Bau (Aktivkonto)
(251) Verbindlichkeiten aus Lieferungen und Leistungen (Passivkonto)

Bilanzveränderung:
Aktiv-Passivmehrung, Bilanzverlängerung

(6) Sachverhalt:

Verkauf eines Feuerwehrfahrzeuges zum Buchwert gegen Barzahlung

Konten:

(061) Fahrzeuge (Aktivkonto)

(173) Bargeld (Aktivkonto)

Bilanzveränderung:

Aktivtausch (keine Änderung der Bilanzsumme)

(7) Sachverhalt:

Barzahlung eines Verwarngeldes bei der „Gemeindekasse"

Konten:

(159) Sonstige öffentlich-rechtliche Forderungen (Aktivkonto)

(173) Bargeld (Aktivkonto)

Bilanzveränderung:

Aktivtausch (keine Änderung der Bilanzsumme)

(8) Sachverhalt:

Tilgung eines Investitionskredites per Banküberweisung

Konten:

(171) Sichteinlagen bei Banken und Versicherungen (Aktivkonto)

(231) Verbindlichkeiten aus Kreditaufnahmen für Investitionen (Passivkonto)

Bilanzveränderung:

Aktiv-Passiv-Minderung, Bilanzverkürzung

Weiterführende Bestandskontenbuchungen – Lösung:

Für die Verwaltung der Stadt werden zwei neue Aktenschränke zum Stückpreis von 1.200 EUR (inkl. Umsatzsteuer) geliefert. Nach Erhalt wird festgestellt, dass einer der Schränke an der Vorderseite stark beschädigt ist. Aus diesem Grund wird der Aktenschrank zurückgeschickt und die Stadt erhält vom Lieferanten eine Gutschrift in Höhe von 1.200 EUR.

Buchung der Eingangsrechnung	**Soll**	**Haben**
(074) BGA an	2.400	
(2511) Verbindlichkeiten aus LL		2.400
Buchung der Rücksendung	**Soll**	**Haben**
(2511) Verbindlichkeiten aus LL an	1.200	
(074) BGA		1.200

Die Stadt A erwirbt für das Ordnungsamt einen Aktenvernichter für 800 EUR (netto)

Buchung der Eingangsrechnung	**Soll**	**Haben**
(074) BGA an	952	
(2511) Verbindlichkeiten aus LL		952
Buchung der Zahlung	**Soll**	**Haben**
(2511) Verbindlichkeiten aus LL an	952	
(1711) Bank		952

Die Stadt A schafft für das Ordnungsamt einen Beamer an. Dieser kostet 450 EUR (brutto).

Buchung der Eingangsrechnung	**Soll**	**Haben**
(2511) Verbindlichkeiten aus LL an	450	
(074) BGA		450
Buchung der Zahlung	**Soll**	**Haben**
(2511) Verbindlichkeiten aus LL an	450	
(1711) Bank		450

Das Ordnungsamt der Stadt A soll mit neuer EDV-Technik ausgestattet werden. Dazu kauft die Stadt A am 03.08.2015 jeweils 10 PCs bestehend aus: Monitoren für je 145 EUR (brutto), Computermäusen für insgesamt 250 EUR (brutto), Tastaturen für 650 EUR (brutto) und Desktop-PCs für jeweils 750 EUR (brutto). Die Installation der PCs erfolgt eine Woche nach der Lieferung. Der Computerlieferant stellt für die Installation eine Rechnung in Höhe von 550 EUR (brutto). Außerdem bekommt das Ordnungsamt noch einen Laptop im Wert von 310 EUR (brutto) vom gleichen Anbieter.

Buchung der Eingangsrechnung	**Soll**	**Haben**
(074) BGA an [(10 x 750,00 + 145,00) + 250,00 + 650,00]	10.400	
(4253) Erw. bewegl. Gegenständen < 410 EUR an	310	
(2511) Verbindlichkeiten aus LL		10.710
Buchung der Zahlung	**Soll**	**Haben**
(2511) Verbindlichkeiten aus LL an	10.710	
(1711) Bank		10.710

Zusätzlich erhält das Ordnungsamt noch drei Netzwerkdrucker im Wert von jeweils 430 EUR (inkl. USt.).

Buchung der Eingangsrechnung	**Soll**	**Haben**
(074) BGA	1.290	
(2511) Verbindlichkeiten aus LL		1.290
Buchung der Zahlung	**Soll**	**Haben**
(2511) Verbindlichkeiten aus LL an	1.290	
(1711) Bank		1.290

Die Stadt A erhält die Rechnung für einen Lastwagen. Der Kaufpreis beträgt 90.000 EUR (netto). Das Autohaus liefert darüber hinaus einen Spezialaufbau für weitere 10.000 EUR (netto). Eine zusätzliche Anhängerkupplung beläuft sich auf 500 EUR (brutto). Für die Zulassung müssen zusätzlich 200 EUR (brutto) gezahlt werden. Weiterhin fallen Kosten für die Nummernschilder von 50 EUR (brutto) an. Die erste Tankfüllung wird mit Tankkarte bezahlt und beträgt 600 EUR (brutto).

Ermittlung der Anschaffungskosten	
Kaufpreis	90.000 EUR
Spezialaufbau	10.000 EUR
USt. (für LKW und Aufbau)	19.000 EUR
Anhängerkupplung	500 EUR
Zulassung	200 EUR

Nummernschilder	50 EUR
Summe	**119.750 EUR**

Buchung der Eingangsrechnungen (Es wird unterstellt, dass die AK komplett vom Autohaus in Rechnung gestellt werden)	Soll	Haben
(061) Fahrzeuge an	119.750	
(2511) Verbindlichkeiten aus LL		119.750
(4251) Fahrzeughaltung an	600	
(2511) Verbindlichkeiten aus LL		600
Buchung der Zahlungen	Soll	Haben
(2511) Verbindlichkeiten aus LL an	119.750	
(1711) Bank		119.750
(2511) Verbindlichkeiten aus LL an	600	
(1711) Bank		600

Es wird ein Drucker zum Stückpreis von 1.000 EUR (brutto) angeschafft. Der Hersteller stellt insgesamt 20 EUR (brutto) für die Verpackung sowie 10 % auf den Brutto-Druckerpreis für den Transport in Rechnung.

Buchung der Eingangsrechnung	Soll	Haben
(074) BGA an	1.120	
(2511) Verbindlichkeiten aus LL		1.120
Buchung der Zahlung	Soll	Haben
(2511) Verbindlichkeiten aus LL an	1.120	
(1711) Bank		1.120

Die Stadt A beschafft ein neues Rettungsfahrzeug mit einem Brutto-Wert von 180.000 EUR. Die Nutzungsdauer beträgt 10 Jahre. Die Stadt leistet 2014 eine Anzahlung i. H. v. 10 % der Anschaffungskosten. Auslieferung und Inbetriebnahme erfolgen im Juli 2015. Zu diesem Zeitpunkt geht auch die Schlussrechnung ein.

Buchungen 2014	Soll	Haben
(091) Geleistete Anzahlungen auf Sachanlagen an	18.000	
(2511) Verbindlichkeiten aus LL an		18.000
(2511) Verbindlichkeiten aus LL an	18.000	
(1711) Bank		18.000
Buchungen 2015	Soll	Haben
(091) Geleistete Anzahlungen auf Sachanlagen an	162.000	
(2511) Verbindlichkeiten aus LL an		162.000
(061) Fahrzeuge an	180.000	
(091) Geleistete Anzahlungen auf Sachanlagen		180.000
(2511) Verbindlichkeiten aus LL an	162.000	
(1711) Bank		162.000
(4711) Abschreibungen an	9.000	
(061) Fahrzeuge		9.000

Beim Neubau des Rathauses (Herstellungskosten 1.325.000 EUR (brutto)) wird ein Sicherheitseinbehalt von 3 % vereinbart.

Buchung der Eingangsrechnung	Soll	Haben
027 Bebaute Grundstücke mit VwGebäuden an	1.325.000	
(2511) Verbindlichkeiten aus LL		1.285.250
(2511xx) Unterkonto VB aus Sicherheitseinb.		39.750
Buchung der Zahlung	Soll	Haben
(2511) Verbindlichkeiten aus LL an	1.285.250	
(1711) Bank		1.285.250
Auszahlung Sicherheitseinbehalt	Soll	Haben
(2511xx) Unterkonto VB aus Sicherheitseinb. an	39.750	
(1711) Bank		39.750

41. Bilden Sie die Buchungssätze für folgende Sachverhalte!

Zahlung der Sozialversicherungsbeiträge per Banküberweisung

	Soll	Haben
(403) Beiträge zur gesetzlichen Sozialvers. an	X	
(277) Sonstige VB gegenüber Finanzbehörden		X
(277) Sonstige VB gegenüber Finanzbehörden	X	
(1711) Bank		X

Ordentliche Abschreibung des Fuhrparks des Bauhofes

	Soll	Haben
(4711) Abschreibungen an	X	
(061) Fahrzeuge		X

Erhebung und Begleichung der Grundsteuer B

	Soll	Haben
(153) Steuerforderungen an	X	
(3012) Grundsteuer B		X
(1711) Bank an	X	
(153) Steuerforderungen		X

Rücküberweisung zu hoch gezahlter Gewerbesteuer

	Soll	Haben
(3013) Gewerbesteuer (Ertragsminderung) an	X	
(1711) Bank		X

Abbuchung der Zinsen für einen Investitionskredit

	Soll	Haben
(451) Zinsaufwendungen an	X	
(279) Sonstige Verbindlichkeiten		X
(279) Sonstige Verbindlichkeiten	X	
(1711) Bank		X

Bareinzahlung einer Spende für das Gymnasium (ohne Zweckbindung)

	Soll	Haben
(0173) Bargeld an	X	
(5011) Spenden		X

Dividendenzahlung aufgrund einer Beteiligung an einem Versorgungsunternehmen

	Soll	Haben
(365) Erträge aus Gewinnanteilen	X	
(1711) Bank		X

Bareinzahlungen aus dem Verkauf der Stadtchronik beim Stadtfest

	Soll	Haben
(0173) Bargeld an	X	
(342) Verkauf		X

Materialverbrauch des Winterdienstes

	Soll	Haben
(428) Verbrauch von Vorräten an	X	
(08) Vorräte		X

Weiterführende Ergebnis- und Bestandskontenbuchungen – Lösung:

Rückstellungen

1. Für ein anhängiges Gerichtsverfahren rechnet die Stadt zum Bilanzstichtag mit Gerichtskosten in Höhe von 15.000 EUR. Der Kostenbescheid, der am 12. März des Folgejahres eingeht und umgehend gezahlt wird, lautet über

   a) 15.000 EUR

Bildung der Rückstellung zum 31.12.	Soll	Haben
(443) Geschäftsaufwendungen an	15.000	
(288) Rückstellungen für drohende Verpflichtungen aus anhängigen Gerichtsverfahren		15.000
Eingang des Kostenbescheides am 12.03.	**Soll**	**Haben**
(443) Geschäftsaufwendungen an	15.000	
(2511) Verbindlichkeiten aus LL		15.000
Begleichung des Kostenbescheides am 15.03.	**Soll**	**Haben**
(2511) Verbindlichkeiten aus LL an	15.000	
(1711) Bank		15.000
Inanspruchnahme der Rückstellung am 15.03.	**Soll**	**Haben**
(288) Rückstellungen für drohende Verpflichtungen aus anhängigen Gerichtsverfahren an	15.000	
(443) Geschäftsaufwendungen		15.000

   b) 17.000 EUR

Bildung der Rückstellung zum 31.12.	Soll	Haben
(443) Geschäftsaufwendungen an	15.000	
(288) Rückstellungen für drohende Verpflichtungen aus anhängigen Gerichtsverfahren		15.000
Eingang des Kostenbescheides am 12.03.	**Soll**	**Haben**
(443) Geschäftsaufwendungen an	17.000	
(2511) Verbindlichkeiten aus LL		17.000
Begleichung des Kostenbescheides am 15.03.	**Soll**	**Haben**
(2511) Verbindlichkeiten aus LL an	17.000	
(1711) Bank		17.000
Inanspruchnahme der Rückstellung am 15.03.	**Soll**	**Haben**
(288) Rückstellungen für drohende Verpflichtungen aus anhängigen Gerichtsverfahren an	15.000	
(443) Geschäftsaufwendungen		15.000

   c) 12.000 EUR

Bildung der Rückstellung zum 31.12.	Soll	Haben
(443) Geschäftsaufwendungen an	15.000	
(288) Rückstellungen für drohende Verpflichtungen aus anhängigen Gerichtsverfahren		15.000
Eingang des Kostenbescheides am 12.03.	**Soll**	**Haben**
(443) Geschäftsaufwendungen an	15.000	
(2511) Verbindlichkeiten aus LL		15.000
Begleichung des Kostenbescheides am 15.03.	**Soll**	**Haben**
(2511) Verbindlichkeiten aus LL an	15.000	
(1711) Bank		15.000
Inanspruchnahme und Auflösung der Rückstellung am 15.03.	**Soll**	**Haben**
(288) Rückstellungen für drohende Verpflichtungen aus anhängigen Gerichtsverfahren an	15.000	
(443) Geschäftsaufwendungen		12.000
(3582) Auflösung von Rückstellungen		3.000

2. Für das Schulgebäude werden im Haushaltsplan 2014 30.000 EUR für dringende Reparaturen eingeplant. Die Reparatur wird aus finanziellen Gründen nicht durchgeführt. Im 1. Quartal 2015 wird die Maßnahme nachgeholt. Am 6. April 2015 geht die Rechnung über 28.000 EUR ein. Am 16. April 2015 wird sie per Banküberweisung beglichen.

Bildung der Rückstellung zum 31.12.2014	Soll	Haben
(4211) Unterhaltung der Grundstücke und baulichen Anlagen an	30.000	
(283) Rückstellungen für unterlassene Aufwendungen für Instandhaltungen im Haushaltsjahr		30.000
Rechnungseingang am 6. April 2015	**Soll**	**Haben**

(4211) Unterhaltung der Grundstücke und baulichen Anlagen an	28.000	
(2511) Verbindlichkeiten aus LL		28.000
Begleichung der Rechnung am 16.04.2015	**Soll**	**Haben**
(2511) Verbindlichkeiten aus LL an	28.000	
(1711) Bank		28.000
Inanspruchnahme und Auflösung der Rückstellung am 15.03.	**Soll**	**Haben**
(283) Rückstellungen für unterlassene Aufwendungen für Instandhaltungen im Haushaltsjahr an	30.000	
(4211) Unterhaltung der Grundstücke und baulichen Anlagen an		28.000
(3582) Auflösung von Rückstellungen		2.000

Umsatzsteuer/Vorsteuer

1. Der BgA „Museumsshop" der Stadt kauft Souvenirs und Geschenkartikel auf Rechnung für 200 EUR zzgl. Umsatzsteuer. Ein Teil der Waren im Wert von 89,25 EUR (inkl. Umsatzsteuer) wird verkauft. Die Bezahlung erfolgt mit Bargeld.

Einkauf	**Soll**	**Haben**
(084) Waren	200	
(168) Vorsteuer an	38	
(2511) Verbindlichkeiten aus LL		238
Verkauf	**Soll**	**Haben**
(173) Bargeld an	89,25	
(342) Verkauf		75
(2771) Umsatzsteuer		14,25

2. Ermittlung der Umsatzsteuerzahllast bzw. des Vorsteuerüberhanges

Abschluss des Vorsteuerkontos über das Umsatzsteuerkonto:	**Soll**	**Haben**
(2771) Umsatzsteuer an	58	
(168) Vorsteuer		58
Überweisung der Umsatzsteuerzahllast:	**Soll**	**Haben**
(2771) Umsatzsteuer an	16,25	
(1711) Bank		16,25

42. Welche Bücher sind zu führen?

Das Zeitbuch, das Hauptbuch, das Tagesabschlussbuch und ggf. das Kontogegenbuch.

43. Was bedeutet der Begriff „Vorkontierung"?

Die Vorkontierung umfasst die Angabe der von der Buchung betroffenen Produktsachkonten. Softwareseitig geht damit i. d. R. auch eine entsprechende Bindung der Haushaltsansätze einher.

44. Welche Möglichkeiten bestehen grundsätzlich zur Organisation des Finanzwesens?

Zentrale Organisation, dezentrale Organisation, teilzentrale Organisation.

45. Unter welchen Voraussetzungen sind aktive Rechnungsabgrenzungsposten zu bilden?

Ein Rechnungsabgrenzungsposten wird gemäß § 59 Nr. 42 SächsKomHVO für zeitraumbezogene Zahlungen, gebildet, die vor dem Abschlussstichtag für einen genau bestimmten Zeitraum nach dem Abschlussstichtag geleistet oder empfangen wurden. Beim ARAP handelt es sich um vor dem Abschlussstichtag geleistete Ausgaben, die im neuen HH-Jahr zu Aufwand führen.

46. Was wird mit der Bildung von passiven Rechnungsabgrenzungsposten bezweckt? Erläutern Sie die Zusammenhänge anhand eines Beispiels!

Durch den PRAP sollen Einzahlungen eines Haushaltsjahres der Periode ihrer Verursachung genau zugeordnet werden.

Beispiel: Ein Mieter zahlt die Miete für den Monat Januar 2016 bereits im Dezember 2015. Die Einzahlung erfolgt im „alten" Haushaltsjahr, der Ertrag muss jedoch dem folgenden Haushaltsjahr zugeordnet werden, da es das Jahr der wirtschaftlichen Verursachung darstellt.

47. Um welche Art von Rechnungsabgrenzungsposten handelt es sich bei den folgenden Sachverhalten in der Bilanz zum 31. Dezember 2015?

Sachverhalt	**ARAP**	**PRAP**
Erhaltene Pachtvorauszahlungen i. H. v. 600 EUR für das erste Quartal 2016		600
Aufnahme eines Investitionskredites i. H. v. 950.000 EUR, Laufzeit 15 Jahre, Auszahlungsbetrag 875.000 EUR.	Disagio 75.000	
Die Firma „Event Management" hat den Weihnachtsmarkt organisiert. Die Rechnung i. H. v. 7.500 EUR ist noch offen.	nein	nein
Am 1. August wurde der neue Dienstwagen des Bürgermeisters angemeldet. Die Kfz-Steuer ist jedes Jahr i. H. v. 480 EUR im Voraus zu entrichten. *(Nach FAQ 2.48 besteht ein Wahlrecht, danach ist es nicht notwendig geringe oder regelmäßig wiederkehrende unwesentliche Beträge abzugrenzen.)*	*280*	
Eine Kommune tätigt im Dezember 2015 eine Mietvorauszahlung i. H. v. 15.000 EUR für das erste Quartal 2016.	15.000	
Eine Kommune hat Ackerland verpachtet. Die Pacht wird für das zweite Halbjahr 2015 i. H. v. 450 EUR erhoben und ist im Februar 2016 fällig.	nein	nein

48. Eine Kommune erhebt für einen Grabplatz Nutzungsgebühren i. H. v. 750 EUR. Durch die einmalige Zahlung der Gebühren zum Zeitpunkt des Erwerbs wird ein 25-jähriges Grabnutzungsrecht erworben. Im Oktober 2015 werden Nutzungsrechte für fünf Gräber erworben.

Wie sind die vereinnahmten Gebühren bilanziell zu erfassen?

Im Oktober 2015 vereinnahmt die Gemeinde Grabnutzungsgebühren i. H. v. 3.750 EUR. Diese werden als Zugang bei der Bank erfasst. Die vereinnahmten Grabnutzungsgebühren beziehen sich auf ein 25-jähriges Nutzungsrecht und stellen somit eine Vorauszahlung für die künftige Nutzung dar. Die Verursachung bezieht sich jedoch auf die gesamten 25 Jahre.

Es handelt sich somit um vor dem Abschlussstichtag eingegangene Einnahmen, die Erträge für eine bestimmte Zeit nach diesem Stichtag darstellen. Es ist folglich ein passiver Rechnungsabgrenzungsposten (PRAP) für die nicht in 2015 verursachten Entgelte zu bilden. Nur die anteiligen Grabnutzungsgebühren für Oktober, November und Dezember 2015 dürfen als Erträge des HH-Jahres 2015 berücksichtigt werden. Für alle darüber hinausgehenden Einzahlungen ist in der Schlussbilanz 2015 ein PRAP zu bilden. Der PRAP wird dann entsprechend der 25-jährigen Grabnutzungsdauer mit jährlich gleich bleibenden Beträgen (außer 1. und letztes Jahr) aufgelöst.

49. **In einer Schule werden die Kellerräume zu Klassenzimmern umgebaut. Sind diese nachträglichen Herstellungskosten aktivierungspflichtig?**

Ja, denn es kommt zu einer wesentlichen, über den ursprünglichen Zustand hinausgehenden Verbesserung des Anlagevermögens gemäß § 38 Abs. 2 SächsKomHVO. Zudem ergibt sich eine Wesensänderung der Räumlichkeiten. Es handelt sich somit um eine aktivierungsfähige Investition und keine Instandhaltung.

50. **Was ist der Unterschied zwischen Herstellungsgemein- und -einzelkosten?**

Herstellungseinzelkosten lassen sich Vermögensgegenständen exakt zurechnen und fallen unmittelbar mit der Herstellung an. Herstellungsgemeinkosten können den Vermögensgegenständen nicht exakt zugerechnet werden. Sie fallen gemeinsam für mehrere, auch unterschiedliche Leistungen, an und müssen auf den Vermögensgegenstand verrechnet werden (über einen geeigneten Schlüssel).

51. **Welchem Prinzip folgt die Bewertung von Forderungen?**

Dem strengen Niederstwertprinzip, da sie dem Umlaufvermögen zuzuordnen sind.

52. **Worin unterscheidet sich das Anlage- vom Umlaufvermögen?**

Das Anlagevermögen umfasst alle Vermögensgegenstände, die am Abschlussstichtag dazu bestimmt sind, dauerhaft der Aufgabenerfüllung zu dienen. Das Umlaufvermögen dient dem Verwaltungsbetrieb nur vorübergehend (§ 59 Nr. 3 und Nr. 52 SächsKomHVO).

53. **Wann sind Rückstellungen zu bilden und was ist der Unterschied zu den Verbindlichkeiten?**

Rückstellungen sind bereits bei drohenden Verpflichtungen zu bilden, wenn mit einer Inanspruchnahme gerechnet werden kann. Im Gegensatz zur Verbindlichkeit ist die Höhe und/oder die Fälligkeit der Zahlung aber noch ungewiss (§ 59 Nr. 44 SächsKomHVO).

54. **Nennen Sie Beispiele für Rückstellungen im Personalbereich.**

Rückstellungen für Altersteilzeit

Rückstellungen für Urlaubsansprüche, Überstunden und Gleitzeitguthaben müssen nicht gebildet werden, die Bildung dieser Rückstellungen ist freiwilliger Natur

55. **Die Stadt A möchte einen neuen Kindergarten bauen und erhält dafür Investitionszuschüsse. Wie sind diese Mittel zu bilanzieren?**

Es muss ein Sonderposten gebildet werden. Für erhaltene zweckgebundene Investitionszuwendungen besteht eine Pflicht zur Passivierung (§ 36 Abs. 6 und § 40 Abs. 1 SächsKomHVO).

56. **Erläutern Sie den Begriff der Verpflichtungsermächtigung. Wie und wo sind Verpflichtungsermächtigungen in der Haushaltssatzung und im Haushaltsplan zu veranschlagen?**

Verpflichtungsermächtigungen sind Ermächtigungen im Haushaltsplan, im Haushaltsjahr vertragliche oder sonstige Verpflichtungen zu einer Leistung einzugehen, die erst in künftigen Haushaltsjahren zu einer Auszahlung führen (§ 81 SächsGemO). Verpflichtungsermächtigungen dürfen nur für Investitionen und Investitionsfördermaßnahmen und damit im Finanzhaushalt veranschlagt werden. Es gilt der Grundsatz der Einzelveranschlagung. Die Veranschlagung erfolgt maßnahmebezogen, §§ 4 Abs. 4, 11 SächsKomHVO im Finanzhaushalt. In der Haushaltssatzung wird der Gesamtbetrag der Verpflichtungsermächtigungen festgesetzt. Soweit in künftigen Haushaltsjahren eine Kreditaufnahme erforderlich wird (§ 74 Abs. 2 Nr. 1 Buchst. c Doppelbuchst. bb SächsGemO), bedarf die Haushaltssatzung der Genehmigung durch die Rechtsaufsichtsbehörde.

57. **Was ist unter einer Kreditermächtigung zu verstehen? Für welche Zwecke darf die Gemeinde Kredite aufnehmen? Wo sind Kredite in der Haushaltssatzung und im Haushaltsplan zu veranschlagen?**

Die vorgesehenen Kredite für Investitionen und Investitionsförderungsmaßnahmen bedürfen gemäß § 74 Abs. 2 Nr. 1 Buchst. c Doppelbuchst. aa SächsGemO mit ihrem Gesamtbetrag der Festsetzung in der Haushaltssatzung. Dies bezeichnet man als Kreditermächtigung, welche gemäß § 82 Abs. 2 SächsGemO stets der Genehmigung durch die Rechtsaufsichtsbehörde bedarf. Kredite dürfen gemäß § 82 Abs. 1 SächsGemO nur im Finanzhaushalt und nur für Investitionen und Investitionsförderungsmaßnahmen sowie zur Umschuldung aufgenommen werden. Die Veranschlagung erfolgt ausschließlich im (Gesamt) Finanzhaushalt, § 3 Abs. 1 Nr. 36 SächsKomHVO, und nicht in den Teilhaushalten.

58. Was versteht man unter einem Kassenkredit? Sind Kassenkredite in der Haushaltssatzung zu veranschlagen?

Kassenkredite sind Kredite mit kurzen Laufzeiten zur Überbrückung des verzögerten oder späteren Eingangs von Deckungsmitteln, soweit keine anderen liquiden Mittel eingesetzt werden können (§ 59 Nr. 26 SächsKomHVO). Sie dienen der rechtzeitigen Leistung von Auszahlungen (§ 84 Abs. 2 SächsGemO). Kassenkredite werden im (Gesamt)Finanzhaushalt nicht veranschlagt. Der Kassenkreditbedarf ergibt sich aus dem Bedarf an Zahlungsmitteln nach § 3 Abs. 1 Nr. 50 SächsKomHVO. Der Höchstbetrag der zulässigen Kassenkreditaufnahme ist in der Haushaltssatzung nach § 84 Abs. 2 SächsGemO festzulegen.

59. Wann bedarf die Veranschlagung einer Ermächtigung zur Aufnahme des Kassenkredites der Genehmigung durch die Rechtsaufsichtsbehörde?

Gemäß § 84 Abs. 3 SächsGemO bedarf die Ermächtigung der Genehmigung, wenn der Kreditbetrag ein Fünftel der im Finanzhaushalt veranschlagten Auszahlungen aus laufender Verwaltungstätigkeit übersteigt (§ 3 Abs. 2 Nr. 16 SächsKomHVO) übersteigt.

60. Welche Rechtswirkung hat die Haushaltssatzung?

Die Haushaltssatzung ist eine örtliche Satzung der Gemeinde und damit materielles Recht. Mit Ausnahme der Hebesätze für die Realsteuer (§ 74 Abs. 2 Nr. 3 SächsGemO, Mustersatzung § 3) entfaltet sie jedoch nur Innenwirkung. Sie ist verbindlich für die Haushaltsführung der Gemeinde, Ansprüche und Verbindlichkeiten können aus ihr nicht abgeleitet werden (§ 75 Abs. 4 Satz 2 SächsGemO). Im Hinblick auf die Hebesätze für die Realsteuer kann die Haushaltssatzung Gegenstand eines Normenkontrollverfahrens nach § 47 VwGO sein.

61. Wann darf die Haushaltssatzung öffentlich bekannt gemacht und vollzogen werden, wenn sie

a) genehmigungspflichtige Festsetzungen enthält?

b) keine genehmigungspflichtigen Festsetzungen enthält?

a) Enthält die Haushaltssatzung genehmigungspflichtige Festsetzungen, darf sie erst bekannt gemacht und vollzogen werden, wenn die Genehmigung durch die Rechtsaufsichtsbehörde erteilt ist (§ 76 Abs. 3, §§ 112 Abs. 1, 119 Abs. 2 SächsGemO).

b) Ohne genehmigungspflichtige Festsetzungen dürfen Bekanntmachung und Vollzug erfolgen, wenn die Rechtsaufsichtsbehörde die Haushaltssatzung bestätigt hat oder die Monatsfrist zur Beanstandung abgelaufen ist (§ 119 Abs. 1 SächsGemO).

62. Wann tritt die Haushaltssatzung in Kraft?

Die Haushaltssatzung tritt stets am 01.01. des Haushaltsjahres in Kraft (§ 76 Abs. 3 Satz 1 SächsGemO).

63. Was versteht man unter dem Begriff der „vorläufigen Haushaltsführung"? Welche Vorschriften muss die Gemeinde während der vorläufigen Haushaltsführung beachten?

Liegt mit Beginn des Haushaltsjahres noch keine rechtswirksame Haushaltssatzung vor, so befindet sich die Gemeinde in der vorläufigen Haushaltsführung oder auch Interimswirtschaft. Die Gemeinde verfügt in diesem Fall noch nicht über eine bindende Haushaltssatzung. Während dieser Zeit muss sie § 78 SächsGemO beachten und ist in ihrer Haushalts- und Wirtschaftsführung beschränkt.

64. Darf die Gemeinde während der vorläufigen Haushaltsführung Kredite für Investitionen aufnehmen?

Die Gemeinde darf mit Genehmigung der Rechtsaufsichtsbehörde auch in der vorläufigen Haushaltsführung Kredite aufnehmen (§ 78 Abs. 2 SächsGemO). Die Kreditaufnahme ist dann auf einen Betrag i. H. v. 1/4 des durchschnittlichen Betrages der Kreditermächtigung nach § 82 Abs. 2 SächsGemO der beiden vorangegangenen Haushaltsjahre beschränkt. Ferner kann der noch nicht ausgeschöpfte Betrag der Kreditermächtigung des vorangegangenen Haushaltsjahres in Anspruch genommen werden (§ 82 Abs. 3 SächsGemO).

65. Darf die Gemeinde für zwei Haushaltsjahre eine Haushaltssatzung erlassen? Welcher Haushaltsgrundsatz wird hierdurch berührt?

Der Erlass ist gemäß § 74 Abs. 1 Satz 2 SächsGemO für zwei Haushaltsjahre möglich. Die Ansätze sind dann getrennt für jedes Haushaltsjahr zu veranschlagen. Hierbei wird der Grundsatz der Jährlichkeit und Jährigkeit berührt.

66. In welchen Phasen entsteht der Haushaltsplan?

Welche Möglichkeiten gibt es für das interne Planverfahren?

Der Haushaltsplan ist Teil der Haushaltssatzung (§ 75 Abs. 1 SächsGemO). Das Planverfahren läuft in folgenden Phasen ab:

- Interne Entwurfserstellung (mögliche Verfahren: „buttom up" und „top down" sowie die Mischform des Gegenstromprinzips),
- Zuleitung des Entwurfs an den Gemeinderat und Entwurfsberatung,
- Öffentliche Auslegung des Entwurfs und Ablauf der Einwendungsfrist,
- Beschlussfassung über eingegangene Einwendungen,
- Beratung und Beschlussfassung der Haushaltssatzung in öffentlicher Sitzung,
- Vorlage und Bestätigung oder Genehmigung durch die Rechtsaufsicht sowie
- Bekanntmachung und Niederlegung.

Mit Abschluss der Niederlegung kann die Haushaltssatzung vollzogen werden.

67. Nennen Sie die Bestandteile und Anlagen des Haushaltsplanes!

Bestandteile gemäß § 1 Abs. 1 SächsKomHVO: Gesamthaushalt, Teilhaushalte, Stellenplan;

Anlagen gemäß § 1 Abs. 3 SächsKomHVO: Vorbericht, Haushaltsstrukturkonzept, Übersichten zu Verbindlichkeiten, Rückstellungen, Rücklagen, Übersicht über die im Ergebnishaushalt zu veranschlagenden Instandsetzungen und Instandhaltungen, Wirtschaftspläne und Jahresabschlüsse der Sondervermögen sowie bestimmter Beteiligungen, die Übersicht nach § 4 Abs. 5 SächsKomHVO sowie gegebenenfalls eine Übersicht zur Deckung der Fehlbeträge aus Vorjahren.

68. Wie unterscheiden sich Bestandteile und Anlagen des Haushaltsplanes hinsichtlich Inhalt und rechtlicher Qualität?

Die Bestandteile sind Teile der Haushaltssatzung und haben damit rechtsverbindlichen Charakter. Dagegen sind die Anlagen dem Haushaltsplan zwar zwingend beizufügen, sie haben aber keinen Festsetzungscharakter. Sie sind vielmehr ergänzende Unterlagen für die Beschlussfassung durch den Gemeinderat sowie zur Information der Rechtsaufsichtsbehörde und sonstiger Personen. Die Anlagen haben keine Satzungsqualität und können jederzeit durch einfachen Beschluss des Gemeinderates geändert werden, ohne dass es dem Erlass einer Nachtragssatzung bedarf.

69. Was versteht man unter einem Teilhaushalt? Welche Merkmale hat ein Teilhaushalt und welche Unterschiede bestehen zum Gesamthaushalt?

Die Teilhaushalte sind produktorientiert nach vorgegebenen Produktbereichen oder nach der örtlichen Organisation in Teilergebnis- und Teilfinanzhaushalte zu gliedern (§ 4 Abs. 1 SächsKomHVO). Der Teilhaushalt ist damit eine Untergliederung des Gesamthaushalts, der detailliert den Nettoressourcenverbrauch für einzelne Produkte oder Produktbereiche aufzeigt. Die Teilhaushalte sind damit detaillierter als der Gesamthaushalt Der Gesamthaushalt enthält im Finanzhaushalt auch die Festsetzungen zur Finanzierungstätigkeit (u. a. Aufnahme und Tilgung von Krediten), welche im Teilhaushalt nicht abgebildet werden.

70. Ist die Gemeinde bei der Gestaltung ihrer Haushaltssatzung und der Bestandteile und Anlagen des Haushaltsplanes frei? Wenn nein, welche Vorschriften muss sie beachten? Welcher Zweck wird hiermit verfolgt?

Die Gemeinde muss bei ihrer Haushaltsplanung die erlassenen Verwaltungsvorschriften und Muster beachten. Dies ergibt sich aus §§ 127 und 128 SächsGemO. Diese Regelung dient dem Grundsatz der Haushaltswahrheit und -klarheit und soll insbesondere die Vergleichbarkeit der Haushalte von verschiedenen Kommunen und die Transparenz sicherstellen.

71. Können oder müssen die Planansätze unter bestimmten Voraussetzungen während des Haushaltsjahres angepasst oder geändert werden? Was muss die Gemeinde hierfür tun?

Weichen die ursprünglichen Planansätze von der tatsächlichen Entwicklung ab, so kann der Erlass einer Nachtragssatzung nach § 77 SächsGemO erforderlich werden. Die Gemeinde muss hierfür prüfen, ob die Voraussetzungen des § 77 SächsGemO vorliegen. Ist dies der Fall, muss sie eine Nachtragssatzung im förmlichen Verfahren zur Änderung der Planansätze erlassen. Das Verfahren entspricht dem Haushaltsverfahren. Bei geringfügigen Abweichungen kommt die Bewilligung einer über- oder außerplanmäßigen Aufwendung oder Auszahlung in Betracht.

72. Was versteht man unter einem Produkt? Wo sind Produkte darzustellen und wie sind sie zu beschreiben?

Produkte werden als Leistung oder Gruppe von Leistungen einer Verwaltungseinheit definiert, die für Stellen innerhalb oder außerhalb dieser Verwaltungseinheit erbracht werden (§ 59 Nr. 38 SächsKomHVO). Sie sind im Teilhaushalt darzustellen und zu beschreiben (§ 4 Abs. 2 Satz 3 SächsKomHVO). Zur Beschreibung sind insbesondere Leistungsziele und Kennzahlen zur Messung der Zielerreichung anzugeben.

73. Was ist ein Schlüsselprodukt?

Schlüsselprodukte sind Produkte, die örtlich von finanzieller oder kommunalpolitischer Bedeutung sind (§ 59 Nr. 44 SächsKomHVO).

74. Welche Rolle spielt die gesamtkonjunkturelle Entwicklung für die Investitionstätigkeit der Kommunen?

Gemäß § 72 Abs. 1 SächsGemO hat die Gemeinde die gesamtwirtschaftliche Entwicklung zu berücksichtigen. Daraus ergibt sich die Pflicht zum antizyklischen und konjunkturgerechten Verhalten (§ 16 StWG).

75. Wie muss sich eine Gemeinde verhalten, wenn sie eine antizyklische Finanzpolitik betreibt?

In Phasen der Rezession soll die Gemeinde ihre Investitionstätigkeit und Kreditaufnahmen erhöhen. In konjunkturellen Hochphasen dagegen sollen die Kommunen diese durch eine zurückhaltende Investitionstätigkeit dämpfen und Rücklagen ansammeln.

76. Was versteht man unter dem Grundsatz der Wirtschaftlichkeit und Sparsamkeit?

Grundlage ist § 72 Abs. 2 Satz 1 SächsGemO. Danach soll die Gemeinde die von der Allgemeinheit erzielten Erträge sparsam und wirtschaftlich verwalten, um damit die stetige Aufgabenerfüllung langfristig und umfassend zu sichern. Wirtschaftlich ist die Aufgabenerfüllung, wenn mit geringstmöglichem Aufwand der größte Nutzen erzielt wird (Maximalprinzip). Dabei sind auch die Folgekosten zu berücksichtigen. Sparsames Handeln liegt dagegen vor, wenn Mittel zur Aufgabenerfüllung nur in dem Umfang (Zeitpunkt und Höhe) aufgebracht werden, wie es die Aufgabenerfüllung unbedingt erfordert (Minimalprinzip).

77. Wann ist der Bruttogrundsatz beachtet?

Nach dem Bruttoprinzip sind Aufwendungen und Erträge bzw. Einzahlungen und Auszahlungen in voller Höhe getrennt voneinander zu veranschlagen. Dieser Planungsgrundsatz gilt auch für die Haushaltsbewirtschaftung. Eine Saldierung der entsprechenden Positionen ist damit unzulässig.

78. Was versteht man unter dem Grundsatz der Einzelveranschlagung?

Erträge und Einzahlungen sowie Aufwendungen und Auszahlungen sind nach ihrer sachlichen Zugehörigkeit und nach Arten entsprechend §§ 2 und 3 SächsKomHVO zu veranschlagen. Gemäß § 4 Abs. 4 Satz 3 SächsKomHVO sind Investitionen einzeln unter Angabe der Gesamtinvestitionssumme, der Einzahlungen und Auszahlungen sowie der Verpflichtungsermächtigungen für die Folgejahre nach dem Investitionsprogramm (§ 9 Abs. 2 SächsKomHVO) darzustellen.

79. Welche Aussagen muss die Gemeinde dem Grundsatz der Einnahmebeschaffung entnehmen?

Die Grundsätze der Einnahmebeschaffung ergeben sich aus § 73 SächsGemO. Danach hat die Gemeinde die zur Aufgabenerfüllung erforderlichen Mittel zu beschaffen und zwar nach einer vorgegebenen Rangfolge, die für alle Gemeinden verbindlich ist. Die wichtigsten Finanzmittel sind in § 73 SächsGemO nicht erwähnt, nämlich die sonstigen Erträge und Einzahlungen. Hierzu gehören insbesondere die privatrechtliehen Erträge und Einzahlungen, die Steuererträge aus dem Steuerverbund (Gemeindeanteile aus ESt und USt), die Zuweisungen und Zuschüsse und die übrigen Erträge und Einzahlungen. § 73 SächsGemO gibt eine Rangordnung der Einnahmebeschaffung in der Form vor, dass die Gemeinden zunächst Entgelte für die von ihr erbrachten Leistungen zu erheben hat (§ 73 Abs. 2 Nr. 1 SächsGemO) und erst danach Steuern erheben bzw. Steuersätze erhöhen soll. Kredite sind das letztrangige Finanzierungsmittel.

80. Für welchen Zeitraum werden Haushaltsansätze im Haushaltsplan veranschlagt?

Nach dem Grundsatz der Jährigkeit gelten die Haushaltsansätze grundsätzlich nur für das Haushaltsjahr (= Kalenderjahr, §§ 74 Abs. 3, 75 Abs. 1 Satz 2 SächsGemO).

81. Welchen Zwecken dient die kommunale Finanzplanung?

- Sicherung und Beurteilung der dauerhaften Leistungsfähigkeit und der stetigen Aufgabenerfüllung,
- Ausweis der wirtschaftlichen Entwicklung in den künftigen Haushaltsjahren,
- Ausweis von Handlungsschwerpunkten und Zielen (Investitionen, Finanzierungstätigkeit) sowie
- Gewährleistung des Haushaltsausgleichs.

82. Wird der kommunale Finanzplan durch den Gemeinderat beschlossen?

Eine ausdrückliche Beschlussfassung des Finanzplans durch den Gemeinderat ist nur dann vorgesehen, wenn die Gesetzmäßigkeit des Haushalts durch Nachweis im Finanzplan nach § 72 Abs. 4 Satz 3 SächsGemO erreicht wird (§ 80 Abs. 4 SächsGemO). Die Festsetzungen des Finanzplans sind im Übrigen Bestandteil des Gesamthaushalts und der Teilhaushalte und werden deshalb mit dem Haushaltsplan beschlossen.

83. Was versteht man unter dem Begriff der Ergebnisspaltung?

Der Begriff besagt, dass das Jahresergebnis sich aus mehreren Stufen zusammensetzt, die inhaltlich einen unterschiedlichen Aussagewert haben. In der Ergebnisrechnung wird nach dem ordentlichen und dem außerordentlichen Ergebnis (Sonderergebnis) unterschieden. Der Teilergebnishaushalt differenziert nach ordentlichem Ergebnis und dem kalkulatorischen Ergebnis.

84. Was sind kalkulatorische Kosten? Wo spielen sie im doppischen Haushalt eine Rolle?

Die kalkulatorischen Kosten sind gemäß § 4 Abs. 3 Nr. 8 SächsKomHVO im Teilergebnishaushalt zu veranschlagen und in der Teilergebnisrechnung auszuweisen. Kalkulatorische Kosten stellen betriebswirtschaftlich so genannte Anders- oder Zusatzkosten dar. Anderskosten werden im ordentlichen Ergebnis dem Grunde nach zwar veranschlagt, in der Kosten- Leistungsrechnung weichen sie jedoch in der Höhe ab (z. B. Abschreibungen, kalkulatorische Zinsen, vgl. § 4 Abs. 3 SächsKomHVO). Zusatzkosten dagegen werden in der Finanzbuchhaltung nicht erfasst, sie spielen nur in der Kosten-Leistungsrechnung eine Rolle (z. B. kalkulatorische Mieten). Die kalkulatorischen Kosten werden im Rahmen der Kosten-Leistungsrechnung ermittelt, sie fließen über die Haushaltspositionen nach § 4 Abs. 3 Nr. 8 und 10 SächsKomHVO in den Teilergebnishaushalt und die Teilergebnisrechnung ein.

85. Wann ist der Ergebnishaushalt einer Gemeinde ausgeglichen? Benennen und erläutern Sie kurz die Stufen des Haushaltsausgleiches!

§ 72 Abs. 3 SächsGemO enthält die gesetzliche Verpflichtung, den Ergebnishaushalt in jedem Haushaltsjahr im Gesamtergebnis unter Berücksichtigung der Rücklagen aus Überschüssen des ordentlichen und/oder Sonderergebnisses auszugleichen. § 24 SächsKomHVO beschreibt die Ausnahmen und Abweichungen von den strengen Anforderungen an den Haushaltsausgleich (Erläuterungen siehe Abschnitt 3.6).

86. Wie ist der Finanzhaushalt auszugleichen?

Der Finanzhaushalt ist nach § 72 Abs. 4 SächsGemO auszugleichen. Dazu muss der Zahlungsmittelsaldo aus laufender Verwaltungstätigkeit mindestens so hoch sein, dass damit der Betrag der ordentlichen Kredittilgung gedeckt werden kann. Ausnahmen bestehen, wenn aus ersparter/angesammelter Liquidität verfügbare Mittel vorhanden sind, die keiner anderen Bindung unterliegen. Nähere Bestimmungen trifft § 24 SächsKomHVO.

87. Welcher Zweck wird mit internen Leistungsverrechnungen verfolgt? Wie wirken sich interne Leistungsverrechnungen auf den Haushalt der Gemeinde aus?

Interne Leistungsverrechnungen stellen nach § 59 Nr. 21 SächsKomHVO zwischen einzelnen Produkten erbrachte und abgerechnete Leistungen dar. Sie dienen dem Prinzip der verursachungsgerechten Zuordnung von Aufwendungen und Erträgen. Durch interne Leistungsverrechnungen soll die Leistungserbringung von typischen Querschnittsämtern (Finanzverwaltung, Personal) und den Hilfsbetrieben (Bauhof, Druckerei) dem eigentlichen Verursacher zugerechnet werden. Dies erhöht die Transparenz und ermöglicht Vergleiche und belastbare Wirtschaftlichkeitsbetrachtungen. Interne Leistungsverrechnungen werden in den Teilhaushalten ausgewiesen (§ 4 Abs. 3 Nr. 6 und 7 SächsKomHVO). Für den Leistungserbringer verbessern sie das Ergebnis im Teilhaushalt. Beim Leistungsempfänger wirken sie ergebnisverschlechternd. Im Gesamthaushalt werden interne Leistungsverrechnungen nicht ausgewiesen, da sie das Gesamtergebnis der Gemeinde nicht beeinflussen.

88. Was versteht man unter einer Investition? Welche besonderen Veranschlagungsregelungen hat die Gemeinde bei der Planung von investiven Maßnahmen zu beachten?

Investitionen sind gemäß § 59 Nr. 23 SächsKomHVO Auszahlungen für die Veränderung des Sach- oder Finanzanlagevermögens. Sie führen zu einer Aktivierung in der Vermögensrechnung. Für die Veranschlagung von Investitionen enthält § 12 SächsKomHVO besondere Vorschriften. Gemäß § 12 Abs. 1 Satz 1, § 4 Abs. 4 Satz 3 SächsKomHVO sind Investitionen und Investitionsförderungsmaßnahmen, die sich über mehrere Jahre erstrecken, unter Angabe der Gesamtinvestitionssumme im Finanzhaushalt zu veranschlagen. Maßnahmen von geringer finanzieller Bedeutung dürfen zusammengefasst werden (§ 4 Abs. 4 Satz 4, § 12 Abs. 4 SächsKomHVO). Bevor Maßnahmen von erheblicher finanzieller Bedeutung im Finanzhaushalt beschlossen werden dürfen, soll gemäß § 12 Abs. 2 SächsKomHVO durch Vergleich der Anschaffungs- und Herstellungskosten die wirtschaftlichste Lösung ermittelt werden, dabei sind auch die Folgekosten und die demografische Entwicklung zu berücksichtigen. § 12 Abs. 3 SächsKomHVO fordert ferner, dass bei Auszahlungen und Verpflichtungsermächtigungen für Baumaßnahmen vor der Veranschlagung bestimmte Planungsdokumente vorliegen müssen.

89. Was bedeutet der Grundsatz der Gesamtdeckung? Welche Ausnahmeregelungen gibt es hierzu?

Der Grundsatz bedeutet, dass alle Erträge des Ergebnishaushalts insgesamt zur Deckung aller Aufwendungen im Ergebnishaushalt heranzuziehen sind. Im Finanzhaushalt werden alle Einzahlungen insgesamt zur Deckung der Auszahlungen eingesetzt. Es bestehen damit dem Grunde nach keine Mittelbindungen, soweit sie nicht ausdrücklich entsprechend §§ 19 und 20 SächsKomHVO (Zweckbindung von Erträgen und Einzahlungen, Deckungsfähigkeit) zulässig sind und angeordnet werden.

90. Was versteht man unter dem Begriff der „Budgetierung“? Welche Ziele werden mit der Budgetierung verfolgt?

Die Budgetierung bezeichnet einen Prozess, mit welchem die Finanzverantwortung auf die Fachebene (Amt, Sachgebiet, Einrichtung) verlagert wird. Budgetiert wird ein Budget. Auf der kommunalen Ebene kann man sagen, dass einer bestimmten Verwaltungseinheit (Amt, Sachgebiet, Einrichtung) ein in Geld bewerteter Betrag im Rahmen der Haushaltsplanung zur Verfügung gestellt wird, der für die Erfüllung der zugeordneten Aufgaben im Höchstfall aufgewendet werden darf. Dies ist dann das Budget. Die Budgetierung ist ein wichtiges Instrument zur Zusammenführung der Fach- und Ressourcenverantwortung in den Verwaltungseinheiten. Budgetierung sichert ausreichende Managementspielräume und schafft bei zweckmäßiger Ausgestaltung starke Anreize für ein effektives und wirtschaftliches Handeln.

91. Welche Bestimmungen muss die Gemeinde bei der Bildung von Budgets beachten?

§ 4 Abs. 2 Satz 1 SächsKomHVO bestimmt, dass jeder Teilhaushalt aus mindestens einer Bewirtschaftungseinheit (Budget) bestehen muss. Es ist möglich, innerhalb eines Teilhaushalts mehrere Budgets einzurichten. Zulässig ist es auch, mehrere Teilhaushalte zu einem Budget zusammen zu fassen, soweit hierfür ein sachlicher Grund besteht. Da § 4 Abs. 1 Satz 1 SächsKomHVO darüber hinaus festlegt, dass der Gesamthaushalt in „Teilhaushalte“ zu gliedern ist, muss jede Gemeinde mindestens zwei Teilhaushalte und damit auch zwei Budgets einrichten. Damit ist die Bildung eines Globalbudgets über alle Aufwendungen und Auszahlungen der Gemeinde im Gesamthaushalt unzulässig.

92. Wann und in welcher Form können Haushaltsermächtigungen in das folgende Haushaltsjahr übertragen werden? Nennen Sie die entsprechende(n) Rechtsgrundlage(n).

Die Übertragung von Haushaltsermächtigungen richtet sich nach § 21 SächsKomHVO. Die Ansätze für Auszahlungen für Investitionen können mit Bewilligung der Übertragung stets bis zur Fälligkeit der letzten Zahlung verfügbar bleiben; bei Baumaßnahmen und Beschaffungen längstens jedoch zwei Jahre nach Schluss des Haushaltsjahres, in dem der Bau oder Gegenstand in Benutzung genommen wurde. Die Übertragung bedarf keines besonderen Übertragungsaktes. Die Ansätze für Aufwendungen und Auszahlungen innerhalb eines Budgets (§ 4 Abs. 2 SächsKomHVO) können übertragen werden. In diesem Fall können sie bis zum Ablauf des zweiten Folgejahres verfügbar bleiben. Die Übertragung muss hier durch den Rat oder bei Bestimmung etwaiger Wertgrenzen durch die Verwaltung durch Haushaltsvermerk festgelegt werden. Dem Jahresabschluss ist hierzu gemäß § 88 Abs. 4 Nr. 4 SächsGemO eine Übersicht über die zu übertragenden Haushaltsermächtigungen beizufügen.

93. Wann und unter welchen Voraussetzungen dürfen Ansätze des Haushaltsplanes überschritten werden?

Der Haushaltsplan ist gemäß § 75 Abs. 3 SächsGemO für die Führung der Haushaltswirtschaft verbindlich. Damit dürfen die Ansätze grundsätzlich nicht überschritten werden. Jedoch bedarf es korrigierender Elemente, um unterjährig auf Abweichungen reagieren zu können. Neben etwaigen Deckungsvermerken, bei denen die Überziehung eines Haushaltsansatzes zu Lasten eines anderen Ansatzes möglich ist (vgl. § 20 SächsKomHVO), können die Kommunen nach den Bestimmungen des § 79 SächsGemO über- oder außerplanmäßige Aufwendungen und Auszahlungen leisten. § 79 SächsGemO normiert hier verschiedene Voraussetzungen:

1. es besteht ein dringendes Bedürfnis und die Deckung ist gewährleistet,
2. die Aufwendungen und Auszahlungen sind unabweisbar und es entsteht kein erheblicher Fehlbetrag oder
3. es handelt sich um überplanmäßige Auszahlungen für Investitionen, die im Folgejahr fortgesetzt werden und deren Deckung im Folgejahr gewährleistet ist.

Darüber hinaus bedürfen sie nach den Vorschriften des § 79 Abs. 1 Satz 2 bzw. 79 Abs. 2 SächsGemO der Zustimmung des Gemeinderates.

94. Wann liegt eine Fortsetzungsinvestition vor? Welche Besonderheiten sind hier zu beachten?

Ausgehend von § 79 Abs. 2 SächsGemO liegt eine Fortsetzungsinvestition vor, wenn eine über mehrere Jahre geplante Investitionsmaßnahme verfolgt wird. Die Investition muss im Investitionsprogramm (vgl. § 9 Abs. 2 SächsKomHVO) enthalten und damit Bestandteil des Finanzplanes sein.

Die Überschreitung von Ansätzen bei Fortsetzungsinvestitionen ist nur möglich, wenn es sich um überplanmäßige Auszahlungen handelt. Damit können neue Maßnahmen und Maßnahmen, die dem Ergebnishaushalt zuzuordnen sind (keine Investitionen), grundsätzlich nicht bewilligt werden. Die Finanzierung der Maßnahmen muss in den Folgejahren gesichert sein, d. h. der Finanzplan darf keine Fehlbeträge ausweisen. Sie bedürfen stets der Zustimmung des Gemeinderates.

95. Was versteht man unter einer „Haushaltssperre" und welcher Zweck wird damit verfolgt? Wer kann eine Haushaltssperre aussprechen?

Die Haushaltssperre ist ein Instrument zur Sicherung des Haushaltsausgleiches. Die gesetzliche Grundlage findet sich in § 30 SächsKomHVO. Soweit sich Erträge und/oder Einzahlungen und Aufwendungen und/oder Auszahlungen anders als zunächst geplant entwickeln, können einzelne und mehrere Haushaltsansätze und -positionen gesperrt werden. Die Haushaltssperre kann durch den Fachbediensteten für das Finanzwesen ausgesprochen werden. Der Gemeinderat kann diese wieder aufheben.

96. Was bedeutet der Begriff der Einheitskasse?

Grundsätzlich hat die Gemeindekasse alle Kassengeschäfte der Gemeinde zu erledigen (§ 86 Abs. 1 SächsGemO). Es gilt der Grundsatz der Einheitskasse. Dieser Grundsatz soll sicherstellen, dass in den Ämtern und Einrichtungen keine selbstständigen Einzelkassen eingerichtet werden und die Kassenmittel der Gemeinde zentral und ausschließlich durch die Kasse bewirtschaftet werden. Kassengeschäfte dürfen damit nicht von anderen Organisationseinheiten (Ämtern, nachgeordnete Einrichtungen usw.) wahrgenommen werden, soweit nicht ausdrücklich eine Ausnahmeregelung besteht.

97. Welche Aufgaben nimmt die Kasse originär war?

Die Kernaufgaben der Gemeindekasse ergeben sich im Wesentlichen aus § 1 Abs. 1 SächsKomKBVO, danach erledigt die Gemeindekasse

- die Annahme von Einzahlungen und die Leistung von Auszahlungen (§§ 12 ff. SächsKomKBVO),
- die Verwaltung der Kassenmittel (§ 18 SächsKomKBVO),
- die Verwahrung von Wertgegenständen (§ 20 SächsKomKBVO) und anderen Gegenständen (§ 21 SächsKomKBVO) und
- die Buchführung (§§ 22 ff. SächsKomKBVO) einschließlich der Sammlung der Belege (§§ 33, 34 SächsKomKBVO), soweit keine andere Stelle innerhalb der Verwaltung damit beauftragt ist.

Weitere Aufgaben ergeben sich aus § 1 Abs. 2 bis 4 SächsKomKBVO.

98. Was versteht man unter dem Grundsatz der Trennung von Anordnung und Vollzug?

Dieser Grundsatz ist eine wesentliche Grundlage für die Erledigung der Kassengeschäfte. Er dient insbesondere einer sicheren Abwicklung aller Verwaltungsvorfälle und soll die Missbrauchsgefahr eindämmen. Sowohl bei der Feststellung der Richtigkeit einer Zahlung, der Anordnung als auch beim kassenmäßigen Vollzug sollen unterschiedliche Personen am Verfahren mitwirken. Das 4-Augen-Prinzip stellt ein Mindestmaß an Sicherheit her. Gleichzeitig bewirken verschiedene Regelungen des Kassenrechtes, dass die auf den einzelnen Stufen mitwirkenden Personen nicht identisch sein dürfen (§ 86 Abs. 3 SächsGemO, § 7 Abs. 3 SächsKomKBVO). Es gilt der Grundsatz, wer Einzahlungen oder Auszahlungen anordnet, darf nicht gleichzeitig mit dem kassenmäßigen Vollzug betraut werden.

99. Wer ist kraft Gesetzes innerhalb der Gemeinde anordnungsbefugt? Darf die Anordnungsbefugnis auf Dritte übertragen werden?

Die Anordnungsbefugnis obliegt als Geschäft der laufenden Verwaltung (§ 53 Abs. 2 SächsGemO) kraft Gesetzes dem Bürgermeister, bei seiner Verhinderung dem Stellvertreter (§§ 54, 55 SächsGemO). Der Bürgermeister kann die Anordnungsbefugnis nach § 59 Abs. 1 SächsGemO i. V. m. § 7 Abs. 2 SächsKomKBVO auf Beschäftigte der Gemeinde, zumeist die leitenden Angestellten, übertragen. Voraussetzung hierfür ist eine schriftliche Regelung, beispielsweise in Form einer Dienstanweisung (§ 39 SächsKomKBVO).

100. Darf die Gemeindekasse eine von ihr festgesetzte Mahngebühr ohne Annahmeanordnung annehmen? Welche Unterlagen sind hierfür erforderlich?

Einzahlungen, welche die Kasse nach § 1 Abs. 3 SächsKomKBVO selbst festsetzt, darf sie gemäß § 10 Abs. 2 Nr. 3 SächsKomKBVO auch ohne förmliche Zahlungsanordnung annehmen. Hierzu gehören auch die Mahngebühren. Zur Feststellung der rechnerischen und sachlichen Richtigkeit (§ 11 SächsKomKBVO) muss jedoch ein Kassenbeleg erstellt werden, damit die Zahlung ordnungsgemäß dokumentiert werden kann (§§ 22, 33 SächsKomKBVO).

101. Ein Gemeindebürger A beschwert sich über die schlechte Behandlung am Kassenschalter der Gemeindekasse? Die „Zahlstellen"-Tante hätte ihn beleidigt. Hat er den richtigen Begriff gewählt?

Im Kassenrecht gilt der Grundsatz der Einheitskasse (§ 86 SächsGemO). Leiter dieser Einheitskasse ist der Kassenverwalter. Durchbrochen wird dieser Grundsatz durch die Zahlstellen, welche außerhalb der Verwaltung bei Einrichtungen und Ämtern eingerichtet werden können, bei denen regelmäßig Zahlungen in größerem Umfang anfallen (§ 3 SächsKomKBVO). Im geschilderten Fall befand sich A in der Gemeindekasse und nicht in einer Zahlstelle. Die Bezeichnung ist damit falsch. Der Kontakt entstand vermutlich mit dem Kassenverwalter oder einem sonstigen Bediensteten der Gemeindekasse.

102. Was versteht man unter einer Sonderkasse? Für welche Einrichtungen werden Sonderkassen eingerichtet?

Sonderkassen stellen Ausnahmen zum Grundsatz der Einheitskasse nach § 86 Abs. 1 SächsGemO dar. Die Kassen verfügen über eine eigene Wirtschafts- und Buchführung. Sie werden insbesondere bei Eigenbetrieben eingerichtet.

103. Gemeindebürger B zahlt auf der Bank zu Gunsten des Gemeindekontos seine fällige Grundsteuer ein. Welche Form des Zahlungsverkehrs liegt hier vor? Welche Formen für den Zahlungsverkehr gibt es noch? Welche Form des Zahlungsverkehrs liegt bei der Übergabe eines Schecks vor?

B wählt hier den unbaren Zahlungsverkehr (§ 40 Nr. 8.1 SächsKomKBVO), da die Einzahlung zu Gunsten des Gemeindekontos erfolgt. Daneben unterscheidet man Barzahlungen und Verrechnungen (§ 40 Nr. 8.2 und 8.3 SächsKomKBVO). Bei der Übergabe eines Schecks liegt eine Barzahlung vor.

104. Wer ist für die Verwaltung der Schulden und des Vermögens verantwortlich?

Die Verwaltung der Schulden und des Vermögens obliegt gemäß § 62 Abs. 1 SächsGemO dem Fachbediensteten für das Finanzwesen.

105. Muss die Gemeinde einen Kassenverwalter bestellen? Wer darf nicht zum Kassenverwalter bestellt werden?

Gemäß § 86 Abs. 2 SächsGemO hat die Gemeinde, wenn sie ihre Kassengeschäfte nicht durch eine Stelle außerhalb der Verwaltung erledigen lässt, einen Kassenverwalter sowie einen Stellvertreter zu bestellen. Ausschlussgründe für die Bestellung zum Kassenverwalter ergeben sich aus § 86 Abs. 3 und 4 SächsGemO. So dürfen anordnungsbefugte Bedienstete, Leiter und Prüfer des Rechnungsprüfungsamtes sowie Rechnungsprüfer nicht zum Kassenverwalter oder Stellvertreter bestellt werden. Ferner dürfen sie untereinander und zu bestimmten Personen in keinem Befangenheit begründenden Verhältnis stehen. Für Gemeinden unter 1.000 Einwohner kann der Gemeinderat Ausnahmen zulassen.

106. Welche Aufgaben hat die örtliche Rechnungsprüfung?

Die Aufgaben ergeben sich aus §§ 104 bis 106 SächsGemO, hierzu gehören u. a.:

- Prüfung des Jahresabschlusses,
- Prüfung der Eigenbetriebe,
- laufende Kassenprüfung,
- Prüfung des Nachweises von Vermögen und Vorräten,
- Prüfung der Vergaben und
- Prüfung der wirtschaftlichen Betätigung der Gemeinden.

107. Wer nimmt die Aufgaben der überörtlichen Rechnungsprüfung im Freistaat Sachsen wahr?

Die Aufgabe obliegt gemäß § 108 SächsGemO dem Sächsischen Rechnungshof.

Stichwortverzeichnis

L

M

N

O

P

R

S

Personal entwickeln – Zukunft gestalten

Ausbildung
Weiterbildung
Beratung

Das Sächsische Kommunale Studieninstitut Dresden konzipiert *Personalentwicklungsprojekte*, organisiert *Seminare* (offen und als Inhouse) und alle *Lehrgänge* zu Verwaltungsberufen bis zur Abnahme von *Prüfungen*.

Führungskräfte und Beschäftigte aus *Kommunen* und kommunalen Einrichtungen, *Zweckverbänden* und *Wirtschaftsunternehmen* mit kommunaler Beteiligung sind unsere Partner.

In allen Fragen der *Personalentwicklung* finden Sie Unterstützung bei uns.

Wir konzipieren für Sie

- Assessment-Center zur Personalauswahl
- Seminarreihen und Workshops zu speziellen Fragen der Führung und Zusammenarbeit
- Coaching, Konfliktmediation etc. sowie
- Mentoring für Nachwuchsführungskräfte

und wir beraten Sie während der Umsetzung Ihrer Konzepte.

Unsere Seminarthemen reichen von A wie Arbeitsrecht über K wie Kommunikation bis V wie Verwaltungsmodernisierung und Z wie Zweckverbände.

Weitere Informationen über:

Sächsisches Kommunales
Studieninstitut Dresden
An der Kreuzkirche 6
01067 Dresden

Fon: 0351 43835–12
Fax: 0351 43835–13
E-Mail: post@sksd.de
www.sksd.de

Stand: März 2018

Bienek | Reichel

SL 2 – Bürgerliches Recht

5. Auflage 2016, Softcover,
180 Seiten, 25 €,
ISBN 978-3-8293-1187-8

auch digital erhältlich

Fritz

SL 3 – Staatsrecht

7. Auflage 2020, Softcover,
258 Seiten, 25 €,
ISBN 978-3-8293-1564-7

auch digital erhältlich

Musall | Nolden

SL 4 –Die Europäische Union

6. Auflage 2020, Softcover,
256 Seiten, 25 €,
ISBN 978-3-8293-1604-0

auch digital erhältlich

Sponer | Tostmann

SL 5 – Kommunalrecht

10. Auflage 2022, Softcover,
236 Seiten, 25 €,
ISBN 978-3-8293-1825-9

auch digital erhältlich

Zier | Kösterke

SL 7 – Staatliches Haushaltsrecht

2022, Softcover,
172 Seiten, 25 €,
ISBN 978-3-8293-1320-9

Korzen-Mittelhäußer | Linnert | Wagner

SL 8 – Personalwesen

2. Auflage 2019, Softcover,
172 Seiten, 25 €,
ISBN 978-3-8293-1468-8

auch digital erhältlich

 digitale Ausgaben für PC, Mac, Android und iOS